简明线性代数教程

（第三版）

主　编　柴伟文
副主编　曹黎侠　李花妮
参　编　马晓丽　李晓红　伏文清
　　　　赵　晔　李　倩
主　审　黄宝健

科学出版社
北　京

内 容 简 介

本书根据全国高等学校工科数学课程教学指导委员会制定的《线性代数课程教学基本要求》编写而成，全书共6章及一个附录，分别是行列式、矩阵及其运算、向量组的线性相关性、线性方程组的结构、相似矩阵及二次型、线性空间与线性变换、线性代数实验及应用. 每章都配有大量的习题，书后附有参考答案. 书中前5章为基本内容，第6章为理科非数学专业选学内容，附录为学生自学内容，基本内容的教学需40～48学时.

本书可作为普通高等院校理工类(非数学专业)“线性代数”课程的教材和教学参考书，也可作为成人教育类(非数学专业)的教学用书和研究生入学考试的参考书.

图书在版编目(CIP)数据

简明线性代数教程 / 柴伟文主编. 3版. —北京：科学出版社，2019.2

ISBN 978-7-03-060649-5

Ⅰ. ①简… Ⅱ. ①柴… Ⅲ. ①线性代数—高等学校—教材 Ⅳ. ①O151.2

中国版本图书馆CIP数据核字(2019)第036162号

责任编辑：任俊红　李　萍 / 责任校对：杨聪敏
责任印制：霍　兵 / 封面设计：华路天然工作室

科学出版社 出版
北京东黄城根北街16号
邮政编码：100717
http://www.sciencep.com
石家庄继文印刷有限公司 印刷
科学出版社发行　各地新华书店经销
*
2012年1月第 一 版　开本：787×1092　1/16
2019年2月第 三 版　印张：13 1/2
2022年12月第五次印刷　字数：320 000

定价：35.00元

(如有印装质量问题，我社负责调换)

前　　言

为适应高等院校工科数学教学改革的发展，在学生掌握线性代数的基本内容和基本方法的前提下，面对国家高等教育司对高等院校创新创业教育的要求，师生迫切需要一本适合学生自学且能够满足创新性教学的教材. 本书正是基于这个指导思想，在保持第二版理论体系不变的前提下，第三版主要做了以下内容的修订. 一是微调了第二版教材中的第 2 章、第 3 章和第 4 章的部分知识点，增加了第二版中没有证明的一些定理的证明，强化了矩阵方程的理论及求解；二是为满足创新创业教育的需求，增加了线性空间与线性变换、线性代数实验及应用两部分内容，供部分专业选学和学生自学；三是每章均附有知识框架和知识要点，扩充了课后习题. 本书涵盖了教育部规定的线性代数“教学基本要求”的全部内容.

在本书的编写过程中，我们努力做到由浅入深、循序渐进. 在内容的讲述和定理的证明过程中力求简单明了，便于理解. 每章内容之后附有知识框架、知识要点、习题，以及书后附有详细的参考答案，用以复习和巩固本章内容，帮助读者对本章有总体的了解，并据此将所学内容连贯起来.

本书基本内容（第 1 章～第 5 章）需 40～48 学时，选学内容（第 6 章）为 4 个学时，自学内容（附录）需要 4 个学时.

本书各章内容依次由李花妮、马晓丽、曹黎侠、柴伟文、李晓红、伏文清编写，附录由赵晔编写，课后习题及答案由李倩编写；最后由柴伟文完成统稿.

本书在编写过程中得到西安工业大学教务处和理学院的大力支持，黄宝健教授仔细地审阅了本书，并提出了许多宝贵意见；本书的出版还得到科学出版社的大力支持，在此一并予以感谢.

本书是为适应新时期普通高等院校创新性教学和创新创业教育的需要而做的一种尝试，由于编者水平所限，书中难免有疏漏之处，恳请各位同行和读者批评指正.

编　者

2018 年 8 月

目　　录

第 1 章　行　列　式

行列式的概念是在研究线性方程组的解的过程中产生的，是一种基本的数学工具，在本课程后面章节关于逆矩阵、矩阵的秩、方阵的特征值等问题的讨论中都要用到. 本章主要介绍行列式的定义、性质及计算，最后给出应用行列式求解 n 元线性方程组的克拉默(Cramer)法则.

1.1　二阶与三阶行列式

1.1.1　二元线性方程组与二阶行列式

行列式的概念首先是在求解方程组个数与未知量个数相同的一次线性方程组中提出来的. 例如，用消元法解二元一次线性方程组

$$\begin{cases} a_{11}x_1 + a_{12}x_2 = b_1, \\ a_{21}x_1 + a_{22}x_2 = b_2. \end{cases} \tag{1.1}$$

当 $a_{11}a_{22} - a_{12}a_{21} \neq 0$ 时，方程组(1.1)的解为

$$x_1 = \frac{b_1a_{22} - a_{12}b_2}{a_{11}a_{22} - a_{12}a_{21}}, \quad x_2 = \frac{a_{11}b_2 - b_1a_{21}}{a_{11}a_{22} - a_{12}a_{21}}. \tag{1.2}$$

为了表述方便，引入记号

$$\begin{vmatrix} a_{11} & a_{12} \\ a_{21} & a_{22} \end{vmatrix}, \tag{1.3}$$

称(1.3)为**二阶行列式**，它是由 2^2 个数组成的一个代数表达式，等于数 $a_{11}a_{22} - a_{12}a_{21}$，即

$$\begin{vmatrix} a_{11} & a_{12} \\ a_{21} & a_{22} \end{vmatrix} = a_{11}a_{22} - a_{12}a_{21}, \tag{1.4}$$

数 $a_{ij}(i, j = 1, 2)$ 称为行列式(1.3)的第 i 行第 j 列**元素**，i 称为元素 a_{ij} 的**行标**，j 称为元素 a_{ij} 的**列标**.

上述二阶行列式的定义，可用对角线法则来记忆. 如图 1-1 所示，把 a_{11} 到 a_{22} 的实连线称为主对角线，a_{12} 到 a_{21} 的虚连线称为副对角线，于是二阶行列式便是主对角线上的两元素之积减去副对角线上两元素之积所得的差，称之为二阶行列式的**对角线法则**.

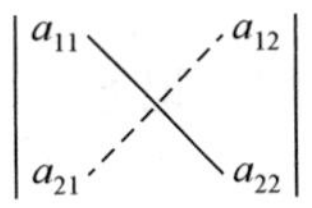

图 1-1　对角线法则

利用二阶行列式的概念，式(1.2)中 x_1, x_2 的分子也可以写成二阶行列式，即

$$b_1a_{22}-a_{12}b_2=\begin{vmatrix} b_1 & a_{12} \\ b_2 & a_{22} \end{vmatrix},\quad a_{11}b_2-b_1a_{21}=\begin{vmatrix} a_{11} & b_1 \\ a_{21} & b_2 \end{vmatrix}.$$

若记

$$D=\begin{vmatrix} a_{11} & a_{12} \\ a_{21} & a_{22} \end{vmatrix},\quad D_1=\begin{vmatrix} b_1 & a_{12} \\ b_2 & a_{22} \end{vmatrix},\quad D_2=\begin{vmatrix} a_{11} & b_1 \\ a_{21} & b_2 \end{vmatrix},$$

则方程组(1.1)的解可表示为

$$x_1=\frac{D_1}{D}=\frac{\begin{vmatrix} b_1 & a_{12} \\ b_2 & a_{22} \end{vmatrix}}{\begin{vmatrix} a_{11} & a_{12} \\ a_{21} & a_{22} \end{vmatrix}},\quad x_2=\frac{D_2}{D}=\frac{\begin{vmatrix} a_{11} & b_1 \\ a_{21} & b_2 \end{vmatrix}}{\begin{vmatrix} a_{11} & a_{12} \\ a_{21} & a_{22} \end{vmatrix}}.$$

注意，这里的分母 D 是由方程组(1.1)的系数所确定的二阶行列式(称为系数行列式)，x_1 的分子 D_1 是用常数 b_1,b_2 替换 D 中 x_1 的系数 a_{11},a_{21} 所得的二阶行列式，D_2 是用常数 b_1,b_2 替换 D 中 x_2 的系数 a_{12},a_{22} 所得的二阶行列式.

例 1.1　求解二元线性方程组 $\begin{cases} 3x_1+x_2=9, \\ x_1-2x_2=-4. \end{cases}$

解　由于

$$D=\begin{vmatrix} 3 & 1 \\ 1 & -2 \end{vmatrix}=3\times(-2)-1\times1=-7\neq0,$$

$$D_1=\begin{vmatrix} 9 & 1 \\ -4 & -2 \end{vmatrix}=9\times(-2)-1\times(-4)=-14,$$

$$D_2=\begin{vmatrix} 3 & 9 \\ 1 & -4 \end{vmatrix}=3\times(-4)-9\times1=-21,$$

所以

$$x_1=\frac{D_1}{D}=\frac{-14}{-7}=2,\quad x_2=\frac{D_2}{D}=\frac{-21}{-7}=3.$$

1.1.2　三阶行列式

类似地，为了求解三元一次方程组

$$\begin{cases} a_{11}x_1+a_{12}x_2+a_{13}x_3=b_1, \\ a_{21}x_1+a_{22}x_2+a_{23}x_3=b_2, \\ a_{31}x_1+a_{32}x_2+a_{33}x_3=b_3, \end{cases} \tag{1.5}$$

可引入记号

$$D=\begin{vmatrix} a_{11} & a_{12} & a_{13} \\ a_{21} & a_{22} & a_{23} \\ a_{31} & a_{32} & a_{33} \end{vmatrix}, \tag{1.6}$$

表示如下六项的代数和

$$a_{11}a_{22}a_{33}+a_{12}a_{23}a_{31}+a_{13}a_{21}a_{32}-a_{11}a_{23}a_{32}-a_{12}a_{21}a_{33}-a_{13}a_{22}a_{31},$$

并称(1.6)为一个三阶行列式，其中，a_{ij} ($i,j=1,2,3$)为三阶行列式的第 i 行第 j 列的元素，且称 i 为行指标，j 为列指标，即

$$D=\begin{vmatrix} a_{11} & a_{12} & a_{13} \\ a_{21} & a_{22} & a_{23} \\ a_{31} & a_{32} & a_{33} \end{vmatrix}=a_{11}a_{22}a_{33}+a_{12}a_{23}a_{31}+a_{13}a_{21}a_{32}-a_{11}a_{23}a_{32}-a_{12}a_{21}a_{33}-a_{13}a_{22}a_{31}. \quad (1.7)$$

式(1.7)中右端含有6项，每项均为来自不同行不同列的三个元素的乘积再冠以正负号，其代数和也可以用画线(图 1-2)的方法记忆. 其中各实线连接的三个元素的乘积是代数和中的正项，各虚线连接的三个元素的乘积是代数和中的负项. 这种方法称为三阶行列式的**对角线法则**.

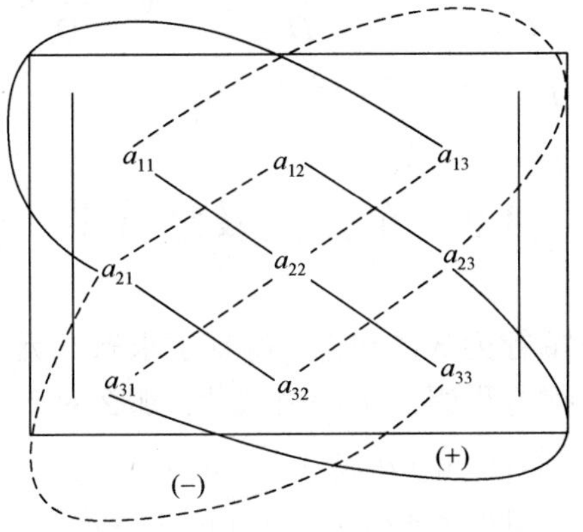

图 1-2 三阶行列式的对角线法则

利用三阶行列式的概念，对于三元线性方程组(1.5)，若系数行列式

$$D=\begin{vmatrix} a_{11} & a_{12} & a_{13} \\ a_{21} & a_{22} & a_{23} \\ a_{31} & a_{32} & a_{33} \end{vmatrix}\neq 0,$$

用消元法求解这个方程组，可得 $x_1=\dfrac{D_1}{D}$，$x_2=\dfrac{D_2}{D}$，$x_3=\dfrac{D_3}{D}$，其中 D_j ($j=1,\ 2,\ 3$)是用常数列 b_1,b_2,b_3 替换 D 中的第 j 列所得的行列式，即

$$D_1=\begin{vmatrix} b_1 & a_{12} & a_{13} \\ b_2 & a_{22} & a_{23} \\ b_3 & a_{32} & a_{33} \end{vmatrix},\quad D_2=\begin{vmatrix} a_{11} & b_1 & a_{13} \\ a_{21} & b_2 & a_{23} \\ a_{31} & b_3 & a_{33} \end{vmatrix},\quad D_3=\begin{vmatrix} a_{11} & a_{12} & b_1 \\ a_{21} & a_{22} & b_2 \\ a_{31} & a_{32} & b_3 \end{vmatrix}.$$

例 1.2 求解三元线性方程组 $\begin{cases} x_1+2x_2-4x_3=9, \\ -2x_1+2x_2+x_3=1, \\ -3x_1+4x_2-2x_3=7. \end{cases}$

解 按对角线法则有

$$D=\begin{vmatrix}1 & 2 & -4\\ -2 & 2 & 1\\ -3 & 4 & -2\end{vmatrix}=1\times2\times(-2)+2\times1\times(-3)+(-4)\times(-2)\times4$$
$$-(-4)\times2\times(-3)-2\times(-2)\times(-2)-1\times1\times4$$
$$=-14,$$

同理

$$D_1=\begin{vmatrix}9 & 2 & -4\\ 1 & 2 & 1\\ 7 & 4 & -2\end{vmatrix}=-14,\quad D_2=\begin{vmatrix}1 & 9 & -4\\ -2 & 1 & 1\\ -3 & 7 & -2\end{vmatrix}=-28,\quad D_3=\begin{vmatrix}1 & 2 & 9\\ -2 & 2 & 1\\ -3 & 4 & 7\end{vmatrix}=14,$$

所以

$$x_1=\frac{D_1}{D}=1,\quad x_2=\frac{D_2}{D}=2,\quad x_3=\frac{D_3}{D}=-1.$$

注: 对角线法只适合用于二阶与三阶行列式.

1.2　全排列及逆序数

1.1 节通过引入二、三阶行列式的概念, 得到了求解二元一次方程组和三元一次方程组的行列式解法. 该方法使得方程组的求解公式化. 那么对于一般的 n 元线性方程组

$$\begin{cases}a_{11}x_1+a_{12}x_2+\cdots+a_{1n}x_n=b_1,\\ a_{21}x_1+a_{22}x_2+\cdots+a_{2n}x_n=b_2,\\ \qquad\cdots\cdots\\ a_{n1}x_1+a_{n2}x_2+\cdots+a_{nn}x_n=b_n,\end{cases}$$

能否类似引入 n 阶行列式的概念, 是否可得 n 元一次方程组的行列式的一般解法呢?为此, 先介绍全排列及逆序数的概念.

定义 1.1　将 n 个不同的元素按某种顺序排成一列, 称之为这 n 个元素的一个**全排列**(简称**排列**, 也称 n **级排列**).

n 级排列的总数通常用 P_n 表示, 显然 $\mathrm{P}_n=n(n-1)\cdots3\cdot2\cdot1=n!$.

在本章内容中, 我们所提到的排列中各元素均为正整数, 取 n 个元素的一个全排列表示 n 个元素 $1,2,\cdots,n$ 的一个 n 级排列, 记为 $a_1a_2\cdots a_n$.

对于 n 个不同的正整数, 我们规定从小到大的顺序为**标准次序**, 从小到大的排列称为**标准排列**, 其他的排列都或多或少地改变了标准次序.

例如, 4213 是 1, 2, 3, 4 的一个排列, 显然改变了标准排列 1234.

定义 1.2　在一个 n 级排列 $a_1a_2\cdots a_n$ 中, 某两元素 $a_i,a_j\,(i,j=1,2,\cdots,n)$, 如果 $i<j$, 而 $a_i>a_j$, 则称数对 a_i,a_j 构成该排列的一个**逆序**. 一个排列中, 逆序的总数称为这个排列的**逆序数**, 记为 $\tau(a_1a_2\cdots a_n)$.

例 1.3　求排列 4213 的逆序数.

解　该排列中共有4与2, 4与1, 4与3, 2与1这四个逆序, 所以排列4213的逆序数是4, 即$\tau(4213)=4$.

给定排列$a_1a_2\cdots a_n$, 我们可以按照以下方法计算逆序数, 设在第一个数a_1后面比它小的数有t_1个, 在第二个数a_2后面比它小的数有t_2个, $\cdots$, 第$n-1$个数a_{n-1}后面比它小的数有t_{n-1}个, 则该排列的逆序数为$\tau(a_1a_2\cdots a_n)=t_1+t_2+\cdots+t_{n-1}$. 显然, 标准排列的逆序数为零.

定义 1.3　设$a_1a_2\cdots a_n$是一个n级排列, 若$\tau(a_1a_2\cdots a_n)$是一个偶数, 则称$a_1a_2\cdots a_n$为**偶排列**; 若$\tau(a_1a_2\cdots a_n)$是一个奇数, 则称$a_1a_2\cdots a_n$为**奇排列**.

将一个排列中的某两个数码位置互换, 而其余数码不动称为一次**对换**.

定理 1.1　一次对换改变排列的奇偶性.

证　因为$\tau(a_1a_2\cdots a_ia_{i-1}\cdots a_n)=\tau(a_1a_2\cdots a_{i-1}a_i\cdots a_n)\pm1$, 所以一次相邻对换改变排列的奇偶性. 而排列$a_1\cdots a_j\cdots a_i\cdots a_n$可由排列$a_1\cdots a_i\cdots a_j\cdots a_n$经过$2(j-i)-1$次相邻对换完成, 所以一次对换改变排列的奇偶性.

推论 1.1　任何一个n元排列都可以通过若干次对换变成标准排列, 且所需对换的次数与该排列的逆序数有着相同的奇偶性.

1.3　n阶行列式的定义

利用逆序数观察二、三阶行列式的行标、列标, 得

$\begin{vmatrix} a_{11} & a_{12} \\ a_{21} & a_{22} \end{vmatrix}=\sum\limits_{j_1j_2}(-1)^{\tau(j_1j_2)}a_{1j_1}a_{2j_2}$, $\sum\limits_{j_1j_2}$表示对1, 2所有排列求和.

$\begin{vmatrix} a_{11} & a_{12} & a_{13} \\ a_{21} & a_{22} & a_{23} \\ a_{31} & a_{32} & a_{33} \end{vmatrix}=\sum\limits_{j_1j_2j_3}(-1)^{\tau(j_1j_2j_3)}a_{1j_1}a_{2j_2}a_{3j_3}$, $\sum\limits_{j_1j_2j_3}$表示对1, 2, 3的所有排列求和.

等号右端行列式的值是所有来自不同行不同列的元素的乘积前面冠以符号, 再求和. 其中每一项的符号是, 当这一项中元素的行标按标准排列后, 如果对应的列标构成的排列是偶排列则取正号, 如果对应的列标构成的排列是奇排列则取负号. 例如, 312 是偶排列, 所以$a_{13}a_{21}a_{32}$前取正号; 132是奇排列, 所以$a_{11}a_{23}a_{32}$前取负号.

仿此, 可给出n阶行列式的定义.

定义 1.4　由n^2个数$a_{ij}(i,j=1,2,3,\cdots,n)$排成$n$行$n$列, 并记为

$$\begin{vmatrix} a_{11} & a_{12} & \cdots & a_{1n} \\ a_{21} & a_{22} & \cdots & a_{2n} \\ \vdots & \vdots & & \vdots \\ a_{n1} & a_{n2} & \cdots & a_{nn} \end{vmatrix}, \tag{1.8}$$

称为n**阶行列式**, 简记作$\det(a_{ij})$. a_{ij}称为行列式第i行第j列**元素**, i为a_{ij}的行标, j为a_{ij}的列标. n阶行列式的值为所有取自不同的行、不同的列的n个元素, 并将行标按标准次序排列起来作乘积

$$a_{1j_1}a_{2j_2}\cdots a_{nj_n} \tag{1.9}$$

的代数和. 当 $j_1j_2\cdots j_n$ 是偶排列时, 式(1.9)前带有正号; 当 $j_1j_2\cdots j_n$ 是奇排列时, 式(1.9)前带有负号. 此行列式(1.8)可简写为

$$\begin{vmatrix} a_{11} & a_{12} & \cdots & a_{1n} \\ a_{21} & a_{22} & \cdots & a_{2n} \\ \vdots & \vdots & & \vdots \\ a_{n1} & a_{n2} & \cdots & a_{nn} \end{vmatrix} = \sum_{j_1j_2\cdots j_n} (-1)^{\tau(j_1j_2\cdots j_n)} a_{1j_1}a_{2j_2}\cdots a_{nj_n}, \tag{1.10}$$

其中 $\sum\limits_{j_1j_2\cdots j_n}$ 表示对 $1, 2, \cdots, n$ 的所有排列求和, 故式(1.10)是 $n!$ 项的代数和.

例如, 四阶行列式

$$\begin{vmatrix} a_{11} & a_{12} & a_{13} & a_{14} \\ a_{21} & a_{22} & a_{23} & a_{24} \\ a_{31} & a_{32} & a_{33} & a_{34} \\ a_{41} & a_{42} & a_{43} & a_{44} \end{vmatrix}$$

所表示的代数和中共有 $4! = 24$ 项. 其中含有一项 $a_{11}a_{23}a_{32}a_{44}$, 而 $\tau(1324) = 1$, 则 $a_{11}a_{23}a_{32}a_{44}$ 前面应冠以负号, 同时也含有另一项 $a_{13}a_{24}a_{31}a_{42}$, 而 $\tau(3412) = 4$, 则 $a_{13}a_{24}a_{31}a_{42}$ 前面应冠以正号. 注意 24 项中不会含有 $a_{11}a_{13}a_{22}a_{44}$ 或 $a_{13}a_{22}a_{32}a_{41}$, 想想为什么?

例 1.4　计算四阶行列式

$$\begin{vmatrix} a & 0 & 0 & b \\ 0 & c & d & 0 \\ 0 & e & f & 0 \\ g & 0 & 0 & h \end{vmatrix}.$$

解　根据定义, D 是 $4! = 24$ 项的代数和. 但是, 由于 D 中不少元素为零, 所以 24 项不少的项为零. 不为零的项只有四项: $acfh, bdeg, adeh, bcfg$, 它们对应的列标排列依次为 1234 和 4321(偶排列), 1324 和 4231(奇排列), 因此

$$D = acfh + bdeg - adeh - bcfg.$$

例 1.5　计算行列式

$$D = \begin{vmatrix} a_{11} & 0 & 0 & \cdots & 0 \\ a_{21} & a_{22} & 0 & \cdots & 0 \\ a_{31} & a_{32} & a_{33} & \cdots & 0 \\ \vdots & \vdots & \vdots & & \vdots \\ a_{n1} & a_{n2} & a_{n3} & \cdots & a_{nn} \end{vmatrix}.$$

解　由于 D 的第一行除了 a_{11} 外其他元素都是零, 于是要得到非零项, 第一行必须选 a_{11}, 而第二行不能选 a_{21}, 因为第一列中只能选一个元素, 所以在第二行中只能选非零元素 a_{22}, 同理第三行只能选 $a_{33}, \cdots$, 第 n 行只能选 a_{nn}, 这样 D 不含零元素的只有一项

$a_{11}a_{22}\cdots a_{nn}$，又该项行标、列标都是按标准次序排列，前面的符号取正，所以

$$D=a_{11}a_{22}\cdots a_{nn}.$$

这样的行列式称作**下三角行列式**. 下三角行列式等于主对角线上元素的乘积.

类似地，可以定义**上三角行列式**

$$\begin{vmatrix} a_{11} & a_{12} & a_{13} & \cdots & a_{1n} \\ 0 & a_{22} & a_{23} & \cdots & a_{2n} \\ 0 & 0 & a_{33} & \cdots & a_{3n} \\ \vdots & \vdots & \vdots & & \vdots \\ 0 & 0 & 0 & 0 & a_{nn} \end{vmatrix}=a_{11}a_{22}a_{33}\cdots a_{nn}.$$

例 1.6 证明对角行列式:

(1) $$D_1=\begin{vmatrix} \lambda_1 & 0 & \cdots & 0 \\ 0 & \lambda_2 & \cdots & 0 \\ \vdots & \vdots & & \vdots \\ 0 & 0 & \cdots & \lambda_n \end{vmatrix}=\lambda_1\lambda_2\cdots\lambda_n.$$

(2) $$D_2=\begin{vmatrix} 0 & 0 & \cdots & 0 & \lambda_n \\ 0 & 0 & \cdots & \lambda_{n-1} & 0 \\ \vdots & \vdots & & \vdots & \vdots \\ 0 & \lambda_2 & \cdots & 0 & 0 \\ \lambda_1 & 0 & \cdots & 0 & 0 \end{vmatrix}=(-1)^{\frac{n(n-1)}{2}}\lambda_1\lambda_2\cdots\lambda_{n-1}\lambda_n.$$

证 (1) 此式是上三角行列式的特殊情况，结果显然.

(2) 由于行列式 D_2 不含零的项只有 $\lambda_n\lambda_{n-1}\cdots\lambda_2\lambda_1$，而该项行标已按标准次序排列，列标排列 $n(n-1)\cdots 321$ 的逆序数为

$$\tau(n(n-1)\cdots 321)=\frac{n(n-1)}{2},$$

所以

$$D_2=(-1)^{\frac{n(n-1)}{2}}\lambda_n\lambda_{n-1}\cdots\lambda_2\lambda_1=(-1)^{\frac{n(n-1)}{2}}\lambda_1\lambda_2\cdots\lambda_{n-1}\lambda_n.$$

例 1.7 证明 $$\begin{vmatrix} a_{11} & 0 & 0 & \cdots & 0 \\ a_{21} & a_{22} & a_{23} & \cdots & a_{2n} \\ a_{31} & a_{32} & a_{33} & \cdots & a_{3n} \\ \vdots & \vdots & \vdots & & \vdots \\ a_{n1} & a_{n2} & a_{n3} & \cdots & a_{nn} \end{vmatrix}=a_{11}\begin{vmatrix} a_{22} & a_{23} & \cdots & a_{2n} \\ a_{32} & a_{33} & \cdots & a_{3n} \\ \vdots & \vdots & & \vdots \\ a_{n2} & a_{n3} & \cdots & a_{nn} \end{vmatrix}.$$

证 因为等号左端行列式第一行只有一个非零元素 a_{11}，根据 n 阶行列式的定义有

$$\begin{vmatrix} a_{11} & 0 & 0 & \cdots & 0 \\ a_{21} & a_{22} & a_{23} & \cdots & a_{2n} \\ a_{31} & a_{32} & a_{33} & \cdots & a_{3n} \\ \vdots & \vdots & \vdots & & \vdots \\ a_{n1} & a_{n2} & a_{n3} & \cdots & a_{nn} \end{vmatrix}=\sum_{j_2j_3\cdots j_n}(-1)^{\tau(1j_2j_3\cdots j_n)}a_{11}a_{2j_2}a_{3j_3}\cdots a_{nj_n}.$$

$$= a_{11}\sum_{j_2j_3\cdots j_n}(-1)^{\tau(j_2j_3\cdots j_n)}a_{2j_2}a_{3j_3}\cdots a_{nj_n}$$

$$= a_{11}\begin{vmatrix} a_{22} & a_{23} & \cdots & a_{2n} \\ a_{32} & a_{33} & \cdots & a_{3n} \\ \vdots & \vdots & & \vdots \\ a_{n2} & a_{n3} & \cdots & a_{nn} \end{vmatrix}.$$

类似地，有 $\begin{vmatrix} a_{11} & a_{12} & a_{13} & \cdots & a_{1n} \\ 0 & a_{22} & a_{23} & \cdots & a_{2n} \\ 0 & a_{32} & a_{33} & \cdots & a_{3n} \\ \vdots & \vdots & \vdots & & \vdots \\ 0 & a_{n2} & a_{n3} & \cdots & a_{nn} \end{vmatrix} = a_{11}\begin{vmatrix} a_{22} & a_{23} & \cdots & a_{2n} \\ a_{32} & a_{33} & \cdots & a_{3n} \\ \vdots & \vdots & & \vdots \\ a_{n2} & a_{n3} & \cdots & a_{nn} \end{vmatrix}$.

1.4　行列式的性质

用行列式的定义来计算行列式，一般来说比较烦琐. 为了简化计算，我们需要研究行列式的性质.

定义 1.5　将行列式 D 的行与列互换后得到的新的行列式，称为 D 的**转置行列式**，记为 D^{T}. 即若 $D=\begin{vmatrix} a_{11} & a_{12} & \cdots & a_{1n} \\ a_{21} & a_{22} & \cdots & a_{2n} \\ \vdots & \vdots & & \vdots \\ a_{n1} & a_{n2} & \cdots & a_{nn} \end{vmatrix}$，则 $D^{\mathrm{T}}=\begin{vmatrix} a_{11} & a_{21} & \cdots & a_{n1} \\ a_{12} & a_{22} & \cdots & a_{n2} \\ \vdots & \vdots & & \vdots \\ a_{1n} & a_{2n} & \cdots & a_{nn} \end{vmatrix}$.

性质 1.1　行列式与它的转置行列式的值相等，即 $D=D^{\mathrm{T}}$.

证　分别用 a_{ij} 与 a'_{ij} 表示 D 与 D^{T} 中第 i 行第 j 列处的元素，则有 $a'_{ij}=a_{ji}(i,j=1,2,\cdots,n)$，于是有 $D^{\mathrm{T}}=\sum\limits_{k_1k_2\cdots k_n}(-1)^{\tau(k_1k_2\cdots k_n)}a'_{1k_1}a'_{2k_2}\cdots a'_{nk_n}=\sum\limits_{k_1k_2\cdots k_n}(-1)^{\tau(k_1k_2\cdots k_n)}a_{k_1 1}a_{k_2 2}\cdots a_{k_n n}=D.$

此性质说明了行列式中，行、列地位的对称性，行列式中行所具有的性质对列也同样成立.

性质 1.2　互换行列式的任意两行(或列)，行列式的值变号. 即若

$$B=\begin{vmatrix} a_{11} & a_{12} & \cdots & a_{1n} \\ \vdots & \vdots & & \vdots \\ a_{t1} & a_{t2} & \cdots & a_{tn} \\ \vdots & \vdots & & \vdots \\ a_{s1} & a_{s2} & \cdots & a_{sn} \\ \vdots & \vdots & & \vdots \\ a_{n1} & a_{n2} & \cdots & a_{nn} \end{vmatrix},\quad D=\begin{vmatrix} a_{11} & a_{12} & \cdots & a_{1n} \\ \vdots & \vdots & & \vdots \\ a_{s1} & a_{s2} & \cdots & a_{sn} \\ \vdots & \vdots & & \vdots \\ a_{t1} & a_{t2} & \cdots & a_{tn} \\ \vdots & \vdots & & \vdots \\ a_{n1} & a_{n2} & \cdots & a_{nn} \end{vmatrix},$$

则 $B=-D$.

证　根据行列式的定义，考察一般项 $a_{1j_1}\cdots a_{tj_t}\cdots a_{sj_s}\cdots a_{nj_n}$ 的符号. 在行列式 B 中的符

号是$(-1)^{\tau(j_1\cdots j_t\cdots j_s\cdots j_n)}$，在行列式$D$中的符号是$(-1)^{\tau(j_1\cdots j_s\cdots j_t\cdots j_n)}$，两者符号相反. 并且$B$与$D$的对应项完全相同，所以$B=-D$.

推论 1.2 若行列式D中有两行(或列)对应元素相同，则行列式为零.

这是因为互换D中相同的两行，由性质1.2知$D=-D$，于是$D=0$.

性质 1.3 用k乘行列式D中的某一行(或列)，等于以数k乘此行列式，即

$$\begin{vmatrix} a_{11} & a_{12} & \cdots & a_{1n} \\ \vdots & \vdots & & \vdots \\ ka_{i1} & ka_{i2} & \cdots & ka_{in} \\ \vdots & \vdots & & \vdots \\ a_{n1} & a_{n2} & \cdots & a_{nn} \end{vmatrix} = k\begin{vmatrix} a_{11} & a_{12} & \cdots & a_{1n} \\ \vdots & \vdots & & \vdots \\ a_{i1} & a_{i2} & \cdots & a_{in} \\ \vdots & \vdots & & \vdots \\ a_{n1} & a_{n2} & \cdots & a_{nn} \end{vmatrix}.$$

证 根据n阶行列式的定义，

$$\begin{aligned}\begin{vmatrix} a_{11} & a_{12} & \cdots & a_{1n} \\ \vdots & \vdots & & \vdots \\ ka_{i1} & ka_{i2} & \cdots & ka_{in} \\ \vdots & \vdots & & \vdots \\ a_{n1} & a_{n2} & \cdots & a_{nn} \end{vmatrix} &= \sum_{j_1j_2\cdots j_n}(-1)^{\tau(j_1j_2\cdots j_n)}a_{1j_1}a_{2j_2}\cdots ka_{ij_i}\cdots a_{nj_n} \\ &= k\sum_{j_1j_2\cdots j_n}(-1)^{\tau(j_1j_2\cdots j_n)}a_{1j_1}a_{2j_2}\cdots a_{ij_i}\cdots a_{nj_n} \\ &= k\begin{vmatrix} a_{11} & a_{12} & \cdots & a_{1n} \\ \vdots & \vdots & & \vdots \\ a_{i1} & a_{i2} & \cdots & a_{in} \\ \vdots & \vdots & & \vdots \\ a_{n1} & a_{n2} & \cdots & a_{nn} \end{vmatrix}.\end{aligned}$$

根据此性质，可以得到如下推论.

推论 1.3 如果行列式D中某行(或列)的所有元素有公因式，则公因式可以提到行列式前面.

推论 1.4 如果行列式D中有两行(或列)的对应元素成比例，则$D=0$.

推论 1.5 如果行列式D中某行(或列)的所有元素全为零，则$D=0$.

性质 1.4 如果行列式的某一行(或列)的元素都表成两数之和：$a_{ij}=b_{ij}+c_{ij}$ ($j=1,2,\cdots,n$)，则有

$$D=\begin{vmatrix} a_{11} & a_{12} & \cdots & a_{1n} \\ \vdots & \vdots & & \vdots \\ b_{i1}+c_{i1} & b_{i2}+c_{i2} & \cdots & b_{in}+c_{in} \\ \vdots & \vdots & & \vdots \\ a_{n1} & a_{n2} & \cdots & a_{nn} \end{vmatrix} = \begin{vmatrix} a_{11} & a_{12} & \cdots & a_{1n} \\ \vdots & \vdots & & \vdots \\ b_{i1} & b_{i2} & \cdots & b_{in} \\ \vdots & \vdots & & \vdots \\ a_{n1} & a_{n2} & \cdots & a_{nn} \end{vmatrix} + \begin{vmatrix} a_{11} & a_{12} & \cdots & a_{1n} \\ \vdots & \vdots & & \vdots \\ c_{i1} & c_{i2} & \cdots & c_{in} \\ \vdots & \vdots & & \vdots \\ a_{n1} & a_{n2} & \cdots & a_{nn} \end{vmatrix}.$$

证 根据n阶行列式的定义，

$$D=\begin{vmatrix} a_{11} & a_{12} & \cdots & a_{1n} \\ \vdots & \vdots & & \vdots \\ b_{i1}+c_{i1} & b_{i2}+c_{i2} & \cdots & b_{in}+c_{in} \\ \vdots & \vdots & & \vdots \\ a_{n1} & a_{n2} & \cdots & a_{nn} \end{vmatrix} = \sum_{j_1j_2\cdots j_n}(-1)^{\tau(j_1j_2\cdots j_n)}a_{1j_1}a_{2j_2}\cdots(b_{ij_i}+c_{ij_i})\cdots a_{nj_n}$$

$$=\sum_{j_1j_2\cdots j_n}(-1)^{\tau(j_1j_2\cdots j_n)}a_{1j_1}a_{2j_2}\cdots b_{ij_i}\cdots a_{nj_n}+\sum_{j_1j_2\cdots j_n}(-1)^{\tau(j_1j_2\cdots j_n)}a_{1j_1}a_{2j_2}\cdots c_{ij_i}\cdots a_{nj_n}$$

$$=\begin{vmatrix} a_{11} & a_{12} & \cdots & a_{1n} \\ \vdots & \vdots & & \vdots \\ b_{i1} & b_{i2} & \cdots & b_{in} \\ \vdots & \vdots & & \vdots \\ a_{n1} & a_{n2} & \cdots & a_{nn} \end{vmatrix}+\begin{vmatrix} a_{11} & a_{12} & \cdots & a_{1n} \\ \vdots & \vdots & & \vdots \\ c_{i1} & c_{i2} & \cdots & c_{in} \\ \vdots & \vdots & & \vdots \\ a_{n1} & a_{n2} & \cdots & a_{nn} \end{vmatrix}.$$

性质 1.5　将行列式某一行(列)的所有元素同乘以数 k 后加到另一行(列)对应位置的元素上，行列式的值不变，即

$$\begin{vmatrix} a_{11} & a_{12} & \cdots & a_{1n} \\ \vdots & \vdots & & \vdots \\ a_{i1}+ka_{j1} & a_{i2}+ka_{j2} & \cdots & a_{in}+ka_{jn} \\ \vdots & \vdots & & \vdots \\ a_{j1} & a_{j2} & \cdots & a_{jn} \\ \vdots & \vdots & & \vdots \\ a_{n1} & a_{n2} & \cdots & a_{nn} \end{vmatrix}=\begin{vmatrix} a_{11} & a_{12} & \cdots & a_{1n} \\ \vdots & \vdots & & \vdots \\ a_{i1} & a_{i2} & \cdots & a_{in} \\ \vdots & \vdots & & \vdots \\ a_{j1} & a_{j2} & \cdots & a_{jn} \\ \vdots & \vdots & & \vdots \\ a_{n1} & a_{n2} & \cdots & a_{nn} \end{vmatrix}.$$

证明略.

上面给出了行列式的一些基本性质，这些性质在计算和理论上都很重要. 下面举例说明适当应用行列式的性质，可以简化行列式的计算.

以 r_i 表示行列式的第 i 行，以 c_i 表示行列式的第 i 列，交换 i,j 两行记作 $r_i\leftrightarrow r_j$；第 i 行乘以数 k 记作 kr_i 或 $r_i\times k$；第 i 行提出因子 k 记作 $r_i\div k$；以数 k 乘第 j 行加到第 i 行记作 r_i+kr_j，对列也有类似记号，此时将 r 换成 c.

例 1.8　计算行列式 $D=\begin{vmatrix} 1 & 1 & 1 & 1 \\ 1 & 2 & 3 & 2 \\ 2 & 3 & 1 & 2 \\ 3 & 1 & 2 & 2 \end{vmatrix}$.

解　根据行列式的性质 1.5 和推论 1.4,

$$D\xlongequal{r_2+r_3+r_4}\begin{vmatrix} 1 & 1 & 1 & 1 \\ 6 & 6 & 6 & 6 \\ 2 & 3 & 1 & 2 \\ 3 & 1 & 2 & 2 \end{vmatrix}=0.$$

例 1.9 计算行列式$D=\begin{vmatrix}1&1&-1&3\\-1&-1&2&1\\2&5&2&4\\1&2&3&2\end{vmatrix}$.

解

$$D\xlongequal[\substack{r_3-2r_1\\r_4-r_1}]{r_2+r_1}\begin{vmatrix}1&1&-1&3\\0&0&1&4\\0&3&4&-2\\0&1&4&-1\end{vmatrix}\xlongequal{r_2\leftrightarrow r_4}-\begin{vmatrix}1&1&-1&3\\0&1&4&-1\\0&3&4&-2\\0&0&1&4\end{vmatrix}$$

$$\xlongequal{r_3-3r_2}-\begin{vmatrix}1&1&-1&3\\0&1&4&-1\\0&0&-8&1\\0&0&1&4\end{vmatrix}\xlongequal{r_3\leftrightarrow r_4}\begin{vmatrix}1&1&-1&3\\0&1&4&-1\\0&0&1&4\\0&0&-8&1\end{vmatrix}$$

$$\xlongequal{r_4+8r_3}\begin{vmatrix}1&1&-1&3\\0&1&4&-1\\0&0&1&4\\0&0&0&33\end{vmatrix}=33.$$

例 1.10 证明$\begin{vmatrix}a+b&b+c&c+a\\a_1+b_1&b_1+c_1&c_1+a_1\\a_2+b_2&b_2+c_2&c_2+a_2\end{vmatrix}=2\begin{vmatrix}a&b&c\\a_1&b_1&c_1\\a_2&b_2&c_2\end{vmatrix}$.

证 左端$\xlongequal{性质1.4}\begin{vmatrix}a&b+c&c+a\\a_1&b_1+c_1&c_1+a_1\\a_2&b_2+c_2&c_2+a_2\end{vmatrix}+\begin{vmatrix}b&b+c&c+a\\b_1&b_1+c_1&c_1+a_1\\b_2&b_2+c_2&c_2+a_2\end{vmatrix}$

$$\xlongequal[第二个c_2-c_1]{第一个c_3-c_1}\begin{vmatrix}a&b+c&c\\a_1&b_1+c_1&c_1\\a_2&b_2+c_2&c_2\end{vmatrix}+\begin{vmatrix}b&c&c+a\\b_1&c_1&c_1+a_1\\b_2&c_2&c_2+a_2\end{vmatrix}$$

$$\xlongequal[第二个c_3-c_2]{第一个c_2-c_3}\begin{vmatrix}a&b&c\\a_1&b_1&c_1\\a_2&b_2&c_2\end{vmatrix}+\begin{vmatrix}b&c&a\\b_1&c_1&a_1\\b_2&c_2&a_2\end{vmatrix}$$

$$\xlongequal{第二个用性质1.2}\begin{vmatrix}a&b&c\\a_1&b_1&c_1\\a_2&b_2&c_2\end{vmatrix}+\begin{vmatrix}a&b&c\\a_1&b_1&c_1\\a_2&b_2&c_2\end{vmatrix}$$

$$=2\begin{vmatrix}a&b&c\\a_1&b_1&c_1\\a_2&b_2&c_2\end{vmatrix}.$$

例 1.11 计算 n 阶行列式 $D=\begin{vmatrix} a & b & b & \cdots & b \\ b & a & b & \cdots & b \\ b & b & a & \cdots & b \\ \vdots & \vdots & \vdots & & \vdots \\ b & b & b & \cdots & a \end{vmatrix}$.

解 这个行列式的各行(或各列)元素的和都是相同的，均为 $a+(n-1)b$，因此，逐次将第 $i\ (i=2,3,\cdots,n)$ 列都加到第一列上得

$$D\xlongequal{c_1+\sum_{i=2}^{n}c_i}\begin{vmatrix} a+(n-1)b & b & b & \cdots & b \\ a+(n-1)b & a & b & \cdots & b \\ a+(n-1)b & b & a & \cdots & b \\ \vdots & \vdots & \vdots & & \vdots \\ a+(n-1)b & b & b & \cdots & a \end{vmatrix}\xlongequal{c_1\div[a+(n-1)b]}[a+(n-1)b]\begin{vmatrix} 1 & b & b & \cdots & b \\ 1 & a & b & \cdots & b \\ 1 & b & a & \cdots & b \\ \vdots & \vdots & \vdots & & \vdots \\ 1 & b & b & \cdots & a \end{vmatrix}$$

$$\xlongequal{r_i-r_1\,(i=2,3,\cdots,n)}[a+(n-1)b]\begin{vmatrix} 1 & b & b & \cdots & b \\ 0 & a-b & 0 & \cdots & 0 \\ 0 & 0 & a-b & \cdots & 0 \\ \vdots & \vdots & \vdots & & \vdots \\ 0 & 0 & 0 & 0 & a-b \end{vmatrix}=[a+(n-1)b](a-b)^{n-1}.$$

例 1.12 证明 $D=\begin{vmatrix} a_0 & b_1 & b_2 & \cdots & b_n \\ c_1 & a_1 & 0 & \cdots & 0 \\ c_2 & 0 & a_2 & \cdots & 0 \\ \vdots & \vdots & \vdots & & 0 \\ c_n & 0 & 0 & \cdots & a_n \end{vmatrix}=\left(a_0-\sum_{i=1}^{n}\frac{b_ic_i}{a_i}\right)\prod_{i=1}^{n}a_i\ (a_1a_2\cdots a_n\neq 0)$.

证 将 D 中第 i 列乘以 $-\frac{c_i}{a_i}\ (i=1,2,\cdots,n)$ 加到第一列上得

$$D=\begin{vmatrix} a_0-\sum_{i=1}^{n}\frac{b_ic_i}{a_i} & b_1 & b_2 & \cdots & b_n \\ 0 & a_1 & 0 & \cdots & 0 \\ 0 & 0 & a_2 & \cdots & 0 \\ \vdots & \vdots & \vdots & & \vdots \\ 0 & 0 & 0 & \cdots & a_n \end{vmatrix}=\left(a_0-\sum_{i=1}^{n}\frac{b_ic_i}{a_i}\right)a_1a_2\cdots a_n=\left(a_0-\sum_{i=1}^{n}\frac{b_ic_i}{a_i}\right)\prod_{i=1}^{n}a_i.$$

1.5 行列式展开定理

在行列式计算中，低阶行列式比高阶行列式容易得多. 那么能否将一个阶数较高的行列式化为阶数较低的行列式来计算呢?为此，我们先引入下列定义.

定义 1.6 在 n 阶行列式 $D=\det(a_{ij})$ 中去掉元素 a_{ij} 所在的第 i 行和第 j 列后，余下的元素按原有的排列次序构成的 $n-1$ 阶行列式称为 D 中元素 a_{ij} 的**余子式**，记为 M_{ij}，即

$$M_{ij}=\begin{vmatrix} a_{11} & \cdots & a_{1,j-1} & a_{1,j+1} & \cdots & a_{1n} \\ \vdots & & \vdots & \vdots & & \vdots \\ a_{i-1,1} & \cdots & a_{i-1,j-1} & a_{i-1,j+1} & \cdots & a_{i-1,n} \\ a_{i+1,1} & \cdots & a_{i+1,j-1} & a_{i+1,j+1} & \cdots & a_{i+1,n} \\ \vdots & & \vdots & \vdots & & \vdots \\ a_{n1} & \cdots & a_{n,j-1} & a_{n,j+1} & \cdots & a_{nn} \end{vmatrix},$$

给 M_{ij} 前面添加符号 $(-1)^{i+j}$ 后，称为 a_{ij} 的**代数余子式**，记为 A_{ij}，即 $A_{ij}=(-1)^{i+j}M_{ij}$.

例如，四阶行列式 $D=\begin{vmatrix} a_{11} & a_{12} & a_{13} & a_{14} \\ a_{21} & a_{22} & a_{23} & a_{24} \\ a_{31} & a_{32} & a_{33} & a_{34} \\ a_{41} & a_{42} & a_{43} & a_{44} \end{vmatrix}$ 中，元素 a_{23} 的代数余子式是

$$A_{23}=(-1)^{2+3}M_{23}=-\begin{vmatrix} a_{11} & a_{12} & a_{14} \\ a_{31} & a_{32} & a_{34} \\ a_{41} & a_{42} & a_{44} \end{vmatrix}.$$

观察三阶行列式可知

$$\begin{aligned} D=\begin{vmatrix} a_{11} & a_{12} & a_{13} \\ a_{21} & a_{22} & a_{23} \\ a_{31} & a_{32} & a_{33} \end{vmatrix} &= a_{11}a_{22}a_{33}+a_{12}a_{23}a_{31}+a_{13}a_{21}a_{32}-a_{11}a_{23}a_{32}-a_{12}a_{21}a_{33}-a_{13}a_{22}a_{31} \\ &=(a_{11}a_{22}a_{33}-a_{11}a_{23}a_{32})-(a_{12}a_{21}a_{33}-a_{12}a_{23}a_{31})+(a_{13}a_{21}a_{32}-a_{13}a_{22}a_{31}) \\ &=a_{11}\begin{vmatrix} a_{22} & a_{23} \\ a_{32} & a_{33} \end{vmatrix}-a_{12}\begin{vmatrix} a_{21} & a_{23} \\ a_{31} & a_{33} \end{vmatrix}+a_{13}\begin{vmatrix} a_{21} & a_{22} \\ a_{31} & a_{32} \end{vmatrix} \\ &=a_{11}A_{11}+a_{12}A_{12}+a_{13}A_{13}. \end{aligned}$$

类似可以验证，三阶行列式的值等于它的任一行(列)的各元素与其对应的代数余子式乘积之和.

事实上，对于 n 阶行列式有如下定理.

定理 1.2 n 阶行列式 $D=\begin{vmatrix} a_{11} & a_{12} & \cdots & a_{1n} \\ a_{21} & a_{22} & \cdots & a_{2n} \\ \vdots & \vdots & & \vdots \\ a_{n1} & a_{n2} & \cdots & a_{nn} \end{vmatrix}$ 等于它的任意一行(或列)的各元素与其对应的代数余子式乘积之和，即

$$D=\sum_{k=1}^{n}a_{ik}A_{ik}=a_{i1}A_{i1}+a_{i2}A_{i2}+\cdots+a_{in}A_{in} \quad (i=1,2,\cdots,n) \tag{1.11}$$

或

$$D=\sum_{k=1}^{n}a_{kj}A_{kj}=a_{1j}A_{1j}+a_{2j}A_{2j}+\cdots+a_{nj}A_{nj}\quad (j=1,2,\cdots,n). \tag{1.12}$$

式(1.11)称为**行列式按行展开法则**；式(1.12)称为**行列式按列展开法则**(证明略).

例 1.13　写出四阶行列式 $D=\begin{vmatrix}6&5&0&1\\0&-1&2&0\\8&3&0&4\\0&-2&0&-3\end{vmatrix}$ 按第三列的展开式，并计算该行列式的值.

解　根据定理 1.2 按第三列展开

$$D=0\cdot A_{13}+2A_{23}+0\cdot A_{33}+0\cdot A_{43}=2\times(-1)^{2+3}\begin{vmatrix}6&5&1\\8&3&4\\0&-2&-3\end{vmatrix}=2\times(-98)=-196.$$

利用定理1.2可以把高阶行列式转化为低一阶的行列式. 在本例中，计算该行列式可以用它的任意一行(或列)展开，但因为第三列只有一个非零元素，比较而言，按第三列展开计算量最小. 此时，计算四阶行列式的值就可转化为只计算一个三阶行列式的值. 一般来说，当行列式的某行(或列)含有较多的元素“0”时，利用式(1.11)或(1.12)计算才更有意义. 因此，我们可以先利用行列式性质化简行列式，使行列式某行(或列)的零元素尽可能多，然后再按行(或列)展开.

例 1.14　计算 n 阶行列式

$$D_n=\begin{vmatrix}x&y&0&\cdots&0&0\\0&x&y&\cdots&0&0\\0&0&x&\cdots&0&0\\\vdots&\vdots&\vdots&&\vdots&\vdots\\0&0&0&\cdots&0&y\\y&0&0&\cdots&0&x\end{vmatrix}.$$

解　将行列式按第一列展开

$$D_n=x\cdot(-1)^{1+1}\begin{vmatrix}x&y&\cdots&0&0\\0&x&\cdots&0&0\\\vdots&\vdots&&\vdots&\vdots\\0&0&\cdots&x&y\\0&0&\cdots&0&x\end{vmatrix}_{(n-1)}+y\cdot(-1)^{n+1}\begin{vmatrix}y&0&\cdots&0&0\\x&y&\cdots&0&0\\\vdots&\vdots&&\vdots&\vdots\\0&0&\cdots&y&0\\0&0&\cdots&x&y\end{vmatrix}_{(n-1)}$$

$$=x^n+(-1)^{n+1}y^n.$$

例 1.15　计算 n 阶行列式

$$D_n=\begin{vmatrix}1&2&2&\cdots&2\\2&2&2&\cdots&2\\2&2&3&\cdots&2\\\vdots&\vdots&\vdots&&\vdots\\2&2&2&\cdots&n\end{vmatrix}.$$

解 $$D_n \xlongequal{r_i-r_2\,(i=1,3,\cdots,n)} \begin{vmatrix} -1 & 0 & 0 & \cdots & 0 \\ 2 & 2 & 2 & \cdots & 2 \\ 0 & 0 & 1 & \cdots & 0 \\ \vdots & \vdots & \vdots & & \vdots \\ 0 & 0 & 0 & \cdots & n-2 \end{vmatrix}$$

$$\xlongequal{\text{按第一行展开}} (-1)\times(-1)^{1+1}\begin{vmatrix} 2 & 2 & \cdots & 2 \\ 0 & 1 & \cdots & 0 \\ \vdots & \vdots & & \vdots \\ 0 & 0 & \cdots & n-2 \end{vmatrix}_{(n-1)} = -2(n-2)!.$$

例 1.16 证明范德蒙德(Vandermonde)行列式

$$D_n = \begin{vmatrix} 1 & 1 & 1 & \cdots & 1 \\ a_1 & a_2 & a_3 & \cdots & a_n \\ a_1^2 & a_2^2 & a_3^2 & \cdots & a_n^2 \\ \vdots & \vdots & \vdots & & \vdots \\ a_1^{n-1} & a_2^{n-1} & a_3^{n-1} & \cdots & a_n^{n-1} \end{vmatrix} = \prod_{n\geqslant i>j\geqslant 1}(a_i-a_j) \quad (n\geqslant 2),$$

式中$\prod$为连乘号，$\prod\limits_{n\geqslant i>j\geqslant 1}(a_i-a_j)$表示$a_1,a_2,\cdots,a_n$这$n$个数所有可能的$a_i-a_j(i>j)$的乘积.

证 用数学归纳法. 当$n=2$时，$\begin{vmatrix} 1 & 1 \\ a_1 & a_2 \end{vmatrix}=a_2-a_1$，结论正确.

假设对于$n-1$阶范德蒙德行列式结论成立，则对n阶范德蒙德行列式，从第n行开始，逐行减去上面相邻行的a_1倍，得

$$D=\begin{vmatrix} 1 & 1 & 1 & \cdots & 1 \\ 0 & a_2-a_1 & a_3-a_1 & \cdots & a_n-a_1 \\ 0 & a_2(a_2-a_1) & a_3(a_3-a_1) & \cdots & a_n(a_n-a_1) \\ 0 & a_2^2(a_2-a_1) & a_3^2(a_3-a_1) & \cdots & a_n^2(a_n-a_1) \\ \vdots & \vdots & \vdots & & \vdots \\ 0 & a_2^{n-2}(a_2-a_1) & a_3^{n-2}(a_3-a_1) & \cdots & a_n^{n-2}(a_n-a_1) \end{vmatrix}.$$

按第一列展开，并提出每一列元素的公因子，就有

$$D=(a_2-a_1)(a_3-a_1)\cdots(a_n-a_1)\begin{vmatrix} 1 & 1 & \cdots & 1 \\ a_2 & a_3 & \cdots & a_n \\ a_2^2 & a_3^2 & \cdots & a_n^2 \\ \vdots & \vdots & & \vdots \\ a_2^{n-2} & a_3^{n-2} & \cdots & a_n^{n-2} \end{vmatrix},$$

右边的行列式是一个$n-1$阶范德蒙德行列式. 由归纳法假设知，它等于$\prod\limits_{n\geqslant i>j\geqslant 2}(a_i-a_j)$，代

入上式，即得 $D=(a_2-a_1)(a_3-a_1)\cdots(a_n-a_1)\prod\limits_{n\geqslant i>j\geqslant 2}(a_i-a_j)=\prod\limits_{n\geqslant i>j\geqslant 1}(a_i-a_j)$.

定理 1.2 说明 n 阶行列式等于它的任意一行(或列)的各元素与其对应的代数余子式乘积之和，那么一个 n 阶行列式中任意一行(或列)的元素与另一行(列)对应元素的代数余子式的乘积之和情况又怎么样?例如，在三阶行列式 $D=\begin{vmatrix}1 & 0 & -2\\ 2 & 5 & 1\\ -2 & 3 & 1\end{vmatrix}$ 中，第二行三个元素的代数余子式分别为 $A_{21}=-6$，$A_{22}=-3$，$A_{23}=-3$，计算得到

$$a_{11}A_{21}+a_{12}A_{22}+a_{13}A_{23}=1\times(-6)+0\times(-3)+(-2)\times(-3)=0$$

或

$$a_{31}A_{21}+a_{32}A_{22}+a_{33}A_{23}=(-2)\times(-6)+3\times(-3)+1\times(-3)=0,$$

其结果均为零. 同样，第一行、第二行各元素与第三行对应元素的代数余子式的乘积之和也等于零，对列也有类似的结论，一般有下面的定理.

定理 1.3　n 阶行列式

$$D=\begin{vmatrix}a_{11} & \cdots & a_{1i} & \cdots & a_{1k} & \cdots & a_{1n}\\ \vdots & & \vdots & & \vdots & & \vdots\\ a_{i1} & \cdots & a_{ii} & \cdots & a_{ik} & \cdots & a_{in}\\ \vdots & & \vdots & & \vdots & & \vdots\\ a_{j1} & \cdots & a_{ji} & \cdots & a_{jk} & \cdots & a_{jn}\\ \vdots & & \vdots & & \vdots & & \vdots\\ a_{n1} & \cdots & a_{ni} & \cdots & a_{nk} & \cdots & a_{nn}\end{vmatrix}$$

中任意一行(列)的元素与另一行(列)对应元素的代数余子式的乘积之和等于零，即

$$a_{j1}A_{i1}+a_{j2}A_{i2}+\cdots+a_{jn}A_{in}=0 \quad (j\neq i) \tag{1.13}$$

或

$$a_{1k}A_{1i}+a_{2k}A_{2i}+\cdots+a_{nk}A_{ni}=0 \quad (k\neq i). \tag{1.14}$$

证
$$a_{j1}A_{i1}+a_{j2}A_{i2}+\cdots+a_{jn}A_{in}\xlongequal{j\neq i}\begin{vmatrix}a_{11} & \cdots & a_{1i} & \cdots & a_{1k} & \cdots & a_{1n}\\ \vdots & & \vdots & & \vdots & & \vdots\\ a_{j1} & \cdots & a_{ji} & \cdots & a_{jk} & \cdots & a_{jn}\\ \vdots & & \vdots & & \vdots & & \vdots\\ a_{j1} & \cdots & a_{ji} & \cdots & a_{jk} & \cdots & a_{jn}\\ \vdots & & \vdots & & \vdots & & \vdots\\ a_{n1} & \cdots & a_{ni} & \cdots & a_{nk} & \cdots & a_{nn}\end{vmatrix}=0.$$

(→ 第 i 行)

综合定理 1.2 及定理 1.3，我们有公式

$$\sum_{k=1}^{n}a_{jk}A_{ik}=a_{j1}A_{i1}+a_{j2}A_{i2}+\cdots+a_{jn}A_{in}=\begin{cases}D, & j=i,\\ 0, & j\neq i\end{cases}$$

或

$$\sum_{k=1}^{n} a_{kj}A_{ki} = a_{1j}A_{1i} + a_{2j}A_{2i} + \cdots + a_{nj}A_{ni} = \begin{cases} D, & j = i, \\ 0, & j \neq i. \end{cases}$$

1.6 克拉默法则

行列式的主要应用之一就是表示线性方程组的解. 二元、三元线性方程组的解可以由行列式表示, 这种表示方法可以推广到含有 n 个方程的 n 元线性方程组.

定理 1.4 (克拉默法则) 如果含有 n 个方程的 n 元线性方程组

$$\begin{cases} a_{11}x_1 + a_{12}x_2 + \cdots + a_{1n}x_n = b_1, \\ a_{21}x_1 + a_{22}x_2 + \cdots + a_{2n}x_n = b_2, \\ \qquad\cdots\cdots \\ a_{n1}x_1 + a_{n2}x_2 + \cdots + a_{nn}x_n = b_n \end{cases} \tag{1.15}$$

的系数行列式 $D = \begin{vmatrix} a_{11} & a_{12} & \cdots & a_{1n} \\ a_{21} & a_{22} & \cdots & a_{2n} \\ \vdots & \vdots & & \vdots \\ a_{n1} & a_{n2} & \cdots & a_{nn} \end{vmatrix} \neq 0$, 则线性方程组(1.15)有唯一解:

$$x_1 = \frac{D_1}{D}, \quad x_2 = \frac{D_2}{D}, \quad \cdots, \quad x_n = \frac{D_n}{D},$$

其中 $D_j\ (j = 1, 2, \cdots, n)$是将 D 中第 j 列元素 $a_{1j}, a_{2j}, \cdots, a_{nj}$ 换成常数项 $b_1, b_2, \cdots, b_n$, 而其余各列保持不变所得的行列式, 即

$$D_j = \begin{vmatrix} a_{11} & \cdots & a_{1,j-1} & b_1 & a_{1,j+1} & \cdots & a_{1n} \\ a_{21} & \cdots & a_{2,j-1} & b_2 & a_{2,j+1} & \cdots & a_{2n} \\ \vdots & & \vdots & \vdots & \vdots & & \vdots \\ a_{n1} & \cdots & a_{n,j-1} & b_n & a_{n,j+1} & \cdots & a_{nn} \end{vmatrix}.$$

证 用系数行列式 D 中第 j 列元素的各代数余子式 $A_{1j}, A_{2j}, \cdots, A_{nj}$ 分别乘方程组(1.15)中各方程的两边, 然后将 n 个方程相加, 得

$$\begin{aligned} &(a_{11}A_{1j} + a_{21}A_{2j} + \cdots + a_{n1}A_{nj})x_1 + \cdots \\ &+ (a_{1j}A_{1j} + a_{2j}A_{2j} + \cdots + a_{nj}A_{nj})x_j + \cdots \\ &+ (a_{1n}A_{1j} + a_{2n}A_{2j} + \cdots + a_{nn}A_{nj})x_n \\ =\ & b_1A_{1j} + b_2A_{2j} + \cdots + b_nA_{nj}. \end{aligned}$$

由定理 1.2 和定理 1.3, 上式左边各项中除 x_j 的系数为行列式 D 以外, 其余各项系数均为 0, 而右边恰好是 D_j 按第 j 列展开的结果, 从而就有 $Dx_j = D_j$. 由题设 $D \neq 0$, 方程组(1.15)有唯一解: $x_1 = \frac{D_1}{D}, x_2 = \frac{D_2}{D}, \cdots, x_n = \frac{D_n}{D}$.

例 1.17 求解线性方程组

$$\begin{cases}x_1-x_2+x_3-2x_4=2,\\2x_1-x_3+4x_4=4,\\3x_1+2x_2+x_3=-1,\\-x_1+2x_2-x_3+2x_4=-4.\end{cases}$$

解 计算行列式

$$D=\begin{vmatrix}1&-1&1&-2\\2&0&-1&4\\3&2&1&0\\-1&2&-1&2\end{vmatrix}=-2\neq 0,$$

$$D_1=\begin{vmatrix}2&-1&1&-2\\4&0&-1&4\\-1&2&1&0\\-4&2&-1&2\end{vmatrix}=-2,\quad D_2=\begin{vmatrix}1&2&1&-2\\2&4&-1&4\\3&-1&1&0\\-1&-4&-1&2\end{vmatrix}=4,$$

$$D_3=\begin{vmatrix}1&-1&2&-2\\2&0&4&4\\3&2&-1&0\\-1&2&-4&2\end{vmatrix}=0,\quad D_4=\begin{vmatrix}1&-1&1&2\\2&0&-1&4\\3&2&1&-1\\-1&2&-1&-4\end{vmatrix}=-1,$$

所以

$$x_1=\frac{D_1}{D}=1,\quad x_2=\frac{D_2}{D}=-2,\quad x_3=\frac{D_3}{D}=0,\quad x_4=\frac{D_4}{D}=\frac{1}{2}$$

是所给方程组的解.

克拉默法则给出了在一定条件下线性方程组解的存在性和唯一性，并且给出了具体的求解公式，这个公式简单明了，便于记忆，在理论上与实践中都具有重要的意义. 但要注意，只有当线性方程组的系数行列式不等于零时，才可以应用克拉默法则求解. 否则，克拉默法则不再适用.

如果线性方程组(1.15)的常数项均为零，即

$$\begin{cases}a_{11}x_1+a_{12}x_2+\cdots+a_{1n}x_n=0,\\a_{21}x_1+a_{22}x_2+\cdots+a_{2n}x_n=0,\\\qquad\cdots\cdots\\a_{n1}x_1+a_{n2}x_2+\cdots+a_{nn}x_n=0,\end{cases}\tag{1.16}$$

则式(1.16)称为**齐次线性方程组**.

由克拉默法则可以得到如下推论.

推论 1.6 当齐次线性方程组(1.16)的系数行列式 $D\neq 0$ 时，它只有零解. 也就是说，如果齐次线性方程组(1.16)有非零解，则其系数行列式 D 必等于零.

还可以证明：齐次线性方程组(1.16)只有零解的充分必要条件是它的系数行列式 $D\neq 0$（第4章）.

例 1.18 用克拉默法则求解线性方程组:

$$\begin{cases}2x_1+3x_2+5x_3=2,\\ x_1+2x_2=5,\\ 3x_2+5x_3=4.\end{cases}$$

解 系数行列式 $D=\begin{vmatrix}2&3&5\\1&2&0\\0&3&5\end{vmatrix}\xlongequal{r_1-r_3}\begin{vmatrix}2&0&0\\1&2&0\\0&3&5\end{vmatrix}=20.$

$$D_1=\begin{vmatrix}2&3&5\\5&2&0\\4&3&5\end{vmatrix}\xlongequal{r_1-r_3}\begin{vmatrix}-2&0&0\\5&2&0\\4&3&5\end{vmatrix}=(-2)\times2\times5=-20,$$

$$D_2=\begin{vmatrix}2&2&5\\1&5&0\\0&4&5\end{vmatrix}\xlongequal{r_1-2r_2}\begin{vmatrix}0&-8&5\\1&5&0\\0&4&5\end{vmatrix}\xlongequal{r_1\leftrightarrow r_2}-\begin{vmatrix}1&5&0\\0&-8&5\\0&4&5\end{vmatrix}=-\begin{vmatrix}-8&5\\4&5\end{vmatrix}=60,$$

$$D_3=\begin{vmatrix}2&3&2\\1&2&5\\0&3&4\end{vmatrix}\xlongequal{r_1-2r_2}\begin{vmatrix}0&-1&-8\\1&2&5\\0&3&4\end{vmatrix}\xlongequal{r_1\leftrightarrow r_2}-\begin{vmatrix}1&2&5\\0&-1&-8\\0&3&4\end{vmatrix}=-\begin{vmatrix}-1&-8\\3&4\end{vmatrix}=-20.$$

由克拉默法则,

$$x_1=\frac{D_1}{D}=-1,\quad x_2=\frac{D_2}{D}=3,\quad x_3=\frac{D_3}{D}=-1.$$

例 1.19 λ 取何值时，方程组 $\begin{cases}\lambda x_1+x_2+x_3=0,\\ x_1+\lambda x_2+x_3=0,\\ x_1+x_2+\lambda x_3=0\end{cases}$ 只有零解.

解 由定理 1.4 知，当 $D\neq 0$ 时方程组只有零解. 系数行列式

$$D=\begin{vmatrix}\lambda&1&1\\1&\lambda&1\\1&1&\lambda\end{vmatrix}=\begin{vmatrix}\lambda+2&1&1\\\lambda+2&\lambda&1\\\lambda+2&1&\lambda\end{vmatrix}=(\lambda+2)\begin{vmatrix}1&1&1\\1&\lambda&1\\1&1&\lambda\end{vmatrix}$$

$$=(\lambda+2)\begin{vmatrix}1&1&1\\0&\lambda-1&0\\0&0&\lambda-1\end{vmatrix}=(\lambda+2)(\lambda-1)^2,$$

所以 $\lambda\neq-2$ 且 $\lambda\neq 1$ 时方程组只有零解.

本 章 小 结

1. 知识框架

本章主要介绍了 n 阶行列式的概念、性质以及应用，它们在计算和理论上都很重要. 通过本章学习，应该理解 n 阶行列式的概念、逆序数的概念，重点掌握行列式的性质，会用行列式的性质将行列式简化为上(下)三角行列式，会用行列式的按行(或列)展开法则计算行列式，会用克拉默法则求解非齐次线性方程组，会判断 n 个未知量 n 个方程的齐次线性方程组是否只有零解.

知识框架如下：

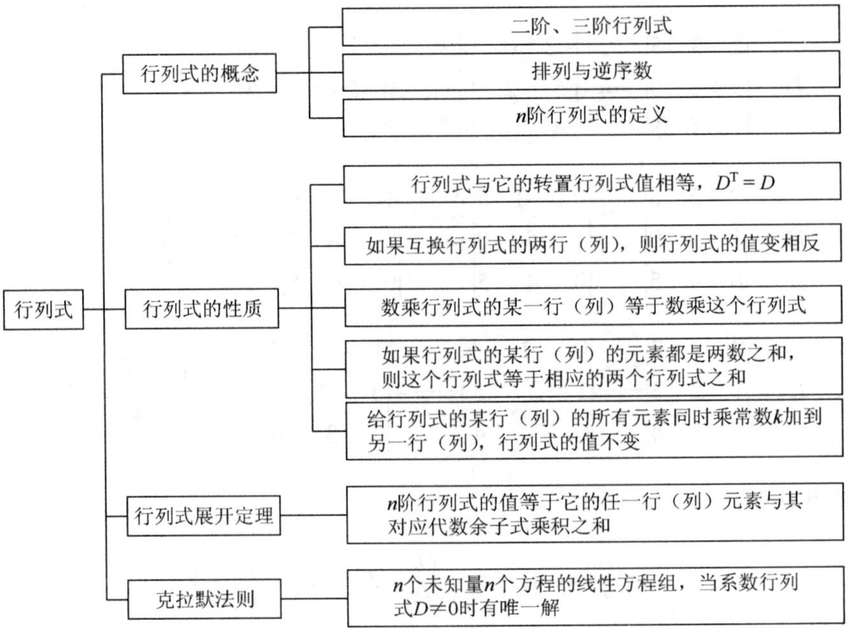

2. 知识要点

(1) 二、三阶行列式，n 阶行列式的概念.

(2) n 阶行列式的性质.

(3) 化行列式为上(下)三角行列式的三种基本方法：

①对换两行(或列) $r_i \leftrightarrow r_j (c_i \leftrightarrow c_j)$;

②用数 k 乘第 i 行(或列) $kr_i (kc_i)$;

③以数 k 乘第 j 行(或列)加到第 i 行 $r_i + kr_j (c_i + kc_j)$.

(4) 行列式的按行(或列)展开法则.

(5) 克拉默法则.

3. 常用基本行列式

①三角行列式

$$\begin{vmatrix} a_{11} & & \\ \vdots & \ddots & \\ a_{n1} & \cdots & a_{nn} \end{vmatrix} = \begin{vmatrix} a_{11} & \cdots & a_{1n} \\ & \ddots & \vdots \\ & & a_{nn} \end{vmatrix} = a_{11}a_{22}\cdots a_{nn},$$

$$\begin{vmatrix} & & a_{1n} \\ & \iddots & \vdots \\ a_{n1} & \cdots & a_{nn} \end{vmatrix} = \begin{vmatrix} a_{11} & \cdots & a_{1n} \\ \vdots & \iddots & \\ a_{n1} & & \end{vmatrix} = (-1)^{\frac{n(n-1)}{2}} a_{1n}a_{2,n-1}\cdots a_{n1};$$

②范德蒙德行列式

$$V(x_1,x_2,\cdots,x_n) = \begin{vmatrix} 1 & 1 & 1 & \cdots & 1 \\ x_1 & x_2 & x_3 & \cdots & x_n \\ x_1^2 & x_2^2 & x_3^2 & \cdots & x_n^2 \\ \vdots & \vdots & \vdots & \ddots & \vdots \\ x_1^{n-1} & x_2^{n-1} & x_3^{n-1} & \cdots & x_n^{n-1} \end{vmatrix} = \prod_{1\leqslant j<i\leqslant n}(x_i - x_j);$$

③爪型行列式

$$\begin{vmatrix} a_1 & a_2 & \cdots & a_n \\ c_2 & b_2 & & \\ \vdots & & \ddots & \\ c_n & & & b_n \end{vmatrix} = \left(a_1 - \frac{a_2c_2}{b_2} - \cdots - \frac{a_nc_n}{b_n}\right)b_2\cdots b_n \quad (b_2\cdots b_n \neq 0);$$

④ $$\begin{vmatrix} a & b & \cdots & b \\ b & a & \cdots & b \\ \vdots & \vdots & \ddots & \vdots \\ b & b & \cdots & a \end{vmatrix} = (a-b)^{n-1}[a+(n-1)b].$$

习　题　1

1. 利用对角线法则计算下列行列式:

(1) $\begin{vmatrix} 3 & 4 \\ -5 & 6 \end{vmatrix}$;　　(2) $\begin{vmatrix} a-b & b \\ -b & a+b \end{vmatrix}$;

(3) $\begin{vmatrix} 1 & 2 & 3 \\ 3 & 2 & 1 \\ 2 & 1 & 3 \end{vmatrix}$;　　(4) $\begin{vmatrix} 1+a & 1 & 1 \\ 1 & 1+a & 1 \\ 1 & 1 & 1+a \end{vmatrix}$.

2. 求下列各排列的逆序数, 并指出它的奇偶性:

(1) 43521;　(2) 23154;　(3) 315462;　(4) 36715284.

3. 确定以下各项在相应行列式中所带的符号:

(1) $a_{12}a_{24}a_{31}a_{45}a_{53}$;　(2) $a_{21}a_{53}a_{16}a_{42}a_{65}a_{34}$;　(3) $a_{25}a_{34}a_{51}a_{72}a_{66}a_{17}a_{43}$.

4. 计算下列行列式:

(1) $\begin{vmatrix} 34215 & 35215 \\ 28092 & 29092 \end{vmatrix}$;　　(2) $\begin{vmatrix} 103 & 100 & 204 \\ 199 & 200 & 395 \\ 301 & 300 & 600 \end{vmatrix}$;

(3) $\begin{vmatrix} 1 & 1 & 1 & 1 \\ 1 & 2 & 3 & 4 \\ 1 & 3 & 6 & 10 \\ 1 & 4 & 10 & 20 \end{vmatrix}$；　(4) $\begin{vmatrix} 1 & 2 & 3 & 4 \\ 2 & 3 & 4 & 1 \\ 3 & 4 & 1 & 2 \\ 4 & 1 & 2 & 3 \end{vmatrix}$.

5. 计算 $D=\begin{vmatrix} 1 & b_1 & 0 & 0 \\ -1 & 1-b_1 & b_2 & 0 \\ 0 & -1 & 1-b_2 & b_3 \\ 0 & 0 & -1 & 1-b_3 \end{vmatrix}$.

6. 计算 $D=\begin{vmatrix} 1 & -1 & 1 & x-1 \\ 1 & -1 & x+1 & -1 \\ 1 & x-1 & 1 & -1 \\ x+1 & -1 & 1 & -1 \end{vmatrix}$.

7. 用行列式性质证明:

(1) $\begin{vmatrix} a_1+kb_1 & b_1+c_1 & c_1 \\ a_2+kb_2 & b_2+c_2 & c_2 \\ a_3+kb_3 & b_3+c_3 & c_3 \end{vmatrix}=\begin{vmatrix} a_1 & b_1 & c_1 \\ a_2 & b_2 & c_2 \\ a_3 & b_3 & c_3 \end{vmatrix}$;

(2) $\begin{vmatrix} y+z & z+x & x+y \\ x+y & y+z & z+x \\ z+x & x+y & y+z \end{vmatrix}=-2\begin{vmatrix} x & y & z \\ y & z & x \\ z & x & y \end{vmatrix}$.

8. 设行列式 $D=\begin{vmatrix} 3 & 0 & 4 & 0 \\ 2 & 2 & 2 & 2 \\ 0 & -7 & 0 & 0 \\ 5 & 3 & -2 & 2 \end{vmatrix}$, 则第四行各元素的余子式之和为多少?第四行各元素的代数余子式之和为多少？

9. 已知四阶行列式 D 中第三列元素依次为 $-1,2,0,1$，它们的余子式依次为 $5,3,-7,4$，求 D 的值.

10. 计算 n 阶行列式:

(1) $D_n=\begin{vmatrix} b & b & \cdots & b & a \\ b & b & \cdots & a & b \\ \vdots & \vdots & & \vdots & \vdots \\ b & a & \cdots & b & b \\ a & b & \cdots & b & b \end{vmatrix}$;　(2) $D_n=\begin{vmatrix} x & -1 & 0 & \cdots & 0 & 0 \\ 0 & x & -1 & \cdots & 0 & 0 \\ 0 & 0 & x & \cdots & 0 & 0 \\ \vdots & \vdots & \vdots & & \vdots & \vdots \\ 0 & 0 & 0 & \cdots & x & -1 \\ a_n & a_{n-1} & a_{n-2} & \cdots & a_2 & x+a_1 \end{vmatrix}$.

11. 用克拉默法则解方程组: $\begin{cases} x+y-2z=-3, \\ 5x-2y+7z=22, \\ 2x-5y+4z=4. \end{cases}$

12. 设方程组 $\begin{cases} x+y+z=a+b+c, \\ ax+by+cz=a^2+b^2+c^2, \\ bcx+cay+abz=3abc, \end{cases}$ 试问 a,b,c 满足什么条件时，方程组有唯一解，并求出唯一解.

13. 设曲线 $y=a_0+a_1x+a_2x^2+a_3x^3$ 通过四点 $(1,3),(2,4),(3,3),(4,-3)$，求系数 a_0,a_1,a_2,a_3.

14. 选择题.

(1) 下列各项中，(　　) 为某五阶行列式中带有正号的项.

(A) $a_{13}a_{44}a_{32}a_{41}a_{55}$　　(B) $a_{21}a_{32}a_{41}a_{15}a_{54}$

(C) $a_{31}a_{25}a_{43}a_{14}a_{52}$　　(D) $a_{15}a_{31}a_{22}a_{44}a_{53}$

(2) 设 $D=|a_{ij}|$ 为 n 阶行列式，则第二对角线上元素的乘积 $a_{1n}a_{2,n-1}\cdots a_{n1}$ 在行列式中的符号为(　　).

(A) 正　　(B) 负　　(C) $(-1)^n$　　(D) $(-1)^{\frac{n(n-1)}{2}}$

(3) 三元一次方程组 $\begin{cases} bx-ay=-2ad, \\ -2cy+3bz=bc, \\ cx+az=0, \end{cases}$ 则(　　).

(A) 当 a,b,c 取任意实数时，方程组均有解

(B) 当 $a=0$ 时，方程组无解

(C) 当 $b=0$ 时，方程组无解

(D) 当 $c=0$ 时，方程组无解

15. 填空题.

(1) 在函数 $f(x)=\begin{vmatrix} x & x & 1 & 0 \\ 1 & x & 2 & 3 \\ 2 & 3 & x & 2 \\ 1 & 1 & 2 & x \end{vmatrix}$ 中，x^3 的系数是_________.

(2) 设 $f(x)=\begin{vmatrix} x & x & 1 & 0 \\ 1 & x & 2 & 3 \\ 2 & 3 & x & 2 \\ 1 & 1 & 2 & x \end{vmatrix}$，则 $f(x)$ 中常数项为_________.

(3) 三元一次方程组 $\begin{cases} \lambda x_1+x_2+x_3=0, \\ x_1+\lambda x_2+x_3=0, \\ x_1+x_2+x_3=0 \end{cases}$ 只有零解，则 λ 应满足_________.

第2章　矩阵及其运算

矩阵是数学中最重要的基本概念之一，是我们学习后面几章的基础和工具，其理论和方法已被广泛应用到自然科学、现代经济学、管理学、工程技术等许多领域. 本章主要介绍矩阵的基本知识，包括矩阵的概念及其运算、矩阵的逆、分块矩阵、矩阵的初等变换、初等矩阵及矩阵的秩以及线性方程组有解的条件等内容.

2.1　矩　　阵

2.1.1　矩阵的概念

定义 2.1　由 $m\times n$ 个数 $a_{ij}(i=1,2,\cdots,m; j=1,2,\cdots,n)$ 排成 m 行 n 列的数表,

$$\begin{matrix} a_{11} & a_{12} & \cdots & a_{1n} \\ a_{21} & a_{22} & \cdots & a_{2n} \\ \vdots & \vdots & & \vdots \\ a_{m1} & a_{m2} & \cdots & a_{mn} \end{matrix}$$

称为 m 行 n 列**矩阵**，或简称为 $m\times n$ 矩阵；用括号括起来以表示它是一个整体，表示为

$$\boldsymbol{A}=\begin{pmatrix} a_{11} & a_{12} & \cdots & a_{1n} \\ a_{21} & a_{22} & \cdots & a_{2n} \\ \vdots & \vdots & & \vdots \\ a_{m1} & a_{m2} & \cdots & a_{mn} \end{pmatrix},$$

或简记为 $\boldsymbol{A}=(a_{ij})_{m\times n}$ 或 $\boldsymbol{A}_{m\times n}$，其中 a_{ij} 表示 $\boldsymbol{A}$ 中第 i 行第 j 列的**元素**(也简称为**元**).

注 2.1　(1) 第 1 章中行列式 $D=\begin{vmatrix} a_{11} & a_{12} & \cdots & a_{1n} \\ a_{21} & a_{22} & \cdots & a_{2n} \\ \vdots & \vdots & & \vdots \\ a_{n1} & a_{n2} & \cdots & a_{nn} \end{vmatrix}$ 表示的是按行列式的运算规则所得到的一个代数表达式，而 $m\times n$ 矩阵是 $m\times n$ 个数排成的数表. 例如，公司的统计报表、学生成绩登记表等，都可写出相应的矩阵.

(2) 元素全是实数的矩阵称为实矩阵；元素全是复数的矩阵称为复矩阵. 在本书中，如没有特殊说明，通常都指的是实矩阵.

2.1.2　特殊矩阵

(1) 若两个矩阵的行数和列数分别相等，则称它们是同型矩阵，如

$$A=\begin{pmatrix}1&2&3\\0&1&0\end{pmatrix},\quad B=\begin{pmatrix}2&1&1\\1&1&0\end{pmatrix}.$$

(2) 设 $A=(a_{ij})_{m\times n}$, $B=(b_{ij})_{m\times n}$ ，当 $a_{ij}=b_{ij}(i=1,2,\cdots,m;j=1,2,\cdots,n)$ 时，则称矩阵 A 与 B 相等，记为 $A=B$.

(3) 当 $m=n$ 时, $n\times n$ 矩阵 $A=\begin{pmatrix}a_{11}&a_{12}&\cdots&a_{1n}\\a_{21}&a_{22}&\cdots&a_{2n}\\\vdots&\vdots&&\vdots\\a_{n1}&a_{n2}&\cdots&a_{nn}\end{pmatrix}=(a_{ij})_{n\times n}$ 称为 n 阶方阵.

(4) 当 $m=1$ 时, $1\times n$ 矩阵 $A=(a_1,a_2,\cdots,a_n)$ 称为行矩阵，或称为 n 维行向量.

(5) 当 $n=1$ 时, $m\times 1$ 矩阵 $B=\begin{pmatrix}b_1\\b_2\\\vdots\\b_m\end{pmatrix}$ 称为列矩阵，或称 m 维列向量，也可表示为 $(b_1,b_2,\cdots,b_m)^{\mathrm{T}}$.

(6) $m\times n$ 矩阵 $\begin{pmatrix}0&0&\cdots&0\\0&0&\cdots&0\\\vdots&\vdots&&\vdots\\0&0&\cdots&0\end{pmatrix}=(0)_{m\times n}$ 称为 $m\times n$ 零矩阵，记为 $O_{m\times n}$ 或 O.

注 2.2　不同型的零矩阵是不相等的.

(7) n 阶方阵 $\begin{pmatrix}1&0&\cdots&0\\0&1&\cdots&0\\\vdots&\vdots&&\vdots\\0&0&\cdots&1\end{pmatrix}$ 称为 n 阶单位矩阵，记为 E_n 或 E.

(8) n 阶方阵 $A=\begin{pmatrix}\lambda_1&&&\\&\lambda_2&&\\&&\ddots&\\&&&\lambda_n\end{pmatrix}=\mathrm{diag}(\lambda_1,\lambda_2,\cdots,\lambda_n)$ 称为 n 阶对角阵.

2.2　矩阵的运算

矩阵的意义不仅在于可以将具体的问题抽象成一些数表的形式，而且在于它定义了一些理论意义和实际意义上的运算，从而使它成为进行理论研究和解决实际问题的重要工具.

2.2.1　矩阵的加法

1. 定义

定义 2.2　设 $A=(a_{ij})_{m\times n}$, $B=(b_{ij})_{m\times n}$, 则 A 与 B 的**加法**定义为

$$A+B=\begin{pmatrix} a_{11}+b_{11} & a_{12}+b_{12} & \cdots & a_{1n}+b_{1n} \\ a_{21}+b_{21} & a_{22}+b_{22} & \cdots & a_{2n}+b_{2n} \\ \vdots & \vdots & & \vdots \\ a_{m1}+b_{m1} & a_{m2}+b_{m2} & \cdots & a_{mn}+b_{mn} \end{pmatrix}.$$

注 2.3 只有当两个矩阵是同型矩阵时，才能进行加法运算.

2. 运算规律

设 $\boldsymbol{A}, \boldsymbol{B}, \boldsymbol{C}$ 及 $\boldsymbol{O}$ 都是 $m\times n$ 矩阵，根据矩阵相等的定义，矩阵的加法满足下列运算规律：
① $\boldsymbol{A}+\boldsymbol{B}=\boldsymbol{B}+\boldsymbol{A}$; ② $(\boldsymbol{A}+\boldsymbol{B})+\boldsymbol{C}=\boldsymbol{A}+(\boldsymbol{B}+\boldsymbol{C})$; ③ $\boldsymbol{A}+\boldsymbol{O}=\boldsymbol{A}$.

2.2.2 矩阵的数乘

1. 定义

定义 2.3 设 λ 是数, $\boldsymbol{A}=(a_{ij})_{m\times n}$ 是 $m\times n$ 矩阵，则 λ 与 $\boldsymbol{A}$ 的**数乘**定义为

$$\lambda\boldsymbol{A}=\begin{pmatrix} \lambda a_{11} & \lambda a_{12} & \cdots & \lambda a_{1n} \\ \lambda a_{21} & \lambda a_{22} & \cdots & \lambda a_{2n} \\ \vdots & \vdots & & \vdots \\ \lambda a_{m1} & \lambda a_{m2} & \cdots & \lambda a_{mn} \end{pmatrix}.$$

2. 运算规律

设 λ, μ 是数, $\boldsymbol{A}, \boldsymbol{B}$ 是 $m\times n$ 矩阵，有
① $(\lambda\mu)\boldsymbol{A}=\lambda(\mu)\boldsymbol{A}$; ② $(\lambda+\mu)\boldsymbol{A}=\lambda\boldsymbol{A}+\mu\boldsymbol{A}$; ③ $\lambda(\boldsymbol{A}+\boldsymbol{B})=\lambda\boldsymbol{A}+\lambda\boldsymbol{B}$.
矩阵的加法和数乘运算统称为矩阵的线性运算.

例 2.1 设

$$\boldsymbol{A}=\begin{pmatrix} 1 & -2 & 4 \\ 3 & 5 & 0 \\ -1 & 2 & -7 \end{pmatrix}, \quad \boldsymbol{B}=\begin{pmatrix} 3 & 2 & 1 \\ -6 & 7 & -2 \\ 0 & 4 & 1 \end{pmatrix},$$

求矩阵 $\boldsymbol{X}$，使之满足矩阵方程 $2\boldsymbol{A}+\boldsymbol{X}=\boldsymbol{B}$.

解 由 $2\boldsymbol{A}+\boldsymbol{X}=\boldsymbol{B}$，得

$$\boldsymbol{X}=\boldsymbol{B}-2\boldsymbol{A}=\begin{pmatrix} 3 & 2 & 1 \\ -6 & 7 & -2 \\ 0 & 4 & 1 \end{pmatrix}-2\begin{pmatrix} 1 & -2 & 4 \\ 3 & 5 & 0 \\ -1 & 2 & -7 \end{pmatrix}=\begin{pmatrix} 1 & 6 & -7 \\ -12 & -3 & -2 \\ 2 & 0 & 15 \end{pmatrix}.$$

注 2.4 有了矩阵的加法与数乘运算，对于两个同型的矩阵 $\boldsymbol{A}$ 与 $\boldsymbol{B}$，可以求它们的差(或称矩阵的减法), $\boldsymbol{A}-\boldsymbol{B}=\boldsymbol{A}+(-\boldsymbol{B})$.

2.2.3 矩阵的乘法

矩阵的乘法运算比较复杂，首先看一个例子.

设变量 t_1,t_2 到变量 x_1,x_2,x_3 的线性变换为

$$\begin{cases} x_1 = b_{11}t_1 + b_{12}t_2, \\ x_2 = b_{21}t_1 + b_{22}t_2, \\ x_3 = b_{31}t_1 + b_{32}t_2, \end{cases}$$

变量 x_1,x_2,x_3 到变量 y_1,y_2 的线性变换为

$$\begin{cases} y_1 = a_{11}x_1 + a_{12}x_2 + a_{13}x_3, \\ y_2 = a_{21}x_1 + a_{22}x_2 + a_{23}x_3, \end{cases}$$

则变量 t_1,t_2 到变量 y_1,y_2 的线性变换应为

$$\begin{cases} y_1 = (a_{11}b_{11} + a_{12}b_{21} + a_{13}b_{31})t_1 + (a_{11}b_{12} + a_{12}b_{22} + a_{13}b_{32})t_2, \\ y_2 = (a_{21}b_{11} + a_{22}b_{21} + a_{23}b_{31})t_1 + (a_{21}b_{12} + a_{22}b_{22} + a_{23}b_{32})t_2. \end{cases}$$

定义矩阵

$$\begin{pmatrix} a_{11} & a_{12} & a_{13} \\ a_{21} & a_{22} & a_{23} \end{pmatrix} \quad 和 \quad \begin{pmatrix} b_{11} & b_{12} \\ b_{21} & b_{22} \\ b_{31} & b_{32} \end{pmatrix}$$

的乘积为

$$\begin{pmatrix} a_{11} & a_{12} & a_{13} \\ a_{21} & a_{22} & a_{23} \end{pmatrix} \begin{pmatrix} b_{11} & b_{12} \\ b_{21} & b_{22} \\ b_{31} & b_{32} \end{pmatrix} = \begin{pmatrix} a_{11}b_{11} + a_{12}b_{21} + a_{13}b_{31} & a_{11}b_{12} + a_{12}b_{22} + a_{13}b_{32} \\ a_{21}b_{11} + a_{22}b_{21} + a_{23}b_{31} & a_{21}b_{12} + a_{22}b_{22} + a_{23}b_{32} \end{pmatrix}.$$

按以上方式定义的乘法具有实际意义. 由此推广得到矩阵乘法的一般定义.

1. 定义

定义 2.4　设 $\boldsymbol{A} = (a_{ij})_{m\times s}$, $\boldsymbol{B} = (b_{ij})_{s\times n}$, 规定矩阵 $\boldsymbol{A}$ 与矩阵 $\boldsymbol{B}$ 的乘积是 $m\times n$ 矩阵 $\boldsymbol{C} = (c_{ij})_{m\times n}$, 其中

$$c_{ij} = a_{i1}b_{1j} + a_{i2}b_{2j} + \cdots + a_{is}b_{sj} = \sum_{k=1}^{s} a_{ik}b_{kj} \quad (i = 1,2,\cdots,m;\ j = 1,2,\cdots,n),$$

记作 $\boldsymbol{C} = \boldsymbol{AB}$, 即 $\boldsymbol{C}$ 的第 i 行第 j 列上的元素 c_{ij} 就是 $\boldsymbol{A}$ 的第 i 行与 $\boldsymbol{B}$ 的第 j 列的对应元素的乘积之和.

对于矩阵的乘法, 应该注意以下几点:

(1) 只有当第一个矩阵的列数等于第二个矩阵的行数时, 两个矩阵才能相乘;

(2) $\boldsymbol{AB}$ 的行数等于 $\boldsymbol{A}$ 的行数, $\boldsymbol{AB}$ 的列数等于 $\boldsymbol{B}$ 的列数;

(3) $\boldsymbol{A}$ 与 $\boldsymbol{B}$ 的先后次序一般不能交换;

(4) 一行与一列相乘 $(a_{i1},a_{i2},\cdots,a_{in})\begin{pmatrix} b_{1j} \\ b_{2j} \\ \vdots \\ b_{nj} \end{pmatrix}=\sum_{k=1}^{n}a_{ik}b_{kj}=c_{ij}$ 是一个数.

例 2.2　设 $\boldsymbol{A}=\begin{pmatrix} 3 & -1 \\ 0 & 3 \\ 1 & 4 \end{pmatrix}$, $\boldsymbol{B}=\begin{pmatrix} 1 & 3 & 1 & 2 \\ 0 & -2 & 1 & 0 \end{pmatrix}$, 求 $\boldsymbol{AB}$.

解　由于 $\boldsymbol{A}$ 是 3×2 矩阵, $\boldsymbol{B}$ 是 2×4 矩阵, $\boldsymbol{A}$ 的列数等于 $\boldsymbol{B}$ 的行数, 所以 $\boldsymbol{A}$ 与 $\boldsymbol{B}$ 可以相乘, 其乘积 $\boldsymbol{C}=\boldsymbol{AB}$ 是一个 3×4 矩阵. 根据定义有

$$\boldsymbol{AB}=\begin{pmatrix} 3 & -1 \\ 0 & 3 \\ 1 & 4 \end{pmatrix}\begin{pmatrix} 1 & 3 & 1 & 2 \\ 0 & -2 & 1 & 0 \end{pmatrix}=\begin{pmatrix} 3 & 11 & 2 & 6 \\ 0 & -6 & 3 & 0 \\ 1 & -5 & 5 & 2 \end{pmatrix}.$$

注 2.5　这里 $\boldsymbol{BA}$ 没有意义.

例 2.3　设 $\boldsymbol{A}=\begin{pmatrix} 3 & 1 \\ 4 & 6 \end{pmatrix}$, $\boldsymbol{B}=\begin{pmatrix} 2 & 1 \\ 4 & 6 \end{pmatrix}$, $\boldsymbol{C}=\begin{pmatrix} 0 & 0 \\ 1 & 1 \end{pmatrix}$, 求 $\boldsymbol{AC}$ 和 $\boldsymbol{BC}$.

解　$\boldsymbol{AC}=\begin{pmatrix} 3 & 1 \\ 4 & 6 \end{pmatrix}\begin{pmatrix} 0 & 0 \\ 1 & 1 \end{pmatrix}=\begin{pmatrix} 1 & 1 \\ 6 & 6 \end{pmatrix}$, $\boldsymbol{BC}=\begin{pmatrix} 2 & 1 \\ 4 & 6 \end{pmatrix}\begin{pmatrix} 0 & 0 \\ 1 & 1 \end{pmatrix}=\begin{pmatrix} 1 & 1 \\ 6 & 6 \end{pmatrix}$.

从上面的例子可以看出, 如下结论成立:

(1) 若 $\boldsymbol{A}_{m\times s}$, $\boldsymbol{B}_{s\times n}$, 则 $\boldsymbol{A}_{m\times s}\boldsymbol{B}_{s\times n}$ 有意义, 而当 $m\neq n$ 时, $\boldsymbol{B}_{s\times n}\boldsymbol{A}_{m\times s}$ 无意义;

(2) 若 $\boldsymbol{A}_{m\times n}$, $\boldsymbol{B}_{n\times m}$, 则 $\boldsymbol{A}_{m\times n}\boldsymbol{B}_{n\times m}$ 是 m 阶方阵, 而 $\boldsymbol{B}_{n\times m}\boldsymbol{A}_{m\times n}$ 是 n 阶方阵;

(3) 一般 $\boldsymbol{AB}\neq\boldsymbol{BA}$ (即矩阵乘法不满足交换律);

(4) $\boldsymbol{AB}=\boldsymbol{AC}$ 且 $\boldsymbol{A}\neq\boldsymbol{O}$, 不一定有 $\boldsymbol{B}=\boldsymbol{C}$.

这些都是矩阵乘法与数的乘法的不同之处, 希望读者在学习中注意.

2. 运算规律

假设所涉及的运算都是可行的.

(1) $(\boldsymbol{AB})\boldsymbol{C}=\boldsymbol{A}(\boldsymbol{BC})$;

(2) $\lambda(\boldsymbol{AB})=(\lambda\boldsymbol{A})\boldsymbol{B}=\boldsymbol{A}(\lambda\boldsymbol{B})$;

(3) $\boldsymbol{A}(\boldsymbol{B}+\boldsymbol{C})=\boldsymbol{AB}+\boldsymbol{AC}$, $(\boldsymbol{B}+\boldsymbol{C})\boldsymbol{A}=\boldsymbol{BA}+\boldsymbol{CA}$;

(4) $\boldsymbol{E}_m\boldsymbol{A}_{m\times n}=\boldsymbol{A}_{m\times n}\boldsymbol{E}_n=\boldsymbol{A}_{m\times n}$;

(5) $\boldsymbol{AO}=\boldsymbol{O}$, $\boldsymbol{OA}=\boldsymbol{O}$.

由 (4) 可见, 单位矩阵在矩阵乘法中的作用类似于数的乘法中的“1”的作用.

矩阵 $\lambda\boldsymbol{E}=\begin{pmatrix} \lambda & & & \\ & \lambda & & \\ & & \ddots & \\ & & & \lambda \end{pmatrix}$ 称为**纯量矩阵**. 由 $\lambda(\boldsymbol{AE})=\lambda\boldsymbol{A}=\boldsymbol{A}(\lambda\boldsymbol{E})$ 可知, 纯量矩阵 $\lambda\boldsymbol{E}$ 与矩阵 $\boldsymbol{A}$ 的乘积等于数 λ 与 $\boldsymbol{A}$ 的乘积, 且当 $\boldsymbol{A}$ 为 n 阶方阵时, 有 $\lambda(\boldsymbol{A}_n\boldsymbol{E}_n)=\lambda\boldsymbol{A}_n=$

$A_n(\lambda E_n)$，表明纯量矩阵 λE 与任何同阶方阵的乘法都是可交换的.

2.2.4　矩阵的幂

1. 定义

定义 2.5　设 A 是 n 阶方阵，k 是正整数，则 A 的 k 次幂规定为

$$A^k = AA\cdots A,$$

即 k 个 A 相乘.

特别规定：当 $A \neq O$ 时，$A^0 = E$.

2. 运算规律

设 A 是方阵，k,l 是正整数，矩阵的幂运算满足以下规律：

① $A^kA^l = A^{k+l}$；② $(A^k)^l = A^{kl}$.

由于矩阵的乘法一般不满足交换律，故对两个 n 阶方阵 A 与 B，一般来说 $(AB)^k \neq A^kB^k$，只有当 A 与 B 可交换时才有 $(AB)^k = A^kB^k$. 因此对于 $(A+B)^2 = A^2+2AB+B^2$，$(A-B)(A+B) = A^2-B^2$ 也只有在 A 与 B 可交换时才成立. 但是，因为 $AE = EA$，从而有

$$(A+E)^2 = A^2+2A+E, \quad (A-E)(A+E) = A^2-E.$$

例 2.4　设 $A = \begin{pmatrix} 1 & 0 & 1 \\ 0 & 3 & 0 \\ 0 & 0 & 1 \end{pmatrix}$，求 $A^k (k=2,3,\cdots)$.

解　因为

$$A^2 = AA = \begin{pmatrix} 1 & 0 & 1 \\ 0 & 3 & 0 \\ 0 & 0 & 1 \end{pmatrix}\begin{pmatrix} 1 & 0 & 1 \\ 0 & 3 & 0 \\ 0 & 0 & 1 \end{pmatrix} = \begin{pmatrix} 1 & 0 & 2 \\ 0 & 3^2 & 0 \\ 0 & 0 & 1 \end{pmatrix},$$

$$A^3 = A^2A = \begin{pmatrix} 1 & 0 & 2 \\ 0 & 3^2 & 0 \\ 0 & 0 & 1 \end{pmatrix}\begin{pmatrix} 1 & 0 & 1 \\ 0 & 3 & 0 \\ 0 & 0 & 1 \end{pmatrix} = \begin{pmatrix} 1 & 0 & 3 \\ 0 & 3^3 & 0 \\ 0 & 0 & 1 \end{pmatrix},$$

可以验证 $A^k = \begin{pmatrix} 1 & 0 & k \\ 0 & 3^k & 0 \\ 0 & 0 & 1 \end{pmatrix}$.

显然，一个对角矩阵的 k 次幂仍是对角矩阵，即

$$\begin{pmatrix} \lambda_1 & & & \\ & \lambda_2 & & \\ & & \ddots & \\ & & & \lambda_n \end{pmatrix}^k = \begin{pmatrix} \lambda_1^k & & & \\ & \lambda_2^k & & \\ & & \ddots & \\ & & & \lambda_n^k \end{pmatrix}.$$

2.2.5 矩阵的转置

1. 定义

定义 2.6 设 $\boldsymbol{A}=\begin{pmatrix} a_{11} & a_{12} & \cdots & a_{1n} \\ a_{21} & a_{22} & \cdots & a_{2n} \\ \vdots & \vdots & & \vdots \\ a_{m1} & a_{m2} & \cdots & a_{mn} \end{pmatrix}$, 记

$$\boldsymbol{A}^{\mathrm{T}}=\begin{pmatrix} a_{11} & a_{21} & \cdots & a_{m1} \\ a_{12} & a_{22} & \cdots & a_{m2} \\ \vdots & \vdots & & \vdots \\ a_{1n} & a_{2n} & \cdots & a_{mn} \end{pmatrix},$$

则称 $\boldsymbol{A}^{\mathrm{T}}$ 是 $\boldsymbol{A}$ 的**转置矩阵**.

2. 运算规律

矩阵的转置也是一种运算, 满足以下运算规律(假设运算都是可行的):
① $(\boldsymbol{A}^{\mathrm{T}})^{\mathrm{T}}=\boldsymbol{A}$; ② $(\boldsymbol{A}+\boldsymbol{B})^{\mathrm{T}}=\boldsymbol{A}^{\mathrm{T}}+\boldsymbol{B}^{\mathrm{T}}$; ③ $(\lambda\boldsymbol{A})^{\mathrm{T}}=\lambda\boldsymbol{A}^{\mathrm{T}}$; ④ $(\boldsymbol{AB})^{\mathrm{T}}=\boldsymbol{B}^{\mathrm{T}}\boldsymbol{A}^{\mathrm{T}}$.

定义 2.7 若 n 阶方阵 $\boldsymbol{A}$ 满足 $\boldsymbol{A}^{\mathrm{T}}=\boldsymbol{A}$ (即 $a_{ij}=a_{ji},i,j=1,2,\cdots,n$), 则称 $\boldsymbol{A}$ 是 n 阶**对称矩阵**, 简称**对称阵**.

其特点是它的元素关于主对角线对称, 对应相等, 例如,

$$\boldsymbol{A}=\begin{pmatrix} 1 & 2 & 1 \\ 2 & 0 & 3 \\ 1 & 3 & 5 \end{pmatrix}.$$

对称矩阵有如下性质:
(1) 两个同阶对称矩阵的和仍是对称矩阵;
(2) 数乘对称矩阵仍是对称矩阵.

注 2.6 两个对称矩阵的乘积不一定是对称矩阵, 例如,

$$\boldsymbol{A}=\begin{pmatrix} 2 & -1 \\ -1 & 0 \end{pmatrix},\quad \boldsymbol{B}=\begin{pmatrix} 0 & 1 \\ 1 & 0 \end{pmatrix}$$

都是对称矩阵, 但是 $\boldsymbol{AB}=\begin{pmatrix} -1 & 2 \\ 0 & -1 \end{pmatrix}$ 不是对称矩阵.

例 2.5 设 $\boldsymbol{x}=(x_1,x_2,\cdots,x_n)^{\mathrm{T}}$, 且 $\boldsymbol{x}^{\mathrm{T}}\boldsymbol{x}=1$, $\boldsymbol{E}$ 为 n 阶单位阵, $\boldsymbol{H}=\boldsymbol{E}-2\boldsymbol{x}\boldsymbol{x}^{\mathrm{T}}$, 证明:
(1) $\boldsymbol{H}$ 是对称阵; (2) $\boldsymbol{H}^2=\boldsymbol{E}$.

证 (1) $\boldsymbol{H}^{\mathrm{T}}=(\boldsymbol{E}-2\boldsymbol{x}\boldsymbol{x}^{\mathrm{T}})^{\mathrm{T}}=\boldsymbol{E}^{\mathrm{T}}-2(\boldsymbol{x}\boldsymbol{x}^{\mathrm{T}})^{\mathrm{T}}=\boldsymbol{E}-2\boldsymbol{x}\boldsymbol{x}^{\mathrm{T}}=\boldsymbol{H}$, 故 $\boldsymbol{H}$ 是对称阵.

(2) $\boldsymbol{H}^2=(\boldsymbol{E}-2\boldsymbol{x}\boldsymbol{x}^{\mathrm{T}})^2=\boldsymbol{E}-4\boldsymbol{x}\boldsymbol{x}^{\mathrm{T}}+4\boldsymbol{x}\boldsymbol{x}^{\mathrm{T}}\boldsymbol{x}\boldsymbol{x}^{\mathrm{T}}=\boldsymbol{E}-4\boldsymbol{x}\boldsymbol{x}^{\mathrm{T}}+4\boldsymbol{x}(\boldsymbol{x}^{\mathrm{T}}\boldsymbol{x})\boldsymbol{x}^{\mathrm{T}}=\boldsymbol{E}$.

2.2.6　方阵的行列式

1. 定义

定义 2.8　设 $\boldsymbol{A}$ 为 n 阶方阵，其元素构成的 n 阶行列式(各元素的位置保持不变)，称为方阵 $\boldsymbol{A}$ 的行列式，记为 $|\boldsymbol{A}|$ 或 $\det\boldsymbol{A}$.

注 2.7　方阵和方阵的行列式是两个不同的概念. n 阶方阵是 n^2 个数按一定方式排列的数表，而 n 阶行列式则是这些数按一定的运算法则所确定的一个代数表达式.

2. 性质

设 $\boldsymbol{A},\boldsymbol{B}$ 为 n 阶方阵，λ 为数，k 为正整数，则满足下列性质：

(1) $|\boldsymbol{A}^{\mathrm{T}}|=|\boldsymbol{A}|$;

(2) $|\lambda\boldsymbol{A}|=\lambda^n|\boldsymbol{A}|$;

(3) $|\boldsymbol{AB}|=|\boldsymbol{BA}|=|\boldsymbol{A}||\boldsymbol{B}|$;

(4) $|\boldsymbol{A}^k|=|\boldsymbol{A}|^k$.

特别地，若方阵 $\boldsymbol{A}$ 的行列式 $|\boldsymbol{A}|\neq 0$，则称 $\boldsymbol{A}$ 为**非奇异矩阵**；若 $|\boldsymbol{A}|=0$，则称 $\boldsymbol{A}$ 为**奇异矩阵**.

例 2.6　设 $\boldsymbol{A},\boldsymbol{B}$ 为三阶方阵，$|\boldsymbol{A}|=-2$，且 $\boldsymbol{A}^3-\boldsymbol{ABA}+2\boldsymbol{E}=\boldsymbol{O}$，求 $|\boldsymbol{A}-\boldsymbol{B}|$.

解　利用矩阵乘法的分配律，由 $\boldsymbol{A}^3-\boldsymbol{ABA}+2\boldsymbol{E}=\boldsymbol{O}$，可得

$$\boldsymbol{A}(\boldsymbol{A}-\boldsymbol{B})\boldsymbol{A}=-2\boldsymbol{E}.$$

两边取行列式，得 $|\boldsymbol{A}||\boldsymbol{A}-\boldsymbol{B}||\boldsymbol{A}|=|-2\boldsymbol{E}|$，由于 $|\boldsymbol{A}|=-2$，所以 $|\boldsymbol{A}-\boldsymbol{B}|=\dfrac{(-2)^3|\boldsymbol{E}|}{|\boldsymbol{A}|^2}=-2$.

定义 2.9　设矩阵 $\boldsymbol{A}=\begin{pmatrix} a_{11} & a_{12} & \cdots & a_{1n} \\ a_{21} & a_{22} & \cdots & a_{2n} \\ \vdots & \vdots & & \vdots \\ a_{n1} & a_{n2} & \cdots & a_{nn} \end{pmatrix}$，若记矩阵 $\boldsymbol{A}$ 的行列式 $|\boldsymbol{A}|$ 的各个元素 a_{ij} 的代数余子式 A_{ij} 所构成的矩阵为

$$\boldsymbol{A}^*=\begin{pmatrix} A_{11} & A_{21} & \cdots & A_{n1} \\ A_{12} & A_{22} & \cdots & A_{n2} \\ \vdots & \vdots & & \vdots \\ A_{1n} & A_{2n} & \cdots & A_{nn} \end{pmatrix},$$

则称 $\boldsymbol{A}^*$ 为 $\boldsymbol{A}$ 的**伴随矩阵**，简称为 $\boldsymbol{A}$ 的伴随阵.

由矩阵的乘法及方阵的行列式的性质，可以验证下面式子成立：

$$\boldsymbol{A}^*\boldsymbol{A}=\boldsymbol{A}\boldsymbol{A}^*=|\boldsymbol{A}|\boldsymbol{E}.$$

2.3　矩 阵 的 逆

前面我们定义了矩阵的加法、数乘以及乘法运算，那么能否也像数的运算那样定义矩

阵的除法运算呢?在初等代数中解一元一次方程 $ax=c$, 当 $a\neq 0$ 时, 存在 a 的倒数 a^{-1}, 使得 $x=a^{-1}c$ 为方程的解, 即存在一个数 b, 使得 $ab=ba=1$; 那么在解矩阵方程 $\boldsymbol{AX}=\boldsymbol{B}$ 时, 是否也存在一个矩阵 $\boldsymbol{A}^{-1}$, 使得 $\boldsymbol{AA}^{-1}=\boldsymbol{A}^{-1}\boldsymbol{A}=\boldsymbol{E}$ 呢? 这就是这一节要讨论的问题, 逆矩阵在矩阵理论和应用中有着重要的作用.

2.3.1 逆矩阵的概念

定义 2.10 设 $\boldsymbol{A}$ 是 n 阶方阵, 如果存在 n 阶方阵 $\boldsymbol{B}$, 使得

$$\boldsymbol{AB}=\boldsymbol{BA}=\boldsymbol{E},$$

则称 $\boldsymbol{A}$ 是**可逆矩阵**, 简称 $\boldsymbol{A}$ **可逆**, 并把 $\boldsymbol{B}$ 称为 $\boldsymbol{A}$ 的逆矩阵, 记为 $\boldsymbol{B}=\boldsymbol{A}^{-1}$.

注 2.8 (1) 逆矩阵是对方阵而言, 定义中 $\boldsymbol{A}$ 与 $\boldsymbol{B}$ 的地位对称, 即 $\boldsymbol{B}$ 是 $\boldsymbol{A}$ 的逆矩阵时, $\boldsymbol{A}$ 也是 $\boldsymbol{B}$ 的逆矩阵;

(2) $\boldsymbol{A}^{-1}\neq\dfrac{1}{\boldsymbol{A}}$, 这是与数的区别;

(3) 对于单位矩阵 $\boldsymbol{E}$, 由于总有 $\boldsymbol{EE}=\boldsymbol{EE}=\boldsymbol{E}$, 因此 $\boldsymbol{E}^{-1}=\boldsymbol{E}$.

由定义可以看出, 不是所有的方阵都可逆, 那么当它满足什么条件时, 才可逆?逆矩阵是否唯一?如何求逆矩阵呢?

2.3.2 矩阵可逆的条件

定理 2.1 若 n 阶方阵 $\boldsymbol{A}$ 可逆, 则 $\boldsymbol{A}$ 的逆矩阵唯一.

证 设 $\boldsymbol{B}$ 与 $\boldsymbol{C}$ 都是 $\boldsymbol{A}$ 的逆矩阵, 由定义 2.10, 有

$$\boldsymbol{AB}=\boldsymbol{BA}=\boldsymbol{E},\qquad \boldsymbol{AC}=\boldsymbol{CA}=\boldsymbol{E},$$

于是

$$\boldsymbol{B}=\boldsymbol{BE}=\boldsymbol{B}(\boldsymbol{AC})=(\boldsymbol{BA})\boldsymbol{C}=\boldsymbol{EC}=\boldsymbol{C},$$

所以 $\boldsymbol{A}$ 的逆矩阵唯一.

定理 2.2 n 阶方阵 $\boldsymbol{A}$ 可逆的充分必要条件是 $|\boldsymbol{A}|\neq 0$, 且 $\boldsymbol{A}^{-1}=\dfrac{1}{|\boldsymbol{A}|}\boldsymbol{A}^*$.

证 必要性: 若 $\boldsymbol{A}$ 可逆, 则存在 $\boldsymbol{A}^{-1}$, 使

$$\boldsymbol{AA}^{-1}=\boldsymbol{A}^{-1}\boldsymbol{A}=\boldsymbol{E},$$

两边取行列式, 得

$$|\boldsymbol{A}||\boldsymbol{A}^{-1}|=|\boldsymbol{A}^{-1}\boldsymbol{A}|=|\boldsymbol{E}|=1,$$

因此 $|\boldsymbol{A}|\neq 0$.

充分性: 由于 $\boldsymbol{A}^*\boldsymbol{A}=\boldsymbol{AA}^*=|\boldsymbol{A}|\boldsymbol{E}$, 且已知 $|\boldsymbol{A}|\neq 0$, 于是有

$$\boldsymbol{A}\left(\frac{1}{|\boldsymbol{A}|}\boldsymbol{A}^*\right)=\left(\frac{1}{|\boldsymbol{A}|}\boldsymbol{A}^*\right)\boldsymbol{A}=\boldsymbol{E},$$

由定义 2.10 可得, $\boldsymbol{A}$ 可逆且 $\boldsymbol{A}^{-1}=\dfrac{1}{|\boldsymbol{A}|}\boldsymbol{A}^*$.

推论 2.1 设 $\boldsymbol{A},\boldsymbol{B}$ 为同阶方阵, 若 $\boldsymbol{AB}=\boldsymbol{E}$ (或 $\boldsymbol{BA}=\boldsymbol{E}$), 则 $\boldsymbol{B}=\boldsymbol{A}^{-1}$.

证 由 $\boldsymbol{AB}=\boldsymbol{E}$ 得 $|\boldsymbol{AB}|=|\boldsymbol{E}|$, 即 $|\boldsymbol{A}||\boldsymbol{B}|=1$, 则 $|\boldsymbol{A}|\neq 0$, 所以 $\boldsymbol{A}^{-1}$ 存在, 于是

$$B = EB = (A^{-1}A)B = A^{-1}(AB) = AE = A^{-1}.$$

由推论 2.1 可知，判别 B 是否是 A 的逆矩阵，只需验证 $AB = E$ 或 $BA = E$ 之一即可.

2.3.3　逆矩阵的性质

(1) 若 A 可逆，则 A^{-1} 也可逆，且 $(A^{-1})^{-1} = A$.

(2) 若 A 可逆，数 $k \neq 0$，则 kA 可逆，且 $(kA)^{-1} = \frac{1}{k}A^{-1}$.

(3) 若 A 可逆，则 A^{T} 也可逆，且 $(A^{\mathrm{T}})^{-1} = (A^{-1})^{\mathrm{T}}$.

证　因为

$$A^{\mathrm{T}}(A^{-1})^{\mathrm{T}} = (A^{-1}A)^{\mathrm{T}} = E^{\mathrm{T}} = E,$$

所以

$$(A^{\mathrm{T}})^{-1} = (A^{-1})^{\mathrm{T}}.$$

(4) 若 A,B 为同阶可逆矩阵，则 AB 也可逆，且 $(AB)^{-1} = B^{-1}A^{-1}$.

证　因为

$$(AB)(B^{-1}A^{-1}) = A(BB^{-1})A^{-1} = AEA^{-1} = AA^{-1} = E,$$

由推论 2.1，即有

$$(AB)^{-1} = B^{-1}A^{-1}.$$

性质 (4) 可以推广到多个方阵的情况：

若同阶方阵 $A_1, A_2, \cdots, A_m$ 均可逆，则 $(A_1A_2\cdots A_m)^{-1} = A_m^{-1}\cdots A_2^{-1}A_1^{-1}$.

(5) 若 n 阶方阵 A 可逆，则 A^* 也可逆，且

$$(A^*)^{-1} = \frac{1}{|A|}A, \quad |A^*| = |A|^{n-1}.$$

证　由于 $A^*A = AA^* = |A|E$，且已知 $|A| \neq 0$，于是有

$$A^*\left(\frac{1}{|A|}A\right) = \left(\frac{1}{|A|}A\right)A^* = E,$$

所以由定义 2.10 可得，A^* 可逆且

$$(A^*)^{-1} = \frac{1}{|A|}A.$$

对 $A^*A = AA^* = |A|E$ 两边同时取行列式，有

$$|A^*A| = |AA^*| = |A||E|,$$

即 $|A^*||A| = |A||A^*| = |A||E| = |A|^n$，又因 $|A| \neq 0$，两边同除以 $|A|$，则 $|A^*| = |A|^{n-1}$.

注 2.9　(1) 如果把求一个方阵的转置、逆矩阵、伴随矩阵都看作是一种运算，则 $(A^{\mathrm{T}})^{-1} = (A^{-1})^{\mathrm{T}}$，说明求矩阵的逆与求转置是可交换次序的;还可以验证 $(A^*)^{-1} = (A^{-1})^*$，说明求逆与求伴随也是可交换次序的.

(2) 当 A,B 都可逆时，$A+B$ 不一定可逆，且一般地，$(A+B)^{-1} \neq A^{-1} + B^{-1}$. 例如，$A = \begin{pmatrix} 0 & 1 \\ 1 & 0 \end{pmatrix}$，$B = \begin{pmatrix} 0 & -1 \\ -1 & 0 \end{pmatrix}$，$A,B$ 均可逆，但 $A+B = \begin{pmatrix} 0 & 0 \\ 0 & 0 \end{pmatrix}$ 不可逆.

(3) 若 $\boldsymbol{A}$ 可逆，则由 $\boldsymbol{AB}=\boldsymbol{O}$ (或 $\boldsymbol{BA}=\boldsymbol{O}$)可推得 $\boldsymbol{B}=\boldsymbol{O}$ (因 $\boldsymbol{B}=\boldsymbol{A}^{-1}(\boldsymbol{AB})=\boldsymbol{A}^{-1}\boldsymbol{O}=\boldsymbol{O}$)；由 $\boldsymbol{AB}=\boldsymbol{AC}$ (或 $\boldsymbol{BA}=\boldsymbol{CA}$)可推得 $\boldsymbol{B}=\boldsymbol{C}$, 即此时消去律成立.

2.3.4　求逆矩阵的方法

由定理 2.2 可得，若方阵 $\boldsymbol{A}$ 的行列式 $|\boldsymbol{A}|\neq 0$，则 $\boldsymbol{A}^{-1}=\dfrac{1}{|\boldsymbol{A}|}\boldsymbol{A}^{*}$. 此公式提供了求一个可逆矩阵的方法，称为**伴随矩阵法求逆矩阵**.

例 2.7　已知 $\boldsymbol{A}=\begin{pmatrix} a & b \\ c & d \end{pmatrix}$, 试确定 a,b,c,d 满足什么条件时，矩阵 $\boldsymbol{A}$ 可逆，并求 $\boldsymbol{A}^{-1}$.

解　由于 $|\boldsymbol{A}|=\begin{vmatrix} a & b \\ c & d \end{vmatrix}=ad-bc$, 所以当 $ad-bc\neq 0$ 时, $\boldsymbol{A}$ 可逆，此时

$$A_{11}=d,\quad A_{12}=-c,\quad A_{21}=-b,\quad A_{22}=a,$$

从而可得

$$\boldsymbol{A}^{*}=\begin{pmatrix} d & -b \\ -c & a \end{pmatrix},$$

于是由公式可得

$$\boldsymbol{A}^{-1}=\frac{1}{|\boldsymbol{A}|}\boldsymbol{A}^{*}=\frac{1}{ad-bc}\begin{pmatrix} d & -b \\ -c & a \end{pmatrix}.$$

由此可得，对于二阶可逆矩阵 $\boldsymbol{A}$，其伴随矩阵 $\boldsymbol{A}^{*}$ 有特征：将 $\boldsymbol{A}$ 的主对角线上元素互换，副对角线上元素反号，记住这一特点可以很快写出二阶可逆矩阵的逆矩阵.

例 2.8　求方阵

$$\boldsymbol{A}=\begin{pmatrix} 1 & 2 & 3 \\ 2 & 2 & 1 \\ 3 & 4 & 3 \end{pmatrix}$$

的逆矩阵.

解　因为 $|\boldsymbol{A}|=2\neq 0$，故 $\boldsymbol{A}^{-1}$ 存在，又

$$A_{11}=2,\quad A_{12}=-3,\quad A_{13}=2,$$
$$A_{21}=6,\quad A_{22}=-6,\quad A_{23}=2,$$
$$A_{31}=-4,\quad A_{32}=5,\quad A_{33}=-2,$$

所以

$$\boldsymbol{A}^{*}=\begin{pmatrix} 2 & 6 & -4 \\ -3 & -6 & 5 \\ 2 & 2 & -2 \end{pmatrix},$$

$$\boldsymbol{A}^{-1}=\frac{1}{|\boldsymbol{A}|}\boldsymbol{A}^{*}=\frac{1}{2}\begin{pmatrix} 2 & 6 & -4 \\ -3 & -6 & 5 \\ 2 & 2 & -2 \end{pmatrix}=\begin{pmatrix} 1 & 3 & -2 \\ -\frac{3}{2} & -3 & \frac{5}{2} \\ 1 & 1 & -1 \end{pmatrix}.$$

显然，对于阶数比较高的方阵，用此方法求逆矩阵很麻烦，因为求 $\boldsymbol{A}^*$ 计算量大. 解决这一问题就需要寻求另外的求逆矩阵的方法，本章后面将继续介绍. 但容易验证:

$$\begin{pmatrix} a_1 & & & \\ & a_2 & & \\ & & \ddots & \\ & & & a_n \end{pmatrix}^{-1} = \begin{pmatrix} a_1^{-1} & & & \\ & a_2^{-1} & & \\ & & \ddots & \\ & & & a_n^{-1} \end{pmatrix}, \quad \begin{pmatrix} & & & a_1 \\ & & a_2 & \\ & \iddots & & \\ a_n & & & \end{pmatrix}^{-1} = \begin{pmatrix} & & & a_n^{-1} \\ & & a_{n-1}^{-1} & \\ & \iddots & & \\ a_1^{-1} & & & \end{pmatrix},$$

这里 $a_1a_2\cdots a_n \neq 0$.

2.3.5　逆矩阵的应用

下面通过例题来看逆矩阵的应用.

例 2.9　设方阵 $\boldsymbol{A}$ 满足 $\boldsymbol{A}^2-2\boldsymbol{A}-4\boldsymbol{E}=\boldsymbol{O}$, 求 $(\boldsymbol{A}+\boldsymbol{E})^{-1}$.

解　由 $\boldsymbol{A}^2-2\boldsymbol{A}-4\boldsymbol{E}=\boldsymbol{O}$, 得

$$\boldsymbol{A}^2-2\boldsymbol{A}-3\boldsymbol{E}=\boldsymbol{E},$$

即

$$(\boldsymbol{A}+\boldsymbol{E})(\boldsymbol{A}-3\boldsymbol{E})=\boldsymbol{E},$$

故

$$(\boldsymbol{A}+\boldsymbol{E})^{-1}=\boldsymbol{A}-3\boldsymbol{E}.$$

例 2.10　利用逆矩阵求解线性方程组

$$\begin{cases} x+2y+3z=1, \\ 2x+2y+z=0, \\ 3x+4y+3z=1. \end{cases}$$

解　令

$$\boldsymbol{A}=\begin{pmatrix} 1 & 2 & 3 \\ 2 & 2 & 1 \\ 3 & 4 & 3 \end{pmatrix}, \quad \boldsymbol{X}=\begin{pmatrix} x \\ y \\ z \end{pmatrix}, \quad \boldsymbol{b}=\begin{pmatrix} 1 \\ 0 \\ 1 \end{pmatrix},$$

则方程组可写成矩阵形式

$$\boldsymbol{AX}=\boldsymbol{b}.$$

因为 $|\boldsymbol{A}|=2\neq 0$, 所以 $\boldsymbol{A}^{-1}$ 存在，且 $\boldsymbol{X}=\boldsymbol{A}^{-1}\boldsymbol{b}$, 而 $\boldsymbol{A}^{-1}$ 如例 2.8 所示，所以

$$\begin{pmatrix} x \\ y \\ z \end{pmatrix}=\frac{1}{2}\begin{pmatrix} 2 & 6 & -4 \\ -3 & -6 & 5 \\ 2 & 2 & -2 \end{pmatrix}\begin{pmatrix} 1 \\ 0 \\ 1 \end{pmatrix}=\begin{pmatrix} -1 \\ 1 \\ 0 \end{pmatrix},$$

故方程组的解为

$$x=-1, \quad y=1, \quad z=0.$$

2.4　矩阵的分块

在处理较高阶矩阵时，出于求逆矩阵或其他需要，往往需要将一个“大矩阵”分成若

干个“小矩阵”，这样就将一个大矩阵的运算转化成了若干个小矩阵的运算，这种方法就是矩阵的分块，它不仅利用矩阵结构的特点简化计算，而且在表述问题和论证一般性的结论中起到十分重要的作用.

所谓矩阵的分块法就是用若干条横线和竖线将矩阵分割成几个小矩阵.

设

$$\boldsymbol{A}=\left(\begin{array}{cc|cc} a_{11} & a_{12} & a_{13} & a_{14} \\ a_{21} & a_{22} & a_{23} & a_{24} \\ \hline a_{31} & a_{32} & a_{33} & a_{34} \end{array}\right)$$

可按以下方式分块，每块均为小矩阵：

$$\boldsymbol{A}_{11}=\begin{pmatrix} a_{11} & a_{12} \\ a_{21} & a_{22} \end{pmatrix},\quad \boldsymbol{A}_{12}=\begin{pmatrix} a_{13} & a_{14} \\ a_{23} & a_{24} \end{pmatrix},\quad \boldsymbol{A}_{21}=(a_{31}, a_{32}),\quad \boldsymbol{A}_{22}=(a_{33}, a_{34}),$$

则

$$\boldsymbol{A}=\begin{pmatrix} \boldsymbol{A}_{11} & \boldsymbol{A}_{12} \\ \boldsymbol{A}_{21} & \boldsymbol{A}_{22} \end{pmatrix}.$$

注 2.10　在分块时，一定要保证分块后，同行上的子块有相同的“行数”，同列上的子块有相同的“列数”，即每一小块间的运算都是有意义的. 分块矩阵的运算法则和普通矩阵的运算法则相类似.

2.4.1　分块矩阵的加法

设同型矩阵 $\boldsymbol{A},\boldsymbol{B}$ 有相同的分块方式，其中 $\boldsymbol{A}_{ij}$ 与 $\boldsymbol{B}_{ij}$ 有相同的行数和列数，

$$\boldsymbol{A}=\begin{pmatrix} \boldsymbol{A}_{11} & \cdots & \boldsymbol{A}_{1r} \\ \vdots & & \vdots \\ \boldsymbol{A}_{s1} & \cdots & \boldsymbol{A}_{sr} \end{pmatrix},\quad \boldsymbol{B}=\begin{pmatrix} \boldsymbol{B}_{11} & \cdots & \boldsymbol{B}_{1r} \\ \vdots & & \vdots \\ \boldsymbol{B}_{s1} & \cdots & \boldsymbol{B}_{sr} \end{pmatrix},$$

则

$$\boldsymbol{A}+\boldsymbol{B}=\begin{pmatrix} \boldsymbol{A}_{11}+\boldsymbol{B}_{11} & \cdots & \boldsymbol{A}_{1r}+\boldsymbol{B}_{1r} \\ \vdots & & \vdots \\ \boldsymbol{A}_{s1}+\boldsymbol{B}_{s1} & \cdots & \boldsymbol{A}_{sr}+\boldsymbol{B}_{sr} \end{pmatrix}.$$

2.4.2　分块矩阵的相乘

设 $\boldsymbol{A}=\begin{pmatrix} \boldsymbol{A}_{11} & \cdots & \boldsymbol{A}_{1r} \\ \vdots & & \vdots \\ \boldsymbol{A}_{s1} & \cdots & \boldsymbol{A}_{sr} \end{pmatrix}$,$k$ 是数，则

$$k\boldsymbol{A}=\begin{pmatrix} k\boldsymbol{A}_{11} & \cdots & k\boldsymbol{A}_{1r} \\ \vdots & & \vdots \\ k\boldsymbol{A}_{s1} & \cdots & k\boldsymbol{A}_{sr} \end{pmatrix}.$$

2.4.3　分块矩阵的乘法

设矩阵 $\boldsymbol{A}_{m\times l}$, $\boldsymbol{B}_{l\times n}$ 有如下分块形式，其中 $\boldsymbol{A}$ 的列划分方式与 $\boldsymbol{B}$ 的行划分方式相同，即

$A_{i1}, A_{i2}, \cdots, A_{it}$ 的列数等于 $B_{1j}, B_{2j}, \cdots, B_{tj}$ 的行数，

$$A_{m\times l}=\begin{pmatrix} A_{11} & \cdots & A_{1t} \\ \vdots & & \vdots \\ A_{s1} & \cdots & A_{st} \end{pmatrix},\quad B_{l\times n}=\begin{pmatrix} B_{11} & \cdots & B_{1r} \\ \vdots & & \vdots \\ B_{t1} & \cdots & B_{tr} \end{pmatrix},$$

则

$$A_{m\times l}B_{l\times n}=\begin{pmatrix} C_{11} & \cdots & C_{1r} \\ \vdots & & \vdots \\ C_{s1} & \cdots & C_{sr} \end{pmatrix},$$

其中 $C_{ij}=\sum_{k=1}^{t}A_{ik}B_{kj}, i=1,2,\cdots,s; j=1,2,\cdots,r$.

例 2.11　设 $A=\begin{pmatrix} 1 & 0 & 0 & 0 \\ 0 & 1 & 0 & 0 \\ 1 & 2 & 1 & 0 \\ 1 & 1 & 0 & 1 \end{pmatrix}, B=\begin{pmatrix} 1 & 0 & 1 & 0 \\ 1 & 2 & 0 & 1 \\ 1 & 0 & 4 & 1 \\ 1 & 1 & 2 & 0 \end{pmatrix}$，求 AB.

解　对矩阵 A, B 施行如下分块:

$$A=\left(\begin{array}{cc|cc} 1 & 0 & 0 & 0 \\ 0 & 1 & 0 & 0 \\ \hline 1 & 2 & 1 & 0 \\ 1 & 1 & 0 & 1 \end{array}\right)=\begin{pmatrix} E & O \\ A_{21} & E \end{pmatrix},$$

$$B=\left(\begin{array}{cc|cc} 1 & 0 & 1 & 0 \\ 1 & 2 & 0 & 1 \\ \hline 1 & 0 & 4 & 1 \\ 1 & 1 & 2 & 0 \end{array}\right)=\begin{pmatrix} B_{11} & E \\ B_{21} & B_{22} \end{pmatrix},$$

则

$$AB=\begin{pmatrix} B_{11} & E \\ A_{21}B_{11}+B_{21} & A_{21}+B_{22} \end{pmatrix}=\begin{pmatrix} 1 & 0 & 1 & 0 \\ 1 & 2 & 0 & 1 \\ 4 & 4 & 5 & 3 \\ 3 & 3 & 3 & 1 \end{pmatrix}.$$

2.4.4　分块矩阵的转置

设 $A=\begin{pmatrix} A_{11} & \cdots & A_{1r} \\ \vdots & & \vdots \\ A_{s1} & \cdots & A_{sr} \end{pmatrix}$，则 $A^{\mathrm{T}}=\begin{pmatrix} A_{11}^{\mathrm{T}} & \cdots & A_{s1}^{\mathrm{T}} \\ \vdots & & \vdots \\ A_{1r}^{\mathrm{T}} & \cdots & A_{sr}^{\mathrm{T}} \end{pmatrix}$.

2.4.5　分块对角阵

设 A 为 n 阶方阵，若 A 的分块矩阵只有在主对角线上有非零子块，其余子块均为零矩阵，且在主对角线上的子块都是方阵，即

$$\boldsymbol{A}=\begin{pmatrix}\boldsymbol{A}_1 & & & \\ & \boldsymbol{A}_2 & & \\ & & \ddots & \\ & & & \boldsymbol{A}_s\end{pmatrix}\quad(\boldsymbol{A}_1,\boldsymbol{A}_2,\cdots,\boldsymbol{A}_s\text{均为方阵}),$$

则称 $\boldsymbol{A}$ 为**分块对角阵或准对角阵**.

容易验证, 分块对角阵 $\boldsymbol{A}$ 的行列式有如下性质:

$$|\boldsymbol{A}|=|\boldsymbol{A}_1||\boldsymbol{A}_2|\cdots|\boldsymbol{A}_s|.$$

由此性质可知, 若 $|\boldsymbol{A}_i|\neq 0(i=1,2,\cdots,s)$, 则 $|\boldsymbol{A}|\neq 0$, 并有

$$\boldsymbol{A}^{-1}=\begin{pmatrix}\boldsymbol{A}_1^{-1} & & & \\ & \boldsymbol{A}_2^{-1} & & \\ & & \ddots & \\ & & & \boldsymbol{A}_s^{-1}\end{pmatrix}.$$

例 2.12　设 $\boldsymbol{A}=\begin{pmatrix}5&0&0\\0&3&1\\0&2&1\end{pmatrix}$, 求 $\boldsymbol{A}^{-1}$.

解　因为

$$\boldsymbol{A}=\begin{pmatrix}5&0&0\\0&3&1\\0&2&1\end{pmatrix}=\left(\begin{array}{c:cc}5&0&0\\ \hdashline 0&3&1\\0&2&1\end{array}\right)=\begin{pmatrix}\boldsymbol{A}_1&\boldsymbol{O}\\\boldsymbol{O}&\boldsymbol{A}_2\end{pmatrix},$$

$$\boldsymbol{A}_1=(5),\quad \boldsymbol{A}_1^{-1}=\left(\frac{1}{5}\right);\quad \boldsymbol{A}_2=\begin{pmatrix}3&1\\2&1\end{pmatrix},\quad \boldsymbol{A}_2^{-1}=\begin{pmatrix}1&-1\\-2&3\end{pmatrix},$$

所以

$$\boldsymbol{A}^{-1}=\begin{pmatrix}1/5&0&0\\0&1&-1\\0&-2&3\end{pmatrix}.$$

对矩阵分块时, 有两种特殊的分块法, 即矩阵按行分块和按列分块.

设

$$\boldsymbol{A}=\begin{pmatrix}a_{11}&a_{12}&\cdots&a_{1n}\\a_{21}&a_{22}&\cdots&a_{2n}\\\vdots&\vdots&&\vdots\\a_{m1}&a_{m2}&\cdots&a_{mn}\end{pmatrix}.$$

若记 $\boldsymbol{\alpha}_i^{\mathrm{T}}=(a_{i1},a_{i2},\cdots,a_{in}),i=1,2,\cdots,m$, 则矩阵 $\boldsymbol{A}$ 记为 $\boldsymbol{A}=\begin{pmatrix}\boldsymbol{\alpha}_1^{\mathrm{T}}\\\boldsymbol{\alpha}_2^{\mathrm{T}}\\\vdots\\\boldsymbol{\alpha}_m^{\mathrm{T}}\end{pmatrix}$, 称为矩阵按行分块;

若记 $\boldsymbol{\beta}_j=\begin{pmatrix}a_{1j}\\a_{2j}\\\vdots\\a_{mj}\end{pmatrix}$, $j=1,2,\cdots,n$, 则 $\boldsymbol{A}=(\boldsymbol{\beta}_1,\boldsymbol{\beta}_2,\cdots,\boldsymbol{\beta}_n)$, 称为矩阵按列分块.

例 2.13　设 $m\times n$ 矩阵 $\boldsymbol{A}$, 对于任一 n 维列矩阵 $\boldsymbol{X}$ 都有 $\boldsymbol{AX}=\boldsymbol{O}$, 证明: $\boldsymbol{A}=\boldsymbol{O}$.

证　记 n 维列矩阵

$$\boldsymbol{\varepsilon}_1=\begin{pmatrix}1\\0\\\vdots\\0\end{pmatrix},\boldsymbol{\varepsilon}_2=\begin{pmatrix}0\\1\\\vdots\\0\end{pmatrix},\cdots,\boldsymbol{\varepsilon}_n=\begin{pmatrix}0\\0\\\vdots\\1\end{pmatrix},$$

由已知, 得

$$\boldsymbol{A\varepsilon}_i=\boldsymbol{0}\quad(i=1,2,\cdots,n).$$

所以

$$\boldsymbol{A}=\boldsymbol{AE}=\boldsymbol{A}(\boldsymbol{\varepsilon}_1,\boldsymbol{\varepsilon}_2,\cdots,\boldsymbol{\varepsilon}_n)=(\boldsymbol{A\varepsilon}_1,\boldsymbol{A\varepsilon}_2,\cdots,\boldsymbol{A\varepsilon}_n)=(0,0,\cdots,0)=\boldsymbol{0}.$$

2.5　矩阵的初等变换与初等矩阵

2.5.1　矩阵的初等变换

矩阵的初等变换源于线性方程组消元过程的同解变换, 是与矩阵乘法密切关联的一种矩阵运算, 它在求逆矩阵和矩阵的秩, 以及解线性方程组中起着重要作用.

定义 2.11　对矩阵 $\boldsymbol{A}$ 施行下面三种变换称为矩阵的**初等行变换**:

(1) **换行变换**　互换 $\boldsymbol{A}$ 的两行(记 $r_i\leftrightarrow r_j$);

(2) **倍乘变换**　以数 $k(k\neq0)$ 乘以 $\boldsymbol{A}$ 的某一行中的所有元素(记 $r_i\times k$);

(3) **倍加变换**　把 $\boldsymbol{A}$ 的某一行所有元素的 k 倍加到另一行对应的元素上(记 r_i+kr_j).

若将定义中的“行”换成“列”, 则称之为矩阵的初等列变换(所有记号中把“r”换成“c”).

矩阵的初等行变换和初等列变换, 统称为**矩阵的初等变换**.

例 2.14　设 $\boldsymbol{A}=\begin{pmatrix}2&4&-1&7\\3&0&6&10\\1&2&3&-5\end{pmatrix}$, 试交换矩阵 $\boldsymbol{A}$ 的第 1 行和第 3 行, 并将第 2 列的 2 倍加到第 4 列.

解　$$\boldsymbol{A}=\begin{pmatrix}2&4&-1&7\\3&0&6&10\\1&2&3&-5\end{pmatrix}\xrightarrow{r_1\leftrightarrow r_3}\begin{pmatrix}1&2&3&-5\\3&0&6&10\\2&4&-1&7\end{pmatrix}\xrightarrow{c_4+2c_2}\begin{pmatrix}1&2&3&-1\\3&0&6&10\\2&4&-1&15\end{pmatrix}.$$

从以上的变换过程看, 这三种初等变换都可逆, 且逆变换是同一类型的初等变换.

定义 2.12　若矩阵 $\boldsymbol{A}$ 经有限次初等行变换变成矩阵 $\boldsymbol{B}$, 则称 $\boldsymbol{A}$ 与 $\boldsymbol{B}$ **行等价**, 记 $\boldsymbol{A}\overset{r}{\sim}\boldsymbol{B}$; 若矩阵 $\boldsymbol{A}$ 经有限次初等列变换变成矩阵 $\boldsymbol{B}$, 则称 $\boldsymbol{A}$ 与 $\boldsymbol{B}$ **列等价**, 记 $\boldsymbol{A}\overset{c}{\sim}\boldsymbol{B}$; 若矩阵 $\boldsymbol{A}$ 经

有限次初等变换变成矩阵 $\boldsymbol{B}$，则称 $\boldsymbol{A}$ 与 $\boldsymbol{B}$ 等价，记 $\boldsymbol{A}\sim\boldsymbol{B}$.

矩阵的等价关系具有下列性质:

(1) **反身性** $\boldsymbol{A}\sim\boldsymbol{A}$;

(2) **对称性** 若 $\boldsymbol{A}\sim\boldsymbol{B}$, 则 $\boldsymbol{B}\sim\boldsymbol{A}$;

(3) **传递性** 若 $\boldsymbol{A}\sim\boldsymbol{B}$, 且 $\boldsymbol{B}\sim\boldsymbol{C}$, 则 $\boldsymbol{A}\sim\boldsymbol{C}$.

寻求矩阵 $\boldsymbol{A}$ 的等价矩阵 $\boldsymbol{B}$, 是研究线性方程组的解和讨论矩阵秩的有力工具，其过程就是利用矩阵的初等行变换将矩阵化简. 先看一个例子.

例 2.15 用初等行变换求解线性方程组 $\begin{cases}2x_1-x_2-x_3+x_4=2,\\x_1+x_2-2x_3+x_4=4,\\4x_1-6x_2+2x_3-2x_4=4,\\3x_1+6x_2-9x_3+7x_4=9.\end{cases}$

解 $\overline{\boldsymbol{A}}=(\boldsymbol{A},\boldsymbol{b})=\begin{pmatrix}2&-1&-1&1&2\\1&1&-2&1&4\\4&-6&2&-2&4\\3&6&-9&7&9\end{pmatrix}$ （称 $\overline{\boldsymbol{A}}$ 是该线性方程组的增广矩阵）

$$\xrightarrow[r_3\times\frac{1}{2}]{r_1\leftrightarrow r_2}\begin{pmatrix}1&1&-2&1&4\\2&-1&-1&1&2\\2&-3&1&-1&2\\3&6&-9&7&9\end{pmatrix}\xrightarrow[\substack{r_3-2r_1\\r_4-3r_1}]{r_2-r_3}\begin{pmatrix}1&1&-2&1&4\\0&2&-2&2&0\\0&-5&5&-3&-6\\0&3&-3&4&-3\end{pmatrix}$$

$$\xrightarrow{r_2\times\frac{1}{2}}\begin{pmatrix}1&1&-2&1&4\\0&1&-1&1&0\\0&-5&5&-3&-6\\0&3&-3&4&-3\end{pmatrix}\xrightarrow[r_4-3r_2]{r_3+5r_2}\begin{pmatrix}1&1&-2&1&4\\0&1&-1&1&0\\0&0&0&2&-6\\0&0&0&1&-3\end{pmatrix}$$

$$\xrightarrow{r_3\leftrightarrow r_4}\begin{pmatrix}1&1&-2&1&4\\0&1&-1&1&0\\0&0&0&1&-3\\0&0&0&2&-6\end{pmatrix}\xrightarrow{r_4-2r_3}\begin{pmatrix}1&1&-2&1&4\\0&1&-1&1&0\\0&0&0&1&-3\\0&0&0&0&0\end{pmatrix}=\boldsymbol{B}_1$$

（$\boldsymbol{B}_1$ 称为行阶梯形矩阵），

$$\boldsymbol{B}_1\xrightarrow[r_1-r_3]{r_2-r_3}\begin{pmatrix}1&1&-2&0&7\\0&1&-1&0&3\\0&0&0&1&-3\\0&0&0&0&0\end{pmatrix}\xrightarrow{r_1-r_2}\begin{pmatrix}1&0&-1&0&4\\0&1&-1&0&3\\0&0&0&1&-3\\0&0&0&0&0\end{pmatrix}=\boldsymbol{B}_2$$

（$\boldsymbol{B}_2$ 称为行最简形矩阵），

$\boldsymbol{B}_2$ 对应的线性方程组为

$$\begin{cases}x_1-x_3=4,\\x_2-x_3=3,\\x_4=-3,\end{cases}$$

取 $x_3=c$, 则 $\begin{cases}x_1=c+4,\\x_2=c+3,\\x_3=c,\\x_4=-3,\end{cases}$ 即 $\begin{pmatrix}x_1\\x_2\\x_3\\x_4\end{pmatrix}=\begin{pmatrix}c\\c\\c\\0\end{pmatrix}+\begin{pmatrix}4\\3\\0\\-3\end{pmatrix}=c\begin{pmatrix}1\\1\\1\\0\end{pmatrix}+\begin{pmatrix}4\\3\\0\\-3\end{pmatrix}$.

显然, $\boldsymbol{A}\sim\boldsymbol{B}_1\sim\boldsymbol{B}_2$. 这种等价关系反映在方程组上则是它们所对应的线性方程组是同解的. 这样就简化了用消元法解方程组的过程.

其中, 行阶梯形矩阵 $\boldsymbol{B}_1$ 的特点是: 如果把每个非零行的第一个不为零的元素称为主元, 则下一行主元都在上一行主元的右侧, 同时零行出现在矩阵的最下端. 行最简形矩阵 $\boldsymbol{B}_2$ 的特点是: 除了具有 $\boldsymbol{B}_1$ 的特点外, 主元都为“1”, 而主元所在列的其他元素全为“0”.

利用归纳法可以证明, 对于任何一个矩阵 $\boldsymbol{A}_{m\times n}$, 总可以经过有限次初等行变换把它化为行阶梯形矩阵(注意: 一个矩阵的行阶梯形矩阵不唯一)和行最简形矩阵. 这是矩阵的一种很重要的运算, 由例2.15可以看到, 要解线性方程组只要将其增广矩阵化为行最简形矩阵, 就可以写出方程组的解; 反过来, 由方程组的解也可以写出行最简形矩阵.

对行最简形矩阵 $\boldsymbol{B}_2$ 再施以初等列变换, 可以变成一种形式更简单的矩阵, 称为矩阵的标准形, 记为 $\boldsymbol{F}$, 即

$$\boldsymbol{B}_2=\begin{pmatrix}1&0&-1&0&4\\0&1&-1&0&3\\0&0&0&1&-3\\0&0&0&0&0\end{pmatrix}\xrightarrow[c_5-4c_1-3c_2+3c_3]{\substack{c_3\leftrightarrow c_4\\ c_4+c_1+c_2}}\begin{pmatrix}1&0&0&0&0\\0&1&0&0&0\\0&0&1&0&0\\0&0&0&0&0\end{pmatrix}=\boldsymbol{F}=\begin{pmatrix}\boldsymbol{E}_r&\boldsymbol{O}\\\boldsymbol{O}&\boldsymbol{O}\end{pmatrix}.$$

标准形矩阵 $\boldsymbol{F}$ 的特点是: 其左上角是一个 r 阶的单位矩阵, 其余元素全都为 0.

因此, 一般有如下结论.

定理 2.3　对 $m\times n$ 矩阵 $\boldsymbol{A}$, 总能经若干次初等变换(行变换和列变换)把它化成如下标准形:

$$\boldsymbol{A}\sim\begin{pmatrix}\boldsymbol{E}_r&\boldsymbol{O}\\\boldsymbol{O}&\boldsymbol{O}\end{pmatrix}_{m\times n}=\boldsymbol{F},$$

此标准形由 m,n,r 三个数完全确定, 其中 r 就是行阶梯形矩阵中非零行的行数.

如果把所有与 $\boldsymbol{A}$ 等价的矩阵构成的集合称为一个等价类, 则标准形 $\boldsymbol{F}$ 就是这个等价类中形式最简单的矩阵.

由定理 2.3 及等价关系的传递性, 可得如下推论.

推论 2.2　如果矩阵 $\boldsymbol{A}$ 与 $\boldsymbol{B}$ 有相同的等价标准形, 则 $\boldsymbol{A}\sim\boldsymbol{B}$.

推论 2.3　若 n 阶方阵 $\boldsymbol{A}$ 可逆, 则 $\boldsymbol{A}\sim\boldsymbol{E}_n$.

由推论 2.3 可得, 所有 n 阶可逆方阵都是相互等价的.

例 2.16　化矩阵 $\boldsymbol{A}=\begin{pmatrix}1&-2&-1&0&2\\-2&4&2&6&-6\\2&-1&0&2&3\\3&3&3&3&4\end{pmatrix}$ 为标准形.

解 对矩阵 $\boldsymbol{A}$ 施以初等变换

$$\boldsymbol{A}\xrightarrow[r_4-3r_1]{\substack{r_2+2r_1\\ r_3-2r_1}}\begin{pmatrix}1&-2&-1&0&2\\0&0&0&6&-2\\0&3&2&2&-1\\0&9&6&3&-2\end{pmatrix}\xrightarrow[r_2\leftrightarrow r_3]{r_4-3r_3}\begin{pmatrix}1&-2&-1&0&2\\0&3&2&2&-1\\0&0&0&6&-2\\0&0&0&-3&1\end{pmatrix}$$

$$\xrightarrow[r_4+r_3]{r_3\times\frac{1}{2}}\begin{pmatrix}1&-2&-1&0&2\\0&3&2&2&-1\\0&0&0&3&-1\\0&0&0&0&0\end{pmatrix}\quad(\text{行阶梯形矩阵})$$

$$\xrightarrow{r_1+\frac{2}{3}r_2}\begin{pmatrix}1&0&\frac{1}{3}&\frac{4}{3}&\frac{4}{3}\\0&3&2&2&-1\\0&0&0&3&-1\\0&0&0&0&0\end{pmatrix}\xrightarrow[r_2-\frac{2}{3}r_3]{r_1-\frac{4}{9}r_3}\begin{pmatrix}1&0&\frac{1}{3}&0&\frac{16}{9}\\0&3&2&0&-\frac{1}{3}\\0&0&0&3&-1\\0&0&0&0&0\end{pmatrix}$$

$$\xrightarrow[r_3\times\frac{1}{3}]{r_2\times\frac{1}{3}}\begin{pmatrix}1&0&\frac{1}{3}&0&\frac{16}{9}\\0&1&\frac{2}{3}&0&-\frac{1}{9}\\0&0&0&1&-\frac{1}{3}\\0&0&0&0&0\end{pmatrix}\quad(\text{行最简形矩阵})$$

$$\xrightarrow[c_3\leftrightarrow c_4]{\substack{c_5+\frac{1}{9}c_2\\ c_5+\frac{1}{3}c_4}}\begin{pmatrix}1&0&0&\frac{1}{3}&\frac{16}{9}\\0&1&0&\frac{2}{3}&0\\0&0&1&0&0\\0&0&0&0&0\end{pmatrix}\xrightarrow[c_4-\frac{1}{3}c_1]{\substack{c_5-\frac{16}{9}c_1\\ c_4-\frac{2}{3}c_2}}\begin{pmatrix}1&0&0&0&0\\0&1&0&0&0\\0&0&1&0&0\\0&0&0&0&0\end{pmatrix}=\begin{pmatrix}\boldsymbol{E}_3&\boldsymbol{O}\\\boldsymbol{O}&\boldsymbol{O}\end{pmatrix}_{4\times5}.$$

2.5.2 初等矩阵的概念及性质

定义 2.13 单位矩阵 $\boldsymbol{E}$ 只经过一次初等变换得到的矩阵称为初等矩阵.

三种初等变换对应有三种初等矩阵:

(1) **换行或换列变换** 交换单位矩阵的两行或两列, 得初等矩阵

$$\boldsymbol{E}\xrightarrow[\text{或}c_i\leftrightarrow c_j]{r_i\leftrightarrow r_j}\begin{pmatrix}1&&&&&&\\&\ddots&&&&&\\&&0&\cdots&1&&\\&&\vdots&\ddots&\vdots&&\\&&1&\cdots&0&&\\&&&&&\ddots&\\&&&&&&1\end{pmatrix}=\boldsymbol{E}(i,j).$$

(2) **倍乘变换**　以数 $k\neq 0$ 乘以单位矩阵的某一行或某一列，得初等矩阵

$$\boldsymbol{E}\xrightarrow[\text{或}c_i\times k]{r_i\times k}\begin{pmatrix}1&&&&\\&\ddots&&&\\&&k&&\\&&&\ddots&\\&&&&1\end{pmatrix}=\boldsymbol{E}(i(k)).$$

(3) **倍加变换**　以数 k 乘以单位矩阵某一行(或某一列)加到另一行(或列)上，得初等矩阵

$$\boldsymbol{E}\xrightarrow[\text{或}c_j+kc_i]{r_i+kr_j}\begin{pmatrix}1&&&&&\\&\ddots&&&&\\&&1&\cdots&k&\\&&&\ddots&&\\&&&&1&\\&&&&&1\end{pmatrix}=\boldsymbol{E}(i,j(k)).$$

例 2.17　对四阶单位矩阵分别施行下列初等变换:

(1) 交换 $\boldsymbol{E}$ 的第 2 行和第 3 行,

$$\boldsymbol{E}=\begin{pmatrix}1&0&0&0\\0&1&0&0\\0&0&1&0\\0&0&0&1\end{pmatrix}\xrightarrow{r_2\leftrightarrow r_3}\begin{pmatrix}1&0&0&0\\0&0&1&0\\0&1&0&0\\0&0&0&1\end{pmatrix}=\boldsymbol{E}(2,3).$$

(2) 用 3 乘以 $\boldsymbol{E}$ 的第 3 列,

$$\boldsymbol{E}=\begin{pmatrix}1&0&0&0\\0&1&0&0\\0&0&1&0\\0&0&0&1\end{pmatrix}\xrightarrow{c_3\times 3}\begin{pmatrix}1&0&0&0\\0&1&0&0\\0&0&3&0\\0&0&0&1\end{pmatrix}=\boldsymbol{E}(3(3)).$$

(3) 用 -2 乘以 $\boldsymbol{E}$ 的第四行加到第二行上,

$$\boldsymbol{E}=\begin{pmatrix}1&0&0&0\\0&1&0&0\\0&0&1&0\\0&0&0&1\end{pmatrix}\xrightarrow{r_2+(-2)\times r_4}\begin{pmatrix}1&0&0&0\\0&1&0&-2\\0&0&1&0\\0&0&0&1\end{pmatrix}=\boldsymbol{E}(2,4(-2)).$$

由于矩阵的三种初等变换都可逆，所以初等矩阵也都是可逆矩阵，且逆矩阵仍是同类型的初等矩阵. 可以验证

$$(\boldsymbol{E}(i(k)))^{-1}=\boldsymbol{E}\left(i\left(\frac{1}{k}\right)\right)\quad(k\neq 0),$$

$$(\boldsymbol{E}(i,j))^{-1}=\boldsymbol{E}(i,j),$$

$$(\boldsymbol{E}(i,j(k)))^{-1}=\boldsymbol{E}(i,j(-k)).$$

并且 $|\boldsymbol{E}(i(k))|=k,|\boldsymbol{E}(i,j(k))|=1,|\boldsymbol{E}(i,j)|=-1$.

2.5.3　初等矩阵的作用

用 m 阶初等矩阵左乘 $m\times n$ 矩阵 $\boldsymbol{A}$ 与对 $\boldsymbol{A}$ 施行一次初等行变换之间有何联系? 下面通过例子来说明.

设

$$\boldsymbol{A}_{4\times 3}=\begin{pmatrix} a_{11} & a_{12} & a_{13} \\ a_{21} & a_{22} & a_{23} \\ a_{31} & a_{32} & a_{33} \\ a_{41} & a_{42} & a_{43} \end{pmatrix},$$

则

$$\boldsymbol{E}(1,3)\boldsymbol{A}=\begin{pmatrix} 0 & 0 & 1 & 0 \\ 0 & 1 & 0 & 0 \\ 1 & 0 & 0 & 0 \\ 0 & 0 & 0 & 1 \end{pmatrix}\begin{pmatrix} a_{11} & a_{12} & a_{13} \\ a_{21} & a_{22} & a_{23} \\ a_{31} & a_{32} & a_{33} \\ a_{41} & a_{42} & a_{43} \end{pmatrix}=\begin{pmatrix} a_{31} & a_{32} & a_{33} \\ a_{21} & a_{22} & a_{23} \\ a_{11} & a_{12} & a_{13} \\ a_{41} & a_{42} & a_{43} \end{pmatrix}=\boldsymbol{B}_1.$$

上式表明用 $\boldsymbol{E}(1,3)$ 左乘 $\boldsymbol{A}$ 得到的矩阵 $\boldsymbol{B}_1$, 相当于对 $\boldsymbol{A}$ 施行了交换第一行和第三行的初等行变换; 同样还有

$$\boldsymbol{E}(2(5))\boldsymbol{A}=\begin{pmatrix} 1 & 0 & 0 & 0 \\ 0 & 5 & 0 & 0 \\ 0 & 0 & 1 & 0 \\ 0 & 0 & 0 & 1 \end{pmatrix}\begin{pmatrix} a_{11} & a_{12} & a_{13} \\ a_{21} & a_{22} & a_{23} \\ a_{31} & a_{32} & a_{33} \\ a_{41} & a_{42} & a_{43} \end{pmatrix}=\begin{pmatrix} a_{11} & a_{12} & a_{13} \\ 5a_{21} & 5a_{22} & 5a_{23} \\ a_{31} & a_{32} & a_{33} \\ a_{41} & a_{42} & a_{43} \end{pmatrix}=\boldsymbol{B}_2,$$

表明 $\boldsymbol{B}_2$ 是对 $\boldsymbol{A}$ 施行第二行乘以常数 $k=5$ 的初等行变换而得到的矩阵;

$$\boldsymbol{E}(2,4(-2))\boldsymbol{A}=\begin{pmatrix} 1 & 0 & 0 & 0 \\ 0 & 1 & 0 & -2 \\ 0 & 0 & 1 & 0 \\ 0 & 0 & 0 & 1 \end{pmatrix}\begin{pmatrix} a_{11} & a_{12} & a_{13} \\ a_{21} & a_{22} & a_{23} \\ a_{31} & a_{32} & a_{33} \\ a_{41} & a_{42} & a_{43} \end{pmatrix}$$

$$=\begin{pmatrix} a_{11} & a_{12} & a_{13} \\ a_{21}-2a_{41} & a_{22}-2a_{42} & a_{23}-2a_{43} \\ a_{31} & a_{32} & a_{33} \\ a_{41} & a_{42} & a_{43} \end{pmatrix}=\boldsymbol{B}_3,$$

表明 $\boldsymbol{B}_3$ 是对 $\boldsymbol{A}$ 施行第四行乘以常数 $k=-2$ 加到第二行的初等变换而得到的矩阵.

类似地, 可以验证对 $\boldsymbol{A}$ 施行一次初等列变换, 只要分别用三种三阶初等矩阵右乘以矩阵 $\boldsymbol{A}$ 就能实现. 因此, 一般可得如下定理.

定理 2.4　设 $\boldsymbol{A}$ 为 $m\times n$ 矩阵, 对 $\boldsymbol{A}$ 施行一次初等行变换, 相当于在 $\boldsymbol{A}$ 的左边乘以相应的 m 阶初等矩阵; 对 $\boldsymbol{A}$ 施行一次初等列变换, 相当于在 $\boldsymbol{A}$ 的右边乘以相应的 n 阶初等矩阵. 即

(1) $\boldsymbol{A}\xrightarrow{r_i\leftrightarrow r_j}\boldsymbol{B}=\boldsymbol{E}_m(i,j)\boldsymbol{A}$, $\boldsymbol{A}\xrightarrow{c_i\leftrightarrow c_j}\boldsymbol{B}=\boldsymbol{A}\boldsymbol{E}_n(i,j)$;

(2) $A \xrightarrow{r_i \times k} B = E_m(i(k))A$, $A \xrightarrow{c_i \times k} B = AE_n(i(k))$;

(3) $A \xrightarrow{r_i + kr_j} B = E_m(i, j(k))A$, $A \xrightarrow{c_i + kc_j} B = AE_n(i, j(k))$.

证 (1)用 m 阶初等矩阵 $E_m(i,j)$ 左乘矩阵 $A=(a_{ij})_{m\times n}$，得

$$E_m(i,j)A=\begin{pmatrix} a_{11} & a_{12} & \cdots & a_{1n} \\ \vdots & \vdots & & \vdots \\ a_{j1} & a_{j2} & \cdots & a_{jn} \\ \vdots & \vdots & & \vdots \\ a_{i1} & a_{i2} & \cdots & a_{in} \\ \vdots & \vdots & & \vdots \\ a_{n1} & a_{n2} & \cdots & a_{nn} \end{pmatrix}.$$

其结果相当于对矩阵 A 施行第一种初等行变换：把 A 的第 i 行与第 j 行对调 $(r_i \leftrightarrow r_j)$.类似地，以 n 阶初等矩阵 $E_n(i,j)$ 右乘矩阵 A，其结果相当于对矩阵 A 施行第一种初等列变换：把 A 的第 i 列与第 j 列对调 $(c_i \leftrightarrow c_j)$.

(2)用 m 阶初等矩阵 $E_m(i(k))$ 左乘矩阵 $A=(a_{ij})_{m\times n}$，即

$$E_m(i(k))A=\begin{pmatrix} 1 & & & & & & \\ & \ddots & & & & & \\ & & 1 & & & & \\ & & & k & & & \\ & & & & 1 & & \\ & & & & & \ddots & \\ & & & & & & 1 \end{pmatrix}, \leftarrow \text{第}i\text{行}$$

其结果相当于用数 k 乘矩阵 A 的第 i 行($k\times r_i$)；类似地，以 n 阶初等矩阵 $E_n(i(k))$ 右乘矩阵 A，其结果相当于用数 k 乘矩阵 A 的第 i 列 $(k\times c_i)$.

(3)用初等矩阵 $E_m(i,j(k))$ 左乘矩阵 A，即

$$E_m(i,j(k))A=\begin{pmatrix} 1 & & & & & & \\ & \ddots & & & & & \\ & & 1 & \cdots & k & & \\ & & & \ddots & & & \\ & & & & 1 & & \\ & & & & & \ddots & \\ & & & & & & 1 \end{pmatrix}. \begin{matrix} \\ \\ \leftarrow \text{第}i\text{行} \\ \\ \leftarrow \text{第}j\text{行} \\ \\ \\ \end{matrix}$$

其结果相当于把矩阵 A 的第 j 行乘以数 k 加到第 i 行上 $(r_i + kr_j)$；类似地，用 $E_n(i,j(k))$ 右乘矩阵 A，其结果相当于把矩阵 A 的第 j 列乘以数 k 加到第 i 列上 $(c_i + kc_j)$.

2.5.4 初等矩阵的应用

定理 2.5 方阵 A 可逆的充分必要条件是存在有限个初等矩阵 $P_1, P_2, \cdots, P_l$，使得

$$\boldsymbol{A}=\boldsymbol{P}_1\boldsymbol{P}_2\cdots\boldsymbol{P}_l.$$

证　充分性: 设 $\boldsymbol{A}=\boldsymbol{P}_1\boldsymbol{P}_2\cdots\boldsymbol{P}_l$, 因为初等矩阵均可逆, 所以有限个可逆矩阵的乘积仍可逆. 故 $\boldsymbol{A}$ 可逆.

必要性: 设 n 阶方阵 $\boldsymbol{A}$ 可逆, 且 $\boldsymbol{A}$ 的标准形矩阵为 $\boldsymbol{F}$, 由于 $\boldsymbol{F}\sim\boldsymbol{A}$, 所以 $\boldsymbol{F}$ 经过有限次初等变换可化为矩阵 $\boldsymbol{A}$, 即存在初等矩阵 $\boldsymbol{P}_1,\boldsymbol{P}_2,\cdots,\boldsymbol{P}_l$, 使得

$$\boldsymbol{A}=\boldsymbol{P}_1\boldsymbol{P}_2\cdots\boldsymbol{P}_s\boldsymbol{F}\boldsymbol{P}_{s+1}\cdots\boldsymbol{P}_l,$$

因为 $\boldsymbol{A}$ 可逆, $\boldsymbol{P}_1,\boldsymbol{P}_2,\cdots,\boldsymbol{P}_l$ 也都可逆, 故标准形矩阵 $\boldsymbol{F}$ 可逆. 假设

$$\boldsymbol{F}=\begin{pmatrix}\boldsymbol{E}_r & \boldsymbol{O}\\ \boldsymbol{O} & \boldsymbol{O}\end{pmatrix}_{n\times n}$$

中的 $r<n$, 则 $|\boldsymbol{F}|=0$, 而这与 $\boldsymbol{F}$ 可逆矛盾, 因此必有 $r=n$, 即 $\boldsymbol{F}=\boldsymbol{E}$, 从而

$$\boldsymbol{A}=\boldsymbol{P}_1\boldsymbol{P}_2\cdots\boldsymbol{P}_l.$$

此定理说明, 可逆方阵的标准形是单位矩阵. 因此有如下推论.

推论 2.4　方阵 A 可逆的充分必要条件是 $\boldsymbol{A}\overset{r}{\sim}\boldsymbol{E}$.

推论 2.5　$m\times n$ 矩阵 $\boldsymbol{A}$ 与 $\boldsymbol{B}$ 等价的充分必要条件是存在 m 阶可逆矩阵 $\boldsymbol{P}$ 及 n 阶可逆矩阵 $\boldsymbol{Q}$, 使得 $\boldsymbol{PAQ}=\boldsymbol{B}$.

定理 2.5 提供了一个求可逆矩阵的方法. 若 $\boldsymbol{A}$ 是 n 阶可逆矩阵, 则存在有限个初等矩阵 $\boldsymbol{P}_1,\boldsymbol{P}_2,\cdots,\boldsymbol{P}_l$, 使得

$$\boldsymbol{A}=\boldsymbol{P}_1\boldsymbol{P}_2\cdots\boldsymbol{P}_l,$$

于是

$$\boldsymbol{A}^{-1}=\boldsymbol{P}_l^{-1}\cdots\boldsymbol{P}_2^{-1}\boldsymbol{P}_1^{-1},$$

从而

$$\boldsymbol{P}_l^{-1}\cdots\boldsymbol{P}_2^{-1}\boldsymbol{P}_1^{-1}\boldsymbol{A}=\boldsymbol{E},$$

即

$$\boldsymbol{P}_l^{-1}\cdots\boldsymbol{P}_2^{-1}\boldsymbol{P}_1^{-1}\boldsymbol{E}=\boldsymbol{A}^{-1}.$$

所以由 $\boldsymbol{P}_l^{-1}\cdots\boldsymbol{P}_2^{-1}\boldsymbol{P}_1^{-1}\boldsymbol{A}=\boldsymbol{E}$ 和 $\boldsymbol{P}_l^{-1}\cdots\boldsymbol{P}_2^{-1}\boldsymbol{P}_1^{-1}\boldsymbol{E}=\boldsymbol{A}^{-1}$, 可得

$$\boldsymbol{P}_l^{-1}\cdots\boldsymbol{P}_2^{-1}\boldsymbol{P}_1^{-1}(\boldsymbol{A},\boldsymbol{E})=(\boldsymbol{E},\boldsymbol{A}^{-1}),$$

即

$$(\boldsymbol{A},\boldsymbol{E})\overset{r}{\sim}(\boldsymbol{E},\boldsymbol{A}^{-1}).$$

上式表明, 只要对 $(\boldsymbol{A},\boldsymbol{E})$ 作初等行变换, 使 $(\boldsymbol{A},\boldsymbol{E})$ 左边的 $\boldsymbol{A}$ 变成 $\boldsymbol{E}$, 则在同样的初等行变换下, 右边的位置就变成了 $\boldsymbol{A}^{-1}$. 把这种通过矩阵的初等行变换求可逆矩阵的方法称为**初等行变换求逆矩阵**.

例 2.18　用初等行变换法求 $\boldsymbol{A}=\begin{pmatrix}1&2&3\\2&2&1\\3&4&3\end{pmatrix}$ 的逆矩阵 $\boldsymbol{A}^{-1}$.

解　对 $(\boldsymbol{A},\boldsymbol{E})$ 作初等行变换:

$$(\boldsymbol{A},\boldsymbol{E})=\left(\begin{array}{ccc|ccc}1&2&3&1&0&0\\2&2&1&0&1&0\\3&4&3&0&0&1\end{array}\right)\xrightarrow[r_3-3r_1]{r_2-2r_1}\left(\begin{array}{ccc|ccc}1&2&3&1&0&0\\0&-2&-5&-2&1&0\\0&-2&-6&-3&0&1\end{array}\right)$$

$$\xrightarrow[r_3-r_2]{r_1+r_2}\left(\begin{array}{ccc|ccc}1&0&-2&-1&1&0\\0&-2&-5&-2&1&0\\0&0&-1&-1&-1&1\end{array}\right)\xrightarrow[r_2-5r_3]{r_1-2r_3}\left(\begin{array}{ccc|ccc}1&0&0&1&3&-2\\0&-2&0&3&6&-5\\0&0&-1&-1&-1&1\end{array}\right)$$

$$\xrightarrow[r_3\times(-1)]{r_2\times\left(-\frac{1}{2}\right)}\left(\begin{array}{ccc|ccc}1&0&0&1&3&-2\\0&1&0&-\dfrac{3}{2}&-3&\dfrac{5}{2}\\0&0&1&1&1&-1\end{array}\right),$$

所以

$$\boldsymbol{A}^{-1}=\begin{pmatrix}1&3&-2\\-\dfrac{3}{2}&-3&\dfrac{5}{2}\\1&1&-1\end{pmatrix}.$$

特别地，设 $\boldsymbol{A}=\begin{pmatrix}\boldsymbol{A}_1&&&\\&\boldsymbol{A}_2&&\\&&\ddots&\\&&&\boldsymbol{A}_s\end{pmatrix}$，其中 $\boldsymbol{A},\boldsymbol{A}_1,\boldsymbol{A}_2,\cdots,\boldsymbol{A}_s$ 均为方阵，且 $\boldsymbol{A}$ 可逆，则

$$\boldsymbol{A}^{-1}=\begin{pmatrix}\boldsymbol{A}_1^{-1}&&&\\&\boldsymbol{A}_2^{-1}&&\\&&\ddots&\\&&&\boldsymbol{A}_s^{-1}\end{pmatrix}.$$

2.5.5　矩阵方程的求解

上述初等行变换求逆矩阵的方法，还可以用于求解矩阵方程 $\boldsymbol{AX}=\boldsymbol{B}$. 若 $\boldsymbol{A}$ 可逆，由 $\boldsymbol{A}^{-1}(\boldsymbol{A},\boldsymbol{B})=(\boldsymbol{E},\boldsymbol{A}^{-1}\boldsymbol{B})$，对 $n\times 2n$ 矩阵 $(\boldsymbol{A},\boldsymbol{B})$ 施行初等行变换，当前 n 列（$\boldsymbol{A}$ 的位置）化为 $\boldsymbol{E}$ 时，则后 n 列（$\boldsymbol{B}$ 的位置）化为 $\boldsymbol{A}^{-1}\boldsymbol{B}$，从而得 $\boldsymbol{X}=\boldsymbol{A}^{-1}\boldsymbol{B}$.

例 2.19　求解矩阵方程 $\boldsymbol{AX}=\boldsymbol{B}$，其中 $\boldsymbol{A}=\begin{pmatrix}1&2&3\\2&2&1\\3&4&3\end{pmatrix},\boldsymbol{B}=\begin{pmatrix}2&5\\3&1\\4&3\end{pmatrix}$.

解　由于 $|\boldsymbol{A}|=2\neq 0$，所以 $\boldsymbol{A}$ 可逆，从而 $\boldsymbol{X}=\boldsymbol{A}^{-1}\boldsymbol{B}$,

$$(\boldsymbol{A},\boldsymbol{B})=\left(\begin{array}{ccc:cc}1&2&3&2&5\\2&2&1&3&1\\3&4&3&4&3\end{array}\right)\xrightarrow[r_3-3r_1]{r_2-2r_1}\left(\begin{array}{ccc:cc}1&2&3&2&5\\0&-2&-5&-1&-9\\0&-2&-6&-2&-12\end{array}\right)$$

$$\xrightarrow[r_3-r_2]{r_1+r_2}\left(\begin{array}{ccc:cc}1&0&-2&1&-4\\0&-2&-5&-1&-9\\0&0&-1&-1&-3\end{array}\right)\xrightarrow[r_2-5r_3]{r_1-2r_2}\left(\begin{array}{ccc:cc}1&0&0&3&2\\0&-2&0&4&6\\0&0&-1&-1&-3\end{array}\right)$$

$$\xrightarrow[r_3\times(-1)]{r_2\times\left(-\frac{1}{2}\right)}\left(\begin{array}{ccc:cc}1&0&0&3&2\\0&1&0&-2&-3\\0&0&1&1&3\end{array}\right),$$

故

$$\boldsymbol{X}=\begin{pmatrix}3&2\\-2&-3\\1&3\end{pmatrix}.$$

例 2.20　求解矩阵方程 $\boldsymbol{AX}=\boldsymbol{A}+\boldsymbol{X}$, 其中 $\boldsymbol{A}=\begin{pmatrix}2&2&0\\2&1&3\\0&1&0\end{pmatrix}$.

解　由 $\boldsymbol{AX}=\boldsymbol{A}+\boldsymbol{X}$, 可得 $(\boldsymbol{A}-\boldsymbol{E})\boldsymbol{X}=\boldsymbol{A}$,

$$(\boldsymbol{A}-\boldsymbol{E},\boldsymbol{A})=\left(\begin{array}{ccc:ccc}1&2&0&2&2&0\\2&0&3&2&1&3\\0&1&-1&0&1&0\end{array}\right)\xrightarrow[r_2\leftrightarrow r_3]{r_2-2r_1}\left(\begin{array}{ccc:ccc}1&2&0&2&2&0\\0&1&-1&0&1&0\\0&-4&3&-2&-3&3\end{array}\right)$$

$$\xrightarrow[r_3\times(-1)]{r_3+4r_2}\left(\begin{array}{ccc:ccc}1&2&0&2&2&0\\0&1&-1&0&1&0\\0&0&1&2&-1&-3\end{array}\right)\xrightarrow[r_1-2r_2]{r_2+r_3}\left(\begin{array}{ccc:ccc}1&0&0&-2&2&6\\0&1&0&2&0&-3\\0&0&1&2&-1&-3\end{array}\right),$$

故 $\boldsymbol{A}-\boldsymbol{E}\overset{r}{\sim}\boldsymbol{E}$, 因此 $\boldsymbol{A}-\boldsymbol{E}$ 可逆, 且

$$\boldsymbol{X}=(\boldsymbol{A}-\boldsymbol{E})^{-1}\boldsymbol{A}=\begin{pmatrix}-2&2&6\\2&0&-3\\2&-1&-3\end{pmatrix}.$$

类似地, 当 $\boldsymbol{A}$ 可逆时, 如果需要求解形如 $\boldsymbol{YA}=\boldsymbol{C}$ 的矩阵方程, 则 $\boldsymbol{Y}=\boldsymbol{CA}^{-1}$, 可对矩阵 $\begin{pmatrix}\boldsymbol{A}\\\boldsymbol{C}\end{pmatrix}$ 作初等列变换, 使

$$\begin{pmatrix}\boldsymbol{A}\\\boldsymbol{C}\end{pmatrix}\xrightarrow{c}\begin{pmatrix}\boldsymbol{E}\\\boldsymbol{CA}^{-1}\end{pmatrix},$$

即可得 $\boldsymbol{Y}=\boldsymbol{CA}^{-1}$. 由于通常都习惯作初等行变换, 所以可改为对 $(\boldsymbol{A}^{\mathrm{T}},\boldsymbol{C}^{\mathrm{T}})$ 作初等行变换, 使

$$(\boldsymbol{A}^{\mathrm{T}},\boldsymbol{C}^{\mathrm{T}})\xrightarrow{r}(\boldsymbol{E},(\boldsymbol{A}^{\mathrm{T}})^{-1}\boldsymbol{C}^{\mathrm{T}}),$$

即可求得 $\boldsymbol{Y}^{\mathrm{T}}=(\boldsymbol{A}^{\mathrm{T}})^{-1}\boldsymbol{C}^{\mathrm{T}}$, 从而求得 $\boldsymbol{Y}=\boldsymbol{CA}^{-1}$.

2.6 矩阵的秩

由定理 2.3 已经知道，对 $m\times n$ 矩阵 $\boldsymbol{A}$，总能经若干次初等变换(行变换和列变换)把它变成标准形 $\boldsymbol{A}\sim\begin{pmatrix}\boldsymbol{E}_r & \boldsymbol{O}\\ \boldsymbol{O} & \boldsymbol{O}\end{pmatrix}_{m\times n}=\boldsymbol{F}$，此标准形由 m,n,r 三个数完全确定，其中 r 就是行阶梯形矩阵中非零行的行数，且标准形 $\boldsymbol{F}$ 就是与 $\boldsymbol{A}$ 等价的所有矩阵中形式最简单的矩阵. 那么 $\boldsymbol{F}$ 中的 r 有何意义，它是否能够反映矩阵 $\boldsymbol{A}$ 的某种属性呢?这就是本节要讨论的问题.

2.6.1 矩阵秩的概念

定义 2.14 在 $m\times n$ 矩阵 $\boldsymbol{A}$ 中，任取 k 行 k 列($k\leqslant m,k\leqslant n$)，位于这些行列交叉点上的 k^2 个元素按照 $\boldsymbol{A}$ 中原来顺序排列成的 k 阶行列式

$$\begin{vmatrix} a_{i_1j_1} & a_{i_1j_2} & \cdots & a_{i_1j_k}\\ a_{i_2j_1} & a_{i_2j_2} & \cdots & a_{i_2j_k}\\ \vdots & \vdots & & \vdots\\ a_{i_kj_1} & a_{i_kj_2} & \cdots & a_{i_kj_k}\end{vmatrix}$$

称为矩阵 $\boldsymbol{A}$ 的 k **阶子式**，记作 D_k .

由排列组合知，$m\times n$ 矩阵 $\boldsymbol{A}$ 的 k 阶子式共有 $\mathrm{C}_m^k\mathrm{C}_n^k$ 个，且 $k\leqslant\min\{m,n\}$.

特别地，当 $\boldsymbol{A}$ 是 n 阶方阵时，$k\leqslant n$，且 $\boldsymbol{A}$ 的最高阶子式就是方阵的行列式 $|\boldsymbol{A}|$.

定义 2.15 设 $m\times n$ 矩阵 $\boldsymbol{A}$ 中有一个 r 阶子式 $D_r\neq 0$，并且所有的 $r+1$ 阶子式(如果存在)全为零，则称 D_r 为 $\boldsymbol{A}$ 的**最高阶非零子式**，数 r 称为 $\boldsymbol{A}$ 的**秩**，记 $r=R(\boldsymbol{A})$.

规定零矩阵的秩等于零，即 $R(\boldsymbol{O})=0$.

由矩阵秩的定义和行列式的性质可知:

(1) 在 $\boldsymbol{A}$ 中当所有 $r+1$ 阶子式全为 0 时，所有高于 $r+1$ 阶的子式也全等于 0，因此把 r 阶非零子式称为 $\boldsymbol{A}$ 的最高阶非零子式，而 $\boldsymbol{A}$ 的秩 $R(\boldsymbol{A})$ 就是 $\boldsymbol{A}$ 中不等于 0 的子式的最高阶数.

(2) 若 $\boldsymbol{A}$ 是 $m\times n$ 矩阵，则 $0\leqslant R(\boldsymbol{A})\leqslant\min\{m,n\}$.

(3) 若 n 阶方阵 $\boldsymbol{A}$ 的行列式 $|\boldsymbol{A}|\neq 0$，则 $R(\boldsymbol{A})=n$，此时称 $\boldsymbol{A}$ 为**满秩矩阵**；反之，若 n 阶方阵 $\boldsymbol{A}$ 的秩 $R(\boldsymbol{A})=n$，则 $|\boldsymbol{A}|\neq 0$. 否则若 $R(\boldsymbol{A})<n$，则称 $\boldsymbol{A}$ 为**降秩矩阵**.

因此，n 阶方阵 $\boldsymbol{A}$ 可逆的充分必要条件是 $R(\boldsymbol{A})=n$，即 $\boldsymbol{A}$ 为满秩矩阵.

(4) 若 $\boldsymbol{A}$ 有一个 r 阶子式不为零，则 $R(\boldsymbol{A})\geqslant r$；若 $\boldsymbol{A}$ 的所有 $r+1$ 阶的子式全为零，则 $R(\boldsymbol{A})\leqslant r$.

2.6.2 矩阵秩的求法

例 2.21 求矩阵 $\boldsymbol{A}=\begin{pmatrix}2 & -1 & 1 & 2\\ 1 & 1 & -1 & 2\\ 2 & -4 & 4 & 0\end{pmatrix}$ 的秩.

解　在 $A=\begin{pmatrix}2&-1&1&2\\1&1&-1&2\\2&-4&4&0\end{pmatrix}$ 中，易知二阶子式 $\begin{vmatrix}2&-1\\1&1\end{vmatrix}=3\neq 0$，所有三阶子式

$$\begin{vmatrix}2&-1&1\\1&1&-1\\2&-4&4\end{vmatrix}=0,\quad \begin{vmatrix}2&-1&2\\1&1&2\\2&-4&0\end{vmatrix}=0,\quad \begin{vmatrix}-1&1&2\\1&-1&2\\-4&4&0\end{vmatrix}=0,$$

故由矩阵秩的定义，得 $R(A)=2$.

一般来说，通过试算一个矩阵的各阶子式的方法计算矩阵的秩是很不方便的. 但是对于行阶梯形矩阵，其秩是很容易计算的，如矩阵

$$B=\begin{pmatrix}2&-1&0&3&-2\\0&3&1&-2&5\\0&0&0&4&-3\\0&0&0&0&0\end{pmatrix}.$$

显然，B 的非零行有 3 行，即易知 B 的所有四阶子式全为零，而以三个非零行的第一个非零元(即主元)为对角元的三阶行列式 $\begin{vmatrix}2&-1&3\\0&3&-2\\0&0&4\end{vmatrix}=24\neq 0$，由秩的定义，$R(B)=3$.

由此可见，对于行阶梯形矩阵，它的秩就等于非零行的行数，也等于主元的个数. 因此自然就想到用矩阵的初等变换化矩阵为行阶梯形矩阵，但两个等价矩阵的秩是否相等呢?

定理 2.6　若 $A\sim B$，则 $R(A)=R(B)$.

证　若 A 经过一次初等行变换变为 B，则 $R(A)\leqslant R(B)$.

设 $R(A)=r$，且 A 的某一个 r 阶子式 $D_r\neq 0$. 设 D_{r_B} 是 B 中与 $D_r\neq 0$ 对应的 r 阶子式.

当 $A\overset{r_i\leftrightarrow r_j}{\sim}B$ 或 $A\overset{r_i\times k}{\sim}B$ 时，在 B 中总能找到与 D_r 相对应的 r 阶子式 D_{r_B}，由于 $D_{r_B}=D_r$ 或 $D_{r_B}=-D_r$ 或 $D_{r_B}=kD_r$，因此 $D_{r_B}\neq 0$，从而 $R(B)\geqslant r$.

当 $A\overset{r_i+kr_j}{\sim}B$ 时，由于对于变换 $r_i\leftrightarrow r_j$ 结论成立，因此只需考虑 $A\overset{r_1+kr_j}{\sim}B$ 这一特殊情形. 分三种情况讨论:

(1) A 的 r 阶非零子式 D_r 不包含 A 的第 i 行，这时 D_r 也是 B 的 r 阶非零子式，故 $R(B)\geqslant r$;

(2) D_r 包含 A 的第 i 行，且含第 j 行，则 $D_{r_B}=D_r+kD_{r/j}$ 其中 $D_{r/j}$ 表示将 D_{r_B} 的第 i 行换为第 j 行所得的行列式. 这样 $D_{r/j}$ 中第 i 行和第 j 行相同，因此 $D_{i/j}=0$，即 $D_{r_B}=D_r$. 这时 D_r 也是 B 的 r 阶非零子式，故 $R(B)\geqslant r$.

(3) D_r 包含 A 的第 i 行，但不含第 j 行，则 $D_{r_B}=D_r+kD_{r/i}, D_{r/i}$ 是将 D_{r_B} 的第 i 行换为矩阵 A 第 j 行对应位置上的元素所得的行列式. 由于 $D_r\neq 0$，所以 D_{r_B} 和 $D_{r/i}$ 不同时为零，即矩阵 B 存在一个非零的 r 阶子式. 故 $R(B)\geqslant r$.

以上证明了若 A 经过一次初等行变换变为 B，则 $R(A)\leqslant R(B)$; 反之，由于 B 也可以经过一次初等行变换变为 A，故也有 $R(B)\leqslant R(A)$. 因此 $R(A)=R(B)$.

经过一次初等行变换矩阵的秩不变，则可知经过有限次初等行变换矩阵的秩仍不变.

设 $\boldsymbol{A}$ 经过初等列变换变为 $\boldsymbol{B}$，那么 $\boldsymbol{A}^{\mathrm{T}}$ 经过初等行变换变为 $\boldsymbol{B}^{\mathrm{T}}$，由上面的证明可知 $R(\boldsymbol{A}^{\mathrm{T}})=R(\boldsymbol{B}^{\mathrm{T}})$，又 $R(\boldsymbol{A})=R(\boldsymbol{A}^{\mathrm{T}}),R(\boldsymbol{B})=R(\boldsymbol{B}^{\mathrm{T}})$，因此 $R(\boldsymbol{A})=R(\boldsymbol{B})$.

综上可知，若 $\boldsymbol{A}$ 经过有限次初等变换变为 $\boldsymbol{B}$（即 $\boldsymbol{A}\sim\boldsymbol{B}$），则 $R(\boldsymbol{A})=R(\boldsymbol{B})$.

根据这一定理，为了求矩阵 $\boldsymbol{A}$ 的秩，只需要把矩阵 $\boldsymbol{A}$ 用初等行变换化为行阶梯形矩阵 $\boldsymbol{B}$，行阶梯形矩阵 $\boldsymbol{B}$ 中非零行的行数和主元的个数即为矩阵 $\boldsymbol{A}$ 的秩.

例 2.22　求 $\boldsymbol{A}=\begin{pmatrix}3&2&0&5&0\\3&-2&3&6&-1\\2&0&1&5&-3\\1&6&-4&-1&4\end{pmatrix}$ 的秩及一个最高阶非零子式.

解　用初等行变换化 $\boldsymbol{A}$ 为行阶梯形矩阵：

$$\boldsymbol{A}=\begin{pmatrix}3&2&0&5&0\\3&-2&3&6&-1\\2&0&1&5&-3\\1&6&-4&-1&4\end{pmatrix}\xrightarrow[\substack{r_3-2r_1\\r_4-3r_1}]{\substack{r_1\leftrightarrow r_4\\r_2-r_4}}\begin{pmatrix}1&6&-4&-1&4\\0&-4&3&1&-1\\0&-12&9&7&-11\\0&-16&12&8&-12\end{pmatrix}$$

$$\xrightarrow[r_4-4r_2]{r_3-3r_2}\begin{pmatrix}1&6&-4&-1&4\\0&-4&3&1&-1\\0&0&0&4&-8\\0&0&0&4&-8\end{pmatrix}\xrightarrow{r_4-r_3}\begin{pmatrix}1&6&-4&-1&4\\0&-4&3&1&-1\\0&0&0&4&-8\\0&0&0&0&0\end{pmatrix}=\boldsymbol{B}_1,$$

因为矩阵 $\boldsymbol{B}_1$ 中非零行的行数为 3，所以 $R(\boldsymbol{A})=3$.

再求 $\boldsymbol{A}$ 的一个最高阶非零子式. 因为 $R(\boldsymbol{A})=3$，所以 $\boldsymbol{A}$ 的最高阶非零子式为三阶. 而 $\boldsymbol{A}$ 的三阶子式共有 $\mathrm{C}_4^3\mathrm{C}_5^3=40$ 个，要从 40 个子式中找出一个非零子式还是比较麻烦的. 但考察与 $\boldsymbol{A}$ 等价的行阶梯形矩阵 $\boldsymbol{B}_1$，其每一行主元所在的列为第一、二、四列，这三列所构成的矩阵为 $\boldsymbol{B}_2=\begin{pmatrix}1&6&-1\\0&-4&1\\0&0&4\\0&0&0\end{pmatrix}$，易知 $R(\boldsymbol{B}_2)=3$，所以 $\boldsymbol{B}_2$ 中必有三阶非零子式. 而 $\boldsymbol{B}_2$ 中三阶子式共有 4 个，显然在 $\boldsymbol{B}_2$ 中找一个三阶非零子式比在 $\boldsymbol{A}$ 中找一个三阶非零子式要容易得多. 而 $\boldsymbol{B}_2$ 中前三行构成的子式

$$\begin{vmatrix}1&6&-1\\0&-4&1\\0&0&4\end{vmatrix}=-16\neq0,$$

对应在 $\boldsymbol{A}$ 中的三阶子式为 $\begin{vmatrix}3&2&5\\3&-2&6\\2&0&5\end{vmatrix}=-16\neq0$，因此 $\begin{vmatrix}3&2&5\\3&-2&6\\2&0&5\end{vmatrix}$ 就是 $\boldsymbol{A}$ 的一个最高阶非零子式.

例 2.23 设矩阵 $\boldsymbol{A}=\begin{pmatrix}1 & -1 & 1 & 2\\ 3 & \lambda & -1 & 2\\ 5 & 3 & \mu & 6\end{pmatrix}$，已知 $R(\boldsymbol{A})=2$，求 λ 与 μ 的值.

解 对 $\boldsymbol{A}$ 施行初等行变换化为行阶梯形:

$$\boldsymbol{A}=\begin{pmatrix}1 & -1 & 1 & 2\\ 3 & \lambda & -1 & 2\\ 5 & 3 & \mu & 6\end{pmatrix}\xrightarrow[r_3-5r_1]{r_2-3r_1}\begin{pmatrix}1 & -1 & 1 & 2\\ 0 & \lambda+3 & -4 & -4\\ 0 & 8 & \mu-5 & -4\end{pmatrix}\xrightarrow{r_3-r_2}\begin{pmatrix}1 & -1 & 1 & 2\\ 0 & \lambda+3 & -4 & -4\\ 0 & 5-\lambda & \mu-1 & 0\end{pmatrix}.$$

因为 $R(\boldsymbol{A})=2$，故 $\begin{cases}5-\lambda=0,\\ \mu-1=0,\end{cases}$ 即 $\begin{cases}\lambda=5,\\ \mu=1.\end{cases}$

2.6.3 矩阵秩的性质

设 $\boldsymbol{A}$ 是 $m\times n$ 矩阵，$\boldsymbol{A}$ 的秩为 $R(\boldsymbol{A})$，并假设所涉及的运算都是可进行的.

(1) $0\leqslant R(\boldsymbol{A})\leqslant \min\{m,n\}$;

(2) $R(\boldsymbol{A})=R(\boldsymbol{A}^{\mathrm{T}})$; $R(k\boldsymbol{A})=R(\boldsymbol{A}),k\neq 0$;

(3) $R(\boldsymbol{AB})\leqslant \min\{R(\boldsymbol{A}),R(\boldsymbol{B})\}$;

(4) 若矩阵 $\boldsymbol{P}_{m\times m},\boldsymbol{Q}_{n\times n}$ 均可逆，则 $R(\boldsymbol{PAQ})=R(\boldsymbol{A})$;

(5) $\max\{R(\boldsymbol{A}),R(\boldsymbol{B})\}\leqslant R(\boldsymbol{A},\boldsymbol{B})\leqslant R(\boldsymbol{A})+R(\boldsymbol{B})$;

(6) $R(\boldsymbol{A}+\boldsymbol{B})\leqslant R(\boldsymbol{A})+R(\boldsymbol{B})$.

(7) 若 $\boldsymbol{A}_{m\times n}\boldsymbol{B}_{n\times l}=\boldsymbol{O}$，则 $R(\boldsymbol{A})+R(\boldsymbol{B})\leqslant n$.

利用这些性质可以做一些证明题.

例 2.24 设 $\boldsymbol{A}$ 是 n 阶方阵，证明 $R(\boldsymbol{A}+\boldsymbol{E})+R(\boldsymbol{A}-\boldsymbol{E})\geqslant n$.

证 因为 $(\boldsymbol{A}+\boldsymbol{E})+(\boldsymbol{E}-\boldsymbol{A})=2\boldsymbol{E}$，由性质(6)可得

$$R(\boldsymbol{A}+\boldsymbol{E})+R(\boldsymbol{E}-\boldsymbol{A})\geqslant R(2\boldsymbol{E})=n,$$

再由性质(2)知

$$R(\boldsymbol{A}-\boldsymbol{E})=R(\boldsymbol{E}-\boldsymbol{A}),$$

所以

$$R(\boldsymbol{A}+\boldsymbol{E})+R(\boldsymbol{A}-\boldsymbol{E})\geqslant n.$$

矩阵的秩是矩阵本身所固有的一种属性，反映了矩阵所代表的线性变换的一种不变性，即矩阵的初等变换不改变矩阵的秩，这一点对于我们求解线性方程组的解很有帮助.

2.7 线性方程组的解

2.7.1 线性方程组的相关概念

第 1 章已经研究过一类特殊的线性方程组，即线性方程组所含方程的个数等于未知量

的个数，且方程组的系数行列式不等于零的情形. 求解线性方程组是线性代数最主要的内容之一，这类问题在科学技术与经济管理领域有着广泛的应用，因而有必要从更普遍的角度来讨论线性方程组的一般理论.

由例 2.15 解题过程可以看出，用消元法求解线性方程组的具体做法就是对方程组的系数矩阵 $\boldsymbol{A}$ 和常数项的列矩阵 $\boldsymbol{b}$，即增广矩阵 $\overline{\boldsymbol{A}}=(\boldsymbol{A},\boldsymbol{b})$ 实施初等行变换的过程. 而消元法的目的就是利用矩阵的初等行变换将方程组的增广矩阵化为行阶梯形矩阵或行最简形矩阵，显然这两个矩阵对应的方程组与原线性方程组同解，解行最简形矩阵对应的方程组就可得原方程组的解. 简而言之，用消元法解线性方程组的过程，就相当于对该方程组的增广矩阵进行初等行变换. 这一结论对一般的线性方程组是否成立呢?答案是肯定的. 下面就一般的线性方程组求解的问题进行讨论.

设线性方程组

$$\begin{cases} a_{11}x_1+a_{12}x_2+\cdots+a_{1n}x_n=b_1, \\ a_{21}x_1+a_{22}x_2+\cdots+a_{2n}x_n=b_2, \\ \qquad\cdots\cdots \\ a_{m1}x_1+a_{m2}x_2+\cdots+a_{mn}x_n=b_m, \end{cases} \tag{2.1}$$

其矩阵形式为

$$\boldsymbol{AX}=\boldsymbol{b}, \tag{2.2}$$

其中

$$\boldsymbol{A}=\begin{pmatrix} a_{11} & a_{12} & \cdots & a_{1n} \\ a_{21} & a_{22} & \cdots & a_{2n} \\ \vdots & \vdots & & \vdots \\ a_{m1} & a_{m2} & \cdots & a_{mn} \end{pmatrix},\quad \boldsymbol{X}=\begin{pmatrix} x_1 \\ x_2 \\ \vdots \\ x_n \end{pmatrix},\quad \boldsymbol{b}=\begin{pmatrix} b_1 \\ b_2 \\ \vdots \\ b_m \end{pmatrix},$$

称矩阵 $(\boldsymbol{A},\boldsymbol{b})$（简记为 $\overline{\boldsymbol{A}}$）为线性方程组(2.1)的**增广矩阵**.

如果把系数矩阵 $\boldsymbol{A}$ 按列分成 n 块 $\boldsymbol{\alpha}_1,\boldsymbol{\alpha}_2,\cdots,\boldsymbol{\alpha}_n$，则线性方程组(2.1)和(2.2)还可以表示为

$$x_1\boldsymbol{\alpha}_1+x_2\boldsymbol{\alpha}_2+\cdots+x_n\boldsymbol{\alpha}_n=\boldsymbol{b}. \tag{2.3}$$

当 $b_i=0,\ i=1,2,\cdots,m$ 时，线性方程组(2.1)称为**齐次**的；否则称为**非齐次**的. 显然，齐次线性方程组的矩阵形式为

$$\boldsymbol{AX}=\boldsymbol{0}. \tag{2.4}$$

2.7.2　齐次线性方程组有解的条件

定理 2.7　n 元齐次线性方程组 $\boldsymbol{A}_{m\times n}\boldsymbol{X}=\boldsymbol{0}$ 有非零解的充分必要条件是其系数矩阵 $\boldsymbol{A}$ 的秩 $R(\boldsymbol{A})<n$.

证　必要性：设方程组 $\boldsymbol{A}_{m\times n}\boldsymbol{X}=\boldsymbol{0}$ 有非零解. 假设 $R(\boldsymbol{A})=n$，则在 $\boldsymbol{A}$ 中应有一个 n 阶非零子式 D_n，根据克拉默法则，D_n 所对应的 n 个方程只有零解，与假设矛盾，故 $R(\boldsymbol{A})<n$.

充分性：设 $R(\boldsymbol{A})=s<n$，则 $\boldsymbol{A}$ 的行阶梯形矩阵只含有 s 个非零行，从而知其有 $n-s$ 个自由未知量. 任取一个自由未知量为1，其余自由未知量为0，即可得到方程组的一个非零解.

2.7.3　非齐次线性方程组有解的条件

定理 2.8　n 元非齐次线性方程组 $\boldsymbol{AX}=\boldsymbol{b}$ 有解的充分必要条件是其系数矩阵 $\boldsymbol{A}$ 的秩等于增广矩阵 $(\boldsymbol{A},\boldsymbol{b})$ 的秩，即 $R(\boldsymbol{A})=R(\overline{\boldsymbol{A}})$.

证　必要性：设线性方程组 $\boldsymbol{AX}=\boldsymbol{b}$ 有解，但 $R(\boldsymbol{A})\neq R(\overline{\boldsymbol{A}})$，则 $\overline{\boldsymbol{A}}$ 的行最简形矩阵中最后一个非零行是矛盾方程，这与方程组有解矛盾，因此 $R(\boldsymbol{A})=R(\overline{\boldsymbol{A}})$.

充分性：$R(\boldsymbol{A})=R(\overline{\boldsymbol{A}})=s\leqslant n$，则 $\overline{\boldsymbol{A}}$ 的行最简形矩阵中含有 s 个非零行，把这 s 行的第一个非零元所对应的未知量作为非自由量(或称为主变量)，其余 $n-s$ 个作为自由未知量，并令这 $n-s$ 个自由未知量全为零，即可得方程组的一个解.

为了第 3 章讨论的需要，下面把定理 2.8 推广到矩阵方程.

定理 2.9　矩阵方程 $\boldsymbol{AX}=\boldsymbol{B}$ 有解的充分必要条件是 $R(\boldsymbol{A})=R(\boldsymbol{A},\boldsymbol{B})$.

证　设 $\boldsymbol{A}$ 为 $m\times n$ 矩阵，$\boldsymbol{X}$ 为 $m\times l$ 矩阵，则 $\boldsymbol{B}$ 为 $n\times l$ 矩阵. 把 $\boldsymbol{X}$ 和 $\boldsymbol{B}$ 按列分块，记为 $\boldsymbol{X}=(\boldsymbol{x}_1,\boldsymbol{x}_2,\cdots,\boldsymbol{x}_l)$，$\boldsymbol{B}=(\boldsymbol{b}_1,\boldsymbol{b}_2,\cdots,\boldsymbol{b}_l)$，则矩阵方程 $\boldsymbol{AX}=\boldsymbol{B}$ 等价于 l 个向量方程

$$\boldsymbol{Ax}_i=\boldsymbol{b}_i\quad(i=1,2,\cdots,l).$$

又设 $R(\boldsymbol{A})=r$ 且 $\boldsymbol{A}$ 的行最简形矩阵为 $\tilde{\boldsymbol{A}}$，则 $\tilde{\boldsymbol{A}}$ 有 r 个非零行，且 $\tilde{\boldsymbol{A}}$ 的后 $m-r$ 行全为零行. 再设

$$(\boldsymbol{A},\boldsymbol{B})=(\boldsymbol{A},\boldsymbol{b}_1,\boldsymbol{b}_2,\cdots,\boldsymbol{b}_l)\overset{r}{\sim}(\tilde{\boldsymbol{A}},\tilde{\boldsymbol{b}}_1,\tilde{\boldsymbol{b}}_2,\cdots,\tilde{\boldsymbol{b}}_l),$$

从而

$$(\boldsymbol{A},\boldsymbol{b}_i)\overset{r}{\sim}(\tilde{\boldsymbol{A}},\tilde{\boldsymbol{b}}_i)\quad(i=1,2,\cdots,l).$$

由上述讨论并结合定理 2.8，可得

$$\begin{aligned}\boldsymbol{AX}=\boldsymbol{B}\text{ 有解}&\Leftrightarrow \boldsymbol{Ax}_i=\boldsymbol{b}_i\text{ 有解}\quad(i=1,2,\cdots,l)\\&\Leftrightarrow R(\boldsymbol{A},\boldsymbol{b}_i)=R(\boldsymbol{A})\quad(i=1,2,\cdots,l)\\&\Leftrightarrow \tilde{\boldsymbol{b}}_i\text{ 的后 }m-r\text{ 个元素全为零}\quad(i=1,2,\cdots,l)\\&\Leftrightarrow (\tilde{\boldsymbol{b}}_1,\tilde{\boldsymbol{b}}_2,\cdots,\tilde{\boldsymbol{b}}_l)\text{ 的后 }m-r\text{ 行全为零}\\&\Leftrightarrow R(\boldsymbol{A},\boldsymbol{B})=r=R(\boldsymbol{A}).\end{aligned}$$

注 2.11　定理 2.8 的证明实际上给出了求解线性方程组(2.2)的方法，定理 2.9 给出了矩阵方程有解的判定方法.

在应用中，对齐次线性方程组，将其系数矩阵 $\boldsymbol{A}$ 化为行最简形矩阵，便可直接写出其全部解. 对非齐次线性方程组，将增广矩阵 $\overline{\boldsymbol{A}}$ 化为行阶梯形矩阵，即可判断其是否有解，若有解，再将其化为行最简形矩阵，就可直接写出其全部解. 其中要注意，当 $R(\boldsymbol{A})=R(\overline{\boldsymbol{A}})=r<n$

时，$\overline{\boldsymbol{A}}$ 的行最简形矩阵中含有 r 个非零行，把这 r 行的第一个非零元所对应的未知量作为非自由量(主变量)，其余 $n-r$ 个作为自由未知量，并令自由未知量分别等于 $n-r$ 个常数，由 $\overline{\boldsymbol{A}}$ 的行最简形矩阵，即可写出所求线性方程组的解.

例 2.25　求解齐次线性方程组

$$\begin{cases} x_1+2x_2+2x_3+x_4=0, \\ 2x_1+x_2-2x_3-2x_4=0, \\ x_1-x_2-4x_3-3x_4=0. \end{cases}$$

解　对系数矩阵 $\boldsymbol{A}$ 施以初等行变换化为行最简形矩阵:

$$\boldsymbol{A}=\begin{pmatrix} 1 & 2 & 2 & 1 \\ 2 & 1 & -2 & -2 \\ 1 & -1 & -4 & -3 \end{pmatrix} \xrightarrow[r_3-r_1]{r_2-2r_1} \begin{pmatrix} 1 & 2 & 2 & 1 \\ 0 & -3 & -6 & -4 \\ 0 & -3 & -6 & -4 \end{pmatrix}$$

$$\xrightarrow[-\frac{1}{3}\times r_2]{r_3-r_2} \begin{pmatrix} 1 & 2 & 2 & 1 \\ 0 & 1 & 2 & \frac{4}{3} \\ 0 & 0 & 0 & 0 \end{pmatrix} \xrightarrow{r_1-2r_2} \begin{pmatrix} 1 & 0 & -2 & -\frac{5}{3} \\ 0 & 1 & 2 & \frac{4}{3} \\ 0 & 0 & 0 & 0 \end{pmatrix},$$

即与原方程组同解的方程组为

$$\begin{cases} x_1-2x_3-\dfrac{5}{3}x_4=0, \\ x_2+2x_3+\dfrac{4}{3}x_4=0, \end{cases}$$

由此可得

$$\begin{cases} x_1=2x_3+\dfrac{5}{3}x_4, \\ x_2=-2x_3-\dfrac{4}{3}x_4, \end{cases}$$

其中 x_3,x_4 为自由未知量，不妨令 $x_3=c_1,x_4=c_2$，把它写成通常的参数形式

$$\begin{cases} x_1=2c_1+\dfrac{5}{3}c_2, \\ x_2=-2c_1-\dfrac{4}{3}c_2, \\ x_3=c_1, \\ x_4=c_2, \end{cases}$$

或记为

$$\begin{pmatrix} x_1 \\ x_2 \\ x_3 \\ x_4 \end{pmatrix} = \begin{pmatrix} 2c_1 + \frac{5}{3}c_2 \\ -2c_1 - \frac{4}{3}c_2 \\ c_1 \\ c_2 \end{pmatrix} = c_1 \begin{pmatrix} 2 \\ -2 \\ 1 \\ 0 \end{pmatrix} + c_2 \begin{pmatrix} \frac{5}{3} \\ -\frac{4}{3} \\ 0 \\ 1 \end{pmatrix} \quad (c_1, c_2\text{为任意实数}).$$

例 2.26　求解非齐次线性方程组 $\begin{cases} x_1 + x_2 - 3x_3 - x_4 = 1, \\ 3x_1 - x_2 - 3x_3 + 4x_4 = 4, \\ x_1 + 5x_2 - 9x_3 - 8x_4 = 0. \end{cases}$

解　对已知线性方程的增广矩阵 $\overline{\boldsymbol{A}}$ 实施初等行变换化为行最简形矩阵

$$\overline{\boldsymbol{A}} = \begin{pmatrix} 1 & 1 & -3 & -1 & 1 \\ 3 & -1 & -3 & 4 & 4 \\ 1 & 5 & -9 & -8 & 0 \end{pmatrix} \xrightarrow[r_3 - r_1]{r_2 - 3r_1} \begin{pmatrix} 1 & 1 & -3 & -1 & 1 \\ 0 & -4 & 6 & 7 & 1 \\ 0 & 4 & -6 & -7 & -1 \end{pmatrix}$$

$$\xrightarrow[-\frac{1}{4}\times r_2]{r_3 + r_2} \begin{pmatrix} 1 & 1 & -3 & -1 & 1 \\ 0 & 1 & -\frac{3}{2} & -\frac{7}{4} & -\frac{1}{4} \\ 0 & 0 & 0 & 0 & 0 \end{pmatrix} \xrightarrow{r_1 - r_2} \begin{pmatrix} 1 & 0 & -\frac{3}{2} & \frac{3}{4} & \frac{5}{4} \\ 0 & 1 & -\frac{3}{2} & -\frac{7}{4} & -\frac{1}{4} \\ 0 & 0 & 0 & 0 & 0 \end{pmatrix},$$

即得同解方程组为

$$\begin{cases} x_1 = \frac{3}{2}x_3 - \frac{3}{4}x_4 + \frac{5}{4}, \\ x_2 = \frac{3}{2}x_3 + \frac{7}{4}x_4 - \frac{1}{4}, \\ x_3 = x_3, \\ x_4 = x_4, \end{cases}$$

亦即原方程组的解为

$$\begin{pmatrix} x_1 \\ x_2 \\ x_3 \\ x_4 \end{pmatrix} = c_1 \begin{pmatrix} \frac{3}{2} \\ \frac{3}{2} \\ 1 \\ 0 \end{pmatrix} + c_2 \begin{pmatrix} -\frac{3}{4} \\ \frac{7}{4} \\ 0 \\ 1 \end{pmatrix} + \begin{pmatrix} \frac{5}{4} \\ -\frac{1}{4} \\ 0 \\ 0 \end{pmatrix} \quad (c_1, c_2\text{ 为任意实数}).$$

例 2.27　讨论线性方程组 $\begin{cases} x_1 + x_2 + 2x_3 + 3x_4 = 1, \\ x_1 + 3x_2 + 6x_3 + x_4 = 3, \\ 3x_1 - x_2 - px_3 + 15x_4 = 3, \\ x_1 - 5x_2 - 10x_3 + 12x_4 = t, \end{cases}$ 当 p, t 取何值时，方程组无解?有唯

一解?有无穷多解?在方程组有无穷多解的情况下，求出其全部解.

解　对已知线性方程组的增广矩阵 $\overline{\boldsymbol{A}}$ 实施初等行变换化为行最简形矩阵

$$\overline{\boldsymbol{A}}=\begin{pmatrix}1&1&2&3&1\\1&3&6&1&3\\3&-1&-p&15&3\\1&-5&-10&12&t\end{pmatrix}\to\begin{pmatrix}1&1&2&3&1\\0&2&4&-2&2\\0&-4&-p-6&6&0\\0&-6&-12&9&t-1\end{pmatrix}\to\begin{pmatrix}1&1&2&3&1\\0&1&2&-1&1\\0&0&-p+2&2&4\\0&0&0&3&t+5\end{pmatrix}.$$

(1) 当 $p\neq 2$ 时, $R(\boldsymbol{A})=R(\overline{\boldsymbol{A}})=4$，所以方程组有唯一解;

(2) 当 $p=2$ 时，有

$$\overline{\boldsymbol{A}}=\begin{pmatrix}1&1&2&3&1\\0&1&2&-1&1\\0&0&0&2&4\\0&0&0&3&t+5\end{pmatrix}\to\begin{pmatrix}1&1&2&3&1\\0&1&2&-1&1\\0&0&0&1&2\\0&0&0&0&t-1\end{pmatrix}.$$

当 $t\neq 1$ 时，$R(\boldsymbol{A})=3<R(\overline{\boldsymbol{A}})=4$, 所以方程组无解;

当 $t=1$ 时，$R(\boldsymbol{A})=R(\overline{\boldsymbol{A}})=3<4$, 所以方程组有无穷多解.

这时,

$$\overline{\boldsymbol{A}}=\begin{pmatrix}1&1&2&3&1\\0&1&2&-1&1\\0&0&0&1&2\\0&0&0&0&t-1\end{pmatrix}\to\begin{pmatrix}1&1&2&3&1\\0&1&2&-1&1\\0&0&0&1&2\\0&0&0&0&0\end{pmatrix}\to\begin{pmatrix}1&0&0&0&-8\\0&1&2&0&3\\0&0&0&1&2\\0&0&0&0&0\end{pmatrix},$$

从而有

$$\begin{cases}x_1=-8\\x_2+2x_3=3,\\x_4=2.\end{cases}$$

上式可改写成为

$$\begin{cases}x_1=0x_3-8,\\x_2=-2x_3+3,\\x_3=x_3+0,\\x_4=0x_3+2,\end{cases}$$

令 $x_3=c$，则原方程组的全部解为 $\begin{pmatrix}x_1\\x_2\\x_3\\x_4\end{pmatrix}=c\begin{pmatrix}0\\-2\\1\\0\end{pmatrix}+\begin{pmatrix}-8\\3\\0\\2\end{pmatrix}$（$c$ 为任意实数）.

本章小结

1. 知识框架

本章主要讲述了矩阵的概念及其运算、矩阵的逆、分块矩阵、矩阵的初等变换、初等矩阵、矩阵的秩以及线性方程组有解的条件等内容. 重点是矩阵的乘法、矩阵的逆、矩阵的初等变换、初等矩阵、矩阵的秩、线性方程组有解的条件. 难点是矩阵秩的概念.

知识框架如下:

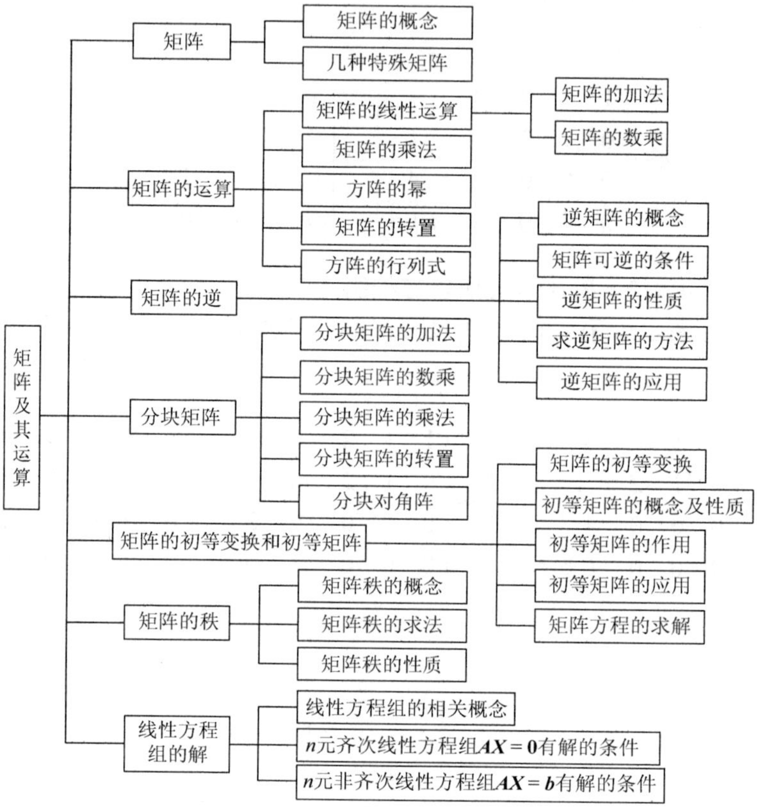

2. 知识要点

(1) 熟练掌握矩阵的线性运算(矩阵的加法、数与矩阵的乘法)、矩阵与矩阵的乘法、矩阵的转置、方阵的幂运算、方阵的行列式以及它们的运算规律.

(2) 理解矩阵可逆的概念、性质, 以及矩阵可逆的充要条件是 $|\boldsymbol{A}|\neq 0$; 熟练掌握用伴随矩阵法求可逆矩阵的逆矩阵, 理解伴随矩阵的概念和性质,

$$\boldsymbol{A}^*=\begin{pmatrix} A_{11} & A_{21} & \cdots & A_{n1} \\ A_{12} & A_{22} & \cdots & A_{n2} \\ \vdots & \vdots & & \vdots \\ A_{1n} & A_{2n} & \cdots & A_{nn} \end{pmatrix}, \quad \boldsymbol{A}^{-1}=\frac{1}{|\boldsymbol{A}|}\boldsymbol{A}^*.$$

$$A^*A = AA^* = |A|E, \quad (A^*)^{-1} = (A^{-1})^* = \frac{1}{|A|}A, \quad |A^*| = |A|^{n-1}.$$

(3) 熟练掌握用初等变换把矩阵化为行阶梯形、行最简形和等价标准形，

$$A \overset{r}{\sim} B_1(\text{行阶梯形}) \overset{r}{\sim} B_2(\text{行最简形}) \overset{r}{\sim} F = \begin{pmatrix} E_r & O \\ O & O \end{pmatrix}.$$

(4) 理解初等矩阵的概念和性质，

$$E \xrightarrow[\text{或}c_i \leftrightarrow c_j]{r_i \leftrightarrow r_j} E(i,j), \quad E \xrightarrow[\text{或}c_i \times k]{r_i \times k} E(i(k)), \quad E \xrightarrow[\text{或}c_j + kc_i]{r_i + kr_j} E(i,j(k)).$$

$$(E(i(k)))^{-1} = E\left(i\left(\frac{1}{k}\right)\right)(k \neq 0), \quad (E(i,j))^{-1} = E(i,j), \quad (E(i,j(k)))^{-1} = E(i,j(-k)).$$

$$|E(i(k))| = k, \quad |E(i,j(k))| = 1, \quad |E(i,j)| = -1.$$

理解初等矩阵与初等变换的关系：设 A 为 $m \times n$ 矩阵，对 A 施行一次初等行变换，相当于在 A 的左边乘以相应的 m 阶初等矩阵；对 A 施行一次初等列变换，相当于在 A 的右边乘以相应的 n 阶初等矩阵．即

$$A \xrightarrow{r_i \leftrightarrow r_j} B = E(i,j)A, \qquad A \xrightarrow{c_i \leftrightarrow c_j} B = AE(i,j),$$
$$A \xrightarrow{r_i \times k} B = E(i(k))A, \qquad A \xrightarrow{c_i \times k} B = AE(i(k)),$$
$$A \xrightarrow{r_i + kr_j} B = E(i,j(k))A, \qquad A \xrightarrow{c_i + kc_j} B = AE(i,j(k)).$$

方阵 A 可逆的充分必要条件是 $A \overset{r}{\sim} E$．掌握用矩阵的初等行变换求可逆矩阵的方法，$(A,E) \overset{r}{\sim} (E, A^{-1})$．

(5) 理解矩阵秩的概念和性质，掌握用初等变换求矩阵的秩的方法以及矩阵的等价标准形与秩的关系，

如果 $A \sim B_1 \sim B_2 \sim F$，则 $R(A) = R(B_1) = R(B_2) = R(F) = r$．

(6) 掌握线性方程组无解、有唯一解或无穷多解的充分必要条件：

n 元齐次线性方程组

$$AX = 0 \begin{cases} \text{只有零解} \Leftrightarrow R(A) = n, \\ \text{有非零解} \Leftrightarrow R(A) < n; \end{cases}$$

n 元非齐次线性方程组

$$AX = b \begin{cases} \text{无解} \Leftrightarrow R(A) \neq R(\overline{A}), \\ \text{有唯一解} \Leftrightarrow R(A) = R(\overline{A}) = n, \\ \text{有无穷多解} \Leftrightarrow R(A) = R(\overline{A}) < n. \end{cases}$$

习　题　2

1. 设矩阵 $A = \begin{pmatrix} 1 & 1 & 1 \\ 1 & 1 & -1 \\ 1 & -1 & 1 \end{pmatrix}$，$B = \begin{pmatrix} 1 & 2 & 3 \\ -1 & -2 & 4 \\ 0 & 5 & 1 \end{pmatrix}$，求 $3AB - 2A$ 及 $A^{\mathrm{T}}B$．

2. 计算下列矩阵的乘积:

(1) $\begin{pmatrix}4&3&1\\1&-2&3\\5&7&0\end{pmatrix}\begin{pmatrix}7\\2\\1\end{pmatrix}$;　(2) $(1,2,3)\begin{pmatrix}3\\2\\1\end{pmatrix}$;

(3) $\begin{pmatrix}2\\1\\3\end{pmatrix}(-1,2)$;　(4) $(x_1,x_2,x_3)\begin{pmatrix}a_{11}&a_{12}&a_{13}\\a_{21}&a_{22}&a_{23}\\a_{31}&a_{32}&a_{33}\end{pmatrix}\begin{pmatrix}x_1\\x_2\\x_3\end{pmatrix}$.

3. 举例说明下列命题是错误的:

(1)若 $\boldsymbol{A}^2=\boldsymbol{O}$, 则 $\boldsymbol{A}=\boldsymbol{O}$;

(2)若 $\boldsymbol{A}^2=\boldsymbol{A}$, 则 $\boldsymbol{A}=\boldsymbol{O}$ 或 $\boldsymbol{A}=\boldsymbol{E}$;

(3)若 $\boldsymbol{AX}=\boldsymbol{AY}$, 且 $\boldsymbol{A}\neq\boldsymbol{O}$, 则 $\boldsymbol{X}=\boldsymbol{Y}$.

4. 求下列矩阵的逆矩阵:

(1) $\begin{pmatrix}3&5\\1&2\end{pmatrix}$;　(2) $\begin{pmatrix}1&2&-1\\3&1&0\\-1&0&-2\end{pmatrix}$;

(3) $\begin{pmatrix}a_1&&&\\&a_2&&\\&&\ddots&\\&&&a_n\end{pmatrix}(a_1a_2\cdots a_n\neq 0)$.

5. 解矩阵方程: $\begin{pmatrix}1&4\\-1&2\end{pmatrix}\boldsymbol{X}\begin{pmatrix}2&0\\-1&1\end{pmatrix}=\begin{pmatrix}3&1\\0&-1\end{pmatrix}$.

6. 设 $\boldsymbol{P}^{-1}\boldsymbol{AP}=\boldsymbol{\Lambda}$, 其中 $\boldsymbol{P}=\begin{pmatrix}-1&-4\\1&1\end{pmatrix},\boldsymbol{\Lambda}=\begin{pmatrix}-1&0\\0&2\end{pmatrix}$, 求 $\boldsymbol{A}^{11}$.

7. 已知 $\boldsymbol{A}=\begin{pmatrix}2&0&1\\0&3&0\\2&0&2\end{pmatrix}$, $\boldsymbol{B}=\begin{pmatrix}1&0&0\\0&-1&0\\0&0&0\end{pmatrix}$, 若 $\boldsymbol{X}$ 满足 $\boldsymbol{AX}+2\boldsymbol{B}=\boldsymbol{BA}+2\boldsymbol{X}$, 求 $\boldsymbol{X}^4$.

8. 设 $\boldsymbol{A}^k=\boldsymbol{O}$ (k 为正整数), 证明: $(\boldsymbol{E}-\boldsymbol{A})^{-1}=\boldsymbol{E}+\boldsymbol{A}+\boldsymbol{A}^2+\cdots+\boldsymbol{A}^{k-1}$.

9. 设方阵 $\boldsymbol{A}$ 满足 $\boldsymbol{A}^2-\boldsymbol{A}-2\boldsymbol{E}=\boldsymbol{O}$, 证明 $\boldsymbol{A}$ 和 $\boldsymbol{A}+2\boldsymbol{E}$ 都可逆, 并求 $\boldsymbol{A}^{-1}$ 和 $(\boldsymbol{A}+2\boldsymbol{E})^{-1}$.

10. 已知矩阵 $\boldsymbol{A}$ 的伴随矩阵 $\boldsymbol{A}^*=\begin{pmatrix}1&0&0&0\\0&1&0&0\\1&0&1&0\\0&-3&0&8\end{pmatrix}$, 且 $\boldsymbol{ABA}^{-1}=\boldsymbol{BA}^{-1}+3\boldsymbol{E}$, 求 $\boldsymbol{B}$.

11. 设 $\boldsymbol{A}$ 为可逆矩阵, 且 $\boldsymbol{A}^2=|\boldsymbol{A}|\boldsymbol{E}$, 求 $(\boldsymbol{A}^{-1})^*$.

12. 设 $\boldsymbol{A}=\begin{pmatrix}3&1&0&0\\0&3&0&0\\0&0&3&9\\0&0&1&3\end{pmatrix}$, 求 $\boldsymbol{A}^n$.

13. 设 $\boldsymbol{A}$, $\boldsymbol{B}$ 均为 n 阶方阵, 且 $|\boldsymbol{A}|=a,|\boldsymbol{B}|=b,\boldsymbol{C}=\begin{pmatrix}\boldsymbol{A}&3\boldsymbol{A}^*\\(\boldsymbol{B}/2)^{-1}&\boldsymbol{O}\end{pmatrix}$, 求 $|\boldsymbol{C}|$.

14. 已知 $\boldsymbol{AP}=\boldsymbol{PB}$，其中 $\boldsymbol{B}=\begin{pmatrix}1&0&0\\0&0&1\\0&1&0\end{pmatrix}$，$\boldsymbol{P}=\begin{pmatrix}1&0&0\\2&-1&0\\2&1&1\end{pmatrix}$，计算 $\boldsymbol{A}$ 及 $\boldsymbol{A}^n$.

15. 设 $\boldsymbol{A},\boldsymbol{B}$ 为 n 阶方阵，且 $\boldsymbol{A},\boldsymbol{B},\boldsymbol{A}+\boldsymbol{B}$ 都可逆，证明 $\boldsymbol{A}^{-1}+\boldsymbol{B}^{-1}$ 也可逆.

16. 利用矩阵的初等行变换，求下列矩阵的逆矩阵:

(1) $\boldsymbol{A}=\begin{pmatrix}1&2&-1\\3&1&0\\-1&0&-2\end{pmatrix}$；　　(2) $\boldsymbol{A}=\begin{pmatrix}3&-2&0&-1\\0&2&2&1\\1&-2&-3&-2\\0&1&2&1\end{pmatrix}$.

17. 用初等变换法解矩阵方程:

(1) $\begin{pmatrix}3&5\\1&2\end{pmatrix}\boldsymbol{X}=\begin{pmatrix}4&-1&2\\3&0&-1\end{pmatrix}$；

(2) $\begin{pmatrix}2&2&3\\1&-1&0\\-1&2&1\end{pmatrix}\boldsymbol{X}=\begin{pmatrix}4&2&3\\1&1&0\\-1&2&3\end{pmatrix}$；

(3) $\boldsymbol{X}\begin{pmatrix}1&0&5\\1&1&2\\1&2&5\end{pmatrix}=\begin{pmatrix}1&1&2\\0&0&-6\end{pmatrix}$.

18. 设矩阵 $\boldsymbol{A}=\begin{pmatrix}2&1&2\\0&1&-1\\0&0&2\end{pmatrix}$，$\boldsymbol{B}=\begin{pmatrix}-1&0&1\\0&1&-2\\0&-1&2\end{pmatrix}$，求 $R(\boldsymbol{B}+\boldsymbol{AB})$.

19. 求矩阵 $\boldsymbol{A}=\begin{pmatrix}1&2&0&0&1\\0&6&2&4&10\\1&11&3&6&16\\1&-19&-7&-14&-34\end{pmatrix}$ 的秩及 $\boldsymbol{A}$ 的一个最高阶非零子式.

20. 设矩阵 $\boldsymbol{A}=\begin{pmatrix}1&2&-1&1\\3&2&\lambda&-1\\5&6&3&\mu\end{pmatrix}$，已知 $R(\boldsymbol{A})=2$，求 λ 与 μ 的值.

21. 设 $\boldsymbol{A}=\begin{pmatrix}k&1&1&1\\1&k&1&1\\1&1&k&1\\1&1&1&k\end{pmatrix}$，且 $R(\boldsymbol{A})=3$，问 k 取何值?

22. 已知齐次方程组 $\begin{cases}x_1+2x_2+x_3=0,\\x_1+ax_2+2x_3=0,\\ax_1+4x_2+3x_3=0,\\2x_1+(a+2)x_2-5x_3=0\end{cases}$ 有非零解，问 a 取何值?

23. 对于线性方程组

$$\begin{cases}2x_1+\lambda x_2-x_3=1,\\\lambda x_1-x_2+x_3=2,\\4x_1+5x_2-5x_3=-1,\end{cases}$$

讨论 λ 为何值时，方程组无解、有唯一解、有无穷多解?在方程有无穷多解时，试求其通解.

24. 求解下列齐次线性方程组:

(1) $\begin{cases} x_1+2x_2+5x_3=0, \\ x_1+3x_2-2x_3=0, \\ 3x_1+7x_2+8x_3=0, \\ x_1+4x_2-9x_3=0; \end{cases}$

(2) $\begin{cases} x_1-x_2+5x_3-x_4+x_5=0, \\ x_1+x_2-2x_3+3x_4-x_5=0, \\ 3x_1-x_2+8x_3+x_4+2x_5=0, \\ x_1+3x_2-9x_3+7x_4-3x_5=0. \end{cases}$

25. 求解下列非齐次线性方程组:

(1) $\begin{cases} x_1-x_2-x_3+x_4=0, \\ x_1-x_2+x_3-3x_4=-2, \\ x_1-x_2-2x_3+3x_4=1; \end{cases}$

(2) $\begin{cases} 5x_1+3x_2+2x_3-x_4+4x_5=1, \\ 4x_1+x_2+5x_3+3x_4+x_5=5, \\ 2x_1-3x_2+11x_3+11x_4-5x_5=13, \\ 3x_1-x_2+8x_3+7x_4-2x_5=9. \end{cases}$

26. 选择题.

(1) 设 $\boldsymbol{A}$ 为三阶矩阵且 $|\boldsymbol{A}|=2$，则 $\left|-|\boldsymbol{A}|\boldsymbol{A}\right|=$ (　　).

(A) 4　　(B) −4　　(C) 16　　(D) −16

(2) 设 $\boldsymbol{A}$ 为 $m\times n$ 矩阵, 齐次线性方程组 $\boldsymbol{Ax}=\boldsymbol{0}$ 仅有零解的充要条件是(　　).

(A) $\boldsymbol{A}$ 的列向量线性无关　　(B) $\boldsymbol{A}$ 的列向量线性相关

(C) $\boldsymbol{A}$ 的行向量线性无关　　(D) $\boldsymbol{A}$ 的行向量线性相关

(3) 设 $\boldsymbol{A}$ 是 $m\times n$ 矩阵, $\boldsymbol{Ax}=\boldsymbol{0}$ 是非齐次线性方程组 $\boldsymbol{Ax}=\boldsymbol{b}$ 所对应的齐次线性方程组, 则下列结论正确的是(　　).

(A) 若 $\boldsymbol{Ax}=\boldsymbol{0}$ 仅有零解, 则 $\boldsymbol{Ax}=\boldsymbol{b}$ 有唯一解

(B) 若 $\boldsymbol{Ax}=\boldsymbol{0}$ 有非零解, 则 $\boldsymbol{Ax}=\boldsymbol{b}$ 有无穷多个解

(C) 若 $\boldsymbol{Ax}=\boldsymbol{b}$ 有无穷多个解, 则 $\boldsymbol{Ax}=\boldsymbol{0}$ 仅有零解

(D) 若 $\boldsymbol{Ax}=\boldsymbol{b}$ 有无穷多个解, 则 $\boldsymbol{Ax}=\boldsymbol{0}$ 有非零解

(4) 非齐次线性方程组 $\boldsymbol{Ax}=\boldsymbol{b}$ 中未知量个数为 n, 方程个数为 m, 系数矩阵 $\boldsymbol{A}$ 的秩为 r, 则(　　).

(A) 当 $r=m$ 时, 方程组 $\boldsymbol{Ax}=\boldsymbol{b}$ 有解

(B) 当 $r=n$ 时, 方程组 $\boldsymbol{Ax}=\boldsymbol{b}$ 有唯一解

(C) 当 $m=n$ 时, 方程组 $\boldsymbol{Ax}=\boldsymbol{b}$ 有唯一解

(D) 当 $r<n$ 时, 方程组 $\boldsymbol{Ax}=\boldsymbol{b}$ 有无穷多解

27. 填空题.

(1) 设 $\boldsymbol{A}$ 为三阶方阵, 且 $|\boldsymbol{A}|=4$，则 $\left|\left(\frac{1}{2}\boldsymbol{A}\right)^2\right|=$ ________.

(2) 若 $\boldsymbol{A}$ 是 n 阶矩阵, 满足 $\boldsymbol{A}^2+\boldsymbol{A}-4\boldsymbol{E}=\boldsymbol{O}$, $\boldsymbol{E}$ 是 n 阶单位阵, 则 $(\boldsymbol{A}-\boldsymbol{E})^{-1}=$ ________.

(3) 设 $\boldsymbol{A}$ 为三阶方阵, $|\boldsymbol{A}|=\frac{1}{2}$，则 $\left|\left(\frac{1}{2}\boldsymbol{A}\right)^{-1}+(2\boldsymbol{A})^*\right|=$ ________.

(4) 设 $\boldsymbol{A}$ 为三阶方阵, 且 $|\boldsymbol{A}|=-2$，把 $\boldsymbol{A}$ 按列分块为 $\boldsymbol{A}=(\boldsymbol{A}_1,\boldsymbol{A}_2,\boldsymbol{A}_3)$，其中 $\boldsymbol{A}_j(j=1,2,3)$ 是 $\boldsymbol{A}$ 的第 j 列, 则 $|\boldsymbol{A}_3-2\boldsymbol{A}_1,3\boldsymbol{A}_2,\boldsymbol{A}_1|=$ ________.

第 3 章　向量组的线性相关性

向量组的线性相关性不仅有重要的理论价值，而且对于讨论线性方程组解的结构也有十分重要的作用. 为了进一步研究线性方程组解的问题，本章讨论 n 维向量组的线性相关性及向量组的秩等概念.

3.1　n 维向量的概念

3.1.1　n 维向量

在解析几何中，我们把“既有大小又有方向的量”称为向量，并把可随意平行移动的有向线段作为向量的几何形象. 引入坐标系后，又定义了向量的坐标表示式(三个有次序的数). 把向量的坐标表示式中数的个数称为维数. 由此得出 n 维向量的定义.

定义 3.1　n 个有次序的数 $a_1,a_2,\cdots,a_n$ 所组成的数组称为 **n 维向量**，这 n 个数称为该向量的 n 个**分量**，第 i 个数 a_i 称为第 i 个**分量**.

当 $n\leqslant 3$ 时，n 维向量可以把有向线段作为其几何形象.

当 $n>3$ 时，n 维向量没有直观的几何形象，只是沿用它的一些术语罢了.

分量全为实数的向量称为实向量，分量为复数的向量称为复向量. 本书除特别声明外，一般只讨论实向量.

写成一行的向量称为行向量，也就是行矩阵；写成一列的向量称为列向量，也就是列矩阵. 并规定行向量与列向量都按矩阵的运算规则进行运算.

记 n 维列向量为 $\boldsymbol{a}=\begin{pmatrix}a_1\\a_2\\\vdots\\a_n\end{pmatrix}$，$n$ 维行向量为 $\boldsymbol{a}^{\mathrm{T}}=(a_1,a_2,\cdots,a_n)$.

本书中，列向量用小写字母 $\boldsymbol{a},\boldsymbol{b},\boldsymbol{\alpha},\boldsymbol{\beta}$ 等表示，行向量则用 $\boldsymbol{a}^{\mathrm{T}},\boldsymbol{b}^{\mathrm{T}},\boldsymbol{\alpha}^{\mathrm{T}},\boldsymbol{\beta}^{\mathrm{T}}$ 等表示. 所讨论的向量没有指明是行向量还是列向量时，都当作列向量.

分量全为零的向量，称为零向量，记为 $\mathbf{0}$，即

$$\mathbf{0}=(0,0,\cdots,0).$$

向量 $(-a_1,-a_2,\cdots,-a_n)$ 称为向量 $\boldsymbol{\alpha}=(a_1,a_2,\cdots,a_n)$ 的**负向量**，记为 $-\boldsymbol{\alpha}$.

如果 $\boldsymbol{\alpha}=(a_1,a_2,\cdots,a_n)$，$\boldsymbol{\beta}=(b_1,b_2,\cdots,b_n)$，当且仅当 $a_i=b_i\ (i=1,2,\cdots,n)$ 时，称这两个**向量相等**，记作 $\boldsymbol{\alpha}=\boldsymbol{\beta}$.

设 $\boldsymbol{\alpha}=(a_1,a_2,\cdots,a_n)$，$\boldsymbol{\beta}=(b_1,b_2,\cdots,b_n)$，$k$ 为任意实数，则向量 $(a_1+b_1,a_2+b_2,\cdots,a_n+$

b_n)称为向量$\boldsymbol{\alpha}$和$\boldsymbol{\beta}$的和, 记为$\boldsymbol{\alpha}+\boldsymbol{\beta}$, 即

$$\boldsymbol{\alpha}+\boldsymbol{\beta}=(a_1+b_1, a_2+b_2, \cdots, a_n+b_n).$$

向量$(ka_1, ka_2, \cdots, ka_n)$称为向量$\boldsymbol{\alpha}$与数$k$的乘积, 记为$k\boldsymbol{\alpha}$, 即

$$k\boldsymbol{\alpha}=(ka_1, ka_2, \cdots, ka_n).$$

向量$\boldsymbol{\alpha}$与$-\boldsymbol{\beta}$的和称为向量$\boldsymbol{\alpha}$与$\boldsymbol{\beta}$的差, 记为$\boldsymbol{\alpha}-\boldsymbol{\beta}$, 即

$$\boldsymbol{\alpha}-\boldsymbol{\beta}=\boldsymbol{\alpha}+(-\boldsymbol{\beta})=(a_1-b_1, a_2-b_2, \cdots, a_n-b_n).$$

以上统称为向量的线性运算, 必须注意: 只有在维数相同的条件下才能进行加、减运算.

不难验证向量的线性运算满足下列八条基本性质:

(1) $\boldsymbol{\alpha}+\boldsymbol{\beta}=\boldsymbol{\beta}+\boldsymbol{\alpha}$ (交换律);

(2) $(\boldsymbol{\alpha}+\boldsymbol{\beta})+\boldsymbol{\gamma}=\boldsymbol{\alpha}+(\boldsymbol{\beta}+\boldsymbol{\gamma})$ (结合律);

(3) $\boldsymbol{\alpha}+\mathbf{0}=\boldsymbol{\alpha}$;

(4) $\boldsymbol{\alpha}+(-\boldsymbol{\alpha})=\mathbf{0}$;

(5) $k(\boldsymbol{\alpha}+\boldsymbol{\beta})=k\boldsymbol{\alpha}+k\boldsymbol{\beta}$;

(6) $(k+l)\boldsymbol{\alpha}=k\boldsymbol{\alpha}+l\boldsymbol{\alpha}$;

(7) $(kl)\boldsymbol{\alpha}=k(l\boldsymbol{\alpha})=l(k\boldsymbol{\alpha})$;

(8) $1\cdot\boldsymbol{\alpha}=\boldsymbol{\alpha}$.

例 3.1　设$\boldsymbol{\alpha}=(7,2,0,-8)^{\mathrm{T}}$, $\boldsymbol{\beta}=(2,1,-4,3)^{\mathrm{T}}$, 求$3\boldsymbol{\alpha}+7\boldsymbol{\beta}$.

解　
$$\begin{aligned}3\boldsymbol{\alpha}+7\boldsymbol{\beta}&=3(7,2,0,-8)^{\mathrm{T}}+7(2,1,-4,3)^{\mathrm{T}}\\&=(21,6,0,-24)^{\mathrm{T}}+(14,7,-28,21)^{\mathrm{T}}\\&=(35,13,-28,-3)^{\mathrm{T}}.\end{aligned}$$

3.1.2　向量组

定义 3.2　若干个同维数的列向量(或行向量)所组成的集合称为**向量组**.

例如, 一个$m\times n$矩阵

$$\boldsymbol{A}=\begin{pmatrix}a_{11}&a_{12}&\cdots&a_{1n}\\a_{21}&a_{22}&\cdots&a_{2n}\\\vdots&\vdots&&\vdots\\a_{m1}&a_{m2}&\cdots&a_{mn}\end{pmatrix},$$

每一列

$$\boldsymbol{\alpha}_j=\begin{pmatrix}a_{1j}\\a_{2j}\\\vdots\\a_{mj}\end{pmatrix}\quad(j=1,2,\cdots,n)$$

组成的向量组$\boldsymbol{\alpha}_1,\boldsymbol{\alpha}_2,\cdots,\boldsymbol{\alpha}_n$称为矩阵$\boldsymbol{A}$的列向量组, 而由矩阵$\boldsymbol{A}$的每一行

$$\boldsymbol{\beta}_i^{\mathrm{T}}=(a_{i1},a_{i2},\cdots,a_{im})\quad(i=1,2,\cdots,m)$$

组成的向量组 $\boldsymbol{\beta}_1^{\mathrm{T}}, \boldsymbol{\beta}_2^{\mathrm{T}}, \cdots, \boldsymbol{\beta}_m^{\mathrm{T}}$ 称为矩阵 $\boldsymbol{A}$ 的行向量组.

根据上述讨论, 矩阵 $\boldsymbol{A}$ 记为

$$\boldsymbol{A}=(\boldsymbol{\alpha}_1,\boldsymbol{\alpha}_2,\cdots,\boldsymbol{\alpha}_n) \quad \text{或} \quad \boldsymbol{A}=\begin{pmatrix}\boldsymbol{\beta}_1^{\mathrm{T}}\\ \boldsymbol{\beta}_2^{\mathrm{T}}\\ \vdots \\ \boldsymbol{\beta}_m^{\mathrm{T}}\end{pmatrix}.$$

这样, 矩阵 $\boldsymbol{A}$ 就与其列向量组或行向量组之间建立了一一对应关系.

矩阵的列向量组和行向量组都是只含有限个向量的向量组. 空间直角坐标系确定的空间中含有无限多个三维列向量的向量组.

3.2　向量组的线性组合

非齐次线性方程组

$$\begin{cases} a_{11}x_1+a_{12}x_2+\cdots+a_{1n}x_n=b_1, \\ a_{21}x_1+a_{22}x_2+\cdots+a_{2n}x_n=b_2, \\ \cdots\cdots \\ a_{m1}x_1+a_{m2}x_2+\cdots+a_{mn}x_n=b_m. \end{cases} \tag{3.1}$$

若将未知量 x_j 的系数及常数项写成列向量形式

$$\boldsymbol{\alpha}_j=\begin{pmatrix}a_{1j}\\ a_{2j}\\ \vdots \\ a_{mj}\end{pmatrix} \quad (j=1,2,\cdots,n), \qquad \boldsymbol{\beta}=\begin{pmatrix}b_1\\ b_2\\ \vdots \\ b_m\end{pmatrix},$$

则线性方程组的向量形式为

$$\begin{pmatrix}a_{11}\\ a_{21}\\ \vdots \\ a_{m1}\end{pmatrix}x_1+\begin{pmatrix}a_{12}\\ a_{22}\\ \vdots \\ a_{m2}\end{pmatrix}x_2+\cdots+\begin{pmatrix}a_{1n}\\ a_{2n}\\ \vdots \\ a_{mn}\end{pmatrix}x_n=\begin{pmatrix}b_1\\ b_2\\ \vdots \\ b_m\end{pmatrix},$$

即

$$x_1\boldsymbol{\alpha}_1+x_2\boldsymbol{\alpha}_2+\cdots+x_n\boldsymbol{\alpha}_n=\boldsymbol{\beta}. \tag{3.2}$$

于是, 方程组(3.2)是否有解, 就相当于是否存在一组数 $x_1=k_1, x_2=k_2, \cdots, x_n=k_n$, 使式(3.2)成立, 即

$$x_1\boldsymbol{\alpha}_1+x_2\boldsymbol{\alpha}_2+\cdots+x_n\boldsymbol{\alpha}_n=\boldsymbol{\beta},$$

也就是说常数列向量 $\boldsymbol{\beta}$ 是否可以由系数列向量 $\boldsymbol{\alpha}_1, \boldsymbol{\alpha}_2, \cdots, \boldsymbol{\alpha}_n$ 线性表示, 如果可以, 则方程组有解, 否则, 方程组无解.

若将方程组(3.2)的第 i 个方程未知量系数及常数写成行向量形式

$$\boldsymbol{\alpha}_i^{\mathrm{T}}=(a_{i1}, a_{i2}, \cdots, a_{in}, b_i) \quad (i=1,2,\cdots,m), \tag{3.3}$$

方程组(3.2)中是否有多余的方程, 反映到向量组(3.3)中就是是否存在向量可以由其余向量线性表示的问题. 为此, 我们引入下面的概念.

定义 3.3　给定向量组 $A:\boldsymbol{\alpha}_1,\boldsymbol{\alpha}_2,\cdots,\boldsymbol{\alpha}_s$, 对于任何一组实数 $k_1,k_2,\cdots,k_s$, 表达式

$$k_1\boldsymbol{\alpha}_1+k_2\boldsymbol{\alpha}_2+\cdots+k_s\boldsymbol{\alpha}_s$$

称为向量组 A 的一个**线性组合**, $k_1,k_2,\cdots,k_s$ 称为这个**线性组合的系数**.

定义 3.4　给定向量组 $A:\boldsymbol{\alpha}_1,\boldsymbol{\alpha}_2,\cdots,\boldsymbol{\alpha}_s$ 和向量 $\boldsymbol{\beta}$, 若存在一组数 $k_1,k_2,\cdots,k_s$, 使

$$\boldsymbol{\beta}=k_1\boldsymbol{\alpha}_1+k_2\boldsymbol{\alpha}_2+\cdots+k_s\boldsymbol{\alpha}_s,$$

则称向量 $\boldsymbol{\beta}$ 是向量组 A 的线性组合, 又称向量 $\boldsymbol{\beta}$ 能由向量组 A **线性表示**(或**线性表出**).

三维向量空间中任意向量 $\boldsymbol{r}=(x,y,z)^{\mathrm{T}}$ 都可由单位坐标向量 $\boldsymbol{i},\boldsymbol{j},\boldsymbol{k}$ 线性表示. n 维向量空间中的任意向量 $\boldsymbol{r}=(x_1,x_2,\cdots,x_n)^{\mathrm{T}}$ 都是单位坐标向量组 $\boldsymbol{e}_1,\boldsymbol{e}_2,\cdots,\boldsymbol{e}_n$ 的线性组合, $x_1,x_2,\cdots,x_n$ 是这个线性组合的系数.

注 3.1　(1) 零向量是任一向量组 $A:\boldsymbol{\alpha}_1,\boldsymbol{\alpha}_2,\cdots,\boldsymbol{\alpha}_s$ 的线性组合, 因为 $\boldsymbol{0}=0\boldsymbol{\alpha}_1+0\boldsymbol{\alpha}_2+\cdots+0\boldsymbol{\alpha}_s$.

(2) 向量组 $A:\boldsymbol{\alpha}_1,\boldsymbol{\alpha}_2,\cdots,\boldsymbol{\alpha}_s$ 中的任何一个向量 $\boldsymbol{\alpha}_j(1\leqslant j\leqslant s)$ 都是此向量组的线性组合, 因为 $\boldsymbol{\alpha}_j=0\boldsymbol{\alpha}_1+0\boldsymbol{\alpha}_2+\cdots+\boldsymbol{\alpha}_j+\cdots+0\boldsymbol{\alpha}_s$.

例 3.2　设 $\boldsymbol{\beta}=(0,4,2)^{\mathrm{T}}$, $\boldsymbol{\alpha}_1=(1,2,3)^{\mathrm{T}}$, $\boldsymbol{\alpha}_2=(2,3,1)^{\mathrm{T}}$, $\boldsymbol{\alpha}_3=(3,1,2)^{\mathrm{T}}$, 试问 $\boldsymbol{\beta}$ 能否表示成 $\boldsymbol{\alpha}_1,\boldsymbol{\alpha}_2,\boldsymbol{\alpha}_3$ 的线性组合?若能, 写出具体表示式.

解　令

$$\boldsymbol{\beta}=k_1\boldsymbol{\alpha}_1+k_2\boldsymbol{\alpha}_2+k_3\boldsymbol{\alpha}_3,$$

即

$$k_1\begin{pmatrix}1\\2\\3\end{pmatrix}+k_2\begin{pmatrix}2\\3\\1\end{pmatrix}+k_3\begin{pmatrix}3\\1\\2\end{pmatrix}=\begin{pmatrix}0\\4\\2\end{pmatrix}.$$

根据向量的线性运算和向量相等的定义, 有

$$\begin{cases}k_1+2k_2+3k_3=0,\\2k_1+3k_2+k_3=4,\\3k_1+k_2+2k_3=2.\end{cases}$$

由于

$$D=\begin{vmatrix}1&2&3\\2&3&1\\3&1&2\end{vmatrix}=-18\neq 0,$$

由克拉默法则, 可求得

$$k_1=1,\quad k_2=1,\quad k_3=-1,$$

所以

$$\boldsymbol{\beta}=\boldsymbol{\alpha}_1+\boldsymbol{\alpha}_2-\boldsymbol{\alpha}_3,$$

即 $\boldsymbol{\beta}$ 是 $\boldsymbol{\alpha}_1,\boldsymbol{\alpha}_2,\boldsymbol{\alpha}_3$ 的线性组合.

由定义 3.4 知，向量 $\boldsymbol{\beta}$ 能由向量组 $\boldsymbol{\alpha}_1,\boldsymbol{\alpha}_2,\cdots,\boldsymbol{\alpha}_s$ 线性表示，即线性方程组 $\boldsymbol{\alpha}_1x_1+\boldsymbol{\alpha}_2x_2+\cdots+\boldsymbol{\alpha}_sx_s=\boldsymbol{\beta}$ 有解. 由定理 2.8，立即可得以下定理.

定理 3.1　设向量

$$\boldsymbol{\beta}=\begin{pmatrix}b_1\\b_2\\\vdots\\b_m\end{pmatrix},\quad \boldsymbol{\alpha}_j=\begin{pmatrix}a_{1j}\\a_{2j}\\\vdots\\a_{mj}\end{pmatrix}\quad (j=1,2,\cdots,s),$$

则向量 $\boldsymbol{\beta}$ 能由向量组 $\boldsymbol{\alpha}_1,\boldsymbol{\alpha}_2,\cdots,\boldsymbol{\alpha}_s$ 线性表示的充分必要条件是矩阵 $\boldsymbol{A}=(\boldsymbol{\alpha}_1,\boldsymbol{\alpha}_2,\cdots,\boldsymbol{\alpha}_s)$ 与矩阵 $\boldsymbol{B}=(\boldsymbol{\alpha}_1,\boldsymbol{\alpha}_2,\cdots,\boldsymbol{\alpha}_s,\boldsymbol{\beta})$ 的秩相等.

例 3.3　判断向量 $\boldsymbol{\beta}=(3,5,-6)^{\mathrm{T}}$ 是否为向量组 $\boldsymbol{\alpha}_1=(1,0,1)^{\mathrm{T}},\boldsymbol{\alpha}_2=(1,1,1)^{\mathrm{T}},\boldsymbol{\alpha}_3=(0,-1,-1)^{\mathrm{T}}$ 的线性组合. 若是，写出表达式.

解　根据定理 3.1，要证 $\boldsymbol{A}=(\boldsymbol{\alpha}_1,\boldsymbol{\alpha}_2,\boldsymbol{\alpha}_3)$ 与 $\boldsymbol{B}=(\boldsymbol{A},\boldsymbol{\beta})$ 的秩相等. 为此，把 $\boldsymbol{B}$ 化成行最简形

$$\begin{pmatrix}1&1&0&3\\0&1&-1&5\\1&1&-1&-6\end{pmatrix}\to\begin{pmatrix}1&1&0&3\\0&1&-1&5\\0&0&-1&-9\end{pmatrix}\to\begin{pmatrix}1&1&0&3\\0&1&0&14\\0&0&1&9\end{pmatrix}\to\begin{pmatrix}1&0&0&-11\\0&1&0&14\\0&0&1&9\end{pmatrix}.$$

由上式可知，$k_1=-11,k_2=14,k_3=9$. 故 $\boldsymbol{\beta}$ 可由 $\boldsymbol{\alpha}_1,\boldsymbol{\alpha}_2,\boldsymbol{\alpha}_3$ 线性表示，表示式为

$$\boldsymbol{\beta}=-11\boldsymbol{\alpha}_1+14\boldsymbol{\alpha}_2+9\boldsymbol{\alpha}_3.$$

定义 3.5　设有两向量组

$$A:\boldsymbol{\alpha}_1,\boldsymbol{\alpha}_2,\cdots,\boldsymbol{\alpha}_s;\quad B:\boldsymbol{\beta}_1,\boldsymbol{\beta}_2,\cdots,\boldsymbol{\beta}_t,$$

若向量组 B 中的每一个向量都能由向量组 A 线性表示，则称向量组 B 能由向量组 A 线性表示. 若向量组 A 与向量组 B 能相互线性表示，则称这两个**向量组等价**.

向量组 A 的任何一个部分组 A_0 都可以由向量组 A 线性表示.

按定义 3.5，若向量组 B 能由向量组 A 线性表示，则存在

$$k_{1j},k_{2j},\cdots,k_{sj}\quad (j=1,2,\cdots,t),$$

使

$$\boldsymbol{\beta}_j=k_{1j}\boldsymbol{\alpha}_1+k_{2j}\boldsymbol{\alpha}_2+\cdots+k_{sj}\boldsymbol{\alpha}_s=(\boldsymbol{\alpha}_1,\boldsymbol{\alpha}_2,\cdots,\boldsymbol{\alpha}_s)\begin{pmatrix}k_{1j}\\k_{2j}\\\vdots\\k_{sj}\end{pmatrix},$$

所以

$$(\boldsymbol{\beta}_1,\boldsymbol{\beta}_2,\cdots,\boldsymbol{\beta}_t)=(\boldsymbol{\alpha}_1,\boldsymbol{\alpha}_2,\cdots,\boldsymbol{\alpha}_s)\begin{pmatrix}k_{11}&k_{12}&\cdots&k_{1t}\\k_{21}&k_{22}&\cdots&k_{2t}\\\vdots&\vdots&&\vdots\\k_{s1}&k_{s2}&\cdots&k_{st}\end{pmatrix},$$

其中矩阵 $\boldsymbol{K}_{s\times t}=(k_{ij})_{s\times t}$ 称为这一线性表示的**系数矩阵**.

由此可知，若 $\boldsymbol{B}_{m\times t}=\boldsymbol{A}_{m\times s}\boldsymbol{K}_{s\times t}$，则矩阵 $\boldsymbol{B}$ 的列向量组能由矩阵 $\boldsymbol{A}$ 的列向量组线性表示，$\boldsymbol{K}$ 为这一表示的系数矩阵. 而矩阵 $\boldsymbol{B}$ 的行向量组能由 $\boldsymbol{K}$ 的行向量组线性表示，$\boldsymbol{A}$ 为这一表示的系数矩阵.

设矩阵 $\boldsymbol{A}$ 经初等行变换变成矩阵 $\boldsymbol{B}$，则 $\boldsymbol{B}$ 的每个行向量都是 $\boldsymbol{A}$ 的行向量组的线性组合，即 $\boldsymbol{B}$ 的行向量组能由 $\boldsymbol{A}$ 的行向量组线性表示. 由于初等变换可逆，故矩阵 $\boldsymbol{B}$ 亦可经初等行变换变为 $\boldsymbol{A}$，从而 $\boldsymbol{A}$ 的行向量组能由 $\boldsymbol{B}$ 的行向量组线性表示. 于是 $\boldsymbol{A}$ 的行向量组与 $\boldsymbol{B}$ 的行向量组等价.

类似可知，若矩阵 $\boldsymbol{A}$ 经初等列变换变成矩阵 $\boldsymbol{B}$，则 $\boldsymbol{A}$ 的列向量组与 $\boldsymbol{B}$ 的列向量组等价.

由定义 3.5 可知，向量组 B：$\boldsymbol{\beta}_1,\boldsymbol{\beta}_2,\cdots,\boldsymbol{\beta}_t$ 能由向量组 A：$\boldsymbol{\alpha}_1,\boldsymbol{\alpha}_2,\cdots,\boldsymbol{\alpha}_s$ 线性表示，其含义是存在矩阵 $\boldsymbol{K}_{s\times t}$，使 $(\boldsymbol{\beta}_1,\boldsymbol{\beta}_2,\cdots,\boldsymbol{\beta}_t)=(\boldsymbol{\alpha}_1,\boldsymbol{\alpha}_2,\cdots,\boldsymbol{\alpha}_s)\boldsymbol{K}_{s\times t}$，也就是矩阵方程

$$(\boldsymbol{\alpha}_1,\boldsymbol{\alpha}_2,\cdots,\boldsymbol{\alpha}_s)\boldsymbol{X}=(\boldsymbol{\beta}_1,\boldsymbol{\beta}_2,\cdots,\boldsymbol{\beta}_t)$$

有解. 由定理 2.9，立即可得以下定理.

定理 3.2 向量组 B：$\boldsymbol{\beta}_1,\boldsymbol{\beta}_2,\cdots,\boldsymbol{\beta}_t$ 能由向量组 A：$\boldsymbol{\alpha}_1,\boldsymbol{\alpha}_2,\cdots,\boldsymbol{\alpha}_s$ 线性表示的充要条件是矩阵 $\boldsymbol{A}$：$\boldsymbol{\alpha}_1,\boldsymbol{\alpha}_2,\cdots,\boldsymbol{\alpha}_s$ 的秩等于矩阵 $(\boldsymbol{A},\boldsymbol{B})=(\boldsymbol{\alpha}_1,\boldsymbol{\alpha}_2,\cdots,\boldsymbol{\alpha}_s,\boldsymbol{\beta}_1,\boldsymbol{\beta}_2,\cdots,\boldsymbol{\beta}_t)$ 的秩，即 $R(\boldsymbol{A})=R(\boldsymbol{A},\boldsymbol{B})$.

定理 3.3 若向量组 B：$\boldsymbol{\beta}_1,\boldsymbol{\beta}_2,\cdots,\boldsymbol{\beta}_t$ 能由向量组 A：$\boldsymbol{\alpha}_1,\boldsymbol{\alpha}_2,\cdots,\boldsymbol{\alpha}_s$ 线性表示，则

$$R(\boldsymbol{\beta}_1,\boldsymbol{\beta}_2,\cdots,\boldsymbol{\beta}_t)\leqslant R(\boldsymbol{\alpha}_1,\boldsymbol{\alpha}_2,\cdots,\boldsymbol{\alpha}_s).$$

证 记 $\boldsymbol{A}=(\boldsymbol{\alpha}_1,\boldsymbol{\alpha}_2,\cdots,\boldsymbol{\alpha}_s),\boldsymbol{B}=(\boldsymbol{\beta}_1,\boldsymbol{\beta}_2,\cdots,\boldsymbol{\beta}_t)$，据定理的条件，以及定理 3.2，有 $R(\boldsymbol{A})=R(\boldsymbol{A},\boldsymbol{B})$，而 $R(\boldsymbol{B})\leqslant R(\boldsymbol{A},\boldsymbol{B})$，因此 $R(\boldsymbol{B})\leqslant R(\boldsymbol{A})$.

由定理 3.3 和等价的定义，可得如下推论.

推论 3.1 若向量组 B：$\boldsymbol{\beta}_1,\boldsymbol{\beta}_2,\cdots,\boldsymbol{\beta}_t$ 与向量组 A：$\boldsymbol{\alpha}_1,\boldsymbol{\alpha}_2,\cdots,\boldsymbol{\alpha}_s$ 等价，则 $R(\boldsymbol{A})=R(\boldsymbol{B})$，即 $R(\boldsymbol{\alpha}_1,\boldsymbol{\alpha}_2,\cdots,\boldsymbol{\alpha}_s)=R(\boldsymbol{\beta}_1,\boldsymbol{\beta}_2,\cdots,\boldsymbol{\beta}_t)$.

定理 3.2、定理 3.3 以及推论 3.1，条件都是向量组的有关概念，结论都是用矩阵的秩来揭示向量组之间的实质性关系. 我们要掌握这种运用矩阵运算解决向量组问题的方法.

在第 2 章中我们把线性方程组写成矩阵形式，通过矩阵的运算求得它的解，还用矩阵的语言给出了线性方程组有解、有唯一解的充分必要条件；本章将向量组的问题表达成矩阵形式，通过矩阵的运算得出结果，然后把矩阵形式的结果转换为几何问题的结论. 这种通过矩阵的运算解决问题的方法，正是本书的基本方法.

3.3 向量组的线性相关性

我们知道，对于任一 n 维向量组 $\boldsymbol{\alpha}_1,\boldsymbol{\alpha}_2,\cdots,\boldsymbol{\alpha}_m$，当它的组合系数全取零时，其线性组合一定是一个零向量. 例如，给定向量组

$$\boldsymbol{\alpha}_1=(4,1,-1),\quad \boldsymbol{\alpha}_2=(1,2,-1),\quad \boldsymbol{\alpha}_3=(2,4,-2),$$

取组合系数 $k_1=k_2=k_3=0$，显然有

$$k_1\boldsymbol{\alpha}_1+k_2\boldsymbol{\alpha}_2+k_3\boldsymbol{\alpha}_3=0\boldsymbol{\alpha}_1+0\boldsymbol{\alpha}_2+0\boldsymbol{\alpha}_3=(0,0,0)=\boldsymbol{0}.$$

我们关心的是除了组合系数为零之外，是否还存在不全为零的组合系数，使该组向量的线性组合也等于零向量?对于上述的 $\boldsymbol{\alpha}_1=(4,1,-1)$，$\boldsymbol{\alpha}_2=(1,2,-1)$，$\boldsymbol{\alpha}_3=(2,4,-2)$，答案是肯定的. 如取 $k_1=0,k_2=2,k_3=-1$，则有

$$k_1\boldsymbol{\alpha}_1+k_2\boldsymbol{\alpha}_2+k_3\boldsymbol{\alpha}_3=0\boldsymbol{\alpha}_1+2\boldsymbol{\alpha}_2-\boldsymbol{\alpha}_3=(0,0,0)=\mathbf{0}$$

成立；但对于向量组

$$\boldsymbol{\beta}_1=(1,0,0),\quad \boldsymbol{\beta}_2=(1,1,0),\quad \boldsymbol{\beta}_3=(1,1,1),$$

不难验证只有组合系数全为零时，它的线性组合才为零向量.

这些就是我们要讨论的向量组的线性相关性问题.

3.3.1　线性相关性的概念

定义 3.6　给定向量组 $A:\boldsymbol{\alpha}_1,\boldsymbol{\alpha}_2,\cdots,\boldsymbol{\alpha}_s$，如果存在不全为零的数 $k_1,k_2,\cdots,k_s$，使

$$k_1\boldsymbol{\alpha}_1+k_2\boldsymbol{\alpha}_2+\cdots+k_s\boldsymbol{\alpha}_s=\mathbf{0}, \tag{3.4}$$

则称向量组 A **线性相关**，否则称为**线性无关**.

设向量组 $\boldsymbol{\alpha}_1,\boldsymbol{\alpha}_2,\cdots,\boldsymbol{\alpha}_s$ 线性相关，通常是指 $s\geqslant 2$ 的情形，但定义 3.6 也适用于 $s=1$ 的情形. 当 $s=1$ 时，向量组只含有一个向量 $\boldsymbol{\alpha}$，当 $\boldsymbol{\alpha}\neq\mathbf{0}$ 时，$\boldsymbol{\alpha}$ 是线性无关的；当 $\boldsymbol{\alpha}=\mathbf{0}$ 时，$\boldsymbol{\alpha}$ 是线性相关的.

注 3.2　(1) 当且仅当 $k_1=k_2=\cdots=k_s=0$ 时，(3.4) 式成立，向量组 $\boldsymbol{\alpha}_1,\boldsymbol{\alpha}_2,\cdots,\boldsymbol{\alpha}_s$ 线性无关；

(2) 包含零向量的任何向量组是线性相关的；

(3) 两个向量线性相关的几何意义是这两个向量共线，三个向量线性相关的几何意义是这三个向量共面.

如果向量组 $\boldsymbol{\alpha}_1,\boldsymbol{\alpha}_2,\cdots,\boldsymbol{\alpha}_s\ (s\geqslant 2)$ 线性相关，则向量组 $\boldsymbol{\alpha}_1,\boldsymbol{\alpha}_2,\cdots,\boldsymbol{\alpha}_s\ (s\geqslant 2)$ 中至少有一个向量可由其余 $s-1$ 个向量线性表示.

这是因为，如果 $\boldsymbol{\alpha}_1,\boldsymbol{\alpha}_2,\cdots,\boldsymbol{\alpha}_s$ 线性相关，则存在 s 个不全为零的数 $k_1,k_2,\cdots,k_s$，使得 $k_1\boldsymbol{\alpha}_1+k_2\boldsymbol{\alpha}_2+\cdots+k_s\boldsymbol{\alpha}_s=\mathbf{0}$ 成立. 不妨设 $k_1\neq 0$，于是 $\boldsymbol{\alpha}_1=\left(-\dfrac{k_2}{k_1}\right)\boldsymbol{\alpha}_2+\cdots+\left(-\dfrac{k_s}{k_1}\right)\boldsymbol{\alpha}_s$，即 $\boldsymbol{\alpha}_1$ 可由其余向量线性表示.

如果 $\boldsymbol{\alpha}_1,\boldsymbol{\alpha}_2,\cdots,\boldsymbol{\alpha}_s$ 中至少有一个向量可由其余 $s-1$ 个向量线性表示，不妨设 $\boldsymbol{\alpha}_1=k_2\boldsymbol{\alpha}_2+\cdots+k_s\boldsymbol{\alpha}_s$，于是 $(-1)\boldsymbol{\alpha}_1+k_2\boldsymbol{\alpha}_2+\cdots+k_s\boldsymbol{\alpha}_s=\mathbf{0}$，即存在不全为零的 $-1,k_2,k_3,\cdots,k_s$，使 (3.4) 式成立，所以 $\boldsymbol{\alpha}_1,\boldsymbol{\alpha}_2,\cdots,\boldsymbol{\alpha}_s$ 线性相关.

3.3.2　线性相关性的判定

设向量组为 $\boldsymbol{\alpha}_1,\boldsymbol{\alpha}_2,\cdots,\boldsymbol{\alpha}_s$，由该向量组构成的矩阵为 $\boldsymbol{A}=(\boldsymbol{\alpha}_1,\boldsymbol{\alpha}_2,\cdots,\boldsymbol{\alpha}_s)$，则向量组 $\boldsymbol{\alpha}_1,\boldsymbol{\alpha}_2,\cdots,\boldsymbol{\alpha}_s$ 线性相关，就是齐次线性方程组 $x_1\boldsymbol{\alpha}_1+x_2\boldsymbol{\alpha}_2+\cdots x_s\boldsymbol{\alpha}_s=\mathbf{0}$（即 $\boldsymbol{Ax}=\mathbf{0}$）有非零解；反之，齐次线性方程组 $x_1\boldsymbol{\alpha}_1+x_2\boldsymbol{\alpha}_2+\cdots+x_s\boldsymbol{\alpha}_s=\mathbf{0}$ 有非零解，则向量组 $\boldsymbol{\alpha}_1,\boldsymbol{\alpha}_2,\cdots,\boldsymbol{\alpha}_s$ 线性相关. 由定理 2.7，即可得以下定理.

定理 3.4　向量组 $\boldsymbol{\alpha}_1,\boldsymbol{\alpha}_2,\cdots,\boldsymbol{\alpha}_s$ 线性相关的充要条件是它所构成的矩阵 $\boldsymbol{A}=(\boldsymbol{\alpha}_1,\boldsymbol{\alpha}_2,\cdots,\boldsymbol{\alpha}_s)$ 的秩小于向量的个数 s；向量组线性无关的充要条件是矩阵 $R(\boldsymbol{A})=s$.

n 维向量空间中单位坐标向量组 $e_1,e_2,\cdots,e_n$ 线性无关.

这是因为 n 维单位坐标向量组构成的矩阵 $E=(e_1,e_2,\cdots,e_n)$ 是 n 阶单位矩阵. 由 $|E|=1\neq 0$，知 $R(E)=n$，即 $R(E)$ 等于向量组中向量的个数 n，故由定理 3.4 知，此向量组线性无关.

由克拉默法则及定理3.4，得以下推论.

推论 3.2　n 个 n 维列向量组 $\alpha_1,\alpha_2,\cdots,\alpha_n$ 线性相关的充要条件是：矩阵 $A=(\alpha_1,\alpha_2,\cdots,\alpha_n)$ 的行列式等于零；n 个 n 维列向量组 $\alpha_1,\alpha_2,\cdots,\alpha_n$ 线性无关的充要条件是矩阵 $A=(\alpha_1,\alpha_2,\cdots,\alpha_n)$ 的行列式不等于零.

例 3.4　判断下列向量组是否线性相关：

$$\alpha_1=\begin{pmatrix}1\\0\\-1\end{pmatrix},\quad \alpha_2=\begin{pmatrix}-2\\2\\0\end{pmatrix},\quad \alpha_3=\begin{pmatrix}3\\-5\\2\end{pmatrix}.$$

解　对矩阵 $A=(\alpha_1,\alpha_2,\alpha_3)$ 施以初等行变换变成行阶梯形矩阵,

$$A=(\alpha_1,\alpha_2,\alpha_3)=\begin{pmatrix}1&-2&3\\0&2&-5\\-1&0&2\end{pmatrix}\to\begin{pmatrix}1&-2&3\\0&2&-5\\0&-2&5\end{pmatrix}\to\begin{pmatrix}1&-2&3\\0&2&-5\\0&0&0\end{pmatrix},$$

可见 $R(A)=2<3$，所以向量组 $\alpha_1,\alpha_2,\alpha_3$ 线性相关.

例 3.5　已知向量组 $\alpha_1,\alpha_2,\alpha_3$ 线性无关，$\beta_1=\alpha_1+\alpha_2,\beta_2=\alpha_2+\alpha_3,\beta_3=\alpha_3+\alpha_1$，试证向量组 β_1,β_2,β_3 线性无关.

证　设有 x_1,x_2,x_3，使

$$x_1\beta_1+x_2\beta_2+x_3\beta_3=\mathbf{0},$$

即

$$x_1(\alpha_1+\alpha_2)+x_2(\alpha_2+\alpha_3)+x_3(\alpha_3+\alpha_1)=\mathbf{0},$$

亦即

$$(x_1+x_3)\alpha_1+(x_1+x_2)\alpha_2+(x_2+x_3)\alpha_3=\mathbf{0},$$

因 $\alpha_1,\alpha_2,\alpha_3$ 线性无关，故有

$$\begin{cases}x_1+x_3=0,\\x_1+x_2=0,\\x_2+x_3=0,\end{cases}$$

由于此方程组的系数行列式

$$\begin{vmatrix}1&0&1\\1&1&0\\0&1&1\end{vmatrix}=2\neq 0,$$

故此方程组只有零解 $x_1=x_2=x_3=0$，所以向量组 β_1,β_2,β_3 线性无关.

例 3.6　问 t 取何值时，向量组 $\boldsymbol{\alpha}_1=\begin{pmatrix}t\\-1\\-1\end{pmatrix},\boldsymbol{\alpha}_2=\begin{pmatrix}-1\\t\\-1\end{pmatrix},\boldsymbol{\alpha}_3=\begin{pmatrix}-1\\-1\\t\end{pmatrix}$ 线性相关.

解　设 $\boldsymbol{A}=(\boldsymbol{\alpha}_1,\boldsymbol{\alpha}_2,\boldsymbol{\alpha}_3)$，要使向量组 $\boldsymbol{\alpha}_1,\boldsymbol{\alpha}_2,\boldsymbol{\alpha}_3$ 线性相关，由推论 3.1 知，有 $|\boldsymbol{A}|=0$，即

$$|\boldsymbol{A}|=\begin{vmatrix}t&-1&-1\\-1&t&-1\\-1&-1&t\end{vmatrix}=(t-2)(t+1)^2=0,$$

从而得 $t=-1$ 或 $t=2$ 时，向量组 $\boldsymbol{\alpha}_1,\boldsymbol{\alpha}_2,\boldsymbol{\alpha}_3$ 线性相关.

3.3.3　向量组线性相关性的有关理论

向量组的线性相关性是向量组的一个重要性质，下面介绍与之有关的一些简单结论.

定理 3.5　如果向量组中有一部分向量(部分组)线性相关，则整个向量组线性相关；线性无关的向量组中的任何一个部分组皆线性无关.

证　设 $\boldsymbol{A}=(\boldsymbol{\alpha}_1,\boldsymbol{\alpha}_2,\cdots,\boldsymbol{\alpha}_n),\boldsymbol{B}=(\boldsymbol{\alpha}_1,\boldsymbol{\alpha}_2,\cdots,\boldsymbol{\alpha}_m,\boldsymbol{\alpha}_{m+1})$，有 $R(\boldsymbol{B})\leqslant R(\boldsymbol{A})+1$.

(1) 若向量组 $\boldsymbol{\alpha}_1,\boldsymbol{\alpha}_2,\cdots,\boldsymbol{\alpha}_m$ 线性相关，则根据定理 3.4，有 $R(\boldsymbol{A})<m$，从而 $R(\boldsymbol{B})\leqslant R(\boldsymbol{A})+1<m+1$，因此根据定理 3.4，知向量组 $\boldsymbol{\alpha}_1,\boldsymbol{\alpha}_2,\cdots,\boldsymbol{\alpha}_m,\boldsymbol{\alpha}_{m+1}$ 线性相关.

(2) 若向量组 $\boldsymbol{\alpha}_1,\boldsymbol{\alpha}_2,\cdots,\boldsymbol{\alpha}_m,\boldsymbol{\alpha}_{m+1}$ 线性无关，则根据定理 3.4，有 $R(\boldsymbol{B})=m+1$，从而 $m+1=R(\boldsymbol{B})\leqslant R(\boldsymbol{A})+1$，即 $m\leqslant R(\boldsymbol{A})$；又矩阵 $\boldsymbol{A}$ 只有 m 个列，从而 $R(\boldsymbol{A})\leqslant m$.

因此 $R(\boldsymbol{A})=m$，故向量组 $\boldsymbol{\alpha}_1,\boldsymbol{\alpha}_2,\cdots,\boldsymbol{\alpha}_m$ 线性无关.

类似可证，向量组增加或减少向量的个数大于 1 时，定理的结论仍然成立.

定理 3.6　线性相关的向量组减少分量的个数仍线性相关；线性无关的向量组增加分量的个数仍线性无关.

证　设 $\boldsymbol{\alpha}_j=\begin{pmatrix}\alpha_{1j}\\\vdots\\\alpha_{rj}\end{pmatrix},\boldsymbol{\beta}_j=\begin{pmatrix}\alpha_{1j}\\\vdots\\\alpha_{rj}\\\alpha_{r+1,j}\end{pmatrix}\quad(j=1,2,\cdots,m)$.

(1) 记 $\boldsymbol{A}_{r\times m}=(\boldsymbol{\alpha}_1,\boldsymbol{\alpha}_2,\cdots,\boldsymbol{\alpha}_m),\boldsymbol{B}_{(r+1)\times m}=(\boldsymbol{\beta}_1,\boldsymbol{\beta}_2,\cdots,\boldsymbol{\beta}_m)$，有 $R(\boldsymbol{A})\leqslant R(\boldsymbol{B})$. 若向量组 $\boldsymbol{\alpha}_1,\boldsymbol{\alpha}_2,\cdots,\boldsymbol{\alpha}_m$ 线性无关，则 $R(\boldsymbol{A})=m$，从而 $m\leqslant R(\boldsymbol{B})$. 但矩阵 $\boldsymbol{B}$ 只有 m 列，必满足 $R(\boldsymbol{B})\leqslant m$. 故 $R(\boldsymbol{B})=m$，因此向量组 $\boldsymbol{\beta}_1,\boldsymbol{\beta}_2,\cdots,\boldsymbol{\beta}_m$ 线性无关.

(2) 若向量组 $\boldsymbol{\beta}_1,\boldsymbol{\beta}_2,\cdots,\boldsymbol{\beta}_m$ 线性相关. 假设 $\boldsymbol{\alpha}_1,\boldsymbol{\alpha}_2,\cdots,\boldsymbol{\alpha}_m$ 线性无关，由 (1) 知，向量组 $\boldsymbol{\beta}_1,\boldsymbol{\beta}_2,\cdots,\boldsymbol{\beta}_m$ 线性无关. 与 $\boldsymbol{\beta}_1,\boldsymbol{\beta}_2,\cdots,\boldsymbol{\beta}_m$ 线性相关矛盾.

故向量组 $\boldsymbol{\alpha}_1,\boldsymbol{\alpha}_2,\cdots,\boldsymbol{\alpha}_m$ 线性相关.

定理 3.7　当向量组中所含向量的个数大于向量的维数时，此向量组必然线性相关.

证　m 个 n 维向量 $\boldsymbol{\alpha}_1,\boldsymbol{\alpha}_2,\cdots,\boldsymbol{\alpha}_m$ 构成矩阵 $\boldsymbol{A}_{n\times m}=(\boldsymbol{\alpha}_1,\boldsymbol{\alpha}_2,\cdots,\boldsymbol{\alpha}_m)$，有 $R(\boldsymbol{A})\leqslant n$. 若 $n<m$，则 $R(\boldsymbol{A})<m$，故 m 个 n 维向量 $\boldsymbol{\alpha}_1,\boldsymbol{\alpha}_2,\cdots,\boldsymbol{\alpha}_m$ 线性相关.

由线性相关、线性无关的定义，不难得出如下结论.

定理 3.8 若向量组$\boldsymbol{\alpha}_1,\cdots,\boldsymbol{\alpha}_m,\boldsymbol{\beta}$线性相关，而向量组$\boldsymbol{\alpha}_1,\cdots,\boldsymbol{\alpha}_m$线性无关，则向量$\boldsymbol{\beta}$可由$\boldsymbol{\alpha}_1,\cdots,\boldsymbol{\alpha}_m$线性表示且表示法唯一.

证 记$\boldsymbol{A}=(\boldsymbol{\alpha}_1,\boldsymbol{\alpha}_2,\cdots,\boldsymbol{\alpha}_m),\boldsymbol{B}=(\boldsymbol{\alpha}_1,\boldsymbol{\alpha}_2,\cdots,\boldsymbol{\alpha}_m,\boldsymbol{\beta})$，有$R(\boldsymbol{A})\leqslant R(\boldsymbol{B})$. 因$\boldsymbol{A}$组线性无关，有$R(\boldsymbol{A})=m$；因$\boldsymbol{B}$组线性相关，有$R(\boldsymbol{B})<m+1$. 所以$m\leqslant R(\boldsymbol{B})<m+1$，即$R(\boldsymbol{B})=m$.

由$R(\boldsymbol{A})=R(\boldsymbol{B})=m$，以及定理 2.8 知，线性方程组

$$(\boldsymbol{\alpha}_1,\boldsymbol{\alpha}_2,\cdots,\boldsymbol{\alpha}_m)\boldsymbol{X}=\boldsymbol{\beta}$$

有唯一解，即向量$\boldsymbol{\beta}$能由向量组$\boldsymbol{\alpha}_1,\boldsymbol{\alpha}_2,\cdots,\boldsymbol{\alpha}_m$线性表示，且表示唯一.

例 3.7 设向量组$\boldsymbol{a}_1,\boldsymbol{a}_2,\boldsymbol{a}_3$线性相关，向量组$\boldsymbol{a}_2,\boldsymbol{a}_3,\boldsymbol{a}_4$线性无关，证明

(1) $\boldsymbol{a}_1$能由$\boldsymbol{a}_2,\boldsymbol{a}_3$线性表示；

(2) $\boldsymbol{a}_4$不能由$\boldsymbol{a}_1,\boldsymbol{a}_2,\boldsymbol{a}_3$线性表示.

解 (1) 由于向量组$\boldsymbol{a}_2,\boldsymbol{a}_3,\boldsymbol{a}_4$线性无关，则它的部分组$\boldsymbol{a}_2,\boldsymbol{a}_3$线性无关，又$\boldsymbol{a}_1,\boldsymbol{a}_2,\boldsymbol{a}_3$线性相关，根据定理 3.8，得$\boldsymbol{a}_1$能由$\boldsymbol{a}_2,\boldsymbol{a}_3$线性表示，且表示唯一；

(2) 假设$\boldsymbol{a}_4$能由$\boldsymbol{a}_1,\boldsymbol{a}_2,\boldsymbol{a}_3$线性表示，根据(1)知，$\boldsymbol{a}_1$能由$\boldsymbol{a}_2,\boldsymbol{a}_3$线性表示. 故$\boldsymbol{a}_4$可由$\boldsymbol{a}_2,\boldsymbol{a}_3$线性表示，与已知$\boldsymbol{a}_2,\boldsymbol{a}_3,\boldsymbol{a}_4$线性无关矛盾. 因此，$\boldsymbol{a}_4$不能由$\boldsymbol{a}_1,\boldsymbol{a}_2,\boldsymbol{a}_3$线性表示.

3.4　向量组的秩

向量组$A:\boldsymbol{\alpha}_1,\boldsymbol{\alpha}_2,\cdots,\boldsymbol{\alpha}_s$与矩阵$\boldsymbol{A}=(\boldsymbol{\alpha}_1,\boldsymbol{\alpha}_2,\cdots,\boldsymbol{\alpha}_s)$具有对应关系. 矩阵有秩，我们称矩阵$\boldsymbol{A}$的最高阶非零子式的阶数为矩阵的秩. 以下我们讨论向量组的秩.

由 3.3 节容易看出，一个线性相关的向量组，只要所含的向量不全是零向量，就一定存在着线性无关的一部分向量. 在这些线性无关的部分向量组中，最重要的就是所谓极大无关向量组.

3.4.1　极大线性无关向量组

定义 3.7 设有向量组$A:\boldsymbol{\alpha}_1,\boldsymbol{\alpha}_2,\cdots,\boldsymbol{\alpha}_s$，若在向量组$A$中有$r$个向量$\boldsymbol{\alpha}_1,\boldsymbol{\alpha}_2,\cdots,\boldsymbol{\alpha}_r$构成部分组，满足

(1) 向量组$A_0:\boldsymbol{\alpha}_1,\boldsymbol{\alpha}_2,\cdots,\boldsymbol{\alpha}_r$线性无关；

(2) 向量组A中任意$r+1$个向量(若有的话)都线性相关，

则称向量组A_0是向量组A的一个**极大线性无关向量组**(简称为**极大无关组**).

只含零向量的向量组没有极大无关组.

如果向量组$B:\boldsymbol{\alpha}_{j_1},\boldsymbol{\alpha}_{j_2},\cdots,\boldsymbol{\alpha}_{j_r}$是向量组$A:\boldsymbol{\alpha}_1,\boldsymbol{\alpha}_2,\cdots,\boldsymbol{\alpha}_s$的线性无关部分组，且向量组$A:\boldsymbol{\alpha}_1,\boldsymbol{\alpha}_2,\cdots,\boldsymbol{\alpha}_s$中的每一个向量都可由$B:\boldsymbol{\alpha}_{j_1},\boldsymbol{\alpha}_{j_2},\cdots,\boldsymbol{\alpha}_{j_r}$线性表示，则依据定义 3.7 知，$B:\boldsymbol{\alpha}_{j_1},\boldsymbol{\alpha}_{j_2},\cdots,\boldsymbol{\alpha}_{j_r}$是$A:\boldsymbol{\alpha}_1,\boldsymbol{\alpha}_2,\cdots,\boldsymbol{\alpha}_s$的一个极大无关组. 因此有以下定义.

定义 3.7′ 如果向量组B是向量组A的线性无关部分组，且向量组A能由向量组B线性表示，则向量组B是向量组A的一个**极大无关组**.

由定义 3.7′ 知，向量组与其极大线性无关组可相互线性表示，即向量组与其极大线性无关组等价.

例如，二维向量组 $\boldsymbol{\alpha}_1=\begin{pmatrix}0\\1\end{pmatrix},\boldsymbol{\alpha}_2=\begin{pmatrix}1\\0\end{pmatrix},\boldsymbol{\alpha}_3=\begin{pmatrix}1\\1\end{pmatrix},\boldsymbol{\alpha}_4=\begin{pmatrix}0\\2\end{pmatrix}$，因为任何三个二维向量的向量组必定线性相关，又 $\boldsymbol{\alpha}_1,\boldsymbol{\alpha}_2$ 线性无关，故 $\boldsymbol{\alpha}_1,\boldsymbol{\alpha}_2$ 是向量组的一个极大无关组；易知 $\boldsymbol{\alpha}_2,\boldsymbol{\alpha}_3$ 也是向量组的一个极大无关组.

注 3.3　向量组的极大无关组可能不止一个，但它们所含向量的个数 r 是相同的.

这是因为：假设向量组 $A:\boldsymbol{\alpha}_1,\boldsymbol{\alpha}_2,\cdots,\boldsymbol{\alpha}_s$ 存在两个含向量的个数不同的极大无关组 B_1：$\boldsymbol{\alpha}_{j_1},\boldsymbol{\alpha}_{j_2},\cdots,\boldsymbol{\alpha}_{j_r}$ 和 $B_2:\boldsymbol{\alpha}_{j_1},\boldsymbol{\alpha}_{j_2},\cdots,\boldsymbol{\alpha}_{j_t}$，不妨设 $r<t$，当 B_1 是向量组 A 的一个极大无关组时，据定义 3.7 知，B_2 必然线性相关，矛盾.

定义 3.8　向量组的极大无关组含向量的个数 r 为向量组 $A:\boldsymbol{\alpha}_1,\boldsymbol{\alpha}_2,\cdots,\boldsymbol{\alpha}_s$ 的秩，记为 $R(\boldsymbol{\alpha}_1,\cdots,\boldsymbol{\alpha}_s)=r$. 规定：只含零向量的向量组的秩为 0.

3.4.2　矩阵的秩与向量组秩的关系

对于只含有有限个向量的向量组 $A:\boldsymbol{\alpha}_1,\boldsymbol{\alpha}_2,\cdots,\boldsymbol{\alpha}_s$，它可以构成矩阵 $\boldsymbol{A}=(\boldsymbol{\alpha}_1,\boldsymbol{\alpha}_2,\cdots,\boldsymbol{\alpha}_s)$. 把定义 3.7、定义 3.8 与矩阵的最高阶非零子式及矩阵的秩的定义做比较，容易想到向量组 $A:\boldsymbol{\alpha}_1,\boldsymbol{\alpha}_2,\cdots,\boldsymbol{\alpha}_s$ 的秩就等于矩阵 $\boldsymbol{A}=(\boldsymbol{\alpha}_1,\boldsymbol{\alpha}_2,\cdots,\boldsymbol{\alpha}_s)$ 的秩，即有以下定理.

定理 3.9　设 $\boldsymbol{A}$ 为 $m\times n$ 矩阵，则矩阵 $\boldsymbol{A}$ 的秩等于它的列向量组的秩，也等于它的行向量组的秩.

证　设 $\boldsymbol{A}=(\boldsymbol{\alpha}_1,\boldsymbol{\alpha}_2,\cdots,\boldsymbol{\alpha}_m)$，$R(\boldsymbol{A})=r$，并设 r 阶子式 $D_r\neq 0$，根据推论 3.1，由 $D_r\neq 0$ 知 D_r 所在的 r 列构成的 $n\times r$ 矩阵的秩为 r，故此 r 列线性无关；又由 $\boldsymbol{A}$ 中所有 $r+1$ 阶子式均为零，知 $\boldsymbol{A}$ 中任意 $r+1$ 个列向量构成的 $n\times(r+1)$ 矩阵的秩小于 $r+1$，故此 $r+1$ 列都线性相关. 因此 D_r 所在的 r 列是 $\boldsymbol{A}$ 的列向量组的一个极大无关组，所以列向量组的秩等于 r.

类似可证，矩阵 $\boldsymbol{A}$ 的行向量组的秩也等于 $R(\boldsymbol{A})=r$.

向量组 $\boldsymbol{\alpha}_1,\boldsymbol{\alpha}_2,\cdots,\boldsymbol{\alpha}_m$ 的秩记作 $R(\boldsymbol{\alpha}_1,\boldsymbol{\alpha}_2,\cdots,\boldsymbol{\alpha}_m)$.

从上述证明可见，若 D_r 是矩阵 $\boldsymbol{A}$ 的一个最高阶非零子式，则 D_r 所在的 r 列是 $\boldsymbol{A}$ 的列向量组的一个极大无关组，D_r 所在的 r 行是 $\boldsymbol{A}$ 的行向量组的一个极大无关组.

以向量组中各向量为列向量组成矩阵后，只作初等行变换将该矩阵化为行阶梯形矩阵，则可直接写出所求向量组的极大无关组.

同理，也以向量组中各向量为行向量组成矩阵，通过作初等列变换来求所求向量组的极大无关组.

例 3.8　设矩阵 $\boldsymbol{A}=\begin{pmatrix}2&1&-3&1&8\\1&1&-2&1&4\\4&-6&2&-2&4\\3&6&-9&6&12\end{pmatrix}$，求矩阵 $\boldsymbol{A}$ 的列向量组的一个极大无关组，并把其余向量用极大无关组线性表示.

解　对 $\boldsymbol{A}$ 施行初等行变换化为行阶梯形矩阵:

$$A \to \begin{pmatrix} 1 & 1 & -2 & 1 & 4 \\ 0 & 1 & -1 & 1 & 0 \\ 0 & 0 & 0 & 1 & -3 \\ 0 & 0 & 0 & 0 & 0 \end{pmatrix} \to \begin{pmatrix} 1 & 0 & -1 & 0 & 4 \\ 0 & 1 & -1 & 0 & 3 \\ 0 & 0 & 0 & 1 & -3 \\ 0 & 0 & 0 & 0 & 0 \end{pmatrix}.$$

由上式知 $R(A)=3$，故列向量组的极大无关组含三个向量. 而三个非零行的非零首元在 1, 2, 4 三列，故 $\boldsymbol{\alpha}_1,\boldsymbol{\alpha}_2,\boldsymbol{\alpha}_4$ 为列向量组的一个极大无关组. 由 $\boldsymbol{A}$ 的行最简形矩阵，有

$$\boldsymbol{\alpha}_3 = -\boldsymbol{\alpha}_1 - \boldsymbol{\alpha}_2,$$

$$\boldsymbol{\alpha}_5 = 4\boldsymbol{\alpha}_1 + 3\boldsymbol{\alpha}_2 - 3\boldsymbol{\alpha}_4.$$

我们知道，矩阵 $\boldsymbol{A}$ 经过初等变换后所得的矩阵 $\boldsymbol{B}$ 与原矩阵等价. 本例的解法表明：如果 $\boldsymbol{A}_{m\times n}$ 与 $\boldsymbol{B}_{m\times n}$ 的行向量组等价，则方程组 $\boldsymbol{Ax}=\boldsymbol{0}$ 与 $\boldsymbol{Bx}=\boldsymbol{0}$ 同解，从而 $\boldsymbol{A}$ 的列向量组中向量之间与 $\boldsymbol{B}$ 的列向量组中向量之间有相同的线性关系. 如果 $\boldsymbol{B}$ 是行最简形矩阵，则容易看出 $\boldsymbol{B}$ 的列向量组中向量的线性关系，从而也就得到 $\boldsymbol{A}$ 的列向量组中向量的线性关系.

例 3.9 求向量组

$$\boldsymbol{\alpha}_1=(1,2,-1,1)^{\mathrm T},\quad \boldsymbol{\alpha}_2=(2,0,t,0)^{\mathrm T},\quad \boldsymbol{\alpha}_3=(0,-4,5,-2)^{\mathrm T},\quad \boldsymbol{\alpha}_4=(3,-2,t+4,-1)^{\mathrm T}$$

的秩和一个极大无关组.

解 向量的分量中含参数 t，向量组的秩和极大无关组与 t 的取值有关. 对下列矩阵作初等行变换：

$$(\boldsymbol{\alpha}_1,\boldsymbol{\alpha}_2,\boldsymbol{\alpha}_3,\boldsymbol{\alpha}_4)=\begin{pmatrix} 1 & 2 & 0 & 3 \\ 2 & 0 & -4 & -2 \\ -1 & t & 5 & t+4 \\ 1 & 0 & -2 & -1 \end{pmatrix} \to \begin{pmatrix} 1 & 2 & 0 & 3 \\ 0 & -4 & -4 & -8 \\ 0 & t+2 & 5 & t+7 \\ 0 & -2 & -2 & -4 \end{pmatrix} \to \begin{pmatrix} 1 & 2 & 0 & 3 \\ 0 & 1 & 1 & 2 \\ 0 & 0 & 3-t & 3-t \\ 0 & 0 & 0 & 0 \end{pmatrix},$$

显然，$\boldsymbol{\alpha}_1,\boldsymbol{\alpha}_2$ 线性无关，且

(1) $t=3$ 时，则 $R(\boldsymbol{\alpha}_1,\boldsymbol{\alpha}_2,\boldsymbol{\alpha}_3,\boldsymbol{\alpha}_4)=2$，$\boldsymbol{\alpha}_1,\boldsymbol{\alpha}_2$ 是极大无关组；

(2) $t\neq 3$ 时，则 $R(\boldsymbol{\alpha}_1,\boldsymbol{\alpha}_2,\boldsymbol{\alpha}_3,\boldsymbol{\alpha}_4)=3$，$\boldsymbol{\alpha}_1,\boldsymbol{\alpha}_2,\boldsymbol{\alpha}_3$ 是极大无关组.

3.4.3 向量组秩的一些简单结论

定理 3.10 若向量组 B 能由向量组 A 线性表示，则 $R(B)\leqslant R(A)$.

证 设向量组 B 的一个极大无关组为 $B_0:\boldsymbol{b}_1,\cdots,\boldsymbol{b}_r$，向量组 A 的一个极大无关组为 $A_0:\boldsymbol{a}_1,\cdots,\boldsymbol{a}_s$，要证 $r\leqslant s$.

因 B_0 组能由 B 组线性表示，B 组能由 A 组线性表示，A 组能由 A_0 组线性表示，故 B_0 组能由 A_0 组线性表示，即存在系数矩阵 $\boldsymbol{K}_{s\times r}=(k_{ij})_{s\times r}$ 使

$$(\boldsymbol{b}_1,\cdots,\boldsymbol{b}_r)=(\boldsymbol{a}_1,\cdots,\boldsymbol{a}_s)\begin{pmatrix} k_{11} & \cdots & k_{1r} \\ \vdots & & \vdots \\ k_{s1} & \cdots & k_{sr} \end{pmatrix}.$$

如果 $r>s$，则方程组 $\boldsymbol{K}_{s\times r}\begin{pmatrix} x_1 \\ \vdots \\ x_r \end{pmatrix}=\boldsymbol{0}$，简记为 $\boldsymbol{Kx}=\boldsymbol{0}$，有非零解(因 $R(\boldsymbol{K})\leqslant s<r$)，从而

方程组 $(\boldsymbol{a}_1,\cdots,\boldsymbol{a}_s)\boldsymbol{Kx}=\boldsymbol{0}$ 有非零解，即 $(\boldsymbol{b}_1,\cdots,\boldsymbol{b}_r)\boldsymbol{x}=\boldsymbol{0}$ 有非零解，这与 $\boldsymbol{b}_1,\cdots,\boldsymbol{b}_r$ 线性无关矛盾，因此 $r>s$ 不能成立，所以 $r\leqslant s$.

由定理 3.10 可得以下推论.

推论 3.3 等价向量组的秩相等.

据定理 3.10 可证矩阵秩的性质(3)：设 $\boldsymbol{C}_{m\times n}=\boldsymbol{A}_{m\times s}\boldsymbol{B}_{s\times n}$，则 $r(\boldsymbol{C})\leqslant\min\{R(\boldsymbol{A}),R(\boldsymbol{B})\}$.

例 3.10 设 $\boldsymbol{A}$ 是 $n\times m$ 矩阵，$\boldsymbol{B}$ 是 $m\times n$ 矩阵，且 $n<m$. 若 $\boldsymbol{AB}=\boldsymbol{E}$，试证 $\boldsymbol{B}$ 的列向量组线性无关.

证 因 $R(\boldsymbol{B})\leqslant\min\{m,n\}=n$，又 $R(\boldsymbol{AB})\leqslant R(\boldsymbol{B})$，而 $R(\boldsymbol{AB})=R(\boldsymbol{E})=n$，故 $R(\boldsymbol{B})=n$，即 $\boldsymbol{B}$ 的列向量组线性无关.

例 3.11 已知 $(\boldsymbol{a}_1,\boldsymbol{a}_2)=\begin{pmatrix}2&3\\0&-2\\-1&1\\3&-1\end{pmatrix}$，$(\boldsymbol{b}_1,\boldsymbol{b}_2)=\begin{pmatrix}-5&4\\6&-4\\-5&3\\9&-5\end{pmatrix}$，证明向量组 $(\boldsymbol{a}_1,\boldsymbol{a}_2)$ 与 $(\boldsymbol{b}_1,\boldsymbol{b}_2)$ 等价.

证 要证存在二阶方阵 $\boldsymbol{X},\boldsymbol{Y}$，使 $(\boldsymbol{b}_1,\boldsymbol{b}_2)=(\boldsymbol{a}_1,\boldsymbol{a}_2)\boldsymbol{X}$，$(\boldsymbol{a}_1,\boldsymbol{a}_2)=(\boldsymbol{b}_1,\boldsymbol{b}_2)\boldsymbol{Y}$.

先求 $\boldsymbol{X}$，类似于线性方程组求解的方法，对增广矩阵 $(\boldsymbol{a}_1,\boldsymbol{a}_2,\boldsymbol{b}_1,\boldsymbol{b}_2)$ 施行初等行变换化为最简形矩阵：

$$(\boldsymbol{a}_1,\boldsymbol{a}_2,\boldsymbol{b}_1,\boldsymbol{b}_2)=\begin{pmatrix}2&3&-5&4\\0&-2&6&-4\\-1&1&-5&3\\3&-1&9&-5\end{pmatrix}\to\begin{pmatrix}-1&1&-5&3\\0&-2&6&-4\\0&5&-15&10\\0&2&-6&4\end{pmatrix}$$

$$\to\begin{pmatrix}-1&1&-5&3\\0&1&-3&2\\0&0&0&0\\0&0&0&0\end{pmatrix}\to\begin{pmatrix}1&0&2&-1\\0&1&-3&2\\0&0&0&0\\0&0&0&0\end{pmatrix},$$

得 $\begin{cases}\boldsymbol{b}_1=2\boldsymbol{a}_1-3\boldsymbol{a}_2,\\\boldsymbol{b}_2=-\boldsymbol{a}_1+2\boldsymbol{a}_2,\end{cases}$ 即 $(\boldsymbol{b}_1,\boldsymbol{b}_2)=(\boldsymbol{a}_1,\boldsymbol{a}_2)\boldsymbol{X}=(\boldsymbol{a}_1,\boldsymbol{a}_2)\begin{pmatrix}2&-1\\-3&2\end{pmatrix}$.

由 $|\boldsymbol{X}|=\begin{vmatrix}2&-1\\-3&2\end{vmatrix}=1\neq0$ 知 $\boldsymbol{X}$ 可逆，取 $\boldsymbol{Y}=\boldsymbol{X}^{-1}$，即为所求. 因此向量组 $(\boldsymbol{a}_1,\boldsymbol{a}_2)$ 与 $(\boldsymbol{b}_1,\boldsymbol{b}_2)$ 等价.

依据向量组秩的定义及定理 3.9，可知前面介绍的定理中出现的矩阵的秩都可以改为向量组的秩. 例如，定理 3.2 可以叙述如下.

定理 3.2′ 向量组 $\boldsymbol{b}_1,\boldsymbol{b}_2,\cdots,\boldsymbol{b}_m$ 可以由向量组 $\boldsymbol{a}_1,\boldsymbol{a}_2,\cdots,\boldsymbol{a}_s$ 线性表示的充分必要条件是

$$R(\boldsymbol{a}_1,\boldsymbol{a}_2,\cdots,\boldsymbol{a}_s)=R(\boldsymbol{a}_1,\boldsymbol{a}_2,\cdots,\boldsymbol{a}_s,\ \boldsymbol{b}_1,\boldsymbol{b}_2,\cdots,\boldsymbol{b}_m).$$

这里的 $R(\boldsymbol{a}_1,\boldsymbol{a}_2,\cdots,\boldsymbol{a}_s)$ 既可以理解为矩阵的秩，也可以理解为向量组的秩.

本章小结

1. 知识框架

本章主要讲述了向量组的线性组合、线性表示、线性相关、线性无关和向量组的秩等基本概念；给出了向量组的线性相关性和线性无关性的判定，以及线性相关的有关理论；要求学生理解向量组的极大无关组的概念，掌握向量组的极大无关组和向量组秩的解法．重点是向量组的线性相关性及向量组的秩．难点是与向量组的线性相关性有关概念的理解、定理的证明及结论的应用．

知识框架如下：

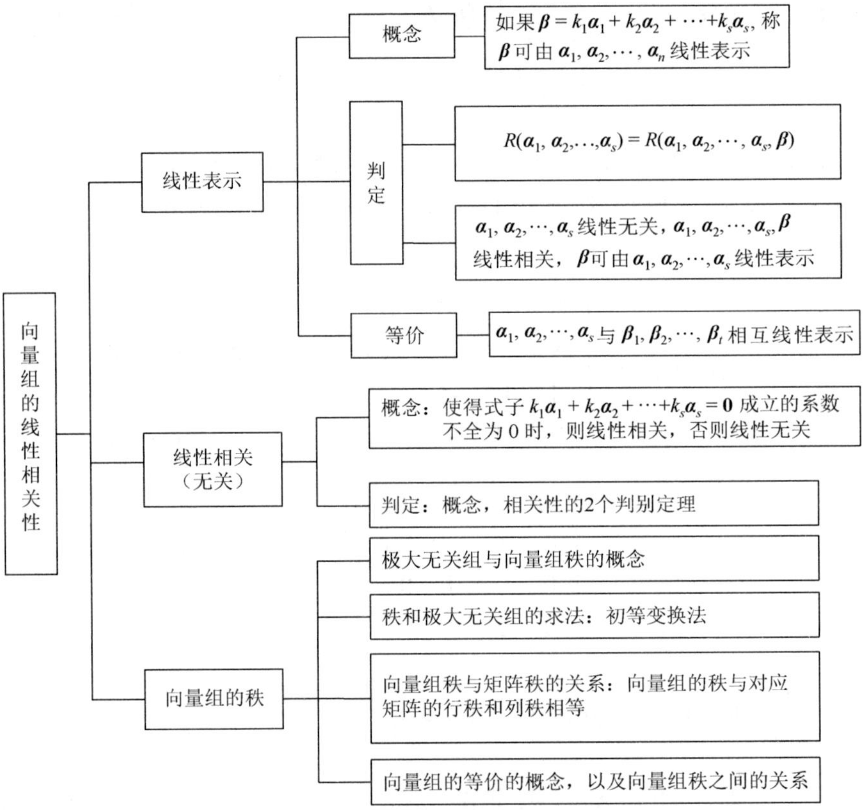

2. 知识要点

(1) 相关与无关的判定：

①向量组的线性相关、无关 $\Leftrightarrow$ $\boldsymbol{Ax}=\mathbf{0}$ 有、无非零解；(齐次线性方程组)

②向量的线性表出 $\Leftrightarrow$ $\boldsymbol{Ax}=\boldsymbol{b}$ 是否有解；(线性方程组)

③向量组的相互线性表示 $\Leftrightarrow$ $\boldsymbol{AX}=\boldsymbol{B}$ 是否有解．(矩阵方程)

(2) 线性相关与无关的两套定理：

若 $\boldsymbol{\alpha}_1,\boldsymbol{\alpha}_2,\cdots,\boldsymbol{\alpha}_s$ 线性相关，则 $\boldsymbol{\alpha}_1,\boldsymbol{\alpha}_2,\cdots,\boldsymbol{\alpha}_s,\boldsymbol{\alpha}_{s+1}$ 必线性相关．

若 $\boldsymbol{\alpha}_1,\boldsymbol{\alpha}_2,\cdots,\boldsymbol{\alpha}_s$ 线性无关，则 $\boldsymbol{\alpha}_1,\boldsymbol{\alpha}_2,\cdots,\boldsymbol{\alpha}_{s-1}$ 必线性无关；若 r 维向量组 A 的每个向量上添上 $n-r$ 个分量，构成 n 维向量组 B：若 A 线性无关，则 B 也线性无关；反之，若 B 线性相关，则 A 也线性相关；

(3) 向量组 A（个数为 r）能由向量组 B（个数为 s）线性表示，且 A 线性无关，则 $r\leqslant s$；
向量组 A 能由向量组 B 线性表示，则 $R(A)\leqslant R(\boldsymbol{B})$；
向量组 A 能由向量组 B 线性表示 $\Leftrightarrow \boldsymbol{AX}=\boldsymbol{B}$ 有解 $\Leftrightarrow R(\boldsymbol{A})=R(\boldsymbol{A},\boldsymbol{B})$；
向量组 A 与向量组 B 等价 $\Leftrightarrow R(\boldsymbol{A})=R(\boldsymbol{B})=R(\boldsymbol{A},\boldsymbol{B})$.

(4) 对于矩阵 $\boldsymbol{A}_{m\times n}$ 与 $\boldsymbol{B}_{l\times n}$：

① $\boldsymbol{A}$ 与 $\boldsymbol{B}$ 行等价，则 $\boldsymbol{A}$ 与 $\boldsymbol{B}$ 的行秩相等；

②若 $\boldsymbol{A}$ 与 $\boldsymbol{B}$ 行等价，则 $\boldsymbol{Ax}=\boldsymbol{0}$ 与 $\boldsymbol{Bx}=\boldsymbol{0}$ 同解，且 $\boldsymbol{A}$ 与 $\boldsymbol{B}$ 的任何对应的列向量组具有相同的线性相关性；

③矩阵的初等变换不改变矩阵的秩；

④矩阵 $\boldsymbol{A}$ 的行秩等于列秩.

(5) 若 $\boldsymbol{A}_{m\times s}\boldsymbol{B}_{s\times n}=\boldsymbol{C}_{m\times n}$，则：

① $\boldsymbol{C}$ 的列向量组能由 $\boldsymbol{A}$ 的列向量组线性表示，$\boldsymbol{B}$ 为系数矩阵；

② $\boldsymbol{C}$ 的行向量组能由 $\boldsymbol{B}$ 的行向量组线性表示，$\boldsymbol{A}^{\mathrm{T}}$ 为系数矩阵.（转置）

(6) 设向量组 $B_{n\times r}:\boldsymbol{b}_1,\boldsymbol{b}_2,\cdots,\boldsymbol{b}_r$ 可由 $A_{n\times s}:\boldsymbol{a}_1,\boldsymbol{a}_2,\cdots,\boldsymbol{a}_s$ 线性表示为

$$(\boldsymbol{b}_1,\boldsymbol{b}_2,\cdots,\boldsymbol{b}_r)=(\boldsymbol{a}_1,\boldsymbol{a}_2,\cdots,\boldsymbol{a}_s)\boldsymbol{K},\quad \boldsymbol{B}=\boldsymbol{AK},$$

其中 $\boldsymbol{K}$ 为 $s\times r$ 矩阵，且 $\boldsymbol{A}$ 线性无关，则 $\boldsymbol{B}$ 线性无关 $\Leftrightarrow R(\boldsymbol{K})=r$.（$\boldsymbol{B}$ 与 $\boldsymbol{K}$ 的列向量组具有相同线性相关性）

(7) $\boldsymbol{\alpha}_1,\boldsymbol{\alpha}_2,\cdots,\boldsymbol{\alpha}_s$ 线性相关

$\Leftrightarrow$ 存在一组不全为 0 的数 $k_1,k_2,\cdots,k_s$，使得 $k_1\boldsymbol{\alpha}_1+k_2\boldsymbol{\alpha}_2+\cdots+k_s\boldsymbol{\alpha}_s=\boldsymbol{0}$ 成立（定义）

$\Leftrightarrow (\boldsymbol{\alpha}_1,\boldsymbol{\alpha}_2,\cdots,\boldsymbol{\alpha}_s)\begin{pmatrix}x_1\\x_2\\\vdots\\x_n\end{pmatrix}=\boldsymbol{0}$ 有非零解，即 $\boldsymbol{Ax}=\boldsymbol{0}$ 有非零解

$\Leftrightarrow R(\boldsymbol{\alpha}_1,\boldsymbol{\alpha}_2,\cdots,\boldsymbol{\alpha}_s)<s$，系数矩阵的秩小于未知数的个数.

习　题　3

1. 已知 $\boldsymbol{\alpha}_1=(1,2,-1),\boldsymbol{\alpha}_2=(2,5,3),\boldsymbol{\alpha}_3=(1,3,4)$，求 $4\boldsymbol{\alpha}_3+(3\boldsymbol{\alpha}_1-2\boldsymbol{\alpha}_2)$.

2. 设 $3(\boldsymbol{\alpha}_1-\boldsymbol{\alpha})+2(\boldsymbol{\alpha}_2+\boldsymbol{\alpha})=5(\boldsymbol{\alpha}_3+\boldsymbol{\alpha})$，其中 $\boldsymbol{\alpha}_1=(2,5,1,3)$，$\boldsymbol{\alpha}_2=(10,1,5,10)$，$\boldsymbol{\alpha}_3=(4,1,-1,1)$，求 $\boldsymbol{\alpha}$.

3. 若 $\boldsymbol{\beta}=(1,2,t)^{\mathrm{T}}$ 可由 $\boldsymbol{\alpha}_1=(2,1,1)^{\mathrm{T}},\boldsymbol{\alpha}_2=(-1,2,7)^{\mathrm{T}},\boldsymbol{\alpha}_3=(1,-1,-4)^{\mathrm{T}}$ 线性表出，求 t.

4. 设 $\boldsymbol{\alpha}_1=(1,2,1)^{\mathrm{T}},\boldsymbol{\alpha}_2=(2,3,a)^{\mathrm{T}},\boldsymbol{\alpha}_3=(1,a+2,-2)^{\mathrm{T}}$，若 $\boldsymbol{\beta}_1=(1,3,4)^{\mathrm{T}}$ 可以由 $\boldsymbol{\alpha}_1,\boldsymbol{\alpha}_2,\boldsymbol{\alpha}_3$ 线性表出，$\boldsymbol{\beta}_2=(0,1,2)^{\mathrm{T}}$ 不能由 $\boldsymbol{\alpha}_1,\boldsymbol{\alpha}_2,\boldsymbol{\alpha}_3$ 线性表出，求 a.

5. 设

$$\boldsymbol{\alpha}_1=\begin{pmatrix}1\\0\\0\\3\end{pmatrix},\quad \boldsymbol{\alpha}_2=\begin{pmatrix}1\\1\\-1\\2\end{pmatrix},\quad \boldsymbol{\alpha}_3=\begin{pmatrix}1\\2\\a-3\\1\end{pmatrix},\quad \boldsymbol{\alpha}_4=\begin{pmatrix}1\\2\\-2\\a\end{pmatrix},\quad \boldsymbol{\beta}=\begin{pmatrix}0\\1\\b\\-1\end{pmatrix},$$

问 a,b 为何值时,

(1) $\boldsymbol{\beta}$ 能由 $\boldsymbol{\alpha}_1,\boldsymbol{\alpha}_2,\boldsymbol{\alpha}_3,\boldsymbol{\alpha}_4$ 线性表示且表达式唯一;

(2) $\boldsymbol{\beta}$ 不能由 $\boldsymbol{\alpha}_1,\boldsymbol{\alpha}_2,\boldsymbol{\alpha}_3,\boldsymbol{\alpha}_4$ 线性表示;

(3) $\boldsymbol{\beta}$ 能由 $\boldsymbol{\alpha}_1,\boldsymbol{\alpha}_2,\boldsymbol{\alpha}_3,\boldsymbol{\alpha}_4$ 线性表示但表达式不唯一, 求出一般表达式.

6. 若 $\boldsymbol{\alpha}_1=(1,-1,2,4)^{\mathrm{T}},\boldsymbol{\alpha}_2=(0,3,1,2)^{\mathrm{T}},\boldsymbol{\alpha}_3=(3,0,7,a)^{\mathrm{T}},\boldsymbol{\alpha}_4=(1,-2,2,0)^{\mathrm{T}}$ 线性无关, 求 a 的取值范围.

7. 已知向量组 $\boldsymbol{\alpha}_1,\boldsymbol{\alpha}_2,\boldsymbol{\alpha}_3$ 线性无关, 向量组 $\boldsymbol{\alpha}_1+2\boldsymbol{\alpha}_2,2\boldsymbol{\alpha}_2+t\boldsymbol{\alpha}_3,2\boldsymbol{\alpha}_1+3\boldsymbol{\alpha}_3$ 线性相关, 求 t.

8. 设 $\boldsymbol{A}$ 是 n 阶矩阵, $\boldsymbol{\alpha}_1,\boldsymbol{\alpha}_2,\boldsymbol{\alpha}_3$ 是 n 维列向量, 且 $\boldsymbol{\alpha}_1\neq\boldsymbol{0},\boldsymbol{A}\boldsymbol{\alpha}_1=k\boldsymbol{\alpha}_1,\boldsymbol{A}\boldsymbol{\alpha}_2=l\boldsymbol{\alpha}_1+k\boldsymbol{\alpha}_2$, $\boldsymbol{A}\boldsymbol{\alpha}_3=l\boldsymbol{\alpha}_2+k\boldsymbol{\alpha}_3$, $l\neq 0$, 证明 $\boldsymbol{\alpha}_1,\boldsymbol{\alpha}_2,\boldsymbol{\alpha}_3$ 线性无关.

9. 设 $\boldsymbol{A}$ 是 n 阶矩阵, $\boldsymbol{\alpha}$ 是 n 维列向量, 若 $\boldsymbol{A}^{m-1}\boldsymbol{\alpha}\neq\boldsymbol{0}$, $\boldsymbol{A}^m\boldsymbol{\alpha}=\boldsymbol{0}$, 证明向量组 $\boldsymbol{\alpha}$, $\boldsymbol{A}\boldsymbol{\alpha}$, $\boldsymbol{A}^2\boldsymbol{\alpha}$, $\cdots$, $\boldsymbol{A}^{m-1}\boldsymbol{\alpha}$ 线性无关.

10. 设向量组 $\boldsymbol{\alpha}_1=\begin{pmatrix}a\\3\\1\end{pmatrix},\boldsymbol{\alpha}_2=\begin{pmatrix}2\\b\\3\end{pmatrix},\boldsymbol{\alpha}_3=\begin{pmatrix}1\\2\\1\end{pmatrix},\boldsymbol{\alpha}_4=\begin{pmatrix}2\\3\\1\end{pmatrix}$ 的秩为 2, 求 a,b 的值.

11. 已知向量组 $\boldsymbol{\alpha}_1,\boldsymbol{\alpha}_2,\boldsymbol{\alpha}_3$ 线性无关, 向量组 $\boldsymbol{\beta}_1=\boldsymbol{\alpha}_1+\boldsymbol{\alpha}_2-\boldsymbol{\alpha}_3,\boldsymbol{\beta}_2=3\boldsymbol{\alpha}_1-\boldsymbol{\alpha}_2,\boldsymbol{\beta}_3=4\boldsymbol{\alpha}_1-\boldsymbol{\alpha}_3,\boldsymbol{\beta}_4=2\boldsymbol{\alpha}_1-2\boldsymbol{\alpha}_2+\boldsymbol{\alpha}_3$, 求向量组 $\boldsymbol{\beta}_1,\boldsymbol{\beta}_2,\boldsymbol{\beta}_3,\boldsymbol{\beta}_4$ 的秩.

12. 已知 $\boldsymbol{\alpha}_1=(1,-2,0,3)^{\mathrm{T}},\boldsymbol{\alpha}_2=(2,-5,-3,6)^{\mathrm{T}},\boldsymbol{\alpha}_3=(0,1,3,0)^{\mathrm{T}},\boldsymbol{\alpha}_4=(2,-1,4,-7)^{\mathrm{T}}$, $\boldsymbol{\alpha}_5=(5,-8,1,2)^{\mathrm{T}}$. 求该向量组一个极大无关组, 并把其余向量用极大无关组表示.

13. 已知 $\boldsymbol{\alpha}_1,\cdots,\boldsymbol{\alpha}_r$ 与 $\boldsymbol{\alpha}_1,\cdots,\boldsymbol{\alpha}_r,\boldsymbol{\alpha}_{r+1},\cdots,\boldsymbol{\alpha}_s$ 有相同的秩, 证明 $\boldsymbol{\alpha}_1,\cdots,\boldsymbol{\alpha}_r$ 与 $\boldsymbol{\alpha}_1,\cdots,\boldsymbol{\alpha}_r$, $\boldsymbol{\alpha}_{r+1},\cdots,\boldsymbol{\alpha}_s$ 等价.

14. 已知向量组

$$A:\boldsymbol{\alpha}_1=\begin{pmatrix}0\\1\\1\end{pmatrix},\quad \boldsymbol{\alpha}_2=\begin{pmatrix}1\\1\\0\end{pmatrix};\quad B:\boldsymbol{\beta}_1=\begin{pmatrix}-1\\0\\1\end{pmatrix},\quad \boldsymbol{\beta}_2=\begin{pmatrix}1\\2\\1\end{pmatrix},\quad \boldsymbol{\beta}_3=\begin{pmatrix}3\\2\\t\end{pmatrix},$$

且 A 组与 B 组等价, 求 t 的值.

15. 设 $\boldsymbol{\alpha}_1,\boldsymbol{\alpha}_2,\cdots,\boldsymbol{\alpha}_n$ 为 n 个线性无关的 n 维列向量, $\boldsymbol{\beta}_1,\boldsymbol{\beta}_2,\cdots,\boldsymbol{\beta}_n$ 为任意 n 个 n 维列向量, 证明: $\boldsymbol{\beta}_1,\boldsymbol{\beta}_2,\cdots,\boldsymbol{\beta}_n$ 能线性表出 $\boldsymbol{\alpha}_1,\boldsymbol{\alpha}_2,\cdots,\boldsymbol{\alpha}_n$ 中每一个向量的充要条件是 $\boldsymbol{\beta}_1,\boldsymbol{\beta}_2,\cdots,\boldsymbol{\beta}_n$ 线性无关.

16. 选择题.

(1) 若三维向量 $\boldsymbol{\alpha}_4$ 不能由向量组 $\boldsymbol{\alpha}_1,\boldsymbol{\alpha}_2,\boldsymbol{\alpha}_3$ 线性表示, 则必有(　　).

(A) 向量组 $\boldsymbol{\alpha}_1,\boldsymbol{\alpha}_2,\boldsymbol{\alpha}_3$ 线性无关

(B) 向量组 $\boldsymbol{\alpha}_1,\boldsymbol{\alpha}_2,\boldsymbol{\alpha}_3$ 线性相关

(C) 向量组 $\boldsymbol{\alpha}_1+\boldsymbol{\alpha}_4,\boldsymbol{\alpha}_2+\boldsymbol{\alpha}_4,\boldsymbol{\alpha}_3+\boldsymbol{\alpha}_4$ 线性无关

(D) 向量组 $\boldsymbol{\alpha}_1+\boldsymbol{\alpha}_4,\boldsymbol{\alpha}_2+\boldsymbol{\alpha}_4,\boldsymbol{\alpha}_3+\boldsymbol{\alpha}_4$ 线性相关

(2) 设 $\boldsymbol{\alpha}_1,\boldsymbol{\alpha}_2,\cdots,\boldsymbol{\alpha}_m$ 均为 n 维向量, 那么下列结论正确的是(　　).

(A) 若 $0\boldsymbol{\alpha}_1+0\boldsymbol{\alpha}_2+\cdots+0\boldsymbol{\alpha}_m=\boldsymbol{0}$, 则 $\boldsymbol{\alpha}_1,\boldsymbol{\alpha}_2,\cdots,\boldsymbol{\alpha}_m$ 线性无关

(B) $\boldsymbol{\alpha}_1,\boldsymbol{\alpha}_2,\cdots,\boldsymbol{\alpha}_m$ 中任意两个向量的分量不成比例, 则 $\boldsymbol{\alpha}_1,\boldsymbol{\alpha}_2,\cdots,\boldsymbol{\alpha}_m$ 线性无关

(C) 若 $\boldsymbol{\beta}$ 不能由 $\boldsymbol{\alpha}_1, \boldsymbol{\alpha}_2, \cdots, \boldsymbol{\alpha}_m$ 线性表示，则 $\boldsymbol{\alpha}_1, \boldsymbol{\alpha}_2, \cdots, \boldsymbol{\alpha}_m, \boldsymbol{\beta}$ 线性无关

(D) $\boldsymbol{\alpha}_1, \boldsymbol{\alpha}_2, \cdots, \boldsymbol{\alpha}_m$ 中任意一个向量都不能用其余向量线性表示，则 $\boldsymbol{\alpha}_1, \boldsymbol{\alpha}_2, \cdots, \boldsymbol{\alpha}_m$ 线性无关

(3) 设 $\boldsymbol{\alpha}_1, \boldsymbol{\alpha}_2, \cdots, \boldsymbol{\alpha}_m$ 的秩为 r，那么下列结论不正确的是(　　).

(A) 任意 r 个向量线性无关

(B) 任意 r 个向量都构成最大线性无关向量组

(C) 任意 $r+1$ 个向量线性相关

(D) 任意 $r-1$ 个向量线性无关

(4) 设 $\boldsymbol{\alpha}_1, \boldsymbol{\alpha}_2, \cdots, \boldsymbol{\alpha}_r$ 为 $\boldsymbol{\alpha}_1, \boldsymbol{\alpha}_2, \cdots, \boldsymbol{\alpha}_r, \cdots, \boldsymbol{\alpha}_n$ 的极大无关组，下列结论中不正确的是(　　).

(A) $\boldsymbol{\alpha}_n$ 可用 $\boldsymbol{\alpha}_1, \boldsymbol{\alpha}_2, \cdots, \boldsymbol{\alpha}_r$ 线性表示

(B) $\boldsymbol{\alpha}_1$ 可用 $\boldsymbol{\alpha}_{r+1}, \boldsymbol{\alpha}_{r+2}, \cdots, \boldsymbol{\alpha}_n$ 线性表示

(C) $\boldsymbol{\alpha}_1$ 可用 $\boldsymbol{\alpha}_1, \boldsymbol{\alpha}_2, \cdots, \boldsymbol{\alpha}_r$ 线性表示

(D) $\boldsymbol{\alpha}_n$ 可用 $\boldsymbol{\alpha}_{r+1}, \boldsymbol{\alpha}_{r+2}, \cdots, \boldsymbol{\alpha}_n$ 线性表示

17. 填空题.

(1) 设向量组 $\boldsymbol{\alpha}_1 = \begin{pmatrix} 1 \\ 2 \\ 3 \end{pmatrix}, \boldsymbol{\alpha}_2 = \begin{pmatrix} 2 \\ 4 \\ 6 \end{pmatrix}, \boldsymbol{\alpha}_3 = \begin{pmatrix} 3 \\ 6 \\ t \end{pmatrix}$ 的秩为 1，则 $t =$ ____________.

(2) 已知 $\boldsymbol{\alpha}_1, \boldsymbol{\alpha}_2, \boldsymbol{\alpha}_3$ 线性无关，$\boldsymbol{\alpha}_1 + \boldsymbol{\alpha}_2, a\boldsymbol{\alpha}_2 - \boldsymbol{\alpha}_3, \boldsymbol{\alpha}_1 - \boldsymbol{\alpha}_2 + \boldsymbol{\alpha}_3$ 线性相关，则 $a =$ ______.

(3) 设向量组 A: $\boldsymbol{\alpha}_1 = (1,1,2)^{\mathrm{T}}$，$\boldsymbol{\alpha}_2 = (1,0,1)^{\mathrm{T}}$，$\boldsymbol{\alpha}_3 = (1,-1,t-1)^{\mathrm{T}}$，$B$: $\boldsymbol{\beta}_1 = (1,2,t)^{\mathrm{T}}$，$\boldsymbol{\beta}_2 = (2,1,t+3)^{\mathrm{T}}$，$\boldsymbol{\beta}_3 = (2,1,t+1)^{\mathrm{T}}$. 当 $a =$ ______ 时，向量组 A 与 B 等价；当 $a =$ ______ 时，向量组 A 与 B 不等价.

第 4 章　线性方程组解的结构

线性方程组是线性代数的基本内容之一，它在工程技术的许多领域以及数学的其他分支都有广泛的应用. 本章利用矩阵与向量的有关知识，就一般线性方程组的结构进行讨论.

4.1　齐次线性方程组解的结构

齐次线性方程组

$$\begin{cases} a_{11}x_1 + a_{12}x_2 + \cdots + a_{1n}x_n = 0, \\ a_{21}x_1 + a_{22}x_2 + \cdots + a_{2n}x_n = 0, \\ \quad\cdots\cdots \\ a_{n1}x_1 + a_{n2}x_2 + \cdots + a_{nn}x_n = 0. \end{cases} \tag{4.1}$$

若记

$$\boldsymbol{A} = \begin{pmatrix} a_{11} & a_{12} & \cdots & a_{1n} \\ a_{21} & a_{22} & \cdots & a_{2n} \\ \vdots & \vdots & & \vdots \\ a_{m1} & a_{m2} & \cdots & a_{mn} \end{pmatrix}, \quad \boldsymbol{x} = \begin{pmatrix} x_1 \\ x_2 \\ \vdots \\ x_n \end{pmatrix}, \quad \boldsymbol{0} = \begin{pmatrix} 0 \\ 0 \\ \vdots \\ 0 \end{pmatrix},$$

则式(4.1)可写成矩阵方程

$$\boldsymbol{Ax} = \boldsymbol{0}, \tag{4.2}$$

式(4.1)也可写成向量形式

$$x_1\boldsymbol{\alpha}_1 + x_2\boldsymbol{\alpha}_2 + \cdots + x_n\boldsymbol{\alpha}_n = \boldsymbol{0}, \tag{4.3}$$

其中 $\boldsymbol{\alpha}_1,\boldsymbol{\alpha}_2,\cdots,\boldsymbol{\alpha}_n$ 为 $\boldsymbol{A}$ 的列向量组.

方程(4.1), (4.2), (4.3)是齐次线性方程组的 3 种表达方式，它们的解相同.

定义 4.1　若 $x_1 = \xi_{11}$，$x_2 = \xi_{21}, \cdots, x_n = \xi_{n1}$ 为方程组(4.1)的解，则称

$$\boldsymbol{x} = \xi_1 = \begin{pmatrix} \xi_{11} \\ \xi_{21} \\ \vdots \\ \xi_{n1} \end{pmatrix}$$

为方程组(4.1)的解向量，也是矩阵方程 $\boldsymbol{Ax} = \boldsymbol{0}$ 的解.

对非齐次线性方程组也有类似定义.

根据方程组 $\boldsymbol{Ax} = \boldsymbol{0}$，我们来讨论解向量的性质.

性质 4.1　若 $\boldsymbol{x} = \boldsymbol{\xi}_1$，$\boldsymbol{x} = \boldsymbol{\xi}_2$ 为方程组 $\boldsymbol{Ax} = \boldsymbol{0}$ 的解，则 $\boldsymbol{x} = \boldsymbol{\xi}_1 + \boldsymbol{\xi}_2$ 也是方程组 $\boldsymbol{Ax} = \boldsymbol{0}$ 的解.

证　因为 $\boldsymbol{x} = \boldsymbol{\xi}_1$，$\boldsymbol{x} = \boldsymbol{\xi}_2$ 为方程组 $\boldsymbol{Ax} = \boldsymbol{0}$ 的解，则 $\boldsymbol{A\xi}_1 = \boldsymbol{0}, \boldsymbol{A\xi}_2 = \boldsymbol{0}$，于是

$$A(\xi_1+\xi_2)=A\xi_1+A\xi_2=\mathbf{0}+\mathbf{0}=\mathbf{0},$$

即 $\xi_1+\xi_2$ 是方程组 $Ax=\mathbf{0}$ 的解.

性质 4.2　若 $x=\xi_1$ 为方程组 $Ax=\mathbf{0}$ 的解, k 为实数, 则 $x=k\xi_1$ 也是方程组 $Ax=\mathbf{0}$ 的解.

证　由于 $x=\xi_1$ 为方程组 $Ax=\mathbf{0}$ 的解, 根据矩阵的数乘运算所满足的运算律知

$$A(k\xi_1)=k(A\xi_1)=k\cdot\mathbf{0}=\mathbf{0}.$$

上述性质表明: 齐次线性方程组(4.1)的解向量的线性组合仍是解向量; 若齐次线性方程组(4.1)有非零解, 则它有无穷多解. 问题是这无穷多个非零的解向量之间有什么关系? 能否用有限个非零的解向量来表示所有的解呢? 下面我们来解决这个问题.

把方程(4.1)的全体解组成的集合记作 S, 如果能够求得解集 S 的一个极大无关组 $S_0:\xi_1,\xi_2,\cdots,\xi_r$, 那么方程(4.1)的任一解都可以由极大无关组 S_0 线性表示; 另一方面, 由上述性质可知, 极大无关组的任何线性组合

$$x=x_1\xi_1+x_2\xi_2+\cdots+x_r\xi_r \quad (k_1,k_2,\cdots,k_r \text{ 为任意实数})$$

就是方程(4.1)的所有的解, 即通解. 我们把方程(4.1)解集的极大无关组称为方程组解集的基础解系.

定义 4.2　若齐次线性方程组(4.1)的一组解向量 $\xi_1,\xi_2,\cdots,\xi_t$ 满足条件:

(1) $\xi_1,\xi_2,\cdots,\xi_t$ 线性无关;

(2) 方程组(4.1)的任一解向量都可由 $\xi_1,\xi_2,\cdots,\xi_t$ 线性表示,

则称 $\xi_1,\xi_2,\cdots,\xi_t$ 是方程组(4.1)的一个**基础解系**.

根据定义 4.2, 如果方程组(4.1)只有零解向量, 则方程组(4.1)不存在基础解系; 如果方程组(4.1)有非零解向量, 那么方程组(4.1)就有无穷多解向量, 把这无穷多个解向量看成一个向量组, 那么基础解系就是一个极大无关向量组, 于是, 只要找出方程组(4.1)的基础解系, 则方程组(4.1)的全部解向量就能由基础解系线性表示, 即任一解 ξ 可表示为

$$\xi=k_1\xi_1+k_2\xi_2+\cdots+k_t\xi_t, \tag{4.4}$$

其中 $k_1,k_2,\cdots,k_t$ 为任意常数. 称式(4.4)称为齐次线性方程组的**通解**.

设齐次线性方程组(4.1)的系数矩阵 A 的秩为 r ($r<n$), 不妨设 A 的前 r 个列向量线性无关, 对 A 施行初等行变换, 则 A 一定可以化为如下形式:

$$A\to\begin{pmatrix}1&\cdots&0&b_{1,r+1}&\cdots&b_{1n}\\ \vdots&&\vdots&\vdots&&\vdots\\ 0&\cdots&1&b_{r,r+1}&\cdots&b_{rn}\\ 0&\cdots&0&0&\cdots&0\\ \vdots&&\vdots&\vdots&&\vdots\\ 0&\cdots&0&0&\cdots&0\end{pmatrix}=B,$$

与 B 对应的方程组是

$$\begin{cases}x_1=-b_{1,r+1}x_{r+1}-b_{1,r+2}x_{r+2}-\cdots-b_{1n}x_n,\\ x_2=-b_{2,r+1}x_{r+1}-b_{2,r+2}x_{r+2}-\cdots-b_{2n}x_n,\\ \qquad\cdots\cdots\\ x_r=-b_{r,r+1}x_{r+1}-b_{r,r+2}x_{r+2}-\cdots-b_{rn}x_n,\end{cases} \tag{4.5}$$

由于 $\boldsymbol{B}$ 是由 $\boldsymbol{A}$ 施以初等行变换得到的矩阵，可以证明 $\boldsymbol{A}$ 与 $\boldsymbol{B}$ 的列向量组等价，不难理解方程组(4.1)与方程组(4.5)有相同的解向量(初等行变换的过程相当对方程组作消元法运算).

方程组(4.5)中的 $x_{r+1}, x_{r+2}, \cdots, x_n$ 称为自由未知量，任给 $x_{r+1}, x_{r+2}, \cdots, x_n$ 一组值代入方程组(4.5)中，就能唯一确定一组 $x_1, x_2, \cdots, x_r$ 的值. 现分别取

$$\begin{pmatrix} x_{r+1} \\ x_{r+2} \\ \vdots \\ x_n \end{pmatrix} = \begin{pmatrix} 1 \\ 0 \\ \vdots \\ 0 \end{pmatrix}, \begin{pmatrix} 0 \\ 1 \\ \vdots \\ 0 \end{pmatrix}, \cdots, \begin{pmatrix} 0 \\ 0 \\ \vdots \\ 1 \end{pmatrix} \tag{4.6}$$

代入方程组(4.5)中得

$$\begin{pmatrix} x_1 \\ x_2 \\ \vdots \\ x_r \end{pmatrix} = \begin{pmatrix} -b_{1,r+1} \\ -b_{2,r+1} \\ \vdots \\ -b_{r,r+1} \end{pmatrix}, \begin{pmatrix} -b_{1,r+2} \\ -b_{2,r+2} \\ \vdots \\ -b_{r,r+2} \end{pmatrix}, \cdots, \begin{pmatrix} -b_{1n} \\ -b_{2n} \\ \vdots \\ -b_{rn} \end{pmatrix},$$

从而求得方程组(4.5)，也就是方程组(4.1)的 $n-r$ 个解向量

$$\boldsymbol{\xi}_1 = \begin{pmatrix} -b_{1,r+1} \\ -b_{2,r+1} \\ \vdots \\ -b_{r,r+1} \\ 1 \\ 0 \\ \vdots \\ 0 \end{pmatrix}, \quad \boldsymbol{\xi}_2 = \begin{pmatrix} -b_{1,r+2} \\ -b_{2,r+2} \\ \vdots \\ -b_{r,r+2} \\ 0 \\ 1 \\ \vdots \\ 0 \end{pmatrix}, \quad \cdots, \quad \boldsymbol{\xi}_{n-r} = \begin{pmatrix} -b_{1n} \\ -b_{2n} \\ \vdots \\ -b_{rn} \\ 0 \\ 0 \\ \vdots \\ 1 \end{pmatrix}.$$

下面证明 $\boldsymbol{\xi}_1, \boldsymbol{\xi}_2, \cdots, \boldsymbol{\xi}_{n-r}$ 是方程组(4.1)的一个基础解系.

首先，由于向量组(4.6)线性无关，而向量组 $\boldsymbol{\xi}_1, \boldsymbol{\xi}_2, \cdots, \boldsymbol{\xi}_{n-r}$ 是向量组(4.6)中每个向量都添加了 r 个分量而得到的，由定理 3.6 知，$\boldsymbol{\xi}_1, \boldsymbol{\xi}_2, \cdots, \boldsymbol{\xi}_{n-r}$ 也线性无关.

其次，能够证明线性方程组(4.1)的任一解向量

$$\boldsymbol{\xi} = \begin{pmatrix} \lambda_1 \\ \lambda_2 \\ \vdots \\ \lambda_r \\ \lambda_{r+1} \\ \vdots \\ \lambda_n \end{pmatrix}$$

都可由 $\boldsymbol{\xi}_1, \boldsymbol{\xi}_2, \cdots, \boldsymbol{\xi}_{n-r}$ 线性表示. 事实上，由性质知它们的线性组合

$$\boldsymbol{\eta} = \lambda_{r+1}\boldsymbol{\xi}_1 + \lambda_{r+2}\boldsymbol{\xi}_2 + \cdots + \lambda_n \boldsymbol{\xi}_{n-r}$$

也是线性方程组(4.1)的解向量. 比较 $\boldsymbol{\xi}$ 与 $\boldsymbol{\eta}$ 知，它们的后 $n-r$ 个分量对应相等，而它们又

满足线性方程组(4.5)，因而前 r 个分量也对应相等，即 $\boldsymbol{\xi}=\boldsymbol{\eta}$. 这说明任一解向量都可以由 $\boldsymbol{\xi}_1,\boldsymbol{\xi}_2,\cdots,\boldsymbol{\xi}_{n-r}$ 线性表示. 所以 $\boldsymbol{\xi}_1,\boldsymbol{\xi}_2,\cdots,\boldsymbol{\xi}_{n-r}$ 就是线性方程组(4.1)的一个基础解系.

依据以上讨论可得定理 4.1.

定理 4.1　设 $m\times n$ 矩阵 $\boldsymbol{A}$ 的秩 $R(\boldsymbol{A})=r$，则 n 元齐次线性方程组 $\boldsymbol{AX}=\boldsymbol{0}$ 的解集的秩 $R=n-r$.

当 $R(\boldsymbol{A})=r$ 时，方程组(4.1)只有零解，没有基础解系；当 $R(\boldsymbol{A})=r<n$ 时，由定理 4.1 知，方程组(4.1)的基础解系含 $n-r$ 个解向量. 由极大无关组的性质可知，方程组(4.1)的任何 $n-r$ 个线性无关的解都可构成它的基础解系.

我们把方程(4.1)的基础解系的线性组合

$$\boldsymbol{\xi}=k_1\boldsymbol{\xi}_1+k_2\boldsymbol{\xi}_2+\cdots+k_{n-r}\,\boldsymbol{\xi}_{n-r}$$

称为方程(4.1)的通解.

例 4.1　求齐次线性方程组 $\begin{cases}x_1-x_2+5x_3-x_4=0,\\x_1+x_2-2x_3+3x_4=0,\\3x_1-x_2+8x_3+x_4=0,\\x_1+3x_2-9x_3+7x_4=0\end{cases}$ 的通解.

解　对方程组的系数矩阵 $\boldsymbol{A}$ 施行初等行变换

$$\boldsymbol{A}=\begin{pmatrix}1&-1&5&-1\\1&1&-2&3\\3&-1&8&1\\1&3&-9&7\end{pmatrix}\xrightarrow[r_4-r_1]{\substack{r_2-r_1\\r_3-3r_1}}\begin{pmatrix}1&-1&5&-1\\0&2&-7&4\\0&2&-7&4\\0&4&-14&8\end{pmatrix}$$

$$\xrightarrow[r_4-2r_2]{r_3-r_2}\begin{pmatrix}1&-1&5&-1\\0&2&-7&4\\0&0&0&0\\0&0&0&0\end{pmatrix}\xrightarrow{r_2\times\frac{1}{2}}\begin{pmatrix}1&-1&5&-1\\0&1&-\dfrac{7}{2}&2\\0&0&0&0\\0&0&0&0\end{pmatrix}$$

$$\xrightarrow{r_1+r_2}\begin{pmatrix}1&0&\dfrac{3}{2}&1\\0&1&-\dfrac{7}{2}&2\\0&0&0&0\\0&0&0&0\end{pmatrix}=\boldsymbol{B}.$$

则同解线性方程组为

$$\begin{cases}x_1=-\dfrac{3}{2}x_3-x_4,\\x_2=\dfrac{7}{2}x_3-2x_4,\end{cases}\tag{4.7}$$

其中 x_3,x_4 是自由未知量. 分别取

$$\begin{pmatrix} x_3 \\ x_4 \end{pmatrix} = \begin{pmatrix} 1 \\ 0 \end{pmatrix}, \begin{pmatrix} 0 \\ 1 \end{pmatrix},$$

可解得

$$\begin{pmatrix} x_1 \\ x_2 \end{pmatrix} = \begin{pmatrix} -\frac{3}{2} \\ \frac{7}{2} \end{pmatrix}, \begin{pmatrix} -1 \\ -2 \end{pmatrix}.$$

因此线性方程组的基础解系为

$$\boldsymbol{\xi}_1 = \begin{pmatrix} -\frac{3}{2} \\ \frac{7}{2} \\ 1 \\ 0 \end{pmatrix}, \quad \boldsymbol{\xi}_2 = \begin{pmatrix} -1 \\ -2 \\ 0 \\ 1 \end{pmatrix}.$$

所求线性方程组的通解为

$$\boldsymbol{\xi} = k_1\boldsymbol{\xi}_1 + k_2\boldsymbol{\xi}_2 \quad (k_1, k_2 \text{ 为任意常数}).$$

例 4.2 求方程组 $\begin{cases} x_1 + x_2 - x_3 - x_4 = 0, \\ 2x_1 - 5x_2 + 3x_3 + 2x_4 = 0, \\ 7x_1 - 7x_2 + 3x_3 + x_4 = 0 \end{cases}$ 的基础解系.

解 对系数矩阵 $\boldsymbol{A}$ 施行初等行变换

$$\boldsymbol{A} = \begin{pmatrix} 1 & 1 & -1 & -1 \\ 2 & -5 & 3 & 2 \\ 7 & -7 & 3 & 1 \end{pmatrix} \xrightarrow[r_3-7r_1]{r_2-2r_1} \begin{pmatrix} 1 & 1 & -1 & -1 \\ 0 & -7 & 5 & 4 \\ 0 & -14 & 10 & 8 \end{pmatrix}$$

$$\xrightarrow[r_2\times\left(-\frac{1}{7}\right)]{r_3-2r_2} \begin{pmatrix} 1 & 1 & -1 & -1 \\ 0 & 1 & -\frac{5}{7} & -\frac{4}{7} \\ 0 & 0 & 0 & 0 \end{pmatrix} \xrightarrow{r_1-r_2} \begin{pmatrix} 1 & 0 & -\frac{2}{7} & -\frac{3}{7} \\ 0 & 1 & -\frac{5}{7} & -\frac{4}{7} \\ 0 & 0 & 0 & 0 \end{pmatrix}.$$

所以 $R(\boldsymbol{A}) = 2$. 与原方程组同解的方程组可取

$$\begin{cases} x_1 = \frac{2}{7}x_3 + \frac{3}{7}x_4, \\ x_2 = \frac{5}{7}x_3 + \frac{4}{7}x_4, \end{cases}$$

其中 x_3, x_4 为自由未知量. 分别取 $\begin{pmatrix} x_3 \\ x_4 \end{pmatrix} = \begin{pmatrix} 1 \\ 0 \end{pmatrix}, \begin{pmatrix} 0 \\ 1 \end{pmatrix}$, 可解得 $\begin{pmatrix} x_1 \\ x_2 \end{pmatrix} = \begin{pmatrix} \frac{2}{7} \\ \frac{5}{7} \end{pmatrix}, \begin{pmatrix} \frac{3}{7} \\ \frac{4}{7} \end{pmatrix}$, 所以方程组的基础解系为

$$\xi_1=\begin{pmatrix}\frac{2}{7}\\ \frac{5}{7}\\ 1\\ 0\end{pmatrix},\quad \xi_2=\begin{pmatrix}\frac{3}{7}\\ \frac{4}{7}\\ 0\\ 1\end{pmatrix}.$$

例 4.3　求解齐次线性方程组$\begin{cases}x_1+2x_2+2x_3+x_4=0,\\ 2x_1+x_2-2x_3-2x_4=0,\\ x_1-x_2-4x_3-3x_4=0.\end{cases}$

解　对系数矩阵 $\boldsymbol{A}$ 进行初等行变换

$$\boldsymbol{A}=\begin{pmatrix}1&2&2&1\\ 2&1&-2&-2\\ 1&-1&-4&-3\end{pmatrix}\xrightarrow[r_3-r_1]{r_2-2r_1}\begin{pmatrix}1&2&2&1\\ 0&-3&-6&-4\\ 0&-3&-6&-4\end{pmatrix}\xrightarrow[r_1-2r_2]{\substack{r_3-r_2\\ r_2\times\left(-\frac{1}{3}\right)}}\begin{pmatrix}1&0&-2&-\frac{5}{3}\\ 0&1&2&\frac{4}{3}\\ 0&0&0&0\end{pmatrix},$$

即得与原方程组同解的方程组

$$\begin{cases}x_1-2x_3-\frac{5}{3}x_4=0\\ x_2+2x_3+\frac{4}{3}x_4=0\end{cases}\Leftrightarrow\begin{cases}x_1=2x_3+\frac{5}{3}x_4,\\ x_2=-2x_3-\frac{4}{3}x_4.\end{cases}$$

依次取$\begin{pmatrix}x_3\\ x_4\end{pmatrix}=\begin{pmatrix}1\\ 0\end{pmatrix},\begin{pmatrix}0\\ 1\end{pmatrix}$，求得

$$\begin{pmatrix}x_1\\ x_2\end{pmatrix}=\begin{pmatrix}2\\ -2\end{pmatrix},\begin{pmatrix}\frac{5}{3}\\ -\frac{4}{3}\end{pmatrix},$$

于是方程组基础解系为

$$\xi_1=\begin{pmatrix}2\\ -2\\ 1\\ 0\end{pmatrix},\quad \xi_2=\begin{pmatrix}\frac{5}{3}\\ -\frac{4}{3}\\ 0\\ 1\end{pmatrix},$$

从而所求齐次线性方程组通解为

$$\boldsymbol{x}=k_1\xi_1+k_2\xi_2=k_1\begin{pmatrix}2\\ -2\\ 1\\ 0\end{pmatrix}+k_2\begin{pmatrix}\frac{5}{3}\\ -\frac{4}{3}\\ 0\\ 1\end{pmatrix},\quad \text{其中 } k_1,k_2 \text{ 为任意实数.}$$

4.2　非齐次线性方程组解的结构

设有非其次线性方程组

$$\begin{cases}a_{11}x_1+a_{12}x_2+\cdots+a_{1n}x_n=b_1,\\ a_{21}x_1+a_{22}x_2+\cdots+a_{2n}x_n=b_2,\\ \quad\cdots\cdots\\ a_{n1}x_1+a_{n2}x_2+\cdots+a_{nn}x_n=b_n,\end{cases}\tag{4.8}$$

它可以写作向量方程 $\boldsymbol{Ax}=\boldsymbol{b}$.　　(4.9)

向量方程(4.9)的解，也就是方程(4.8)的解.

一个非齐次线性方程组的解与它对应的齐次线性方程组的解之间有密切联系. 若非齐次线性方程组 $\boldsymbol{Ax}=\boldsymbol{b}$ 有解，它具有以下性质.

性质 4.3　若 $\boldsymbol{\eta}_1,\boldsymbol{\eta}_2$ 为非齐次线性方程组 $\boldsymbol{Ax}=\boldsymbol{b}$ 的两个解，则 $\boldsymbol{x}=\boldsymbol{\eta}_1-\boldsymbol{\eta}_2$ 为导出组 $\boldsymbol{Ax}=\boldsymbol{0}$ 的解.

证　因为 $\boldsymbol{\eta}_1$，$\boldsymbol{\eta}_2$ 为方程 $\boldsymbol{Ax}=\boldsymbol{b}$ 的解，则 $\boldsymbol{A\eta}_1=\boldsymbol{b},\boldsymbol{A\eta}_2=\boldsymbol{b}$，于是

$$\boldsymbol{A}(\boldsymbol{\eta}_1-\boldsymbol{\eta}_2)=\boldsymbol{A\eta}_1-\boldsymbol{A\eta}_2=\boldsymbol{b}-\boldsymbol{b}=\boldsymbol{0},$$

即 $\boldsymbol{\eta}_1-\boldsymbol{\eta}_2$ 是导出组 $\boldsymbol{Ax}=\boldsymbol{0}$ 的解.

性质 4.4　若 $\boldsymbol{\eta}$ 为非齐次方程组 $\boldsymbol{b}$ 的解，$\boldsymbol{x}=\xi$ 是导出组 $\boldsymbol{Ax}=\boldsymbol{0}$ 的解，则 $\boldsymbol{x}=\xi+\boldsymbol{\eta}$ 是非齐次方程组 $\boldsymbol{Ax}=\boldsymbol{b}$ 的解.

证　$\boldsymbol{A}(\xi+\boldsymbol{\eta})=\boldsymbol{A}\xi+\boldsymbol{A\eta}=\boldsymbol{0}+\boldsymbol{b}=\boldsymbol{b}$, 即 $\boldsymbol{x}=\xi+\boldsymbol{\eta}$ 是非齐次方程组 $\boldsymbol{Ax}=\boldsymbol{b}$ 的解.

根据以上性质，我们有以下定理.

定理 4.2　如果 $\boldsymbol{\eta}^*$ 是非齐次方程组 $\boldsymbol{Ax}=\boldsymbol{b}$ 的一个特解，ξ 是其导出组 $\boldsymbol{Ax}=\boldsymbol{0}$ 的通解，则 $\boldsymbol{x}=\xi+\boldsymbol{\eta}^*$ 就是非齐次方程组 $\boldsymbol{Ax}=\boldsymbol{b}$ 的通解.

证　设非齐次方程组 $\boldsymbol{Ax}=\boldsymbol{b}$ 的通解为 $\boldsymbol{x}$，又因为 $\boldsymbol{\eta}^*$ 是非齐次方程组 $\boldsymbol{Ax}=\boldsymbol{b}$ 的特解，由性质 4.1 知 $\boldsymbol{x}-\boldsymbol{\eta}^*$ 就是导出组 $\boldsymbol{Ax}=\boldsymbol{0}$ 的通解，令 $\xi=\boldsymbol{x}-\boldsymbol{\eta}^*$，即有 $\boldsymbol{x}=\xi+\boldsymbol{\eta}^*$.

由定理 4.2 知，非齐次方程组 $\boldsymbol{Ax}=\boldsymbol{b}$ 的通解，等于它的一个特解 $\boldsymbol{\eta}^*$ 加上它的导出组 $\boldsymbol{Ax}=\boldsymbol{0}$ 的通解构成，即方程(4.8)的通解为 $\boldsymbol{x}=k_1\xi_1+k_2\xi_2+\cdots+k_{n-r}\xi_{n-r}+\boldsymbol{\eta}^*$ $(k_1,k_2,\cdots,k_{n-r}$ 为任意实数).

例 4.4　求解线性方程组 $\begin{cases}x_1+x_2+x_3+x_4+x_5=2,\\ 2x_1+3x_2+x_3+x_4-3x_5=0,\\ x_1+2x_3+2x_4+6x_5=6.\end{cases}$

解　将非齐次线性方程组表示为矩阵形式 $\boldsymbol{Ax}=\boldsymbol{b}$，其中

$$\boldsymbol{A}=\begin{pmatrix}1&1&1&1&1\\2&3&1&1&-3\\1&0&2&2&6\end{pmatrix},\quad \boldsymbol{x}=\begin{pmatrix}x_1\\x_2\\x_3\\x_4\\x_5\end{pmatrix},\quad \boldsymbol{b}=\begin{pmatrix}2\\0\\6\end{pmatrix},$$

对增广矩阵 $(\boldsymbol{A} \mid \boldsymbol{b})$ 进行初等行变换

$$(\boldsymbol{A} \mid \boldsymbol{b})=\left(\begin{array}{ccccc|c}1&1&1&1&1&2\\2&3&1&1&-3&0\\1&0&2&2&6&6\end{array}\right)\xrightarrow[r_3-r_1]{r_2-2r_1}\left(\begin{array}{ccccc|c}1&1&1&1&1&2\\0&1&-1&-1&-5&-4\\0&-1&1&1&5&4\end{array}\right)$$

$$\xrightarrow[r_1-r_2]{r_3+r_2}\left(\begin{array}{ccccc|c}1&0&2&2&6&6\\0&1&-1&-1&-5&-4\\0&0&0&0&0&0\end{array}\right),$$

因为 $(\boldsymbol{A} \mid \boldsymbol{b})=R(\boldsymbol{A})=2<4$，所以，所给非齐次线性方程组有无穷多解，其同解方程组为

$$\begin{cases}x_1+2x_3+2x_4+6x_5=6,\\x_2-x_3-x_4-5x_5=-4.\end{cases}$$

令 $\begin{pmatrix}x_3\\x_4\\x_5\end{pmatrix}=\begin{pmatrix}0\\0\\0\end{pmatrix}$，得

$$\begin{pmatrix}x_1\\x_2\end{pmatrix}=\begin{pmatrix}6\\-4\end{pmatrix},$$

求得非齐次线性方程组的一个特解 $\boldsymbol{\eta}^*=\begin{pmatrix}6\\-4\\0\\0\\0\end{pmatrix}$，因此，所给非齐次线性方程组的导出组的

同解方程组为 $\begin{cases}x_1+2x_3+2x_4+6x_5=0,\\x_2-x_3-x_4-5x_4=0.\end{cases}$ 对自由变量 x_1,x_2,x_3 分别取值为

$$\begin{pmatrix}x_3\\x_4\\x_5\end{pmatrix}=\begin{pmatrix}1\\0\\0\end{pmatrix},\begin{pmatrix}0\\1\\0\end{pmatrix},\begin{pmatrix}0\\0\\1\end{pmatrix},$$

即得导出组的基础解系

$$\boldsymbol{\xi}_1=\begin{pmatrix}-2\\1\\1\\0\\0\end{pmatrix},\quad \boldsymbol{\xi}_2=\begin{pmatrix}-2\\1\\0\\1\\0\end{pmatrix},\quad \boldsymbol{\xi}_3=\begin{pmatrix}-6\\5\\0\\0\\1\end{pmatrix},$$

因此，所给方程组的通解为

$$\boldsymbol{x}=\boldsymbol{\eta}^*+c_1\boldsymbol{\xi}_1+c_2\boldsymbol{\xi}_2+c_3\boldsymbol{\xi}_3=\begin{pmatrix}6\\-4\\0\\0\\0\end{pmatrix}+c_1\begin{pmatrix}-2\\1\\1\\0\\0\end{pmatrix}+c_2\begin{pmatrix}-2\\1\\0\\1\\0\end{pmatrix}+c_3\begin{pmatrix}-6\\5\\0\\0\\1\end{pmatrix},$$

其中 c_1, c_2, c_3 为任意实数.

例 4.5　设有三元非齐次线性方程组 $\boldsymbol{Ax}=\boldsymbol{b}$. 已知 $R(\boldsymbol{A})=2$，它的三个解 $\boldsymbol{\eta}_1, \boldsymbol{\eta}_2, \boldsymbol{\eta}_3$ 满足

$$\boldsymbol{\eta}_1+\boldsymbol{\eta}_2=(2,0,-2)^{\mathrm{T}}, \quad \boldsymbol{\eta}_1+\boldsymbol{\eta}_3=(3,1,-1)^{\mathrm{T}},$$

求方程组 $\boldsymbol{Ax}=\boldsymbol{b}$ 的通解.

解　由 $R(\boldsymbol{A})=2$ 知，该方程组的导出组 $\boldsymbol{Ax}=\boldsymbol{0}$ 的基础解系只含 $3-2=1$ 个解向量，而

$$\boldsymbol{\xi}=\boldsymbol{\eta}_3-\boldsymbol{\eta}_2=(\boldsymbol{\eta}_1+\boldsymbol{\eta}_3)-(\boldsymbol{\eta}_1+\boldsymbol{\eta}_2)=(1,1,1)^{\mathrm{T}}$$

是导出组 $\boldsymbol{Ax}=\boldsymbol{0}$ 的一个非零解向量，可构成基础解系. 又因为

$$\boldsymbol{A}\left[\frac{1}{2}(\boldsymbol{\eta}_1+\boldsymbol{\eta}_2)\right]=\frac{1}{2}(\boldsymbol{A\eta}_1+\boldsymbol{A\eta}_2)=\frac{1}{2}(\boldsymbol{b}+\boldsymbol{b})=\boldsymbol{b},$$

则

$$\boldsymbol{\eta}^*=\frac{1}{2}(\boldsymbol{\eta}_1+\boldsymbol{\eta}_2)=(1,0,-1)^{\mathrm{T}}$$

是 $\boldsymbol{Ax}=\boldsymbol{b}$ 的一个特解. 所以该方程组的通解为

$$\boldsymbol{x}=k\boldsymbol{\xi}+\boldsymbol{\eta}^*=k\begin{pmatrix}1\\1\\1\end{pmatrix}+\begin{pmatrix}1\\0\\-1\end{pmatrix} \quad (k\text{ 为任意常数}).$$

*4.3　向 量 空 间

4.3.1　向量空间的概念

几何中，“空间”通常作为点的集合，即作为“空间”的元素是点，这样的空间叫做**点空间**. 我们把三维向量的全体所组成的集合

$$\mathbf{R}^3=\{\boldsymbol{r}=(x,y,z)^{\mathrm{T}} \mid x,y,z\in\mathbf{R}\}$$

叫做**三维向量空间**. 在点空间取定坐标系以后，空间的点 $P(x,y,z)$ 与三维向量 $\boldsymbol{r}=(x,y,z)^{\mathrm{T}}$ 之间有一一对应关系，因此向量空间可以类比为取定坐标系的点空间.

类似地，n 维向量的全体所组成的集合

$$\mathbf{R}^n=\{\boldsymbol{x}=(x_1,x_2,\cdots,x_n)^{\mathrm{T}} \mid x_1,x_2,\cdots,x_n\in\mathbf{R}\}$$

叫做 n 维**向量空间**. 不过当 $n>3$ 时，$\mathbf{R}^n$ 就没有直观的几何意义了.

下面介绍向量空间的有关知识.

定义 4.3　设 V 为 n 维向量的集合，如果集合 V 非空，且集合 V 对于加法及数乘两种运算封闭，那么就称集合 V 为**向量空间**.

所谓**封闭**，是指在集合 V 中，可以进行加法及乘数两种运算. 具体地说：

若 $\boldsymbol{a}\in V$，$\boldsymbol{b}\in V$，则 $\boldsymbol{a}+\boldsymbol{b}\in V$；

若 $\boldsymbol{a}\in V$，$\lambda\in\mathbf{R}$，则 $\lambda\boldsymbol{a}\in V$.

例 4.6　集合 $V=\{\boldsymbol{x}=(0,x_2,\cdots,x_n)^{\mathrm{T}} \mid x_2,\cdots,x_n\in\mathbf{R}\}$ 是一个向量空间.

因为若 $\boldsymbol{a}=(0,a_2,a_3,\cdots,a_n)^{\mathrm{T}}\in V$，$\boldsymbol{b}=(0,b_2,b_3,\cdots,b_n)^{\mathrm{T}}\in V$，$\lambda\in\mathbf{R}$，则

$$\boldsymbol{a}+\boldsymbol{b}=(0,a_2+b_2,a_3+b_3,\cdots,a_n+b_n)^{\mathrm{T}}\in V,$$

$$\lambda\boldsymbol{a}=(0,\lambda a_2,\lambda a_3,\cdots,\lambda a_n)^{\mathrm{T}}\in V.$$

例 4.7　集合 $V=\{\boldsymbol{x}=(1,x_2,\cdots,x_n)^{\mathrm{T}}|x_2,\cdots,x_n\in\mathbf{R}\}$ 不是一个向量空间.

因为 $\boldsymbol{a}=(1,a_2,a_3,\cdots,a_n)^{\mathrm{T}}\in V$，则 $2\boldsymbol{a}=(2,2a_2,2a_3,\cdots,2a_n)^{\mathrm{T}}\notin V$.

例 4.8 设 $\boldsymbol{a},\boldsymbol{b}$ 为两个已知的 n 维向量，集合 $V=\{\boldsymbol{x}=\lambda\boldsymbol{a}+\mu\boldsymbol{b}|\lambda,\mu\in\boldsymbol{R}\}$ 也是一个向量空间. 因为 $\boldsymbol{x}_1=\lambda_1\boldsymbol{a}+\mu_1\boldsymbol{b}$，$\boldsymbol{x}_2=\lambda_2\boldsymbol{a}+\mu_2\boldsymbol{b}$，则有

$$\boldsymbol{x}_1+\boldsymbol{x}_2=(\lambda_1+\lambda_2)\boldsymbol{a}+(\mu_1+\mu_2)\boldsymbol{b}\in V,$$

$$k\boldsymbol{x}_1=(k\lambda_1)\boldsymbol{a}+(k\mu_1)\boldsymbol{b}\in V.$$

这个向量空间称为由 $\boldsymbol{a},\boldsymbol{b}$ 所生成的向量空间.

一般地，由向量组 $\boldsymbol{a}_1,\boldsymbol{a}_2,\cdots,\boldsymbol{a}_m$ 所生成的向量空间为

$$V=\{\boldsymbol{x}=\lambda_1\boldsymbol{a}_1+\lambda_2\boldsymbol{a}_2+\cdots+\lambda_m\boldsymbol{a}_m|\lambda_1,\lambda_2,\cdots,\lambda_m\in\mathbf{R}\}.$$

例 4.9　设向量组 $\boldsymbol{a}_1,\boldsymbol{a}_2,\cdots,\boldsymbol{a}_m$ 与向量组 $\boldsymbol{b}_1,\boldsymbol{b}_2,\cdots,\boldsymbol{b}_m$ 等价，记

$$V_1=\{\boldsymbol{x}=\lambda_1\boldsymbol{a}_1+\lambda_2\boldsymbol{a}_2+\cdots+\lambda_m\boldsymbol{a}_m|\lambda_1,\lambda_2,\cdots,\lambda_m\in\mathbf{R}\},$$

$$V_2=\{\boldsymbol{x}=\mu_1\boldsymbol{b}_1+\mu_2\boldsymbol{b}_2+\cdots+\mu_s\boldsymbol{b}_s|\mu_1,\mu_2,\cdots,\mu_s\in\mathbf{R}\},$$

试证：$V_1=V_2$.

证　设 $\boldsymbol{x}\in V_1$，则 $\boldsymbol{x}$ 可由向量组 $\boldsymbol{a}_1,\boldsymbol{a}_2,\cdots,\boldsymbol{a}_m$ 线性表示，因为向量组 $\boldsymbol{a}_1,\boldsymbol{a}_2,\cdots,\boldsymbol{a}_m$ 与向量组 $\boldsymbol{b}_1,\boldsymbol{b}_2,\cdots,\boldsymbol{b}_m$ 等价，故 $\boldsymbol{x}$ 也可由向量组 $\boldsymbol{b}_1,\boldsymbol{b}_2,\cdots,\boldsymbol{b}_m$ 线性表示，所以，$\boldsymbol{x}\in V_2$，因此 $V_1\subset V_2$.

同理可证：若 $\boldsymbol{x}\in V_2$，则 $\boldsymbol{x}\in V_1$，因此 $V_2\subset V_1$.

因为 $V_1\subset V_2$ 且 $V_2\subset V_1$，所以 $V_1=V_2$.

定义 4.4　设有向量空间 V_1 及 V_2，若 $V_1\subset V_2$，就称 V_1 是 V_2 的子空间.

定义 4.5　设 V 为向量空间，如果 r 个向量 $\boldsymbol{a}_1,\boldsymbol{a}_2,\cdots,\boldsymbol{a}_r\in V$，且满足

(1) $\boldsymbol{a}_1,\boldsymbol{a}_2,\cdots,\boldsymbol{a}_r$ 线性无关；

(2) V 中任一向量都可由 $\boldsymbol{a}_1,\boldsymbol{a}_2,\cdots,\boldsymbol{a}_r$ 线性表示，

那么，向量组 $\boldsymbol{a}_1,\boldsymbol{a}_2,\cdots,\boldsymbol{a}_r$ 就称为向量空间 V 的一个基，r 称为向量空间 V 的维数，并称 V 为 r 维向量空间.

例如，$V=\{\mathbf{0}\}$ 没有基，所以 V 的维数为 0，0 维向量空间只含有一个零向量 $\mathbf{0}$.

若把向量空间 V 看作向量组，则按照定义 4.5 知，V 的基就是向量组的最大无关组，V 的维数就是向量组的秩.

由于任何 n 个线性无关的向量都可以作为向量空间 $\mathbf{R}^n$ 的一个基，且由此可知，$\mathbf{R}^n$ 的维数为 n，所以，$\mathbf{R}^n$ 又被称为 n 维向量空间.

例如，向量空间 $V=\{\boldsymbol{x}=(0,x_2,\cdots,x_n)^{\mathrm{T}}|x_2,\cdots,x_n\in\mathbf{R}\}$ 的一个基可以取为

$$\boldsymbol{e}_2=(0,1,0,\cdots,0)^{\mathrm{T}},\boldsymbol{e}_3=(0,0,1,\cdots,0)^{\mathrm{T}},\cdots,\boldsymbol{e}_n=(0,0,0,\cdots,1)^{\mathrm{T}},$$

并由此可知它是 $n-1$ 维向量空间.

如果由向量组 $\boldsymbol{a}_1,\boldsymbol{a}_2,\cdots,\boldsymbol{a}_m$ 所生成的向量空间

$$V=\{\boldsymbol{x}=\lambda_1\boldsymbol{a}_1+\lambda_2\boldsymbol{a}_2+\cdots+\lambda_m\boldsymbol{a}_m|\lambda_1,\lambda_2,\cdots,\lambda_m\in\mathbf{R}\},$$

显然，向量空间 V 与向量组 $\boldsymbol{a}_1,\boldsymbol{a}_2,\cdots,\boldsymbol{a}_m$ 等价，所以向量组 $\boldsymbol{a}_1,\boldsymbol{a}_2,\cdots,\boldsymbol{a}_m$ 的最大无关组就是 V 的一个基，向量组 $\boldsymbol{a}_1,\boldsymbol{a}_2,\cdots,\boldsymbol{a}_m$ 的秩就是 V 的维数.

若向量空间 $V\subset\mathbf{R}^n$，则 V 的维数不会超过 n，当 V 的维数为 n 时，$V=\mathbf{R}^n$.

若向量组 $\boldsymbol{a}_1,\boldsymbol{a}_2,\cdots,\boldsymbol{a}_r$ 是向量空间 V 的一个基，则 V 可表示为

$$V=\{\boldsymbol{x}=\lambda_1\boldsymbol{a}_1+\lambda_2\boldsymbol{a}_2+\cdots+\lambda_r\boldsymbol{a}_r\,|\,\lambda_1,\lambda_2,\cdots,\lambda_r\in\mathbf{R}\},$$

这样就可以清楚地显示出向量空间 V 的构造.

4.3.2　解空间及解向量在基中的坐标

由 $\boldsymbol{Ax}=\boldsymbol{0}$ 的解向量的性质知，其通解构成了一个向量空间，即齐次线性方程组的解空间. 因此，有下面的定义.

定义 4.6 设方程组 $\boldsymbol{Ax}=\boldsymbol{0}$ 存在基础解系 $\xi_1,\xi_2,\cdots,\xi_{n-r}$，则

$$V=\{k_1\xi_1+k_2\xi_2+\cdots+k_{n-r}\xi_{n-r}\,|\,k_1,k_2,\cdots,k_{n-r}\in\mathbf{R}\}$$

称为方程组 $\boldsymbol{Ax}=\boldsymbol{0}$ 的**解向量空间**，基础解系 $\xi_1,\xi_2,\cdots,\xi_{n-r}$ 就是 V 的一个基，基础解系 $\xi_1,\xi_2,\cdots,\xi_{n-r}$ 的向量个数就是 V 的维数.

定义 4.7 如果解空间 S 的基础解系为 $\xi_1,\xi_2,\cdots,\xi_{n-r}$，那么 S 中的任一解向量 $\boldsymbol{x}$ 可唯一地表示为

$$\boldsymbol{x}=x_1\xi_1+x_2\xi_2+\cdots+x_{n-r}\xi_{n-r},$$

则数组

$$x_1,x_2,\cdots,x_{n-r}$$

称为解向量 $\boldsymbol{x}$ 在基 $\xi_1,\xi_2,\cdots,\xi_{n-r}$ 中的坐标.

设 $\xi_1,\xi_2,\cdots,\xi_{n-r}$ 是 $\boldsymbol{Ax}=\boldsymbol{0}$ 的解空间的一个基，$\boldsymbol{\eta}_1,\boldsymbol{\eta}_2,\cdots,\boldsymbol{\eta}_{n-r}$ 是 $\boldsymbol{Ax}=\boldsymbol{0}$ 的解空间的一个新基，因此 $\xi_1,\xi_2,\cdots,\xi_{n-r}$ 与 $\boldsymbol{\eta}_1,\boldsymbol{\eta}_2,\cdots,\boldsymbol{\eta}_{n-r}$ 等价，则有

$$(\xi_1,\xi_2,\cdots,\xi_{n-r})\boldsymbol{B}=(\boldsymbol{\eta}_1,\boldsymbol{\eta}_2,\cdots,\boldsymbol{\eta}_{n-r}),$$

这里的 $\boldsymbol{B}$ 可逆，称 $\boldsymbol{B}$ 为从旧基到新基的过渡矩阵.

设解向量 $\boldsymbol{x}$ 在旧基和新基中的坐标分别为 $x_1,x_2,\cdots,x_{n-r}$ 和 $y_1,y_2,\cdots,y_{n-r}$，即

$$\boldsymbol{x}=(\xi_1,\xi_2,\cdots,\xi_{n-r})\begin{pmatrix}x_1\\x_2\\\vdots\\x_{n-r}\end{pmatrix},\quad \boldsymbol{x}=(\boldsymbol{\eta}_1,\boldsymbol{\eta}_2,\cdots,\boldsymbol{\eta}_{n-r})\begin{pmatrix}y_1\\y_2\\\vdots\\y_{n-r}\end{pmatrix},$$

故

$$\boldsymbol{x}=(\xi_1,\xi_2,\cdots,\xi_{n-r})\begin{pmatrix}x_1\\x_2\\\vdots\\x_{n-r}\end{pmatrix}=(\boldsymbol{\eta}_1,\boldsymbol{\eta}_2,\cdots,\boldsymbol{\eta}_{n-r})\begin{pmatrix}y_1\\y_2\\\vdots\\y_{n-r}\end{pmatrix},$$

得

$$(\xi_1,\xi_2,\cdots,\xi_{n-r})\begin{pmatrix}x_1\\x_2\\\vdots\\x_{n-r}\end{pmatrix}=(\xi_1,\xi_2,\cdots,\xi_{n-r})\boldsymbol{B}\begin{pmatrix}y_1\\y_2\\\vdots\\y_{n-r}\end{pmatrix}.$$

又因为 $R(\xi_1,\xi_2,\cdots,\xi_{n-r})=n-r$，所以

$$\begin{pmatrix}y_1\\y_2\\\vdots\\y_{n-r}\end{pmatrix}=\boldsymbol{B}^{-1}\begin{pmatrix}x_1\\x_2\\\vdots\\x_{n-r}\end{pmatrix}$$

就是解向量 $\boldsymbol{x}$ 从旧坐标到新坐标的坐标变换公式.

例 4.10　设 $(\xi_1,\xi_2)=\begin{pmatrix}2&\frac{5}{3}\\-2&-\frac{4}{3}\\1&0\\0&1\end{pmatrix}$，$(\boldsymbol{\eta}_1,\boldsymbol{\eta}_2)=\begin{pmatrix}2&\frac{11}{3}\\-2&-\frac{10}{3}\\1&1\\0&1\end{pmatrix}$ 是齐次线性方程组

$$\begin{cases}x_1+2x_2+2x_3+x_4=0,\\2x_1+x_2-2x_3-2x_4=0,\\x_1-x_2-4x_3-3x_4=0\end{cases}$$

解空间的两个基.

(1) 求由基 ξ_1,ξ_2 到基 $\boldsymbol{\eta}_1,\boldsymbol{\eta}_2$ 的过渡矩阵;

(2) 设解向量 $\boldsymbol{x}$ 在基 ξ_1,ξ_2 中的坐标为 $1,-1$，求 $\boldsymbol{x}$ 在基 $\boldsymbol{\eta}_1,\boldsymbol{\eta}_2$ 中的坐标.

解　(1) 由从基 $\xi_1,\xi_2,\cdots,\xi_{n-r}$ 到基 $\boldsymbol{\eta}_1,\boldsymbol{\eta}_2,\cdots,\boldsymbol{\eta}_{n-r}$ 的过渡矩阵 $\boldsymbol{B}$ 满足

$$(\boldsymbol{\eta}_1,\boldsymbol{\eta}_2,\cdots,\boldsymbol{\eta}_{n-r})=(\xi_1,\xi_2,\cdots,\xi_{n-r})\boldsymbol{B},$$

得

$$(\xi_1,\xi_2,\boldsymbol{\eta}_1,\boldsymbol{\eta}_2)=\begin{pmatrix}2&\frac{5}{3}&2&\frac{11}{3}\\-2&-\frac{4}{3}&-2&-\frac{10}{3}\\1&0&1&1\\0&1&0&1\end{pmatrix}\xrightarrow{\text{初等行变换}}\begin{pmatrix}1&0&1&1\\0&1&0&1\\0&0&0&0\\0&0&0&0\end{pmatrix}.$$

于是，过渡矩阵

$$\boldsymbol{B}=\begin{pmatrix}1&1\\0&1\end{pmatrix},$$

易求得

$$\boldsymbol{B}^{-1}=\begin{pmatrix}1&-1\\0&1\end{pmatrix},$$

故解向量 $\boldsymbol{x}$ 在新基 $(\boldsymbol{\eta}_1,\boldsymbol{\eta}_2)$ 中的坐标

$$\begin{pmatrix} y_1 \\ y_2 \end{pmatrix} = \boldsymbol{B}^{-1}\begin{pmatrix} x_1 \\ x_2 \end{pmatrix} = \begin{pmatrix} 1 & -1 \\ 0 & 1 \end{pmatrix}\begin{pmatrix} 1 \\ -1 \end{pmatrix} = \begin{pmatrix} 2 \\ -1 \end{pmatrix}.$$

本 章 小 结

1. 知识框架

本章主要讲述了齐次线性方程组和非齐次线性方程组解的性质、解的结构及通解的解法. 要求理解齐次线性方程组的基础解系及通解等概念, 理解非齐次线性方程组解的结构及通解等概念; 掌握用行初等变换求线性方程组的通解的方法. 重点是线性方程组解的结构及求法. 难点是解的存在性判别法.

知识框架如下:

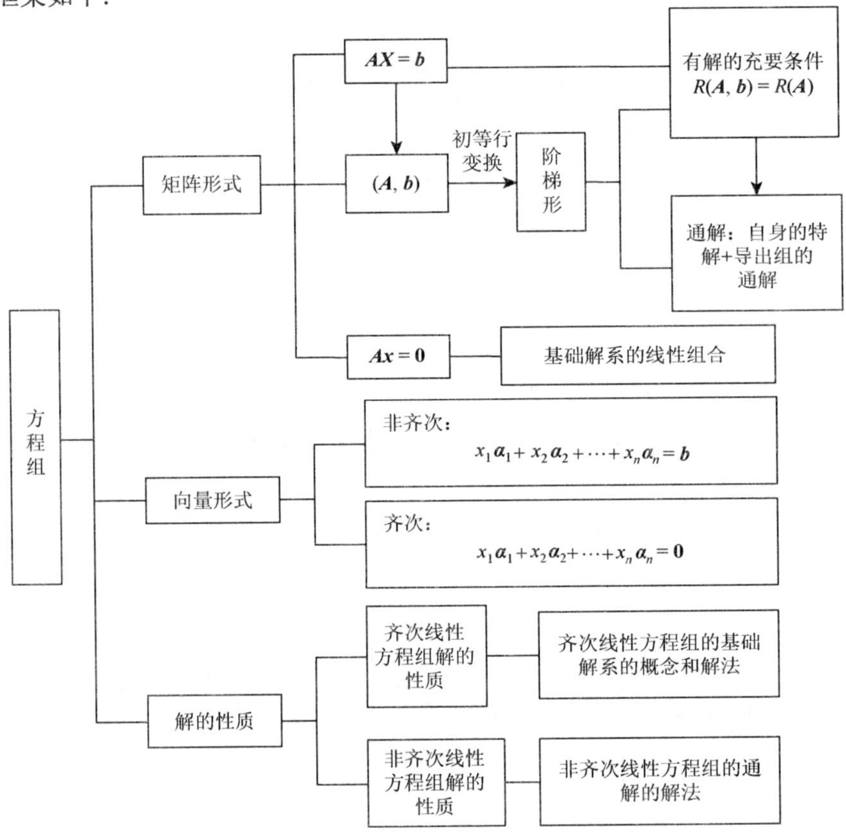

2. 知识要点

(1) $\boldsymbol{\alpha}_1 x_1 + \boldsymbol{\alpha}_2 x_2 + \cdots + \boldsymbol{\alpha}_n x_n = \boldsymbol{\beta}$ 有解的充要条件: $r(\boldsymbol{A}) = r(\boldsymbol{A},\boldsymbol{\beta}) \leqslant n$ (n 为未知数的个数或维数).

(2) 设 $m \times n$ 的矩阵 $\boldsymbol{A}$ 的秩为 r, 则 n 元齐次线性方程组 $\boldsymbol{Ax} = \boldsymbol{0}$ 的解集 $\boldsymbol{S}$ 的秩为: $r(\boldsymbol{S}) = n - r$.

(3) 若 $\boldsymbol{\eta}^*$ 为 $\boldsymbol{Ax}=\boldsymbol{b}$ 的一个解，$\boldsymbol{\xi}_1,\boldsymbol{\xi}_2,\cdots,\boldsymbol{\xi}_{n-r}$ 为 $\boldsymbol{Ax}=\boldsymbol{0}$ 的一个基础解系，则 $\eta^*,\xi_1,\xi_2,\cdots,\boldsymbol{\xi}_{n-r}$ 线性无关.

(4) 齐次线性方程组 $\boldsymbol{Ax}=\boldsymbol{0}$ 或 $x_1\boldsymbol{\alpha}_1+x_2\boldsymbol{\alpha}_2+\cdots+x_n\boldsymbol{\alpha}_n=\boldsymbol{0}$ 的一组解向量 $\xi_1,\xi_2,\cdots,\xi_t$ 满足条件:

①$\xi_1,\xi_2,\cdots,\xi_t$ 线性无关;

②方程组 $\boldsymbol{Ax}=\boldsymbol{0}$ 或 $x_1\boldsymbol{\alpha}_1+x_2\boldsymbol{\alpha}_2+\cdots+x_n\boldsymbol{\alpha}_n=\boldsymbol{0}$ 的任一解向量都可由 $\xi_1,\xi_2,\cdots,\xi_t$ 线性表示，则称 $\xi_1,\xi_2,\cdots,\xi_t$ 是方程组 $\boldsymbol{Ax}=\boldsymbol{0}$ 或 $x_1\boldsymbol{\alpha}_1+x_2\boldsymbol{\alpha}_2+\cdots+x_n\boldsymbol{\alpha}_n=\boldsymbol{0}$ 的一个**基础解系**.

(5) $\boldsymbol{Ax}=\boldsymbol{0}$ 的一个基础解系为 $\boldsymbol{\xi}_1,\boldsymbol{\xi}_2,\cdots,\boldsymbol{\xi}_{n-r}$，则其通解为 $c_1\boldsymbol{\xi}_1+c_2\boldsymbol{\xi}_2+\cdots+c_{n-r}\boldsymbol{\xi}_{n-r}$.

(6) 线性方程组 $\boldsymbol{Ax}=\boldsymbol{b}$ 解的结构：$\boldsymbol{Ax}=\boldsymbol{b}$ 的通解=导出组 $\boldsymbol{Ax}=\boldsymbol{0}$ 的通解+ $\boldsymbol{Ax}=\boldsymbol{b}$ 自身的特解.

求解步骤如下:

①对增广矩阵 $\boldsymbol{B}$ 进行初等行变换（**只能使用初等行变换**）；

② $\boldsymbol{Ax}=\boldsymbol{0}$ 导出组的通解：$\boldsymbol{Ax}=\boldsymbol{0}$ 基础解系的线性组合;

③ $\boldsymbol{Ax}=\boldsymbol{b}$ 特解：自由变量赋初值后求得.

习　题　4

1. 求解齐次线性方程组的基础解系:

(1) $\begin{cases}x_1+2x_2+5x_3=0,\\x_1+3x_2-2x_3=0,\\3x_1+7x_2+8x_3=0,\\x_1+4x_2-9x_3=0;\end{cases}$　(2) $\begin{cases}x_1-x_2+5x_3-x_4+x_5=0,\\x_1+x_2-2x_3+3x_4-x_5=0,\\3x_1-x_2+8x_3+x_4+2x_5=0,\\x_1+3x_2-9x_3+7x_4-3x_5=0.\end{cases}$

2. 设 $\boldsymbol{A}=\begin{pmatrix}1&1&a\\1&a&1\\a&1&1\\2&a+1&a+3\end{pmatrix}$，$\boldsymbol{B}$ 是三阶非零矩阵，且 $\boldsymbol{AB}=\boldsymbol{0}$，求 $\boldsymbol{Ax}=\boldsymbol{0}$ 的通解.

3. 求四元线性方程组 $\begin{cases}x_1+2x_4=0,\\x_3-3x_4=0\end{cases}$ 的基础解系.

4. 设 $\boldsymbol{A}=\begin{pmatrix}1&0&3&1&2\\-1&3&0&-1&1\\2&1&7&2&t\end{pmatrix}$，则 $\boldsymbol{Ax}=\boldsymbol{0}$ 的基础解系中包含三个解向量，求 t.

5. 求下列非齐次线性方程组的通解:

(1) $\begin{cases}x_1-x_2-x_3+x_4=0,\\x_1-x_2+x_3-3x_4=-2,\\x_1-x_2-2x_3+3x_4=1;\end{cases}$　(2) $\begin{cases}5x_1+3x_2+2x_3-x_4+4x_5=1,\\4x_1+x_2+5x_3+3x_4+x_5=5,\\2x_1-3x_2+11x_3+11x_4-5x_5=13,\\3x_1-x_2+8x_3+7x_4-2x_5=9.\end{cases}$

6. 设 $(1,1,1)^{\mathrm{T}}$，$(2,2,3)^{\mathrm{T}}$ 均为线性方程组 $\begin{cases}a_1x_1+a_2x_2+a_3x_3=1,\\x_1+b_1x_2+x_3=b_2,\\x_1+c_1x_2-x_3=c_2\end{cases}$ 的解向量，求该线性方程组的通解.

7. 设 $\boldsymbol{\alpha}_1,\boldsymbol{\alpha}_2,\boldsymbol{\alpha}_3$ 是三元非齐次线性方程组 $\boldsymbol{Ax}=\boldsymbol{b}$ 的三个不同解向量, $R(\boldsymbol{A})=2$，且满足 $\boldsymbol{\alpha}_1+\boldsymbol{\alpha}_2=(3,1,-1)^{\mathrm{T}}$，$\boldsymbol{\alpha}_1+\boldsymbol{\alpha}_3=(2,0,-2)^{\mathrm{T}}$，求 $\boldsymbol{Ax}=\boldsymbol{b}$ 的通解.

8. 设 $\begin{cases}(2-\lambda)x_1+2x_2-2x_3=1,\\ 2x_1+(5-\lambda)x_2-4x_3=2,\\ -2x_1-4x_2+(5-\lambda)x_3=-\lambda-1,\end{cases}$ 问 λ 取何值时，此方程组无解，有唯一解或有无穷多解？并求出通解.

9. 已知四阶方阵 $\boldsymbol{A}=(\boldsymbol{\alpha}_1,\boldsymbol{\alpha}_2,\boldsymbol{\alpha}_3,\boldsymbol{\alpha}_4)$，$\boldsymbol{\alpha}_1,\boldsymbol{\alpha}_2,\boldsymbol{\alpha}_3,\boldsymbol{\alpha}_4$ 均为 4 维列向量，其中 $\boldsymbol{\alpha}_2,\boldsymbol{\alpha}_3,\boldsymbol{\alpha}_4$ 线性无关，$\boldsymbol{\alpha}_1=2\boldsymbol{\alpha}_2-\boldsymbol{\alpha}_3$，如果 $\boldsymbol{\beta}=\boldsymbol{\alpha}_1+\boldsymbol{\alpha}_2+\boldsymbol{\alpha}_3+\boldsymbol{\alpha}_4$，求线性方程组 $\boldsymbol{Ax}=\boldsymbol{\beta}$ 的通解.

10. 有两个三元方程组

(Ⅰ) $\begin{cases}x_1+x_2+x_3=1,\\ 3x_1+5x_2+x_3=7;\end{cases}$　　(Ⅱ) $\begin{cases}2x_1+3x_2+ax_3=4,\\ 2x_1+4x_2+(a-1)x_3=b+4.\end{cases}$

(1) 已知它们同解，求 a,b.

(2) 已知它们有公共解，求 a,b, 并求所有公共解.

11. 已知非齐次线性方程组 $\begin{cases}x_1+x_2+x_3+x_4=-1,\\ 4x_1+3x_2+5x_3-x_4=-1,\\ ax_1+x_2+3x_3+bx_4=1\end{cases}$ 有三个线性无关的解，

(1) 证明方程组系数矩阵 $\boldsymbol{A}$ 的秩 $R(\boldsymbol{A})=2$；

(2) 求 a,b 的值及方程组的通解.

*12. 设 $\boldsymbol{\alpha}_1,\boldsymbol{\alpha}_2,\boldsymbol{\alpha}_3$ 是三维向量空间的一组基，求由基 $\boldsymbol{\alpha}_1,\frac{1}{2}\boldsymbol{\alpha}_2,\frac{1}{3}\boldsymbol{\alpha}_3$ 到 $\boldsymbol{\alpha}_1+\boldsymbol{\alpha}_2,\boldsymbol{\alpha}_2+\boldsymbol{\alpha}_3,\boldsymbol{\alpha}_3+\boldsymbol{\alpha}_1$ 的过渡矩阵.

13. 选择题.

(1) 设 $\boldsymbol{A}$ 是秩为 $n-1$ 的 n 阶矩阵, $\boldsymbol{\alpha}_1,\boldsymbol{\alpha}_2$ 是方程组 $\boldsymbol{Ax}=\boldsymbol{0}$ 的两个不同的解向量，则 $\boldsymbol{Ax}=\boldsymbol{0}$ 的通解必定是(　　).

(A) $\boldsymbol{\alpha}_1+\boldsymbol{\alpha}_2$　　(B) $k\boldsymbol{\alpha}_1$　　(C) $k(\boldsymbol{\alpha}_1+\boldsymbol{\alpha}_2)$　　(D) $k(\boldsymbol{\alpha}_1-\boldsymbol{\alpha}_2)$

(2) 设 $\boldsymbol{\eta}_1,\boldsymbol{\eta}_2,\boldsymbol{\eta}_3,\boldsymbol{\eta}_4$ 是齐次线性方程组 $\boldsymbol{Ax}=\boldsymbol{0}$ 的基础解系，则 $\boldsymbol{Ax}=\boldsymbol{0}$ 的基础解系还可以是(　　).

(A) $\boldsymbol{\eta}_1-\boldsymbol{\eta}_2$，$\boldsymbol{\eta}_2+\boldsymbol{\eta}_3$，$\boldsymbol{\eta}_3-\boldsymbol{\eta}_4$，$\boldsymbol{\eta}_4+\boldsymbol{\eta}_1$　　(B) $\boldsymbol{\eta}_1+\boldsymbol{\eta}_2$，$\boldsymbol{\eta}_2+\boldsymbol{\eta}_3+\boldsymbol{\eta}_4$，$\boldsymbol{\eta}_1-\boldsymbol{\eta}_2+\boldsymbol{\eta}_3$

(C) $\boldsymbol{\eta}_1+\boldsymbol{\eta}_2$，$\boldsymbol{\eta}_2+\boldsymbol{\eta}_3$，$\boldsymbol{\eta}_3+\boldsymbol{\eta}_4$，$\boldsymbol{\eta}_4+\boldsymbol{\eta}_1$　　(D) $\boldsymbol{\eta}_1+\boldsymbol{\eta}_2$，$\boldsymbol{\eta}_2-\boldsymbol{\eta}_3$，$\boldsymbol{\eta}_3+\boldsymbol{\eta}_4$，$\boldsymbol{\eta}_4+\boldsymbol{\eta}_1$

(3) 若 $\boldsymbol{\alpha}_1=(1,-1,a,4)^{\mathrm{T}},\boldsymbol{\alpha}_2=(-2,1,5,a-7)^{\mathrm{T}},\boldsymbol{\alpha}_3=(a,2,-10,-2)^{\mathrm{T}}$ 是齐次方程的基础解系，则 a 的取值范围为(　　).

(A) $a\neq 0$　　(B) $a\neq 1$

(C) $a\neq 1$ 且 $a\neq -9$　　(D) $a\neq -9$

(4) 设 $\boldsymbol{\xi}_1,\boldsymbol{\xi}_2,\boldsymbol{\xi}_3$ 是 $\boldsymbol{Ax}=\boldsymbol{0}$ 的基础解系，则该方程的基础解系还可以表示成(　　).

(A) $\boldsymbol{\xi}_1,\boldsymbol{\xi}_2,\boldsymbol{\xi}_3$ 的一个等价的向量组　　(B) $\boldsymbol{\xi}_1,\boldsymbol{\xi}_2,\boldsymbol{\xi}_3$ 的一个等秩的向量组

(C) $\boldsymbol{\xi}_1+\boldsymbol{\xi}_2,\boldsymbol{\xi}_2+\boldsymbol{\xi}_3,\boldsymbol{\xi}_3+\boldsymbol{\xi}_1$　　(D) $\boldsymbol{\xi}_1-\boldsymbol{\xi}_2,\boldsymbol{\xi}_2-\boldsymbol{\xi}_3,\boldsymbol{\xi}_3-\boldsymbol{\xi}_1$

(5) 设 $\boldsymbol{\alpha}_1,\boldsymbol{\alpha}_2,\boldsymbol{\alpha}_3$ 是 $\boldsymbol{Ax}=\boldsymbol{0}$ 的基础解系，而 $\boldsymbol{\alpha}_1+a\boldsymbol{\alpha}_2,\boldsymbol{\alpha}_1+2\boldsymbol{\alpha}_2+\boldsymbol{\alpha}_3,a\boldsymbol{\alpha}_1-\boldsymbol{\alpha}_3$ 也是该方程的基础解系，则必有(　　).

(A) $a=1$ 或 $a=2$　　(B) $a\neq 1$ 且 $a\neq -2$

(C) $a\neq -1$ 且 $a\neq 2$　　(D) $a+b=0$

(6) 设 $\boldsymbol{\alpha}_1,\boldsymbol{\alpha}_2,\boldsymbol{\alpha}_3$ 是 $\boldsymbol{Ax}=\boldsymbol{0}$ 的基础解系，则下列结论正确的是(　　).

(A) $\boldsymbol{\alpha}_1-\boldsymbol{\alpha}_2,\boldsymbol{\alpha}_2-\boldsymbol{\alpha}_3,\boldsymbol{\alpha}_3-\boldsymbol{\alpha}_1$ 也为 $\boldsymbol{Ax}=\boldsymbol{0}$ 的基础解系

(B) 向量组 $\boldsymbol{\xi}_1,\boldsymbol{\xi}_2,\boldsymbol{\xi}_3$ 能被 $\boldsymbol{\alpha}_1,\boldsymbol{\alpha}_2,\boldsymbol{\alpha}_3$ 线性表示，则 $\boldsymbol{\xi}_1,\boldsymbol{\xi}_2,\boldsymbol{\xi}_3$ 为 $\boldsymbol{Ax}=\boldsymbol{0}$ 的基础解系

(C) 向量组 $\boldsymbol{\xi}_1,\boldsymbol{\xi}_2,\boldsymbol{\xi}_3$ 与 $\boldsymbol{\alpha}_1,\boldsymbol{\alpha}_2,\boldsymbol{\alpha}_3$ 互相线性表示，则 $\boldsymbol{\xi}_1,\boldsymbol{\xi}_2,\boldsymbol{\xi}_3$ 为 $\boldsymbol{Ax}=\boldsymbol{0}$ 的基础解系

(D) 向量组 $\boldsymbol{\beta}_1,\boldsymbol{\beta}_2,\boldsymbol{\beta}_3,\boldsymbol{\beta}_4$ 与 $\boldsymbol{\alpha}_1,\boldsymbol{\alpha}_2,\boldsymbol{\alpha}_3$ 等价，则 $\boldsymbol{\beta}_1,\boldsymbol{\beta}_2,\boldsymbol{\beta}_3,\boldsymbol{\beta}_4$ 为 $\boldsymbol{Ax}=\boldsymbol{0}$ 的基础解系

(7) 已知 $\boldsymbol{\alpha}_1,\boldsymbol{\alpha}_2$ 是非齐次线性方程组 $\boldsymbol{Ax}=\boldsymbol{b}$ 的两个不同的解，那么 $\boldsymbol{\alpha}_1-2\boldsymbol{\alpha}_2,4\boldsymbol{\alpha}_1-3\boldsymbol{\alpha}_2,\dfrac{1}{4}(2\boldsymbol{\alpha}_1+\boldsymbol{\alpha}_2)$，$\dfrac{1}{4}\boldsymbol{\alpha}_1+\dfrac{3}{4}\boldsymbol{\alpha}_2$ 中，仍是线性方程组 $\boldsymbol{Ax}=\boldsymbol{b}$ 特解的共有(　　).

(A) 4 个　　(B) 3 个　　(C) 2 个　　(D) 1 个

(8) 设 $\boldsymbol{\alpha}_1,\boldsymbol{\alpha}_2,\boldsymbol{\alpha}_3$ 是四元非齐次线性方程组 $\boldsymbol{Ax}=\boldsymbol{b}$ 的三个解向量，且 $R(\boldsymbol{A})=3$，$\boldsymbol{\alpha}_1=(1,1,1,1)^{\mathrm{T}}$，$\boldsymbol{\alpha}_2+\boldsymbol{\alpha}_3=(2,3,4,5)^{\mathrm{T}}$，$c$ 表示任意常数，则线性方程组 $\boldsymbol{Ax}=\boldsymbol{b}$ 的通解 $\boldsymbol{x}=$(　　).

(A) $\begin{pmatrix}1\\1\\1\\1\end{pmatrix}+c\begin{pmatrix}0\\1\\2\\3\end{pmatrix}$　　(B) $\begin{pmatrix}1\\1\\1\\1\end{pmatrix}+c\begin{pmatrix}2\\3\\4\\5\end{pmatrix}$　　(C) $\begin{pmatrix}2\\3\\4\\5\end{pmatrix}+c\begin{pmatrix}0\\1\\2\\3\end{pmatrix}$　　(D) $\begin{pmatrix}0\\1\\2\\3\end{pmatrix}+c\begin{pmatrix}1\\1\\1\\1\end{pmatrix}$

(9) 已知 $\boldsymbol{\beta}_1,\boldsymbol{\beta}_2$ 是 $\boldsymbol{Ax}=\boldsymbol{b}$ 的两个不同的解，$\boldsymbol{\alpha}_1,\boldsymbol{\alpha}_2$ 是相应齐次线性方程组 $\boldsymbol{Ax}=\boldsymbol{0}$ 的基础解系，k_1,k_2 是任意常数，则 $\boldsymbol{Ax}=\boldsymbol{b}$ 的通解是(　　).

(A) $k_1\boldsymbol{\alpha}_1+k_2(\boldsymbol{\alpha}_1+\boldsymbol{\alpha}_2)+\dfrac{\boldsymbol{\beta}_1-\boldsymbol{\beta}_2}{2}$　　(B) $k_1\boldsymbol{\alpha}_1+k_2(\boldsymbol{\alpha}_1-\boldsymbol{\alpha}_2)+\dfrac{\boldsymbol{\beta}_1+\boldsymbol{\beta}_2}{2}$

(C) $k_1\boldsymbol{\alpha}_1+k_2(\boldsymbol{\beta}_1-\boldsymbol{\beta}_2)+\dfrac{\boldsymbol{\beta}_1-\boldsymbol{\beta}_2}{2}$　　(D) $k_1\boldsymbol{\alpha}_1+k_2(\boldsymbol{\beta}_1-\boldsymbol{\beta}_2)+\dfrac{\boldsymbol{\beta}_1+\boldsymbol{\beta}_2}{2}$

(10) 设 $\boldsymbol{\alpha}_1=\begin{pmatrix}a_1\\a_2\\a_3\end{pmatrix},\boldsymbol{\alpha}_2=\begin{pmatrix}b_1\\b_2\\b_3\end{pmatrix},\boldsymbol{\alpha}_3=\begin{pmatrix}c_1\\c_2\\c_3\end{pmatrix}$，则三条直线 $a_1x+b_1y+c_1=0,a_2x+b_2y+c_2=0,a_3x+b_3y+c_3=0$ (其中 $a_i^2+b_i^2\neq0,i=1,2,3$) 交于一点的充分必要条件是(　　).

(A) $\boldsymbol{\alpha}_1,\boldsymbol{\alpha}_2,\boldsymbol{\alpha}_3$ 线性相关　　(B) $\boldsymbol{\alpha}_1,\boldsymbol{\alpha}_2,\boldsymbol{\alpha}_3$ 线性无关

(C) $R(\boldsymbol{\alpha}_1,\boldsymbol{\alpha}_2,\boldsymbol{\alpha}_3)=R(\boldsymbol{\alpha}_1,\boldsymbol{\alpha}_2)$　　(D) $\boldsymbol{\alpha}_1,\boldsymbol{\alpha}_2,\boldsymbol{\alpha}_3$ 线性相关，$\boldsymbol{\alpha}_1,\boldsymbol{\alpha}_2$ 线性无关

*14. 填空题.

已知向量组 $\boldsymbol{\alpha}_1=(1,1,1,1)^{\mathrm{T}},\boldsymbol{\alpha}_2=(0,1,-2,1)^{\mathrm{T}},\boldsymbol{\alpha}_3=(2,3,2+t,4)^{\mathrm{T}},\boldsymbol{\alpha}_4=(3,1,5,9)^{\mathrm{T}}$ 不是 4 维向量空间的一个基，则 $t=$________.

第 5 章　相似矩阵及二次型

本章主要讨论方阵的特征值与特征向量、方阵的相似对角化和二次型的化简等问题. 这些问题不仅在矩阵理论及数值计算中占有重要地位, 而且被广泛地应用于许多学科及工程技术领域. 下面先介绍向量的内积、长度及正交等知识.

5.1　预 备 知 识

5.1.1　向量的内积

定义 5.1　设有 n 维向量

$$\boldsymbol{x}=\begin{pmatrix}x_1\\x_2\\\vdots\\x_n\end{pmatrix},\quad \boldsymbol{y}=\begin{pmatrix}y_1\\y_2\\\vdots\\y_n\end{pmatrix},$$

令

$$(\boldsymbol{x},\boldsymbol{y})=x_1y_1+x_2y_2+\cdots+x_ny_n=\boldsymbol{x}^{\mathrm{T}}\boldsymbol{y}=\boldsymbol{y}^{\mathrm{T}}\boldsymbol{x},$$

则称 $(\boldsymbol{x},\boldsymbol{y})$ 为向量 $\boldsymbol{x}$ 与 $\boldsymbol{y}$ 的内积.

内积是两个向量之间的一种运算, 其结果是一个实数, 它满足下列运算性质(其中 $\boldsymbol{x},\boldsymbol{y},\boldsymbol{z}$ 为 n 维向量, λ 为实数):

(1) $(\boldsymbol{x},\boldsymbol{y})=(\boldsymbol{y},\boldsymbol{x})$.

(2) $(\lambda\boldsymbol{x},\boldsymbol{y})=\lambda(\boldsymbol{x},\boldsymbol{y})$.

(3) $(\boldsymbol{x}+\boldsymbol{y},\boldsymbol{z})=(\boldsymbol{x},\boldsymbol{z})+(\boldsymbol{y},\boldsymbol{z})$.

(4) 当 $\boldsymbol{x}=\boldsymbol{0}$ 时, $(\boldsymbol{x},\boldsymbol{x})=0$; 当 $\boldsymbol{x}\neq\boldsymbol{0}$ 时, $(\boldsymbol{x},\boldsymbol{x})>0$.

不难看出, n 维向量内积的概念就是解析几何中两个向量数量积的推广. 虽然 n 维向量没有三维向量直观的几何意义, 但仍可利用内积来定义 n 维向量的长度和夹角.

5.1.2　向量的长度及夹角

定义 5.2　设 $\boldsymbol{x}=(x_1,x_2,\cdots,x_n)^{\mathrm{T}}$, 令

$$\|\boldsymbol{x}\|=\sqrt{(\boldsymbol{x},\boldsymbol{x})}=\sqrt{x_1^2+x_2^2+\cdots+x_n^2},$$

则称 $\|\boldsymbol{x}\|$ 为 n 维向量 $\boldsymbol{x}$ 的**长度**(或**范数**).

当 $\|\boldsymbol{x}\|=1$ 时, 称 $\boldsymbol{x}$ 为**单位向量**. 当 $\boldsymbol{x}\neq\boldsymbol{0}$ 时, 向量 $\dfrac{\boldsymbol{x}}{\|\boldsymbol{x}\|}$ 是一单位向量.

向量的长度具有下述性质:

(1) **非负性**　当 $\boldsymbol{x} \neq \boldsymbol{0}$ 时，$\|\boldsymbol{x}\|>0$；当 $\boldsymbol{x}=\boldsymbol{0}$ 时，$\|\boldsymbol{x}\|=0$.

(2) **齐次性**　$\|\lambda \boldsymbol{x}\|=|\lambda| \cdot\|\boldsymbol{x}\|$.

(3) **三角不等式**　$\|\boldsymbol{x}+\boldsymbol{y}\| \leqslant\|\boldsymbol{x}\|+\|\boldsymbol{y}\|$.

另外，由施瓦茨不等式可知

$$|(\boldsymbol{x}, \boldsymbol{y})| \leqslant\|\boldsymbol{x}\| \cdot\|\boldsymbol{y}\|,$$

故

$$\left|\frac{(\boldsymbol{x}, \boldsymbol{y})}{\|\boldsymbol{x}\| \cdot\|\boldsymbol{y}\|}\right| \leqslant 1 \quad (\text{当} \|\boldsymbol{x}\| \cdot\|\boldsymbol{y}\| \neq 0 \text{时}),$$

于是有下面的定义:

当 $\boldsymbol{x} \neq \boldsymbol{0}, \boldsymbol{y} \neq \boldsymbol{0}$ 时，

$$\theta=\arccos \frac{(\boldsymbol{x}, \boldsymbol{y})}{\|\boldsymbol{x}\| \cdot\|\boldsymbol{y}\|}$$

称为 n 维向量 $\boldsymbol{x}$ 与 $\boldsymbol{y}$ 之间的夹角. 为方便起见，我们规定零向量与任何向量的夹角可以是任意的.

当 $(\boldsymbol{x}, \boldsymbol{y})=0$ 时，称向量 $\boldsymbol{x}$ 与 $\boldsymbol{y}$ 正交；由于零向量与任何向量都正交，所以经常讨论一组非零向量正交的情况.

5.1.3　正交向量组

定义 5.3　若向量组 $\boldsymbol{\alpha}_1, \boldsymbol{\alpha}_2, \cdots, \boldsymbol{\alpha}_r$ 中的向量都是非零向量，并且任意两个向量都正交，则称这个向量组为**正交向量组**. 又若正交向量组中每一个向量都是单位向量，则称这个向量组为**正交单位向量组**.

例如，向量组 $\boldsymbol{\alpha}_1=(1,1,1)^{\mathrm{T}}, \boldsymbol{\alpha}_2=(1,-2,1)^{\mathrm{T}}, \boldsymbol{\alpha}_3=(1,0,-1)^{\mathrm{T}}$ 是正交向量组；向量组 $\boldsymbol{e}_1=(1,0,0)^{\mathrm{T}}, \boldsymbol{e}_2=(0,1,0)^{\mathrm{T}}, \boldsymbol{e}_3=(0,0,1)^{\mathrm{T}}$ 是正交单位向量组. 通过判断相关性可知，正交向量组具有下述性质.

定理 5.1　正交向量组一定是线性无关向量组.

证　设 $\boldsymbol{\alpha}_1, \boldsymbol{\alpha}_2, \cdots, \boldsymbol{\alpha}_r$ 是正交向量组，若有 $\lambda_1, \lambda_2, \cdots, \lambda_r$，使得

$$\lambda_1 \boldsymbol{\alpha}_1+\lambda_2 \boldsymbol{\alpha}_2+\cdots+\lambda_r \boldsymbol{\alpha}_r=\boldsymbol{0},$$

以 $\boldsymbol{\alpha}_1^{\mathrm{T}}$ 左乘上式两端，得

$$\lambda_1 \boldsymbol{\alpha}_1^{\mathrm{T}} \boldsymbol{\alpha}_1=0,$$

因 $\boldsymbol{\alpha}_1 \neq \boldsymbol{0}$，故 $\boldsymbol{\alpha}_1^{\mathrm{T}} \boldsymbol{\alpha}_1=\|\boldsymbol{\alpha}_1\|^2 \neq 0$, 从而必有 $\lambda_1=0$.

同理可证 $\lambda_2=0, \cdots, \lambda_r=0$. 于是向量组 $\boldsymbol{\alpha}_1, \boldsymbol{\alpha}_2, \cdots, \boldsymbol{\alpha}_r$ 线性无关.

由此定理可知正交向量组一定线性无关，但是线性无关向量组却不一定是正交向量组. 例如，向量组 $\boldsymbol{\beta}_1=(1,1,0)^{\mathrm{T}}, \boldsymbol{\beta}_2=(0,1,0)^{\mathrm{T}}, \boldsymbol{\beta}_3=(0,0,1)^{\mathrm{T}}$ 是线性无关的，但却不是正交的. 然而，我们可以根据线性无关的向量组来构造出一个与之等价的正交向量组，这种方法称为**施密特**(Schmidt)**正交化方法**. 具体步骤如下:

设 $\boldsymbol{\alpha}_1, \boldsymbol{\alpha}_2, \cdots, \boldsymbol{\alpha}_r$ 是一个线性无关向量组，取

$$\boldsymbol{\beta}_1=\boldsymbol{\alpha}_1,$$

$$\boldsymbol{\beta}_2=\boldsymbol{\alpha}_2-\frac{(\boldsymbol{\beta}_1,\boldsymbol{\alpha}_2)}{(\boldsymbol{\beta}_1,\boldsymbol{\beta}_1)}\boldsymbol{\beta}_1,$$

$$\boldsymbol{\beta}_3=\boldsymbol{\alpha}_3-\frac{(\boldsymbol{\beta}_1,\boldsymbol{\alpha}_3)}{(\boldsymbol{\beta}_1,\boldsymbol{\beta}_1)}\boldsymbol{\beta}_1-\frac{(\boldsymbol{\beta}_2,\boldsymbol{\alpha}_3)}{(\boldsymbol{\beta}_2,\boldsymbol{\beta}_2)}\boldsymbol{\beta}_2,$$

$$\cdots\cdots$$

$$\boldsymbol{\beta}_r=\boldsymbol{\alpha}_r-\frac{(\boldsymbol{\beta}_1,\boldsymbol{\alpha}_r)}{(\boldsymbol{\beta}_1,\boldsymbol{\beta}_1)}\boldsymbol{\beta}_1-\frac{(\boldsymbol{\beta}_2,\boldsymbol{\alpha}_r)}{(\boldsymbol{\beta}_2,\boldsymbol{\beta}_2)}\boldsymbol{\beta}_2-\cdots-\frac{(\boldsymbol{\beta}_{r-1},\boldsymbol{\alpha}_r)}{(\boldsymbol{\beta}_{r-1},\boldsymbol{\beta}_{r-1})}\boldsymbol{\beta}_{r-1}.$$

容易验证$\boldsymbol{\beta}_1,\boldsymbol{\beta}_2,\cdots,\boldsymbol{\beta}_r$两两正交，且$\boldsymbol{\beta}_1,\boldsymbol{\beta}_2,\cdots,\boldsymbol{\beta}_r$与$\boldsymbol{\alpha}_1,\boldsymbol{\alpha}_2,\cdots,\boldsymbol{\alpha}_r$等价.

如果再把它们单位化，即取

$$\boldsymbol{e}_1=\frac{\boldsymbol{\beta}_1}{\|\boldsymbol{\beta}_1\|},\boldsymbol{e}_2=\frac{\boldsymbol{\beta}_2}{\|\boldsymbol{\beta}_2\|},\cdots,\boldsymbol{e}_r=\frac{\boldsymbol{\beta}_r}{\|\boldsymbol{\beta}_r\|},$$

就得到一个与线性无关向量组$\boldsymbol{\alpha}_1,\boldsymbol{\alpha}_2,\cdots,\boldsymbol{\alpha}_r$等价的正交单位向量组$\boldsymbol{e}_1,\boldsymbol{e}_2,\cdots,\boldsymbol{e}_r$.

例 5.1 设$\boldsymbol{\alpha}_1=(1,2,-1)^{\mathrm{T}},\boldsymbol{\alpha}_2=(-1,3,1)^{\mathrm{T}},\boldsymbol{\alpha}_3=(4,-1,0)^{\mathrm{T}}$，试用施密特正交化过程把这组向量正交单位化.

解 取

$$\boldsymbol{\beta}_1=\boldsymbol{\alpha}_1,$$

$$\boldsymbol{\beta}_2=\boldsymbol{\alpha}_2-\frac{(\boldsymbol{\beta}_1,\boldsymbol{\alpha}_2)}{(\boldsymbol{\beta}_1,\boldsymbol{\beta}_1)}\boldsymbol{\beta}_1=\begin{pmatrix}-1\\3\\1\end{pmatrix}-\frac{4}{6}\begin{pmatrix}1\\2\\-1\end{pmatrix}=\frac{5}{3}\begin{pmatrix}-1\\1\\1\end{pmatrix},$$

$$\boldsymbol{\beta}_3=\boldsymbol{\alpha}_3-\frac{(\boldsymbol{\beta}_1,\boldsymbol{\alpha}_3)}{(\boldsymbol{\beta}_1,\boldsymbol{\beta}_1)}\boldsymbol{\beta}_1-\frac{(\boldsymbol{\beta}_2,\boldsymbol{\alpha}_3)}{(\boldsymbol{\beta}_2,\boldsymbol{\beta}_2)}\boldsymbol{\beta}_2=\begin{pmatrix}4\\-1\\0\end{pmatrix}-\frac{1}{3}\begin{pmatrix}1\\2\\-1\end{pmatrix}+\frac{5}{3}\begin{pmatrix}-1\\1\\1\end{pmatrix}=2\begin{pmatrix}1\\0\\1\end{pmatrix},$$

再把它们单位化，取

$$\boldsymbol{e}_1=\frac{\boldsymbol{\beta}_1}{\|\boldsymbol{\beta}_1\|}=\frac{1}{\sqrt{6}}\begin{pmatrix}1\\2\\-1\end{pmatrix},\quad \boldsymbol{e}_2=\frac{\boldsymbol{\beta}_2}{\|\boldsymbol{\beta}_2\|}=\frac{1}{\sqrt{3}}\begin{pmatrix}-1\\1\\1\end{pmatrix},\quad \boldsymbol{e}_3=\frac{\boldsymbol{\beta}_3}{\|\boldsymbol{\beta}_3\|}=\frac{1}{\sqrt{2}}\begin{pmatrix}1\\0\\1\end{pmatrix},$$

则$\boldsymbol{e}_1,\boldsymbol{e}_2,\boldsymbol{e}_3$即为所求.

例 5.2 已知$\boldsymbol{\alpha}_1=\begin{pmatrix}1\\-1\\1\end{pmatrix}$，求向量$\boldsymbol{\alpha}_2,\boldsymbol{\alpha}_3$，使$\boldsymbol{\alpha}_1,\boldsymbol{\alpha}_2,\boldsymbol{\alpha}_3$为正交向量组.

解 因为向量$\boldsymbol{\alpha}_1$与$\boldsymbol{\alpha}_2,\boldsymbol{\alpha}_3$都正交，所以向量$\boldsymbol{\alpha}_2,\boldsymbol{\alpha}_3$应满足方程$\boldsymbol{\alpha}_1^{\mathrm{T}}\boldsymbol{x}=0$，即

$$x_1-x_2+x_3=0.$$

它的基础解系为

$$\boldsymbol{\beta}_1=\begin{pmatrix}1\\1\\0\end{pmatrix},\quad \boldsymbol{\beta}_2=\begin{pmatrix}-1\\0\\1\end{pmatrix}.$$

把 $\boldsymbol{\beta}_1,\boldsymbol{\beta}_2$ 正交化，即为所求，于是得

$$\boldsymbol{\alpha}_2=\boldsymbol{\beta}_1=\begin{pmatrix}1\\1\\0\end{pmatrix},\quad \boldsymbol{\alpha}_3=\boldsymbol{\beta}_2-\frac{(\boldsymbol{\beta}_1,\boldsymbol{\beta}_2)}{(\boldsymbol{\beta}_1,\boldsymbol{\beta}_1)}\boldsymbol{\beta}_1=\begin{pmatrix}-1\\0\\1\end{pmatrix}+\frac{1}{2}\begin{pmatrix}1\\1\\0\end{pmatrix}=\frac{1}{2}\begin{pmatrix}-1\\1\\2\end{pmatrix}.$$

按此例类推，可得如下结论：若有 r 个 n 维非零向量 $\boldsymbol{\alpha}_1,\boldsymbol{\alpha}_2,\cdots,\boldsymbol{\alpha}_r\ (r<n)$ 两两正交，则一定可以补充其余向量 $\boldsymbol{\alpha}_{r+1},\boldsymbol{\alpha}_{r+2},\cdots,\boldsymbol{\alpha}_n$，使得 $\boldsymbol{\alpha}_1,\boldsymbol{\alpha}_2,\cdots,\boldsymbol{\alpha}_r,\boldsymbol{\alpha}_{r+1},\cdots,\boldsymbol{\alpha}_n$ 成为一个正交向量组.

5.1.4　正交矩阵与正交变换

定义 5.4　若 n 阶方阵 $\boldsymbol{A}$ 满足 $\boldsymbol{A}^{\mathrm{T}}\boldsymbol{A}=\boldsymbol{E}$（即 $\boldsymbol{A}^{-1}=\boldsymbol{A}^{\mathrm{T}}$），则称 $\boldsymbol{A}$ 为**正交矩阵**.

例如，矩阵

$$\boldsymbol{A}=\begin{pmatrix}\cos\alpha & -\sin\alpha\\ \sin\alpha & \cos\alpha\end{pmatrix},\quad \boldsymbol{B}=\begin{pmatrix}1&0&0\\0&0&-1\\0&-1&0\end{pmatrix}$$

都是正交矩阵.

由定义 5.4 不难验证，正交矩阵具有下述性质：

(1) 若 $\boldsymbol{A}$ 为正交矩阵，则其行列式等于 1 或 -1；

(2) 若 $\boldsymbol{A}$ 为正交矩阵，则 $\boldsymbol{A}$ 可逆，且 $\boldsymbol{A}^{-1},\boldsymbol{A}^*$ 也是正交矩阵；

(3) 若 $\boldsymbol{A},\boldsymbol{B}$ 为同阶正交矩阵，则 $\boldsymbol{AB},\boldsymbol{BA}$ 都是正交矩阵.

另外，根据正交矩阵的定义，若设 n 阶矩阵 $\boldsymbol{A}=(\boldsymbol{\alpha}_1,\boldsymbol{\alpha}_2,\cdots,\boldsymbol{\alpha}_n)$ 为正交矩阵，其中 $\boldsymbol{\alpha}_1,\boldsymbol{\alpha}_2,\cdots,\boldsymbol{\alpha}_n$ 是 $\boldsymbol{A}$ 的列向量组，则有

$$\boldsymbol{A}^{\mathrm{T}}\boldsymbol{A}=\begin{pmatrix}\boldsymbol{\alpha}_1^{\mathrm{T}}\\ \boldsymbol{\alpha}_2^{\mathrm{T}}\\ \vdots\\ \boldsymbol{\alpha}_n^{\mathrm{T}}\end{pmatrix}(\boldsymbol{\alpha}_1,\boldsymbol{\alpha}_2,\cdots,\boldsymbol{\alpha}_n)=\begin{pmatrix}\boldsymbol{\alpha}_1^{\mathrm{T}}\boldsymbol{\alpha}_1 & \boldsymbol{\alpha}_1^{\mathrm{T}}\boldsymbol{\alpha}_2 & \cdots & \boldsymbol{\alpha}_1^{\mathrm{T}}\boldsymbol{\alpha}_n\\ \boldsymbol{\alpha}_2^{\mathrm{T}}\boldsymbol{\alpha}_1 & \boldsymbol{\alpha}_2^{\mathrm{T}}\boldsymbol{\alpha}_2 & \cdots & \boldsymbol{\alpha}_2^{\mathrm{T}}\boldsymbol{\alpha}_n\\ \vdots & \vdots & & \vdots\\ \boldsymbol{\alpha}_n^{\mathrm{T}}\boldsymbol{\alpha}_1 & \boldsymbol{\alpha}_n^{\mathrm{T}}\boldsymbol{\alpha}_2 & \cdots & \boldsymbol{\alpha}_n^{\mathrm{T}}\boldsymbol{\alpha}_n\end{pmatrix}=\boldsymbol{E},$$

即

$$\boldsymbol{\alpha}_i^{\mathrm{T}}\boldsymbol{\alpha}_j=\begin{cases}1, & i=j,\\ 0, & i\neq j\end{cases}\quad (i,j=1,2,\cdots,n).$$

因此，有如下定理.

定理 5.2　方阵 $\boldsymbol{A}$ 为正交矩阵的充要条件是 $\boldsymbol{A}$ 的列（行）向量组是正交单位向量组.

定义 5.5　n 个变量 $x_1,x_2,\cdots,x_n$ 与 m 变量 $y_1,y_2,\cdots,y_m$ 之间的关系式

$$\begin{cases}y_1=p_{11}x_1+p_{12}x_2+\cdots+p_{1n}x_n,\\ y_2=p_{21}x_1+p_{22}x_2+\cdots+p_{2n}x_n,\\ \qquad\cdots\cdots\\ y_m=p_{m1}x_1+p_{m2}x_2+\cdots+p_{mn}x_n\end{cases}$$

称为从变量 $x_1,x_2,\cdots,x_n$ 到变量 $y_1,y_2,\cdots,y_m$ 的线性变换.

若设

$$\boldsymbol{P}=(p_{ij})_{m\times n}=\begin{pmatrix} p_{11} & p_{12} & \cdots & p_{1n} \\ p_{21} & p_{22} & \cdots & p_{2n} \\ \vdots & \vdots & & \vdots \\ p_{m1} & p_{m2} & \cdots & p_{mn} \end{pmatrix},\quad \boldsymbol{x}=\begin{pmatrix} x_1 \\ x_2 \\ \vdots \\ x_n \end{pmatrix},\quad \boldsymbol{y}=\begin{pmatrix} y_1 \\ y_2 \\ \vdots \\ y_m \end{pmatrix},$$

则线性变换用矩阵就可以表示为 $\boldsymbol{y}=\boldsymbol{P}\boldsymbol{x}$.

定义 5.6　若 $\boldsymbol{P}$ 为正交阵, 则线性变换 $\boldsymbol{y}=\boldsymbol{P}\boldsymbol{x}$ 称为正交变换.

由于正交变换能保持向量的内积、长度及向量之间的夹角不变, 所以在正交变换下, 图形的几何性质保持不变, 因此正交变换在许多实际问题中都有重要应用.

5.2　方阵的特征值与特征向量

科学技术中的许多问题, 往往要归结为求一个方阵的特征值与特征向量, 如振动问题和稳定性问题, 以及用正交变换将二次型化成标准形等问题, 其核心内容都是求方阵的特征值与特征向量.

5.2.1　特征值与特征向量的概念

定义 5.7　设 $\boldsymbol{A}$ 是 n 阶方阵, 如果数 λ 和 n 维非零列向量 $\boldsymbol{x}$ 使得

$$\boldsymbol{A}\boldsymbol{x}=\lambda\boldsymbol{x} \tag{5.1}$$

成立, 则称数 λ 为方阵 $\boldsymbol{A}$ 的**特征值**, 称非零向量 $\boldsymbol{x}$ 为方阵 $\boldsymbol{A}$ 的对应于特征值 λ 的**特征向量**.

式(5.1)也可写成

$$(\boldsymbol{A}-\lambda\boldsymbol{E})\boldsymbol{x}=\boldsymbol{0}.$$

这是一个有 n 个未知数 n 个方程的齐次线性方程组, 它有非零解的充分必要条件是系数行列式等于零, 即

$$|\boldsymbol{A}-\lambda\boldsymbol{E}|=0. \tag{5.2}$$

如设

$$\boldsymbol{A}=\begin{pmatrix} a_{11} & a_{12} & \cdots & a_{1n} \\ a_{21} & a_{22} & \cdots & a_{2n} \\ \vdots & \vdots & & \vdots \\ a_{n1} & a_{n2} & \cdots & a_{nn} \end{pmatrix},$$

式(5.2)即为

$$|\boldsymbol{A}-\lambda\boldsymbol{E}|=\begin{vmatrix} a_{11}-\lambda & a_{12} & \cdots & a_{1n} \\ a_{21} & a_{22}-\lambda & \cdots & a_{2n} \\ \vdots & \vdots & & \vdots \\ a_{n1} & a_{n2} & \cdots & a_{nn}-\lambda \end{vmatrix}=0.$$

不难看出, 这是一个以 λ 为未知量的一元 n 次方程, 称之为方阵 $\boldsymbol{A}$ 的**特征方程**. 而行列式 $|\boldsymbol{A}-\lambda\boldsymbol{E}|$ 是一个关于 λ 的 n 次多项式, 称为方阵 $\boldsymbol{A}$ 的**特征多项式**. 显然, 方阵 $\boldsymbol{A}$ 的特

征值就是它的特征方程$|\boldsymbol{A}-\lambda\boldsymbol{E}|=0$的根，而对应于特征值$\lambda$的特征向量$\boldsymbol{x}$就是齐次线性方程组$(\boldsymbol{A}-\lambda\boldsymbol{E})\boldsymbol{x}=\boldsymbol{0}$的非零解.

5.2.2　特征值与特征向量的求法

求n阶方阵$\boldsymbol{A}$的特征值与特征向量的方法如下:

(1) 计算$\boldsymbol{A}$的特征多项式$|\boldsymbol{A}-\lambda\boldsymbol{E}|$;

(2) 求出特征方程$|\boldsymbol{A}-\lambda\boldsymbol{E}|=0$的全部根，即得$\boldsymbol{A}$的全部特征值;

(3) 对于求出的每一个特征值λ_i，求出其相应的齐次线性方程组$(\boldsymbol{A}-\lambda_i\boldsymbol{E})\boldsymbol{x}=\boldsymbol{0}$的非零解，即得$\boldsymbol{A}$对应于$\lambda_i$的特征向量.

例 5.3　求矩阵$\boldsymbol{A}=\begin{pmatrix}-1&1&0\\-4&3&0\\1&0&2\end{pmatrix}$的特征值和特征向量.

解　$\boldsymbol{A}$的特征多项式为

$$|\boldsymbol{A}-\lambda\boldsymbol{E}|=\begin{vmatrix}-1-\lambda&1&0\\-4&3-\lambda&0\\1&0&2-\lambda\end{vmatrix}=(2-\lambda)(1-\lambda)^2,$$

所以$\boldsymbol{A}$的特征值为

$$\lambda_1=2,\quad \lambda_2=\lambda_3=1.$$

当$\lambda_1=2$时，解方程组$(\boldsymbol{A}-2\boldsymbol{E})\boldsymbol{x}=\boldsymbol{0}$. 由

$$\boldsymbol{A}-2\boldsymbol{E}=\begin{pmatrix}-3&1&0\\-4&1&0\\1&0&0\end{pmatrix}\xrightarrow{r}\begin{pmatrix}1&0&0\\0&1&0\\0&0&0\end{pmatrix},$$

得基础解系

$$\boldsymbol{p}_1=\begin{pmatrix}0\\0\\1\end{pmatrix},$$

所以对应于$\lambda_1=2$的全部特征向量为$k_1\boldsymbol{p}_1(k_1\neq 0)$.

当$\lambda_2=\lambda_3=1$时，解方程组$(\boldsymbol{A}-\boldsymbol{E})\boldsymbol{x}=\boldsymbol{0}$. 由

$$\boldsymbol{A}-\boldsymbol{E}=\begin{pmatrix}-2&1&0\\-4&2&0\\1&0&1\end{pmatrix}\xrightarrow{r}\begin{pmatrix}1&0&1\\0&1&2\\0&0&0\end{pmatrix},$$

得基础解系

$$\boldsymbol{p}_2=\begin{pmatrix}-1\\-2\\1\end{pmatrix},$$

所以对应于$\lambda_2=\lambda_3=1$的全部特征向量为$k_2\boldsymbol{p}_2(k_2\neq 0)$.

例 5.4　求矩阵 $A=\begin{pmatrix}1&0&0\\-2&5&-2\\-2&4&-1\end{pmatrix}$ 的特征值和特征向量.

解　A 的特征多项式为

$$|A-\lambda E|=\begin{vmatrix}1-\lambda&0&0\\-2&5-\lambda&-2\\-2&4&-1-\lambda\end{vmatrix}=(3-\lambda)(1-\lambda)^2,$$

所以 A 的特征值为

$$\lambda_1=3,\quad \lambda_2=\lambda_3=1.$$

当 $\lambda_1=3$ 时，解方程组 $(A-3E)x=0$．由

$$A-3E=\begin{pmatrix}-2&0&0\\-2&2&-2\\-2&4&-4\end{pmatrix}\xrightarrow{r}\begin{pmatrix}1&0&0\\0&1&-1\\0&0&0\end{pmatrix},$$

得基础解系

$$p_1=\begin{pmatrix}0\\1\\1\end{pmatrix},$$

所以对应于 $\lambda_1=3$ 的全部特征向量为 $k_1p_1(k_1\neq0)$．

当 $\lambda_2=\lambda_3=1$ 时，解方程组 $(A-E)x=0$．由

$$A-E=\begin{pmatrix}0&0&0\\-2&4&-2\\-2&4&-2\end{pmatrix}\xrightarrow{r}\begin{pmatrix}1&-2&1\\0&0&0\\0&0&0\end{pmatrix},$$

得基础解系

$$p_2=\begin{pmatrix}2\\1\\0\end{pmatrix},\quad p_3=\begin{pmatrix}-1\\0\\1\end{pmatrix},$$

所以对应于 $\lambda_2=\lambda_3=1$ 的全部特征向量为 $k_2p_2+k_3p_3$（k_2,k_3 不同时为 0）.

5.2.3　特征值与特征向量的性质

性质 5.1　设 $\lambda_1,\lambda_2,\cdots,\lambda_n$ 是 n 阶方阵 $A=(a_{ij})_{n\times n}$ 的 n 个特征值(包括重根)，则

(1) $\lambda_1+\lambda_2+\cdots+\lambda_n=a_{11}+a_{22}+\cdots+a_{nn}$（一般称方阵 A 的主对角线上元素之和 $a_{11}+a_{22}+\cdots+a_{nn}$ 为 A 的迹，记为 $\mathrm{tr}(A)$）;

(2) $\lambda_1\lambda_2\cdots\lambda_n=|A|$.

由此可见，方阵 A 可逆的充要条件是零不是 A 的特征值.

性质 5.2　若 λ_1,λ_2 是方阵 A 的互不相等的特征值，而 α_1,α_2 分别是对应于 λ_1,λ_2 的特征向量，则 α_1 与 α_2 一定线性无关.

证　设有常数 k_1,k_2，使得

$$k_1\boldsymbol{\alpha}_1+k_2\boldsymbol{\alpha}_2=\mathbf{0}, \tag{5.3}$$

则

$$\boldsymbol{A}(k_1\boldsymbol{\alpha}_1+k_2\boldsymbol{\alpha}_2)=\boldsymbol{A}\mathbf{0}=\mathbf{0},$$

即

$$k_1\lambda_1\boldsymbol{\alpha}_1+k_2\lambda_2\boldsymbol{\alpha}_2=\mathbf{0}, \tag{5.4}$$

用式(5.3) $\times\lambda_2$ −式(5.4)可得

$$k_1(\lambda_2-\lambda_1)\boldsymbol{\alpha}_1=\mathbf{0}.$$

因为 $\lambda_2\neq\lambda_1$ 及 $\boldsymbol{\alpha}_1\neq\mathbf{0}$，故 $k_1=0$．再代入式(5.3)，由 $\boldsymbol{\alpha}_2\neq\mathbf{0}$ 可得 $k_2=0$，所以 $\boldsymbol{\alpha}_1,\boldsymbol{\alpha}_2$ 线性无关.

作为性质 5.2 的推广, 有下面更一般的结论.

定理 5.3　方阵 $\boldsymbol{A}$ 的属于不同特征值的特征向量一定线性无关.

性质 5.3　设 λ 是方阵 $\boldsymbol{A}$ 的特征值, 则方阵

$$k\boldsymbol{A},\quad a\boldsymbol{A}+b\boldsymbol{E},\quad \boldsymbol{A}^m\,(m\text{为正整数}),\quad \boldsymbol{A}^{-1}(\text{假定}\boldsymbol{A}\text{可逆}),\quad \boldsymbol{A}^*$$

分别有特征值 $k\lambda,a\lambda+b,\lambda^m,\dfrac{1}{\lambda},\dfrac{|\boldsymbol{A}|}{\lambda}$；若 $\boldsymbol{\alpha}$ 是对应于特征值 λ 的特征向量, 则 $\boldsymbol{\alpha}$ 也是 $k\boldsymbol{A}$, $a\boldsymbol{A}+b\boldsymbol{E}$, $\boldsymbol{A}^m,\boldsymbol{A}^{-1},\boldsymbol{A}^*$ 分别对应于特征值 $k\lambda$, $a\lambda+b$, λ^m, $\dfrac{1}{\lambda}$, $\dfrac{|\boldsymbol{A}|}{\lambda}$ 的特征向量.

例 5.5　设三阶矩阵 $\boldsymbol{A}$ 的特征值为 1, −1, 2, 求 $\boldsymbol{A}^*+3\boldsymbol{A}^{-1}-2\boldsymbol{E}$ 的全部特征值, 并证明其可逆.

解　因 $\boldsymbol{A}$ 的特征值全不为 0, 故 $\boldsymbol{A}$ 可逆, 并且

$$|\boldsymbol{A}|=1\times(-1)\times2=-2,$$

则

$$\boldsymbol{A}^*+3\boldsymbol{A}^{-1}-2\boldsymbol{E}=|\boldsymbol{A}|\boldsymbol{A}^{-1}+3\boldsymbol{A}^{-1}-2\boldsymbol{E}=\boldsymbol{A}^{-1}-2\boldsymbol{E}.$$

又因 $\boldsymbol{A}^{-1}$ 的特征值为 $1,-1,\dfrac{1}{2}$，所以 $\boldsymbol{A}^*+3\boldsymbol{A}^{-1}-2\boldsymbol{E}$ 的特征值为

$$\lambda_1=1-2=-1,\quad \lambda_2=-1-2=-3,\quad \lambda_3=\frac{1}{2}-2=-\frac{3}{2},$$

则

$$|\boldsymbol{A}^*+3\boldsymbol{A}^{-1}-2\boldsymbol{E}|=\lambda_1\times\lambda_2\times\lambda_3=-\frac{9}{2}.$$

显然, $\boldsymbol{A}^*+3\boldsymbol{A}^{-1}-2\boldsymbol{E}$ 可逆.

5.3　相似矩阵

由于对角矩阵在运算上具有很多优点, 因此一个矩阵是否和一个对角矩阵有关系是非常值得研究的. 特别是能否存在一个可逆矩阵 $\boldsymbol{P}$，使 $\boldsymbol{P}^{-1}\boldsymbol{A}\boldsymbol{P}$ 为对角阵? 这就是矩阵的相似对角化问题, 它与矩阵的特征值和特征向量有着密切的关系.

5.3.1 相似矩阵的概念

定义 5.8 设 $\boldsymbol{A}$ 与 $\boldsymbol{B}$ 都是 n 阶矩阵, 若存在 n 阶可逆矩阵 $\boldsymbol{P}$, 使 $\boldsymbol{P}^{-1}\boldsymbol{AP}=\boldsymbol{B}$, 则称矩阵 $\boldsymbol{A}$ 与 $\boldsymbol{B}$ 相似, 记作 $\boldsymbol{A}\approx\boldsymbol{B}$, 对 $\boldsymbol{A}$ 进行运算 $\boldsymbol{P}^{-1}\boldsymbol{AP}$, 称为对 $\boldsymbol{A}$ 进行**相似变换**, 可逆矩阵 $\boldsymbol{P}$ 称为把 $\boldsymbol{A}$ 变成 $\boldsymbol{B}$ 的**相似变换矩阵**.

例如, 矩阵 $\boldsymbol{A}=\begin{pmatrix}2&-3\\-1&4\end{pmatrix},\boldsymbol{B}=\begin{pmatrix}1&0\\0&5\end{pmatrix}$, 由于存在可逆矩阵到 $\boldsymbol{P}=\begin{pmatrix}3&-1\\1&1\end{pmatrix}$, 使得

$$\boldsymbol{P}^{-1}\boldsymbol{AP}=\frac{1}{4}\begin{pmatrix}1&1\\-1&3\end{pmatrix}\begin{pmatrix}2&-3\\-1&4\end{pmatrix}\begin{pmatrix}3&-1\\1&1\end{pmatrix}=\begin{pmatrix}1&0\\0&5\end{pmatrix}=\boldsymbol{B},$$

因此, $\boldsymbol{A}$ 与 $\boldsymbol{B}$ 相似.

相似是矩阵之间的一种关系, 这种关系具有以下基本性质:

(1) **反身性**　$\boldsymbol{A}\approx\boldsymbol{A}$;

(2) **对称性**　若 $\boldsymbol{A}\approx\boldsymbol{B}$, 则 $\boldsymbol{B}\approx\boldsymbol{A}$;

(3) **传递性**　若 $\boldsymbol{A}\approx\boldsymbol{B},\boldsymbol{B}\approx\boldsymbol{C}$, 则 $\boldsymbol{A}\approx\boldsymbol{C}$.

5.3.2 相似矩阵的性质

定理 5.4 若 $\boldsymbol{A}$ 相似于 $\boldsymbol{B}$, 则

(1) $R(\boldsymbol{A})=R(\boldsymbol{B})$;

(2) $|\boldsymbol{A}|=|\boldsymbol{B}|$;

(3) $\boldsymbol{A}^m\approx\boldsymbol{B}^m$;

(4) $\varphi(\boldsymbol{A})\approx\varphi(\boldsymbol{B})$, 其中 $\varphi(\boldsymbol{A})=a_0\boldsymbol{E}+a_1\boldsymbol{A}+a_2\boldsymbol{A}^2+\cdots+a_m\boldsymbol{A}^m$ (a_i 为常数);

(5) $\boldsymbol{A}$ 与 $\boldsymbol{B}$ 具有相同的特征值和特征多项式, 即 $|\boldsymbol{A}-\lambda\boldsymbol{E}|=|\boldsymbol{B}-\lambda\boldsymbol{E}|$.

证　下面仅证结论 (4) 和 (5).

若 $\boldsymbol{A}\approx\boldsymbol{B}$, 则存在可逆矩阵 $\boldsymbol{P}$ 使得 $\boldsymbol{P}^{-1}\boldsymbol{AP}=\boldsymbol{B}$, 从而

$$\begin{aligned}\boldsymbol{P}^{-1}\varphi(\boldsymbol{A})\boldsymbol{P}&=\boldsymbol{P}^{-1}(a_0\boldsymbol{E}+a_1\boldsymbol{A}+a_2\boldsymbol{A}^2+\cdots+a_m\boldsymbol{A}^m)\boldsymbol{P}\\&=a_0\boldsymbol{E}+a_1\boldsymbol{P}^{-1}\boldsymbol{AP}+a_2\boldsymbol{P}^{-1}\boldsymbol{A}^2\boldsymbol{P}+\cdots+a_m\boldsymbol{P}^{-1}\boldsymbol{A}^m\boldsymbol{P}\\&=a_0\boldsymbol{E}+a_1\boldsymbol{B}+a_2\boldsymbol{B}^2+\cdots+a_m\boldsymbol{B}^m=\varphi(\boldsymbol{B}),\end{aligned}$$

所以 $\varphi(\boldsymbol{A})\approx\varphi(\boldsymbol{B})$.

又因为

$$\begin{aligned}|\boldsymbol{B}-\lambda\boldsymbol{E}|&=|\boldsymbol{P}^{-1}\boldsymbol{AP}-\lambda\boldsymbol{E}|=|\boldsymbol{P}^{-1}(\boldsymbol{A}-\lambda\boldsymbol{E})\boldsymbol{P}|\\&=|\boldsymbol{P}^{-1}|\cdot|\boldsymbol{A}-\lambda\boldsymbol{E}|\cdot|\boldsymbol{P}|=|\boldsymbol{A}-\lambda\boldsymbol{E}|,\end{aligned}$$

所以矩阵 $\boldsymbol{A}$ 与 $\boldsymbol{B}$ 具有相同的特征多项式, 从而具有相同的特征值.

5.3.3 矩阵相似对角化的条件

定义 5.9 对于 n 阶矩阵 $\boldsymbol{A}$, 若存在一个可逆矩阵 $\boldsymbol{P}$, 使得 $\boldsymbol{P}^{-1}\boldsymbol{AP}=\boldsymbol{\Lambda}$ 为对角阵, 则称 $\boldsymbol{A}$ **可相似对角化**, 简称为 $\boldsymbol{A}$ **可对角化**.

定理 5.5 n 阶矩阵 $\boldsymbol{A}$ 可相似对角化的充分必要条件是 $\boldsymbol{A}$ 有 n 个线性无关的特征向量.

证　必要性: 设 n 阶矩阵 $\boldsymbol{A}$ 相似于对角矩阵

$$\boldsymbol{\Lambda}=\begin{pmatrix}\lambda_1 & & & \\ & \lambda_2 & & \\ & & \ddots & \\ & & & \lambda_n\end{pmatrix},$$

则存在可逆矩阵 $\boldsymbol{P}$，使得 $\boldsymbol{P}^{-1}\boldsymbol{A}\boldsymbol{P}=\boldsymbol{\Lambda}$，于是 $\boldsymbol{A}\boldsymbol{P}=\boldsymbol{P}\boldsymbol{\Lambda}$. 把矩阵 $\boldsymbol{P}$ 用其列向量表示为

$$\boldsymbol{P}=(\boldsymbol{p}_1,\boldsymbol{p}_2,\cdots,\boldsymbol{p}_n),$$

则有

$$\boldsymbol{A}(\boldsymbol{p}_1,\boldsymbol{p}_2,\cdots,\boldsymbol{p}_n)=(\boldsymbol{p}_1,\boldsymbol{p}_2,\cdots,\boldsymbol{p}_n)\begin{pmatrix}\lambda_1 & & & \\ & \lambda_2 & & \\ & & \ddots & \\ & & & \lambda_n\end{pmatrix},$$

即

$$(\boldsymbol{A}\boldsymbol{p}_1,\boldsymbol{A}\boldsymbol{p}_2,\cdots,\boldsymbol{A}\boldsymbol{p}_n)=(\lambda_1\boldsymbol{p}_1,\lambda_2\boldsymbol{p}_2,\cdots,\lambda_n\boldsymbol{p}_n),$$

于是有

$$\boldsymbol{A}\boldsymbol{p}_i=\lambda_i\boldsymbol{p}_i\quad(i=1,2,\cdots,n),$$

所以 λ_i 是 $\boldsymbol{A}$ 的特征值, $\boldsymbol{p}_i$ 是 $\boldsymbol{A}$ 的对应于特征值 λ_i 的特征向量. 又因为矩阵 $\boldsymbol{P}$ 可逆, 故 $\boldsymbol{A}$ 有 n 个线性无关的特征向量.

充分性: 设 $\boldsymbol{A}$ 有 n 个线性无关的特征向量 $\boldsymbol{p}_1,\boldsymbol{p}_2,\cdots,\boldsymbol{p}_n$，它们依次对应于特征值 λ_1, $\lambda_2,\cdots,\lambda_n$, 即 $\boldsymbol{A}\boldsymbol{p}_i=\lambda_i\boldsymbol{p}_i\ (i=1,2,\cdots,n)$，于是有

$$(\boldsymbol{A}\boldsymbol{p}_1,\boldsymbol{A}\boldsymbol{p}_2,\cdots,\boldsymbol{A}\boldsymbol{p}_n)=(\lambda_1\boldsymbol{p}_1,\lambda_1\boldsymbol{p}_2,\cdots,\lambda_n\boldsymbol{p}_n),$$

即

$$\boldsymbol{A}(\boldsymbol{p}_1,\boldsymbol{p}_2,\cdots,\boldsymbol{p}_n)=(\boldsymbol{p}_1,\boldsymbol{p}_2,\cdots,\boldsymbol{p}_n)\begin{pmatrix}\lambda_1 & & & \\ & \lambda_2 & & \\ & & \ddots & \\ & & & \lambda_n\end{pmatrix},$$

以 $\boldsymbol{p}_1,\boldsymbol{p}_2,\cdots,\boldsymbol{p}_n$ 为列向量作矩阵 $\boldsymbol{P}=(\boldsymbol{p}_1,\boldsymbol{p}_2,\cdots,\boldsymbol{p}_n)$，则上式可表示为

$$\boldsymbol{A}\boldsymbol{P}=\boldsymbol{P}\boldsymbol{\Lambda},$$

其中 $\boldsymbol{\Lambda}=\begin{pmatrix}\lambda_1 & & & \\ & \lambda_2 & & \\ & & \ddots & \\ & & & \lambda_n\end{pmatrix}$，又由于 $\boldsymbol{p}_1,\boldsymbol{p}_2,\cdots,\boldsymbol{p}_n$ 线性无关，故 $\boldsymbol{P}$ 可逆，因此 $\boldsymbol{P}^{-1}\boldsymbol{A}\boldsymbol{P}=\boldsymbol{\Lambda}$，所以 $\boldsymbol{A}$ 可相似对角化.

推论 5.1　如果 n 阶矩阵 $\boldsymbol{A}$ 有 n 个不同的特征值, 则 $\boldsymbol{A}$ 一定可相似对角化.

例 5.6 判断矩阵$\boldsymbol{A}=\begin{pmatrix}3&-1&-2\\2&0&-2\\2&-1&-1\end{pmatrix}$是否可相似对角化，若能，求出相似变换矩阵和对角矩阵.

解 由于$\boldsymbol{A}$的特征多项式为

$$|\boldsymbol{A}-\lambda\boldsymbol{E}|=\begin{vmatrix}3-\lambda&-1&-2\\2&-\lambda&-2\\2&-1&-1-\lambda\end{vmatrix}=\begin{vmatrix}\lambda-3&1&2\\-2&\lambda&2\\0&\lambda-1&1-\lambda\end{vmatrix}$$

$$=(\lambda-1)\begin{vmatrix}\lambda-3&1&2\\-2&\lambda&2\\0&1&-1\end{vmatrix}=-\lambda(\lambda-1)^2,$$

所以$\boldsymbol{A}$的特征值为

$$\lambda_1=0,\quad \lambda_2=\lambda_3=1.$$

当$\lambda_1=0$时，解方程组$(\boldsymbol{A}-0\boldsymbol{E})\boldsymbol{x}=\boldsymbol{0}$．由

$$\boldsymbol{A}=\begin{pmatrix}3&-1&-2\\2&0&-2\\2&-1&-1\end{pmatrix}\xrightarrow{r}\begin{pmatrix}1&-1&0\\0&1&-1\\0&0&0\end{pmatrix},$$

得基础解系

$$\boldsymbol{p}_1=\begin{pmatrix}1\\1\\1\end{pmatrix}.$$

当$\lambda_2=\lambda_3=1$时，解方程组$(\boldsymbol{A}-\boldsymbol{E})\boldsymbol{x}=\boldsymbol{0}$．由

$$\boldsymbol{A}-\boldsymbol{E}=\begin{pmatrix}2&-1&-2\\2&-1&-2\\2&-1&-2\end{pmatrix}\xrightarrow{r}\begin{pmatrix}1&-\frac{1}{2}&-1\\0&0&0\\0&0&0\end{pmatrix},$$

得基础解系

$$\boldsymbol{p}_2=\begin{pmatrix}1\\2\\0\end{pmatrix},\quad \boldsymbol{p}_3=\begin{pmatrix}1\\0\\1\end{pmatrix},$$

因此，三阶矩阵$\boldsymbol{A}$有 3 个线性无关的特征向量，所以它可相似对角化.

令

$$\boldsymbol{P}=\begin{pmatrix}1&1&1\\1&2&0\\1&0&1\end{pmatrix},$$

则可逆矩阵$\boldsymbol{P}$就是所求的相似变换矩阵，使得

$$P^{-1}AP=\Lambda=\begin{pmatrix}0&0&0\\0&1&0\\0&0&1\end{pmatrix}.$$

例 5.7　设二阶矩阵 A 的特征值为 1, 5, 与特征值对应的特征向量分别为 $(1,1)^{\mathrm{T}},(2,-1)^{\mathrm{T}}$, 求 A^n.

解　因为二阶矩阵 A 有 2 个互异的特征值, 所以 A 能与对角矩阵相似. 取

$$P=\begin{pmatrix}1&2\\1&-1\end{pmatrix},$$

则有 $P^{-1}AP=\Lambda=\begin{pmatrix}1&0\\0&5\end{pmatrix}$, 于是

$$A=P\begin{pmatrix}1&0\\0&5\end{pmatrix}P^{-1},$$

所以

$$\begin{aligned}A^n&=P\Lambda P^{-1}P\Lambda P^{-1}P\Lambda P^{-1}\cdots P\Lambda P^{-1}\\&=P\Lambda^nP^{-1}\\&=\begin{pmatrix}1&2\\1&-1\end{pmatrix}\begin{pmatrix}1^n&0\\0&5^n\end{pmatrix}\begin{pmatrix}\frac{1}{3}&\frac{2}{3}\\\frac{1}{3}&-\frac{1}{3}\end{pmatrix}\\&=\frac{1}{3}\begin{pmatrix}1+2\cdot5^n&2(1-5^n)\\1-5^n&2+5^n\end{pmatrix}.\end{aligned}$$

5.4　实对称矩阵的对角化

一个 n 阶矩阵 A 具备什么条件, 才能有 n 个线性无关的特征向量, 从而实现对角化? 这是一个比较复杂的问题, 对此我们不做一般性的讨论, 而仅讨论当 A 为实对称矩阵的情形.

5.4.1　实对称矩阵的性质

性质 5.4　实对称矩阵的特征值都是实数.

证　设 λ 是实对称矩阵 A 的特征值, p 为对应的特征向量, 则 $Ap=\lambda p, p\neq 0$, 于是有

$$\overline{p}^{\mathrm{T}}Ap=\overline{p}^{\mathrm{T}}(Ap)=\overline{p}^{\mathrm{T}}(\lambda p)=\lambda\overline{p}^{\mathrm{T}}p,$$

以及

$$\overline{p}^{\mathrm{T}}Ap=\overline{p}^{\mathrm{T}}\overline{A}^{\mathrm{T}}p=(\overline{A}\overline{p})^{\mathrm{T}}p=(\overline{Ap})^{\mathrm{T}}p=\lambda\overline{p}^{\mathrm{T}}p,$$

两式相减, 得

$$(\lambda-\overline{\lambda})\overline{\boldsymbol{p}}^{\mathrm{T}}\boldsymbol{p}=0,$$

因为$\boldsymbol{p}\neq\boldsymbol{0}$，所以$\overline{\boldsymbol{p}}^{\mathrm{T}}\boldsymbol{p}\neq 0$，故$\lambda-\overline{\lambda}=0$，则$\lambda$为实数.

性质 5.5 实对称矩阵的对应于不同特征值的特征向量一定正交.

证 设λ_1,λ_2是实对称矩阵$\boldsymbol{A}$的两个不同特征值，$\boldsymbol{p}_1,\boldsymbol{p}_2$分别是$\boldsymbol{A}$对应于$\lambda_1,\lambda_2$的特征向量，即

$$\boldsymbol{A}\boldsymbol{p}_1=\lambda_1\boldsymbol{p}_1, \tag{5.5}$$

$$\boldsymbol{A}\boldsymbol{p}_2=\lambda_2\boldsymbol{p}_2, \tag{5.6}$$

以$\boldsymbol{p}_1^{\mathrm{T}}$左乘(5.6)式的两端得

$$\boldsymbol{p}_1^{\mathrm{T}}(\boldsymbol{A}\boldsymbol{p}_2)=\lambda_2\boldsymbol{p}_1^{\mathrm{T}}\boldsymbol{p}_2.$$

因为$\boldsymbol{A}$是实对称矩阵，所以$\boldsymbol{A}=\boldsymbol{A}^{\mathrm{T}}$，则

$$\boldsymbol{p}_1^{\mathrm{T}}(\boldsymbol{A}\boldsymbol{p}_2)=(\boldsymbol{A}\boldsymbol{p}_1)^{\mathrm{T}}\boldsymbol{p}_2=(\lambda_1\boldsymbol{p}_1)^{\mathrm{T}}\boldsymbol{p}_2=\lambda_1\boldsymbol{p}_1^{\mathrm{T}}\boldsymbol{p}_2,$$

于是

$$(\lambda_1-\lambda_2)\boldsymbol{p}_1^{\mathrm{T}}\boldsymbol{p}_2=0,$$

又因为$\lambda_1\neq\lambda_2$，所以$\boldsymbol{p}_1^{\mathrm{T}}\boldsymbol{p}_2=0$，即$\boldsymbol{p}_1$与$\boldsymbol{p}_2$正交.

性质 5.6 实对称矩阵$\boldsymbol{A}$对应于k重特征值λ的线性无关的特征向量恰有k个.

此性质不予证明.

5.4.2 实对称矩阵的对角化

根据实对称矩阵的性质可以得到如下结论.

定理 5.6 设$\boldsymbol{A}$为n阶实对称矩阵，则必有正交矩阵$\boldsymbol{P}$，使$\boldsymbol{P}^{-1}\boldsymbol{A}\boldsymbol{P}=\boldsymbol{\Lambda}$，其中$\boldsymbol{\Lambda}$是以$\boldsymbol{A}$的$n$个特征值为对角元的对角矩阵.

证 设$\boldsymbol{A}$的互不相等的特征值为$\lambda_1,\lambda_2,\cdots,\lambda_m$，它们的重数依次为$r_1,r_2,\cdots,r_m$，其中$r_1+r_2+\cdots+r_m=n$. 根据性质 5.6 知，对应于特征值$\lambda_i$，恰有$r_i$个线性无关的实特征向量，把它们正交单位化，即得$r_i$个单位正交的特征向量$\boldsymbol{e}_{i1},\boldsymbol{e}_{i2},\cdots,\boldsymbol{e}_{ir_i}\ (i=1,2,\cdots,m)$. 由于$r_1+r_2+\cdots+r_m=n$，所以这样的特征向量恰有$n$个.

再由性质 5.5 知，实对称矩阵不相同的特征值对应的特征向量正交，所以向量组$\boldsymbol{e}_{11},\boldsymbol{e}_{12},\cdots,\boldsymbol{e}_{1r_1},\boldsymbol{e}_{21},\boldsymbol{e}_{22},\cdots,\boldsymbol{e}_{2r_2},\cdots,\boldsymbol{e}_{m1},\boldsymbol{e}_{m2},\cdots,\boldsymbol{e}_{mr_m}$是正交单位向量组，以它们为列构成$n$阶正交矩阵$\boldsymbol{P}$，则有$\boldsymbol{P}^{-1}\boldsymbol{A}\boldsymbol{P}=\boldsymbol{\Lambda}$，其中对角矩阵$\boldsymbol{\Lambda}$的对角元素含$r_1$个$\lambda_1$，$r_2$个$\lambda_2$，…，$r_m$个$\lambda_m$，恰是$\boldsymbol{A}$的$n$个特征值，即$\boldsymbol{\Lambda}$是以$\boldsymbol{A}$的$n$个特征值为对角元的对角矩阵.

例 5.8 设矩阵$\boldsymbol{A}=\begin{pmatrix}1&0&1\\0&1&1\\1&1&2\end{pmatrix}$，求一个正交阵$\boldsymbol{P}$，使$\boldsymbol{P}^{-1}\boldsymbol{A}\boldsymbol{P}=\boldsymbol{\Lambda}$为对角阵.

解 由$\boldsymbol{A}$的特征多项式

$$|\boldsymbol{A}-\lambda\boldsymbol{E}|=\begin{vmatrix}1-\lambda&0&1\\0&1-\lambda&1\\1&1&2-\lambda\end{vmatrix}=-\lambda(\lambda-1)(\lambda-3),$$

得 $\boldsymbol{A}$ 的特征值为 $\lambda_1=0,\lambda_2=1,\lambda_3=3$.

当 $\lambda_1=0$ 时，解方程组 $(\boldsymbol{A}-0\boldsymbol{E})\boldsymbol{x}=\boldsymbol{0}$. 由

$$\boldsymbol{A}-0\boldsymbol{E}=\begin{pmatrix}1&0&1\\0&1&1\\1&1&2\end{pmatrix}\xrightarrow{r}\begin{pmatrix}1&0&1\\0&1&1\\0&0&0\end{pmatrix},$$

得基础解系

$$\boldsymbol{\xi}_1=\begin{pmatrix}-1\\-1\\1\end{pmatrix}.$$

当 $\lambda_2=1$ 时，解方程组 $(\boldsymbol{A}-\boldsymbol{E})\boldsymbol{x}=\boldsymbol{0}$. 由

$$\boldsymbol{A}-\boldsymbol{E}=\begin{pmatrix}0&0&1\\0&0&1\\1&1&1\end{pmatrix}\xrightarrow{r}\begin{pmatrix}1&1&0\\0&0&1\\0&0&0\end{pmatrix},$$

得基础解系

$$\boldsymbol{\xi}_2=\begin{pmatrix}-1\\1\\0\end{pmatrix}.$$

当 $\lambda_3=3$ 时，解方程组 $(\boldsymbol{A}-3\boldsymbol{E})\boldsymbol{x}=\boldsymbol{0}$. 由

$$\boldsymbol{A}-3\boldsymbol{E}=\begin{pmatrix}-2&0&1\\0&-2&1\\1&1&-1\end{pmatrix}\xrightarrow{r}\begin{pmatrix}1&0&-\frac{1}{2}\\0&1&-\frac{1}{2}\\0&0&0\end{pmatrix},$$

得基础解系

$$\boldsymbol{\xi}_3=\begin{pmatrix}1\\1\\2\end{pmatrix}.$$

由于 $\boldsymbol{\xi}_1,\boldsymbol{\xi}_2,\boldsymbol{\xi}_3$ 是属于 $\boldsymbol{A}$ 的 3 个不同特征值的特征向量，故它们已正交，现只需将其单位化，得

$$\boldsymbol{p}_1=\frac{\boldsymbol{\xi}_1}{\|\boldsymbol{\xi}_1\|}=\frac{1}{\sqrt{3}}\begin{pmatrix}-1\\-1\\1\end{pmatrix},\quad \boldsymbol{p}_2=\frac{\boldsymbol{\xi}_2}{\|\boldsymbol{\xi}_2\|}=\frac{1}{\sqrt{2}}\begin{pmatrix}-1\\1\\0\end{pmatrix},\quad \boldsymbol{p}_3=\frac{\boldsymbol{\xi}_3}{\|\boldsymbol{\xi}_3\|}=\frac{1}{\sqrt{6}}\begin{pmatrix}1\\1\\2\end{pmatrix},$$

构造正交矩阵

$$\boldsymbol{P}=(\boldsymbol{p}_1,\boldsymbol{p}_2,\boldsymbol{p}_3)=\begin{pmatrix}-\frac{1}{\sqrt{3}}&-\frac{1}{\sqrt{2}}&\frac{1}{\sqrt{6}}\\-\frac{1}{\sqrt{3}}&\frac{1}{\sqrt{2}}&\frac{1}{\sqrt{6}}\\\frac{1}{\sqrt{3}}&0&\frac{2}{\sqrt{6}}\end{pmatrix},$$

使得

$$P^{-1}AP = P^{\mathrm{T}}AP = \begin{pmatrix} 0 & 0 & 0 \\ 0 & 1 & 0 \\ 0 & 0 & 3 \end{pmatrix}.$$

例 5.9　设矩阵 $A = \begin{pmatrix} 1 & 1 & 1 \\ 1 & 1 & 1 \\ 1 & 1 & 1 \end{pmatrix}$，求一个正交矩阵 P，使 $P^{-1}AP = \Lambda$ 为对角阵.

解　由 A 的特征多项式

$$|A - \lambda E| = \begin{vmatrix} 1-\lambda & 1 & 1 \\ 1 & 1-\lambda & 1 \\ 1 & 1 & 1-\lambda \end{vmatrix} = (3-\lambda)\lambda^2,$$

得 A 的特征值为 $\lambda_1 = \lambda_2 = 0, \lambda_3 = 3$.

当 $\lambda_1 = \lambda_2 = 0$ 时，解方程组 $(A - 0E)x = 0$，得基础解系

$$\xi_1 = \begin{pmatrix} -1 \\ 1 \\ 0 \end{pmatrix}, \quad \xi_2 = \begin{pmatrix} -1 \\ 0 \\ 1 \end{pmatrix},$$

先将其正交化: 取

$$\eta_1 = \xi_1 = \begin{pmatrix} -1 \\ 1 \\ 0 \end{pmatrix},$$

$$\eta_2 = \xi_2 - \frac{(\xi_2, \eta_1)}{(\eta_1, \eta_1)}\eta_1 = \begin{pmatrix} -1 \\ 0 \\ 1 \end{pmatrix} - \frac{1}{2}\begin{pmatrix} -1 \\ 1 \\ 0 \end{pmatrix} = \frac{1}{2}\begin{pmatrix} -1 \\ -1 \\ 2 \end{pmatrix},$$

再单位化得

$$p_1 = \frac{\eta_1}{\|\eta_1\|} = \frac{1}{\sqrt{2}}\begin{pmatrix} -1 \\ 1 \\ 0 \end{pmatrix}, \quad p_2 = \frac{\eta_2}{\|\eta_2\|} = \frac{1}{\sqrt{6}}\begin{pmatrix} -1 \\ -1 \\ 2 \end{pmatrix}.$$

当 $\lambda_3 = 3$ 时，解方程组 $(A - 3E)x = 0$，得基础解系

$$\xi_3 = \begin{pmatrix} 1 \\ 1 \\ 1 \end{pmatrix},$$

单位化得

$$p_3 = \frac{1}{\sqrt{3}}\begin{pmatrix} 1 \\ 1 \\ 1 \end{pmatrix}.$$

于是得正交矩阵

$$P=(p_1,p_2,p_3)=\begin{pmatrix}-\frac{1}{\sqrt{2}} & -\frac{1}{\sqrt{6}} & \frac{1}{\sqrt{3}}\\ \frac{1}{\sqrt{2}} & -\frac{1}{\sqrt{6}} & \frac{1}{\sqrt{3}}\\ 0 & \frac{2}{\sqrt{6}} & \frac{1}{\sqrt{3}}\end{pmatrix},$$

使得

$$P^{-1}AP=P^{\mathrm{T}}AP=\begin{pmatrix}0 & & \\ & 0 & \\ & & 3\end{pmatrix}.$$

5.5　二次型及其标准形

在解析几何中，为了便于研究二次曲线 $ax^2+bxy+cy^2=1$ 的几何性质，要选择适当的坐标旋转变换

$$\begin{cases}x=x'\cos\theta-y'\sin\theta,\\ y=x'\sin\theta+y'\cos\theta,\end{cases}$$

把方程化为标准形 $mx'^2+ny'^2=1$，这样就很容易讨论 $ax^2+bxy+cy^2=1$ 的性质了．类似这种把二次齐次多项式化简成只含平方项的问题，不但在几何中常会遇到，而且在数学的其他分支以及物理、力学和工程技术中也常会遇到，因此有必要把这类问题一般化，讨论 n 个变量的二次奇次多项式的化简问题，这就是二次型化标准形的问题.

5.5.1　二次型及其矩阵形式

定义 5.10　含有 n 个变量 $x_1,x_2,\cdots,x_n$ 的二次齐次多项式

$$\begin{aligned}f(x_1,x_2,\cdots,x_n)=&a_{11}x_1^2+a_{22}x_2^2+\cdots+a_{nn}x_n^2\\&+2a_{12}x_1x_2+2a_{13}x_1x_3+\cdots+2a_{n-1,n}x_{n-1}x_n\end{aligned}\tag{5.7}$$

称为一个 n **元二次型**.

当 a_{ij} 为复数时，f 称为**复二次型**；当 a_{ij} 为实数时，f 称为**实二次型**，在本书中，我们仅讨论实二次型，所求的线性变换也仅限于实系数范围.

若取 $a_{ji}=a_{ij}$，则 $2a_{ij}x_ix_j=a_{ij}x_ix_j+a_{ji}x_jx_i$，于是式(5.7)可写成

$$\begin{aligned}f(x_1,x_2,\cdots,x_n)=&a_{11}x_1^2+a_{12}x_1x_2+\cdots+a_{1n}x_1x_n\\&+a_{21}x_2x_1+a_{22}x_2^2+\cdots+a_{2n}x_2x_n+\cdots\\&+a_{n1}x_nx_1+a_{n2}x_nx_2+\cdots+a_{nn}x_n^2\\=&\sum_{i=1}^{n}\sum_{j=1}^{n}a_{ij}x_ix_j.\end{aligned}$$

若记

$$A=\begin{pmatrix} a_{11} & a_{12} & \cdots & a_{1n} \\ a_{21} & a_{22} & \cdots & a_{2n} \\ \vdots & \vdots & & \vdots \\ a_{n1} & a_{n2} & \cdots & a_{nn} \end{pmatrix},\quad x=\begin{pmatrix} x_1 \\ x_2 \\ \vdots \\ x_n \end{pmatrix},$$

则二次型(5.7)可用矩阵表示为

$$f=x^{\mathrm{T}}Ax, \tag{5.8}$$

其中 A 为**对称矩阵**.

例如，二次型 $f(x,y,z)=3x^2-2z^2+4xy-yz$ 可用矩阵表示为

$$f(x,y,z)=(x,y,z)\begin{pmatrix} 3 & 2 & 0 \\ 2 & 0 & -\frac{1}{2} \\ 0 & -\frac{1}{2} & -2 \end{pmatrix}\begin{pmatrix} x \\ y \\ z \end{pmatrix},$$

可见，任给一个二次型，就唯一地确定一个对称矩阵；反之，任给一个对称矩阵，也可唯一地确定一个二次型. 这样，二次型与对称矩阵之间存在一一对应的关系. 因此，我们把对称矩阵 A 称为二次型 f 的矩阵，也把 f 称为对称矩阵 A 的二次型，对称矩阵 A 的秩就称为二次型 f 的秩.

如果二次型中只含平方项，不含交叉项，形如

$$f=k_1y_1^2+k_2y_2^2+\cdots+k_ny_n^2,$$

则称为**二次型的标准形**.

如果二次型的标准形的系数 $k_1,k_2,\cdots,k_n$，只在 $1,-1,0$ 三个数中取值，形如

$$f=y_1^2+y_2^2+\cdots+y_p^2-y_{p+1}^2-\cdots-y_r^2,$$

则称为**二次型的规范型**.

5.5.2　线性变化下的二次型

对于二次型 $f=x^{\mathrm{T}}Ax$，我们讨论的主要问题是如何将该二次型化简，也就是要寻找一个可逆的线性变换

$$\begin{cases} x_1=c_{11}y_1+c_{12}y_2+\cdots+c_{1n}y_n, \\ x_2=c_{21}y_1+c_{22}y_2+\cdots+c_{2n}y_n, \\ \quad\cdots\cdots \\ x_n=c_{n1}y_1+c_{n2}y_2+\cdots+c_{nn}y_n, \end{cases} \tag{5.9}$$

将该二次型化简为标准形或规范型，为此，我们先研究在线性变换下二次型的变换规律.

如令

$$x=\begin{pmatrix} x_1 \\ x_2 \\ \vdots \\ x_n \end{pmatrix},\quad y=\begin{pmatrix} y_1 \\ y_2 \\ \vdots \\ y_n \end{pmatrix},\quad C=\begin{pmatrix} c_{11} & c_{12} & \cdots & c_{1n} \\ c_{21} & c_{22} & \cdots & c_{2n} \\ \vdots & \vdots & & \vdots \\ c_{n1} & c_{n2} & \cdots & c_{nn} \end{pmatrix},$$

则(5.9)式可写成如下形式

$$\boldsymbol{x}=\boldsymbol{C}\boldsymbol{y},$$

代入 $f=\boldsymbol{x}^{\mathrm{T}}\boldsymbol{A}\boldsymbol{x}$ 中得

$$f=(\boldsymbol{C}\boldsymbol{y})^{\mathrm{T}}\boldsymbol{A}(\boldsymbol{C}\boldsymbol{y})=\boldsymbol{y}^{\mathrm{T}}(\boldsymbol{C}^{\mathrm{T}}\boldsymbol{A}\boldsymbol{C})\boldsymbol{y}.$$

记 $\boldsymbol{B}=\boldsymbol{C}^{\mathrm{T}}\boldsymbol{A}\boldsymbol{C}$，则上式可写成

$$f=\boldsymbol{y}^{\mathrm{T}}\boldsymbol{B}\boldsymbol{y}, \tag{5.10}$$

由于

$$\boldsymbol{B}^{\mathrm{T}}=(\boldsymbol{C}^{\mathrm{T}}\boldsymbol{A}\boldsymbol{C})^{\mathrm{T}}=\boldsymbol{C}^{\mathrm{T}}\boldsymbol{A}^{\mathrm{T}}(\boldsymbol{C}^{\mathrm{T}})^{\mathrm{T}}=\boldsymbol{C}^{\mathrm{T}}\boldsymbol{A}\boldsymbol{C}=\boldsymbol{B},$$

所以 $f=\boldsymbol{y}^{\mathrm{T}}\boldsymbol{B}\boldsymbol{y}$ 是关于变量 $y_1,y_2,\cdots,y_n$ 的一个二次型.

由此可见，在可逆的线性变换作用下，变化前后两个二次型矩阵之间具有 $\boldsymbol{B}=\boldsymbol{C}^{\mathrm{T}}\boldsymbol{A}\boldsymbol{C}$ 的关系，这种关系就称为**合同关系**.

5.5.3　矩阵的合同

定义 5.11　设 $\boldsymbol{A},\boldsymbol{B}$ 是两个 n 阶方阵，如果存在一个 n 阶可逆矩阵 $\boldsymbol{C}$，使 $\boldsymbol{C}^{\mathrm{T}}\boldsymbol{A}\boldsymbol{C}=\boldsymbol{B}$，则称 $\boldsymbol{B}$ 与 $\boldsymbol{A}$ 合同，记为 $\boldsymbol{B}\cong\boldsymbol{A}$.

合同关系具有以下几个简单性质:

(1) **自反性**　$\boldsymbol{A}\cong\boldsymbol{A}$（因为 $\boldsymbol{E}^{-1}\boldsymbol{A}\boldsymbol{E}=\boldsymbol{A}$）；

(2) **对称性**　若 $\boldsymbol{B}\cong\boldsymbol{A}$，则 $\boldsymbol{A}\cong\boldsymbol{B}$；

(3) **传递性**　若 $\boldsymbol{A}\cong\boldsymbol{B}$，且 $\boldsymbol{B}\cong\boldsymbol{C}$，则 $\boldsymbol{C}\cong\boldsymbol{A}$.

在(3)中若 $\boldsymbol{A}\cong\boldsymbol{B}$ 且 $\boldsymbol{B}\cong\boldsymbol{C}$，则存在可逆矩阵 $\boldsymbol{P},\boldsymbol{Q}$ 使 $\boldsymbol{P}^{\mathrm{T}}\boldsymbol{A}\boldsymbol{P}=\boldsymbol{B}$，$\boldsymbol{Q}^{\mathrm{T}}\boldsymbol{B}\boldsymbol{Q}=\boldsymbol{C}$，于是有 $\boldsymbol{Q}^{\mathrm{T}}(\boldsymbol{P}^{\mathrm{T}}\boldsymbol{A}\boldsymbol{P})\boldsymbol{Q}=\boldsymbol{C}$，即 $(\boldsymbol{P}\boldsymbol{Q})^{\mathrm{T}}\boldsymbol{A}(\boldsymbol{P}\boldsymbol{Q})=\boldsymbol{C}$. 又因 $\boldsymbol{P},\boldsymbol{Q}$ 可逆，所以 $\boldsymbol{P}\boldsymbol{Q}$ 可逆，则 $\boldsymbol{C}\cong\boldsymbol{A}$.

对于合同矩阵，具有下列重要性质:

(1) 若 $\boldsymbol{A}\cong\boldsymbol{B}$，则 $\boldsymbol{A}\sim\boldsymbol{B}$，$R(\boldsymbol{A})=R(\boldsymbol{B})$；

(2) 若 $\boldsymbol{B}\cong\boldsymbol{A}$，且 $\boldsymbol{A}$ 为对称矩阵，则 $\boldsymbol{B}$ 也为对称矩阵.

特别地，对于实对称矩阵 $\boldsymbol{A}$，由定理 5.6 可知，必存在一个正交矩阵 $\boldsymbol{P}$，使得

$$\boldsymbol{P}^{-1}\boldsymbol{A}\boldsymbol{P}=\boldsymbol{P}^{\mathrm{T}}\boldsymbol{A}\boldsymbol{P}=\begin{pmatrix}\lambda_1 & & & \\ & \lambda_2 & & \\ & & \ddots & \\ & & & \lambda_n\end{pmatrix},$$

其中 $\lambda_1,\lambda_2,\cdots,\lambda_n$ 恰是矩阵 $\boldsymbol{A}$ 的全部特征值. 这个定理不仅说明**任一实对称矩阵 $\boldsymbol{A}$ 都合同于一个实对角矩阵**，而且从实对称矩阵 $\boldsymbol{A}$ 和二次型一一对应的角度讲，还说明任何实二次型都可通过可逆的正交线性变换化为标准形，这就是正交变换法.

5.6　化二次型为标准形

为了把二次型化为标准形，可以用正交变换法，它具有保持几何形状不变的优点，在

许多实际问题中要用到. 此外, 还有配方法和初等合同变换法等. 在本节, 我们将主要介绍正交变换法和配方法.

5.6.1 正交变换法

定理 5.7 任给实二次型 $f=\sum_{i,j=1}^{n}a_{ij}x_ix_j \xlongequal{a_{ij}=a_{ji}} \boldsymbol{x}^{\mathrm{T}}\boldsymbol{A}\boldsymbol{x}$，总有正交变换 $\boldsymbol{x}=\boldsymbol{P}\boldsymbol{y}$，使 f 化为标准形

$$f=\lambda_1y_1^2+\lambda_2y_2^2+\cdots+\lambda_ny_n^2,$$

其中 $\lambda_1,\lambda_2,\cdots,\lambda_n$ 是 f 的矩阵 $\boldsymbol{A}=(a_{ij})$ 的特征值, $\boldsymbol{P}$ 的 n 个列向量为 $\boldsymbol{p}_1,\boldsymbol{p}_2,\cdots,\boldsymbol{p}_n$，分别为 $\boldsymbol{A}$ 对应于 $\lambda_1,\lambda_2,\cdots,\lambda_n$ 的两两正交的单位特征向量.

由定理 5.6 及二次型的有关概念很容易推得定理 5.7.

推论 5.2 任给实二次型 $f=\boldsymbol{x}^{\mathrm{T}}\boldsymbol{A}\boldsymbol{x}$，总有可逆变换 $\boldsymbol{x}=\boldsymbol{C}\boldsymbol{z}$，使 $f(\boldsymbol{C}\boldsymbol{z})$ 为规范型.

下面通过具体例子来说明化二次型为标准形的正交变换法.

例 5.10 求一个正交变换 $\boldsymbol{x}=\boldsymbol{P}\boldsymbol{y}$，将二次型

$$f(x_1,x_2,x_3)=2x_1^2+x_2^2-4x_1x_2-4x_2x_3$$

化为标准形.

解 二次型的矩阵为

$$\boldsymbol{A}=\begin{pmatrix}2&-2&0\\-2&1&-2\\0&-2&0\end{pmatrix},$$

它的特征多项式为

$$|\boldsymbol{A}-\lambda\boldsymbol{E}|=\begin{vmatrix}2-\lambda&-2&0\\-2&1-\lambda&-2\\0&-2&-\lambda\end{vmatrix}=-(\lambda-1)(\lambda+2)(\lambda-4),$$

所以 $\boldsymbol{A}$ 的特征值为

$$\lambda_1=1,\quad \lambda_2=-2,\quad \lambda_3=4.$$

当 $\lambda_1=1$ 时, 解方程组 $(\boldsymbol{A}-\boldsymbol{E})\boldsymbol{x}=\boldsymbol{0}$，得基础解系 $\boldsymbol{\xi}_1=\begin{pmatrix}2\\1\\-2\end{pmatrix}$，单位化得

$$\boldsymbol{p}_1=\frac{1}{3}\begin{pmatrix}2\\1\\-2\end{pmatrix}.$$

当 $\lambda_2=-2$ 时, 解方程组 $(\boldsymbol{A}+2\boldsymbol{E})\boldsymbol{x}=\boldsymbol{0}$，得基础解系 $\boldsymbol{\xi}_2=\begin{pmatrix}1\\2\\2\end{pmatrix}$，单位化得

$$\boldsymbol{p}_1=\frac{1}{3}\begin{pmatrix}1\\2\\2\end{pmatrix}.$$

当 $\lambda_3=4$ 时，解方程组 $(\boldsymbol{A}-4\boldsymbol{E})\boldsymbol{x}=\boldsymbol{0}$，得基础解系 $\boldsymbol{\xi}_3=\begin{pmatrix}2\\-2\\1\end{pmatrix}$，单位化得

$$\boldsymbol{p}_3=\frac{1}{3}\begin{pmatrix}2\\-2\\1\end{pmatrix}.$$

令 $\boldsymbol{P}=(\boldsymbol{p}_1,\boldsymbol{p}_2,\boldsymbol{p}_3)$，于是，正交变换为

$$\begin{pmatrix}x_1\\x_2\\x_3\end{pmatrix}=\begin{pmatrix}\frac{2}{3}&\frac{1}{3}&\frac{2}{3}\\\frac{1}{3}&\frac{2}{3}&-\frac{2}{3}\\-\frac{2}{3}&\frac{2}{3}&\frac{1}{3}\end{pmatrix}\begin{pmatrix}y_1\\y_2\\y_3\end{pmatrix},$$

f 的标准形为

$$f=y_1^2-2y_2^2+4y_3^2.$$

如果要把二次型 f 化成规范型，只需令

$$\begin{cases}y_1=z_1,\\y_2=\dfrac{z_2}{\sqrt{2}},\\y_3=\dfrac{z_3}{2},\end{cases}$$

即得 f 的规范型为

$$f=z_1^2-z_2^2+z_3^2,$$

此时，可逆的线性变换可写为 $\boldsymbol{x}=\boldsymbol{C}\boldsymbol{z}$，其中

$$\boldsymbol{C}=\begin{pmatrix}\frac{2}{3}&\frac{1}{3}&\frac{2}{3}\\\frac{1}{3}&\frac{2}{3}&-\frac{2}{3}\\-\frac{2}{3}&\frac{2}{3}&\frac{1}{3}\end{pmatrix}\begin{pmatrix}1&0&0\\0&\frac{1}{\sqrt{2}}&0\\0&0&\frac{1}{2}\end{pmatrix}=\begin{pmatrix}\frac{2}{3}&\frac{\sqrt{2}}{6}&\frac{1}{3}\\\frac{1}{3}&\frac{\sqrt{2}}{3}&-\frac{1}{3}\\-\frac{2}{3}&\frac{\sqrt{2}}{3}&\frac{1}{6}\end{pmatrix}.$$

例 5.11　求一个正交变换 $\boldsymbol{x}=\boldsymbol{P}\boldsymbol{y}$，将二次型

$$f(x_1,x_2,x_3)=2x_1x_2+2x_1x_3-2x_2x_3$$

化为标准形.

解　二次型的矩阵为

$$A=\begin{pmatrix}0 & 1 & 1\\ 1 & 0 & -1\\ 1 & -1 & 0\end{pmatrix},$$

它的特征多项式为

$$|A-\lambda E|=\begin{vmatrix}-\lambda & 1 & 1\\ 1 & -\lambda & -1\\ 1 & -1 & -\lambda\end{vmatrix}=-(\lambda-1)^2(\lambda+2),$$

所以 $\boldsymbol{A}$ 的特征值为

$$\lambda_1=\lambda_2=1,\quad \lambda_3=-2.$$

当 $\lambda_1=\lambda_2=1$ 时，解方程组 $(\boldsymbol{A}-\boldsymbol{E})\boldsymbol{x}=\boldsymbol{0}$，得基础解系

$$\boldsymbol{\xi}_1=\begin{pmatrix}1\\1\\0\end{pmatrix},\quad \boldsymbol{\xi}_2=\begin{pmatrix}1\\0\\1\end{pmatrix}.$$

正交化得

$$\boldsymbol{\eta}_1=\begin{pmatrix}1\\1\\0\end{pmatrix},\quad \boldsymbol{\eta}_2=\frac{1}{2}\begin{pmatrix}1\\-1\\2\end{pmatrix},$$

再单位化得

$$\boldsymbol{p}_1=\frac{1}{\sqrt{2}}\begin{pmatrix}1\\1\\0\end{pmatrix},\quad \boldsymbol{p}_2=\frac{1}{\sqrt{6}}\begin{pmatrix}1\\-1\\2\end{pmatrix}.$$

当 $\lambda_3=-2$ 时，解方程组 $(\boldsymbol{A}+2\boldsymbol{E})\boldsymbol{x}=\boldsymbol{0}$，得基础解系

$$\boldsymbol{\xi}_3=\begin{pmatrix}-1\\1\\1\end{pmatrix},$$

单位化得

$$\boldsymbol{p}_3=\frac{1}{\sqrt{3}}\begin{pmatrix}-1\\1\\1\end{pmatrix}.$$

所以正交变换矩阵

$$\boldsymbol{P}=(\boldsymbol{p}_1,\boldsymbol{p}_2,\boldsymbol{p}_3)=\begin{pmatrix}\frac{1}{\sqrt{2}} & \frac{1}{\sqrt{6}} & -\frac{1}{\sqrt{3}}\\ \frac{1}{\sqrt{2}} & -\frac{1}{\sqrt{6}} & \frac{1}{\sqrt{3}}\\ 0 & \frac{2}{\sqrt{6}} & \frac{1}{\sqrt{3}}\end{pmatrix}.$$

由正交变换 $\boldsymbol{x}=\boldsymbol{P}\boldsymbol{y}$，就将 f 化为标准形 $f=y_1^2+y_2^2-2y_3^2$.

由此可见，用正交变换化二次型为标准形的具体步骤如下:

(1) 写出二次型 f 的矩阵 $\boldsymbol{A}$.

(2) 求出 $\boldsymbol{A}$ 的全部特征值.

(3) 求出对应于每个特征值的特征向量. 对单重特征值，仅需将属于它的特征向量单位化；对 k 重特征值，则需将属于它的 k 个线性无关的特征向量正交化、单位化.

(4) 以正交单位化后的特征向量为列构成正交矩阵 $\boldsymbol{P}$，写出正交变换 $\boldsymbol{x}=\boldsymbol{P}\boldsymbol{y}$.

(5) 按组成 $\boldsymbol{P}$ 时特征向量的次序，以其所属特征值为系数写出标准形.

5.6.2　配方法

拉格朗日配方法是利用代数公式 $(a\pm b)^2=a^2\pm 2ab+b^2$，将二次型配成完全平方式的方法，下面举例说明这种方法.

例 5.12　用配方法化二次型

$$f(x_1,x_2,x_3)=2x_1^2+x_2^2-4x_1x_2-4x_2x_3$$

为标准形，并求出变换矩阵.

解　由于 f 中含变量 x_1 的平方项，故把含 x_1 的项归并起来，先配成平方项，然后再依次考虑 x_2,x_3，于是可得

$$\begin{aligned}f(x_1,x_2,x_3)&=2x_1^2+x_2^2-4x_1x_2-4x_2x_3\\&=(2x_1^2-4x_1x_2+2x_2^2)-x_2^2-4x_2x_3\\&=2(x_1-x_2)^2-(x_2^2+4x_2x_3+4x_3^2)+4x_3^2\\&=2(x_1-x_2)^2-(x_2+2x_3)^2+4x_3^2.\end{aligned}$$

令

$$\begin{cases}y_1=x_1-x_2,\\y_2=x_2+2x_3,\\y_3=x_3,\end{cases}$$

即

$$\begin{cases}x_1=y_1+y_2-2y_3,\\x_2=y_2-2y_3,\\x_3=y_3,\end{cases}$$

就把 f 化成标准形

$$f=2y_1^2-y_2^2+4y_3^2.$$

所用变换矩阵为

$$\boldsymbol{C}=\begin{pmatrix}1&1&-2\\0&1&-2\\0&0&1\end{pmatrix}.$$

例 5.13　用配方法化二次型

$$f(x_1,x_2,x_3)=2x_1x_2+2x_1x_3-2x_2x_3$$

为标准形，并求出变换阵 $\boldsymbol{C}$.

解 由于 f 中不含平方项, 故先用下列变换使 f 含有平方项, 再配方. 令

$$\begin{cases} x_1 = y_1 + y_2, \\ x_2 = y_1 - y_2, \\ x_3 = y_3, \end{cases}$$

代入 f 可得

$$\begin{aligned} f(x_1, x_2, x_3) &= 2y_1^2 - 2y_2^2 + 4y_2y_3 \\ &= 2y_1^2 - 2(y_2^2 - 2y_2y_3) \\ &= 2y_1^2 - 2(y_2 - y_3)^2 + 2y_3^2. \end{aligned}$$

再令

$$\begin{cases} z_1 = y_1, \\ z_2 = y_2 - y_3, \\ z_3 = y_3, \end{cases}$$

即

$$\begin{cases} y_1 = z_1, \\ y_2 = z_2 + z_3, \\ y_3 = z_3, \end{cases}$$

于是

$$f = 2z_1^2 - 2z_2^2 + 2z_3^2,$$

所用变换矩阵为

$$\boldsymbol{C} = \begin{pmatrix} 1 & 1 & 0 \\ 1 & -1 & 0 \\ 0 & 0 & 1 \end{pmatrix} \begin{pmatrix} 1 & 0 & 0 \\ 0 & 1 & 1 \\ 0 & 0 & 1 \end{pmatrix} = \begin{pmatrix} 1 & 1 & 1 \\ 1 & -1 & -1 \\ 0 & 0 & 1 \end{pmatrix}.$$

一般地, 任何二次型都可用上面两例的方法找到可逆变换, 把二次型化为标准形, 但如果配方的次序不同或归并的完全平方式不同, 则所化得的标准形可能也不同.

5.7 正定二次型

5.7.1 惯性定理

二次型的标准形显然不是唯一的, 例如, 例 5.10 和例 5.12, 例 5.11 和例 5.13, 但是标准形中所含项数是确定的, 而且标准形中正系数的个数是相同的, 这就是实二次型的惯性定理.

定理 5.8 设有二次型 $f = \boldsymbol{x}^{\mathrm{T}}\boldsymbol{A}\boldsymbol{x}$, 它的秩为 r, 有两个可逆变换

$$\boldsymbol{x} = \boldsymbol{C}\boldsymbol{y} \quad 及 \quad \boldsymbol{x} = \boldsymbol{P}\boldsymbol{z}$$

使得

$$f = k_1y_1^2 + k_2y_2^2 + \cdots + k_ry_r^2 \quad (k_i \neq 0),$$

以及

$$f = \lambda_1z_1^2 + \lambda_2z_2^2 + \cdots + \lambda_rz_r^2 \quad (\lambda_i \neq 0),$$

则 $k_1, k_2, \cdots, k_r$ 中正数的个数与 $\lambda_1, \lambda_2, \cdots, \lambda_r$ 中正数的个数相等; $k_1, k_2, \cdots, k_r$ 中负数的个数与 $\lambda_1, \lambda_2, \cdots, \lambda_r$ 中负数的个数也相等.

这个定理称为惯性定理，这里不予证明.

二次型的标准形中正系数的个数称为**正惯性指数**，负系数的个数称为**负惯性指数**. 若二次型 f 的正惯性指数为 p，秩为 r，则 f 的规范型便可确定为

$$f = y_1^2 + y_2^2 + \cdots + y_p^2 - y_{p+1}^2 - \cdots - y_r^2.$$

显然，由惯性定理可知，二次型的规范型是唯一确定的.

5.7.2　正定二次型的概念

在科学技术上用得较多的二次型是正惯性指数为 n 或负惯性指数为 n 的 n 元二次型，为此，我们给出下述定义.

定义 5.12　设有二次型 $f(\boldsymbol{x}) = \boldsymbol{x}^{\mathrm{T}}\boldsymbol{A}\boldsymbol{x}$，如果对任何 $\boldsymbol{x} \neq \boldsymbol{0}$，都有 $f(\boldsymbol{x}) > 0$，则称 f 为**正定二次型**，并称对称阵 $\boldsymbol{A}$ 是**正定的**；如果对任何 $\boldsymbol{x} \neq \boldsymbol{0}$，都有 $f(\boldsymbol{x}) < 0$，则称 f 为**负定二次型**，并称对称阵 $\boldsymbol{A}$ 是**负定的**.

从几何的角度来看，若 $f(x,y)$ 是二元正定二次型，则 $f(x,y) = c$（c 为正常数）的图形是一个椭圆. 若 $f(x,y,z)$ 是三元正定二次型，则 $f(x,y,z) = c$（c 为正常数）的图形是椭球面.

从代数的角度看，由于任意一个二次型 $f(x_1, x_2, \cdots, x_n)$ 均可看成定义在实数域上的 n 个变量的实函数，因此，讨论这个多元函数的恒正性、恒负性就是确定二次型的正定性、负定性. 但直接这样判断的难度非常大，于是我们常借助于以下方法来判定.

5.7.3　正定二次型的判定

定理 5.9　n 元二次型 $f = \boldsymbol{x}^{\mathrm{T}}\boldsymbol{A}\boldsymbol{x}$ 为正定的充分必要条件是它的标准形的 n 个系数全为正，即它的正惯性指数等于 n.

证　设可逆变换 $\boldsymbol{x} = \boldsymbol{C}\boldsymbol{y}$ 使得

$$f(\boldsymbol{x}) = f(\boldsymbol{C}\boldsymbol{y}) = k_1 y_1^2 + k_2 y_2^2 + \cdots + k_n y_n^2.$$

先证充分性. 设 $k_i > 0(i = 1, 2, \cdots, n)$. 任给 $\boldsymbol{x} \neq \boldsymbol{0}$，因为 $\boldsymbol{C}$ 是可逆矩阵，则 $\boldsymbol{y} = \boldsymbol{C}^{-1}\boldsymbol{x} \neq \boldsymbol{0}$，故

$$f(\boldsymbol{x}) = f(\boldsymbol{C}\boldsymbol{y}) = k_1 y_1^2 + k_2 y_2^2 + \cdots + k_n y_n^2 > 0.$$

再证必要性. 用反证法，假设有 $k_s \leqslant 0$，则当 $\boldsymbol{y} = \boldsymbol{e}_s$（单位坐标向量）时，

$$f(\boldsymbol{x}) = f(\boldsymbol{C}\boldsymbol{e}_s) = k_s \leqslant 0.$$

显然 $\boldsymbol{C}\boldsymbol{e}_s \neq \boldsymbol{0}$，这与 f 为正定相矛盾. 这就证明了 $k_i > 0(i = 1, 2, \cdots, n)$.

推论 5.3　实对称阵 $\boldsymbol{A}$ 为正定的充分必要条件是 $\boldsymbol{A}$ 的特征值全为正.

定理 5.10　实对称阵 $\boldsymbol{A}$ 为正定的充分必要条件是 $\boldsymbol{A}$ 的各阶顺序主子式都为正，即

$$\Delta_1 = a_{11} > 0, \quad \Delta_2 = \begin{vmatrix} a_{11} & a_{12} \\ a_{21} & a_{22} \end{vmatrix} > 0, \cdots, \Delta_n = \begin{vmatrix} a_{11} & \cdots & a_{n1} \\ \vdots & & \vdots \\ a_{n1} & \cdots & a_{nn} \end{vmatrix} > 0.$$

实对称阵 $\boldsymbol{A}$ 为负定的充分必要条件是 $\boldsymbol{A}$ 的奇数阶顺序主子式为负，而偶数阶顺序主子式为正，即 $(-1)^k \Delta_k > 0\ (k = 1, 2, \cdots, n)$. 这个定理常称为**赫尔维茨定理**，这里不予证明.

例 5.14　判定二次型

$$f = 2x_1^2 + 5x_2^2 + 5x_3^2 + 4x_1x_2 - 4x_1x_3 - 8x_2x_3$$

是否正定?

解法一　用惯性指数法. 先将 f 用配方法化成标准形, 即

$$\begin{aligned} f &= 2x_1^2+5x_2^2+5x_3^2+4x_1x_2-4x_1x_3-8x_2x_3 \\ &= 2(x_1+x_2-x_3)^2+3\left(x_2-\frac{2}{3}x_3\right)^2+\frac{5}{3}x_3^2 \\ &= 2y_1^2+3y_2^2+\frac{5}{3}y_3^2, \end{aligned}$$

其中

$$\begin{cases} y_1 = x_1+x_2-x_3, \\ y_2 = x_2-\dfrac{2}{3}x_3, \\ y_3 = x_3, \end{cases}$$

因为 f 的正惯性指数为 3, 故 f 为正定二次型.

解法二　用特征值法. 二次型 f 的矩阵为

$$\boldsymbol{A}=\begin{pmatrix} 2 & 2 & -2 \\ 2 & 5 & -4 \\ -2 & -4 & 5 \end{pmatrix}.$$

因为

$$|\boldsymbol{A}-\lambda\boldsymbol{E}|=\begin{vmatrix} 2-\lambda & 2 & -2 \\ 2 & 5-\lambda & -4 \\ -2 & -4 & 5-\lambda \end{vmatrix}=(\lambda-1)^2(\lambda-10),$$

所以 $\boldsymbol{A}$ 的特征值为

$$\lambda_1=\lambda_2=1, \quad \lambda_3=10.$$

由于 $\boldsymbol{A}$ 的特征值全大于 0, 故 f 为正定二次型.

解法三　用顺序主子式法. 二次型 f 的矩阵为

$$\boldsymbol{A}=\begin{pmatrix} 2 & 2 & -2 \\ 2 & 5 & -4 \\ -2 & -4 & 5 \end{pmatrix},$$

其顺序主子式

$$\Delta_1=|2|=2>0, \quad \Delta_2=\begin{vmatrix} 2 & 2 \\ 2 & 5 \end{vmatrix}=6>0, \quad \Delta_3=\begin{vmatrix} 2 & 2 & -2 \\ 2 & 5 & -4 \\ -2 & -4 & 5 \end{vmatrix}=10>0.$$

因此, $\boldsymbol{A}$ 是正定矩阵, f 是正定二次型.

以上三种方法都是判别二次型是否正定的常用方法. 另外, 当二次型的矩阵与单位矩阵合同时, 也可判定二次型的正定性.

本 章 小 结

1. 知识框架

本章主要讲述了矩阵的相似对角化和化二次型为标准形及正定性等问题. 重点是矩

阵的特征值、特征向量的概念、性质和求法，矩阵与一个对角矩阵相似的条件和方法，以及化二次型为标准形的方法和正定性的判断. 难点是实对称矩阵的正交相似对角化和用正交变换化实二次型为标准形.

知识框架如下:

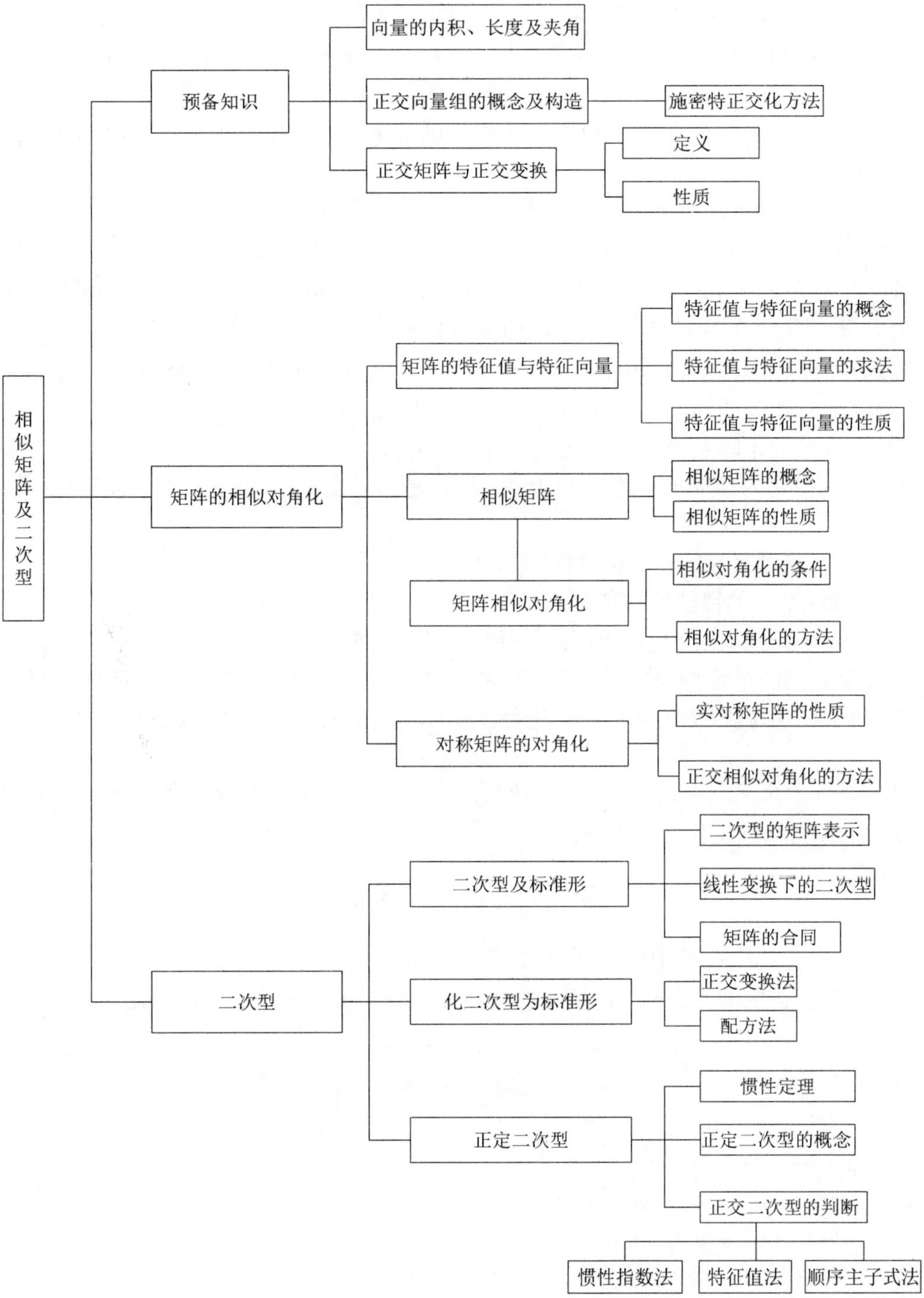

2. 知识要点

(1) 向量的内积、长度、正交性及施密特正交化方法、正交矩阵.

(2) 矩阵的特征值与特征向量的概念、性质及求法. 其中具体求法如下:

①解特征方程 $|\boldsymbol{A}-\lambda\boldsymbol{E}|=0$, 求出矩阵 $\boldsymbol{A}$ 的全部不同的特征值;

②对每个特征值 λ_i, 解齐次线性方程组 $(\boldsymbol{A}-\lambda_i\boldsymbol{E})\boldsymbol{x}=\boldsymbol{0}$, 其非零解就是 λ_i 对应的特征向量.

(3) 相似矩阵的概念、性质, 以及矩阵相似对角化的条件和方法. 其中相似对角化的具体步骤如下:

①求出 n 阶矩阵 $\boldsymbol{A}$ 的全部特征值 $\lambda_i(i=1,2,\cdots,n$, 其中可能有重根).

②对每个特征值 λ_i, 求出齐次线性方程组 $(\boldsymbol{A}-\lambda_i\boldsymbol{E})\boldsymbol{x}=\boldsymbol{0}$ 的基础解系. 若能求出 n 个线性无关的特征向量 $\boldsymbol{p}_i(i=1,2,\cdots,n)$, 则矩阵可以相似对角化. 否则, 就不能相似对角化.

③以求出的 n 个线性无关的特征向量 $\boldsymbol{p}_i(i=1,2,\cdots,n)$ 为列构造矩阵 $\boldsymbol{P}$, 令 $\boldsymbol{P}=(\boldsymbol{p}_1,\boldsymbol{p}_2,\cdots,\boldsymbol{p}_n)$, 则 $\boldsymbol{P}^{-1}\boldsymbol{A}\boldsymbol{P}=\boldsymbol{\Lambda}=\mathrm{diag}(\lambda_1,\lambda_2,\cdots,\lambda_n)$, 其中 λ_i 是与 $\boldsymbol{p}_i$ 对应的特征值.

(4) 实对称矩阵的性质和正交相似对角化的方法.

(5) 二次型的矩阵表示、线性变换和合同矩阵.

(6) 二次型化为标准形的方法与步骤. 特别是用正交变换化二次型为标准形, 具体步骤如下:

①写出二次型对应的 n 阶实对称矩阵 $\boldsymbol{A}$.

②求出矩阵 $\boldsymbol{A}$ 的特征值与特征向量.

③若 $\boldsymbol{A}$ 的 n 个特征值互不相同, 则所对应的特征向量已经正交, 只需进行单位化, 就能得到 n 个正交的单位特征向量; 若 $\boldsymbol{A}$ 的特征值中有 k 重根, 则需将所对应的 k 个线性无关的特征向量, 用施密特正交化方法进行正交单位化处理, 然后才得到 n 个正交的单位特征向量.

④以这 n 个正交的单位特征向量为列构造矩阵 $\boldsymbol{P}$, 则 $\boldsymbol{P}$ 为正交矩阵, 令 $\boldsymbol{x}=\boldsymbol{P}\boldsymbol{y}$, 即得正交变换, 使得二次型化为标准形:

$$f=\lambda_1y_1^2+\lambda_2y_2^2+\cdots+\lambda_ny_n^2,$$

其中 $\lambda_1,\lambda_2,\cdots,\lambda_n$ 是矩阵 $\boldsymbol{P}$ 中的列向量所对应的特征值.

(7) 二次型正定的判别法, 包括惯性指数法、顺序主子式法、特征值法等.

习　题　5

1. 试用施密特法把下列向量组正交化:

(1) $\boldsymbol{\alpha}_1=(1,1,1)^{\mathrm{T}},\boldsymbol{\alpha}_2=(1,2,3)^{\mathrm{T}},\boldsymbol{\alpha}_3=(1,4,9)^{\mathrm{T}}$;

(2) $\boldsymbol{\alpha}_1=(1,0,-1,1)^{\mathrm{T}},\boldsymbol{\alpha}_2=(1,-1,0,1)^{\mathrm{T}},\boldsymbol{\alpha}_3=(-1,1,1,0)^{\mathrm{T}}$.

2. 下列矩阵是不是正交矩阵？并说明理由.

(1) $\begin{pmatrix} 1 & -\frac{1}{2} & \frac{1}{3} \\ -\frac{1}{2} & 1 & \frac{1}{2} \\ \frac{1}{3} & \frac{1}{2} & -1 \end{pmatrix}$；　　(2) $\begin{pmatrix} \frac{1}{9} & -\frac{8}{9} & -\frac{4}{9} \\ -\frac{8}{9} & \frac{1}{9} & -\frac{4}{9} \\ -\frac{4}{9} & -\frac{4}{9} & \frac{7}{9} \end{pmatrix}$.

3. 设 $\boldsymbol{x}$ 为 n 维列向量, $\boldsymbol{x}^{\mathrm{T}}\boldsymbol{x}=1$, $\boldsymbol{H}=\boldsymbol{E}-2\boldsymbol{x}\boldsymbol{x}^{\mathrm{T}}$，证明 $\boldsymbol{H}$ 是对称的正交阵.

4. 求下列矩阵的特征值和特征向量:

(1) $\boldsymbol{A}=\begin{pmatrix} 0 & -1 & 1 \\ 2 & -3 & 0 \\ 0 & 0 & 0 \end{pmatrix}$；　(2) $\boldsymbol{A}=\begin{pmatrix} 4 & -3 & -3 \\ -2 & 3 & 1 \\ 2 & 1 & 3 \end{pmatrix}$；　(3) $\boldsymbol{A}=\begin{pmatrix} 1 & 0 & 0 & 0 \\ 0 & 1 & 0 & 0 \\ 0 & 0 & 5 & 4 \\ 0 & 0 & 4 & 5 \end{pmatrix}$.

5. 设 n 阶矩阵 $\boldsymbol{A}$ 满足 $\boldsymbol{A}^2=\boldsymbol{A}$，证明:(1) $\boldsymbol{A}$ 的特征值只能是 1 或 0;(2) $\boldsymbol{A}+\boldsymbol{E}$ 可逆.

6. 设三阶矩阵 $\boldsymbol{A}$ 的秩 $R(\boldsymbol{A})=2$，且 $\boldsymbol{A}\begin{pmatrix} 1 & 1 \\ 0 & 0 \\ -1 & 1 \end{pmatrix}=\begin{pmatrix} -1 & 2 \\ 0 & 0 \\ 1 & 2 \end{pmatrix}$，求矩阵 $\boldsymbol{A}$ 的全部特征值.

7. 设三阶方阵 $\boldsymbol{A}$ 的特征值为 2, 1, −1，求:

(1) $|\boldsymbol{A}|$；　　(2) $\boldsymbol{B}=2\boldsymbol{A}^3-5\boldsymbol{A}^2+3\boldsymbol{E}$ 的特征值;

(3) $|\boldsymbol{A}^*+3\boldsymbol{A}^{-1}+2\boldsymbol{E}|$.

8. 设四阶方阵 $\boldsymbol{A}$ 与 $\boldsymbol{B}$ 相似，且 $\boldsymbol{A}$ 的特征值为 $1,\frac{1}{2},\frac{1}{2},\frac{1}{3}$，求 $|\boldsymbol{B}^{-1}-6\boldsymbol{B}^*+\boldsymbol{E}|$ 的值.

9. 设 $\boldsymbol{A}$ 是三阶矩阵，且 $|\boldsymbol{A}-\boldsymbol{E}|=|\boldsymbol{A}+2\boldsymbol{E}|=|2\boldsymbol{A}+3\boldsymbol{E}|=0$，求 $|2\boldsymbol{A}^*-3\boldsymbol{E}|$ 的值.

10. 已知矩阵 $\boldsymbol{A}=\begin{pmatrix} 2 & a & 2 \\ 5 & b & 3 \\ -1 & 1 & -1 \end{pmatrix}$ 的特征值为 ± 1，且可以相似对角化，求 a,b 的值.

11. 已知三阶矩阵 $\boldsymbol{A}=\begin{pmatrix} a & 1 & c \\ 0 & b & 0 \\ -4 & c & 1-a \end{pmatrix}$ 的一个特征值 $\lambda_1=2$ 对应的特征向量为 $\boldsymbol{p}_1=\begin{pmatrix} 1 \\ 2 \\ 2 \end{pmatrix}$，求:

(1) 参数 a,b,c 以及 $\boldsymbol{A}$ 的所有特征值和特征向量;

(2) $(2\boldsymbol{E}-\boldsymbol{A})^{100}$.

12. 已知 $\boldsymbol{A}=\begin{pmatrix} 1 & -1 & 1 \\ 2 & 4 & -2 \\ -3 & -3 & a \end{pmatrix}$, $\boldsymbol{B}=\begin{pmatrix} 2 & 0 & 0 \\ 0 & 2 & 0 \\ 0 & 0 & b \end{pmatrix}$，且 $\boldsymbol{A}$ 与 $\boldsymbol{B}$ 相似，求:

(1) a,b 的值;

(2) 可逆矩阵 $\boldsymbol{P}$ 使得 $\boldsymbol{P}^{-1}\boldsymbol{A}\boldsymbol{P}=\boldsymbol{B}$.

13. 已知矩阵 $\boldsymbol{A}=\begin{pmatrix} 2 & 0 & 0 \\ 0 & 0 & 1 \\ 0 & 1 & x \end{pmatrix}$ 与 $\boldsymbol{B}=\begin{pmatrix} 2 & 0 & 0 \\ 0 & y & 0 \\ 0 & 0 & -1 \end{pmatrix}$ 相似，求:

(1) x,y 的值;

(2) 可逆矩阵 $\boldsymbol{P}$ 使得 $\boldsymbol{P}^{-1}\boldsymbol{A}\boldsymbol{P}=\boldsymbol{B}$.

14. 已知 $\boldsymbol{A}=\begin{pmatrix}2&0&0\\0&0&1\\0&1&0\end{pmatrix}$，$\boldsymbol{B}=\begin{pmatrix}1&0&0\\0&-1&0\\0&-6&2\end{pmatrix}$，试判断 $\boldsymbol{A}$ 与 $\boldsymbol{B}$ 是否相似，若相似，求出可逆矩阵 $\boldsymbol{X}$ 使得 $\boldsymbol{X}^{-1}\boldsymbol{A}\boldsymbol{X}=\boldsymbol{B}$.

15. 已知矩阵 $\boldsymbol{A}=\begin{pmatrix}3&2&-2\\-a&-1&a\\4&2&-3\end{pmatrix}$，问 a 为何值时存在可逆矩阵 $\boldsymbol{P}$ 使得 $\boldsymbol{P}^{-1}\boldsymbol{A}\boldsymbol{P}$ 为对角矩阵？并求出 $\boldsymbol{P}$ 及相应的对角矩阵.

16. 设三阶方阵 $\boldsymbol{A}$ 的特征值 $\lambda_1=\lambda_2=-1,\lambda_3=0$，对应的特征向量

$$\boldsymbol{p}_1=(-2,1,0)^{\mathrm{T}},\quad \boldsymbol{p}_2=(1,0,1)^{\mathrm{T}},\quad \boldsymbol{p}_3=(2,0,1)^{\mathrm{T}}.$$

(1) 求矩阵 $\boldsymbol{A}$；

(2) 设向量 $\boldsymbol{\beta}=(1,1,3)^{\mathrm{T}}$，求 $\boldsymbol{A}^{101}\boldsymbol{\beta}$.

17. 求矩阵 $\boldsymbol{A}=\begin{pmatrix}1&-2&2\\-2&-2&4\\2&4&-2\end{pmatrix}$ 的特征值与特征向量，并求正交矩阵 $\boldsymbol{P}$ 使得 $\boldsymbol{P}^{\mathrm{T}}\boldsymbol{A}\boldsymbol{P}$ 为对角矩阵.

18. 设三阶实对称矩阵 $\boldsymbol{A}$ 的各行值和均为 3，向量 $\boldsymbol{\alpha}_1=(-1,2,-1)^{\mathrm{T}},\boldsymbol{\alpha}_2=(0,-1,1)^{\mathrm{T}}$ 是线性方程组 $\boldsymbol{Ax}=\boldsymbol{0}$ 的两个解，求:

(1) $\boldsymbol{A}$ 的特征值和相应的特征向量;

(2) 正交矩阵 $\boldsymbol{Q}$，使得 $\boldsymbol{Q}^{\mathrm{T}}\boldsymbol{A}\boldsymbol{Q}$ 为对角矩阵;

(3) $\boldsymbol{A}$ 及 $\left(\boldsymbol{A}-\dfrac{3}{2}\boldsymbol{E}\right)^6$，其中 E 为三阶单位矩阵.

19. 设三阶实对称矩阵 $\boldsymbol{A}$ 的特征值为 $\lambda_1=1,\lambda_2=2,\lambda_3=3$，矩阵 $\boldsymbol{A}$ 的属于特征值 $\lambda_1=1,\lambda_2=2$ 的特征向量分别为 $\boldsymbol{\alpha}_1=(-1,-1,1)^{\mathrm{T}},\boldsymbol{\alpha}_2=(1,-2,-1)^{\mathrm{T}}$，求 $\boldsymbol{A}$.

20. 用正交变换将下列二次型化成标准形.

(1) $f(x_1,x_2,x_3)=x_1^2+4x_2^2+4x_3^2-4x_1x_2+4x_1x_3-8x_2x_3$；

(2) $f(x_1,x_2,x_3)=x_1^2+5x_2^2+5x_3^2+2x_1x_2-4x_1x_3$.

21. 已知二次型 $f(x_1,x_2,x_3)=5x_1+5x_2+cx_3-2x_1x_2+6x_1x_3-6x_2x_3$ 的秩为 2.

(1) 求参数 c 及此二次型对应矩阵的特征值;

(2) 指出方程 $f(x_1,x_2,x_4)=1$ 表示何种二次曲面.

22. 判断下列二次型的正定性:

(1) $f(x_1,x_2,x_3)=2x_1^2+5x_2^2+5x_3^2+4x_1x_2-4x_1x_3-8x_2x_3$；

(2) $f(x_1,x_2,x_3)=x_1^2+4x_2^2+4x_3^2-2x_1x_3+4x_2x_3$.

23. 选择题.

(1) 已知三阶矩阵 $\boldsymbol{A}$ 的特征值为 $-1,0,1$，则下列命题不正确的是(　　).

(A) 矩阵 $\boldsymbol{A}$ 是不可逆矩阵

(B) 矩阵 $\boldsymbol{A}$ 的主对角线之和为零

(C) 1 与 -1 所对应的特征向量互相正交

(D) 齐次方程组 $\boldsymbol{Ax}=\boldsymbol{0}$ 的基础解系仅有一个向量

(2) 设 λ_1, λ_2 是 n 阶矩阵 $\boldsymbol{A}$ 的特征值, $\boldsymbol{\alpha}_1, \boldsymbol{\alpha}_2$ 分别是 $\boldsymbol{A}$ 的对应于 λ_1, λ_2 的特征向量, 则(　　).

(A) 当 $\lambda_1 = \lambda_2$ 时, $\boldsymbol{\alpha}_1, \boldsymbol{\alpha}_2$ 对应分量必成比例　　(B) 当 $\lambda_1 = \lambda_2$ 时, $\boldsymbol{\alpha}_1, \boldsymbol{\alpha}_2$ 对应分量不成比例

(C) 当 $\lambda_1 \neq \lambda_2$ 时, $\boldsymbol{\alpha}_1, \boldsymbol{\alpha}_2$ 对应分量必成比例　　(D) 当 $\lambda_1 \neq \lambda_2$ 时, $\boldsymbol{\alpha}_1, \boldsymbol{\alpha}_2$ 对应分量不成比例

(3) 已知 $\boldsymbol{A}$ 是三阶方阵, $\boldsymbol{A}$ 的特征值是 $1,2,-3$, $\boldsymbol{A}$ 与 $\boldsymbol{B}$ 相似, 则下列可逆的矩阵是(　　).

(A) $\boldsymbol{B}-\boldsymbol{E}$　　(B) $\boldsymbol{B}+2\boldsymbol{E}$　　(C) $\boldsymbol{B}+3\boldsymbol{E}$　　(D) $\boldsymbol{B}-2\boldsymbol{E}$

(4) 设 $\boldsymbol{A}$ 是三阶矩阵, 其特征值分别为 $1,2,-3$, 相应的特征向量依次为 $\boldsymbol{\alpha}_1, \boldsymbol{\alpha}_2 \boldsymbol{\alpha}_3$, 若 $\boldsymbol{P} = (\boldsymbol{\alpha}_1, -2\boldsymbol{\alpha}_3, 2\boldsymbol{\alpha}_2)$, 则 $\boldsymbol{P}^{-1}\boldsymbol{A}\boldsymbol{P} =$ (　　).

(A) $\begin{pmatrix} 1 & & \\ & -2 & \\ & & 3 \end{pmatrix}$　　(B) $\begin{pmatrix} 1 & & \\ & -3 & \\ & & -2 \end{pmatrix}$　　(C) $\begin{pmatrix} 1 & & \\ & 2 & \\ & & -3 \end{pmatrix}$　　(D) $\begin{pmatrix} 1 & & \\ & -3 & \\ & & 2 \end{pmatrix}$

(5) 矩阵 $\boldsymbol{A} = \begin{pmatrix} 2 & -1 & -1 \\ -1 & 2 & -1 \\ -1 & -1 & 2 \end{pmatrix}$, $\boldsymbol{B} = \begin{pmatrix} 1 & 0 & 0 \\ 0 & 1 & 0 \\ 0 & 0 & 0 \end{pmatrix}$, 则 $\boldsymbol{A}$ 与 $\boldsymbol{B}$ (　　).

(A) 合同, 且相似　　(B) 合同, 但不相似

(C) 不合同, 但相似　　(D) 既不合同, 又不相似

24. 填空题.

(1) 若 $\boldsymbol{A}^2 = \boldsymbol{E}$, 则 $\boldsymbol{A}$ 的特征值为________.

(2) 已知 $\boldsymbol{A}$ 为四阶可逆矩阵, 且 $\boldsymbol{A}^2 + 2\boldsymbol{A} = \boldsymbol{O}$, 则 $|\boldsymbol{A}^2| + |2\boldsymbol{A}| =$ ________.

(3) 设 n 阶方阵 $\boldsymbol{A}$ 与 $\boldsymbol{B}$ 相似, 且 $\boldsymbol{A}^2 = \boldsymbol{A}$, 则 $\boldsymbol{B}^2 =$ ________.

(4) 已知 $\boldsymbol{A} = \begin{pmatrix} 2 & 0 & 0 \\ 0 & 0 & 1 \\ 0 & 1 & a \end{pmatrix}$ 与 $\boldsymbol{B} = \begin{pmatrix} 2 & 0 & 0 \\ 0 & b & 0 \\ 0 & 0 & -1 \end{pmatrix}$ 相似, 则 $a =$ ________, $b =$ ________.

(5) 二次型 $f(x_1, x_2, x_3) = x_1^2 - x_2^2 + 2ax_1x_3 + 4x_2x_3$ 的负惯性指数为 1, 则 a 的取值范围是________.

第 6 章　线性空间与线性变换

6.1　线性空间的定义与性质

线性空间是线性代数中最基本的概念之一. 本节将介绍线性空间的定义以及它的一些简单的性质.

6.1.1　线性空间的概念

为了更好地理解线性空间这一抽象的概念, 先看几个熟知的例子.

例 6.1　欧几里得向量空间.

n 维欧几里得空间 $\mathbf{R}^n=\{(a_1,a_2,\cdots,a_n)^{\mathrm{T}}\mid a_i\in\mathbf{R},i=1,2,\cdots,n\}$, $n=1,2,\cdots$. 为简单起见, 我们首先考虑 $\mathbf{R}^2$. $\mathbf{R}^2$ 中的非零向量在几何上可表示为有向线段. 两个向量可按平行四边形法则(或三角形法则)进行加法运算, 如图 6-1, 用数量表示加法即为

$$\boldsymbol{x}+\boldsymbol{y}=\begin{pmatrix}x_1\\x_2\end{pmatrix}+\begin{pmatrix}y_1\\y_2\end{pmatrix}=\begin{pmatrix}x_1+y_1\\x_2+y_2\end{pmatrix}.$$

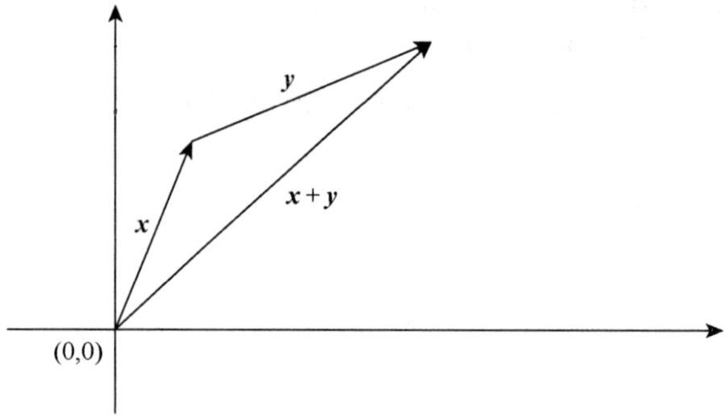

图 6-1　向量加法

同时, $\mathbf{R}^2$ 中的向量也可以与实数作数量乘法:

$$\lambda\boldsymbol{x}=\lambda\begin{pmatrix}x_1\\x_2\end{pmatrix}=\begin{pmatrix}\lambda x_1\\\lambda x_2\end{pmatrix}.$$

一般地, $\mathbf{R}^n$ 中的数量乘法和加法定义为

$$\lambda\boldsymbol{x}=\lambda\begin{pmatrix}x_1\\x_2\\\vdots\\x_n\end{pmatrix}=\begin{pmatrix}\lambda x_1\\\lambda x_2\\\vdots\\\lambda x_n\end{pmatrix},\quad \boldsymbol{x}+\boldsymbol{y}=\begin{pmatrix}x_1\\x_2\\\vdots\\x_n\end{pmatrix}+\begin{pmatrix}y_1\\y_2\\\vdots\\y_n\end{pmatrix}=\begin{pmatrix}x_1+y_1\\x_2+y_2\\\vdots\\x_n+y_n\end{pmatrix}.$$

例 6.2　$[a,b]$ 区间上连续函数空间 $C[a,b]$.

设 $C[a,b]=\{f:[a,b]\to \mathbf{R} \mid f\text{连续}\}$，我们知道连续函数的和是连续函数，连续函数与实数的乘积还是连续函数. 因此，可以在 $C[a,b]$ 上定义加法和数量乘法如下:

$$(f+g)(x)=f(x)+g(x),\quad (\lambda f)(x)=\lambda f(x)\quad (\forall x\in[a,b]),$$

其中 $f,g\in C[a,b],\lambda\in\mathbf{R}$.

从上述例子中看到，所考虑的对象虽然完全不同，但它们有一个共同点，就是都有加法和数量乘法这两种运算. 当然，不同的对象，这两种运算的定义也是不同的. 为了抓住它们的共同点统一起来进行研究，我们引入线性空间的概念.

定义 6.1　设 V 是一个非空集合，$\mathbf{R}$ 为实数域. 在集合 V 上定义了一种运算，叫做**加法**，即对于 V 中的任意两个元素 $\boldsymbol{\alpha}$ 和 $\boldsymbol{\beta}$，在 V 中都有唯一的一个元素 $\boldsymbol{\gamma}$ 与它们对应，称为 $\boldsymbol{\alpha}$ 与 $\boldsymbol{\beta}$ 的和，记作 $\boldsymbol{\gamma}=\boldsymbol{\alpha}+\boldsymbol{\beta}$. 在实数域 $\mathbf{R}$ 与集合 V 的元素之间定义了一种运算，叫做**数量乘法**，即对于 $\mathbf{R}$ 中的任一数 λ 与 V 中任一元素 $\boldsymbol{\alpha}$，在 V 中有唯一的一个元素 $\boldsymbol{\delta}$ 与之对应，称为 λ 与 $\boldsymbol{\alpha}$ 的**数量乘积**，记作 $\boldsymbol{\delta}=\lambda\boldsymbol{\alpha}$. 如果加法与数量乘法满足下述规则，对任意的实数 k,l，以及 V 中任意元素 $\boldsymbol{\alpha},\boldsymbol{\beta},\boldsymbol{\gamma}$，

(1) $\boldsymbol{\alpha}+\boldsymbol{\beta}=\boldsymbol{\beta}+\boldsymbol{\alpha}$;

(2) $(\boldsymbol{\alpha}+\boldsymbol{\beta})+\boldsymbol{\gamma}=\boldsymbol{\alpha}+(\boldsymbol{\beta}+\boldsymbol{\gamma})$;

(3) 在 V 中存在元素 $\mathbf{0}$，对于 V 中任意元素 $\boldsymbol{\alpha}$，都有 $\boldsymbol{\alpha}+\mathbf{0}=\boldsymbol{\alpha}$ (具有这个性质的元素 $\mathbf{0}$ 称为 V 的零元素);

(4) 对于 V 中任意元素 $\boldsymbol{\alpha}$，在 V 中存在元素 $\boldsymbol{\beta}$，使得 $\boldsymbol{\alpha}+\boldsymbol{\beta}=\mathbf{0}$ ($\boldsymbol{\beta}$ 称为 $\boldsymbol{\alpha}$ 的负元素，记为 $-\boldsymbol{\alpha}$);

(5) $1\boldsymbol{\alpha}=\boldsymbol{\alpha}$;

(6) $k(l\boldsymbol{\alpha})=(kl)\boldsymbol{\alpha}$;

(7) $(k+l)\boldsymbol{\alpha}=k\boldsymbol{\alpha}+l\boldsymbol{\alpha}$;

(8) $k(\boldsymbol{\alpha}+\boldsymbol{\beta})=k\boldsymbol{\alpha}+k\boldsymbol{\beta}$,

则称 V 为(实数域 $\mathbf{R}$ 上的)线性空间. 满足上述八条规则的加法和数乘运算，称为**线性运算**. 线性空间 V 中的元素称为向量. 因此，线性空间也称为**向量空间**.

容易验证，例 6.1 和例 6.2 中定义的加法和数量乘法满足上述八条规则，因此 $\mathbf{R}^n$ 和 $C[a,b]$ 都是线性空间.

下面再来举一些例子.

例 6.3　实数域 $\mathbf{R}$ 上的全体一元多项式的集合 $\mathbf{R}[x]$，按照通常的多项式加法和数与多项式乘法，构成实数域 $\mathbf{R}$ 上的线性空间. 如果只考虑次数小于 n 的多项式，也可构成 $\mathbf{R}$ 上的线性空间，记作 $\mathbf{R}[x]_n$.

例 6.4　元素属于实数域 $\mathbf{R}$ 的 $m\times n$ 矩阵的全体，按矩阵的加法和矩阵与数的数量乘法，构成实数域 $\mathbf{R}$ 上的线性空间，记作 $\mathbf{R}^{m\times n}$.

以上给出的线性空间的举例，是常见的一些线性空间. 在上述例子中，不论是函数的加法、数与函数的乘法，或是矩阵的加法、数与矩阵的乘法，它们都是线性运算，因此，只需检验运算封闭即可，即

(1) 若 $\boldsymbol{\alpha},\boldsymbol{\beta}\in V$，则 $\boldsymbol{\alpha}+\boldsymbol{\beta}\in V$；

(2) 若 $\boldsymbol{\alpha}\in V$，λ 是任意实数，则 $\lambda\boldsymbol{\alpha}\in V$.

而在一些线性空间中定义的“加法”和“数乘”运算，已不再局限在数的加法、乘法运算，则应仔细检查是否满足线性运算的八条规则. 下面举例说明.

例 6.5　在集合 $\mathbf{R}^+=\{$全体正实数$\}$上，定义“加法”及“数乘”运算为

$$x\oplus y=xy,\quad \forall x,y\in\mathbf{R}^+,$$

$$k\otimes x=x^k,\quad \forall k\in\mathbf{R},\quad \forall x\in\mathbf{R}^+.$$

试证明: $\mathbf{R}^+$ 是实数域 $\mathbf{R}$ 上的线性空间.

证　事实上，需验证十条.

对加法封闭: $\forall x,y\in\mathbf{R}^+$，有 $x\oplus y=xy\in\mathbf{R}^+$；

对数乘封闭: $\forall k\in\mathbf{R},\forall x\in\mathbf{R}^+$，有 $k\otimes x=x^k\in\mathbf{R}^+$.

下证八条规则成立:

(1) $x\oplus(y\oplus z)=x(yz)=(xy)z=(x\oplus y)\oplus z$；

(2) $x\oplus y=xy=yx=y\oplus x$；

(3) $x\oplus 1=x\cdot 1=x$，所以，存在零元素是 1;

(4) $x\oplus\dfrac{1}{x}=x\cdot\dfrac{1}{x}=1$，所以，$\dfrac{1}{x}$ 是 x 的负元素;

(5) $1\otimes x=x^1=x$.

(6) $k\otimes(l\otimes x)=(x^l)^k=x^{kl}=(kl)\otimes x$；

(7) $(k+l)\otimes x=x^{k+l}=x^kx^l=(k\otimes x)\oplus(l\otimes x)$；

(8) $k\otimes(x\oplus y)=(xy)^k=x^ky^k=(k\otimes x)\oplus(k\otimes y)$.

由此知，$\mathbf{R}^+$ 是实数域 $\mathbf{R}$ 上的线性空间.

例 6.6　设集合 $V_1=\{(x_1,x_2,1)^{\mathrm{T}}\mid x_1,x_2\in\mathbf{R}\}$，$V_2=\{(x_1,x_2,0)^{\mathrm{T}}\mid x_1,x_2\in\mathbf{R}\}$，对于通常 $\mathbf{R}^3$ 上的加法和数乘，试验证 V_1,V_2 是否是实数域 $\mathbf{R}$ 上的线性空间.

解　任取 $\boldsymbol{x},\boldsymbol{y}\in V_1$，其中 $\boldsymbol{x}=(x_1,x_2,1)^{\mathrm{T}}$，$\boldsymbol{y}=(y_1,y_2,1)^{\mathrm{T}}$，则

$$\boldsymbol{x}+\boldsymbol{y}=(x_1+y_1,x_2+y_2,2)^{\mathrm{T}}\notin V_1,$$

对加法运算不封闭，所以 V_1 不是 $\mathbf{R}$ 上的线性空间. 而 V_2 对加法和数乘运算封闭，且这两种运算满足定义中的八条性质，从而 V_2 是实数域 $\mathbf{R}$ 上的线性空间.

6.1.2　线性空间的性质

下面给出线性空间的简单性质.

性质 6.1　零元素是唯一的.

设 $\mathbf{0}_1,\mathbf{0}_2$ 是线性空间 V 的两个零元素. 下证 $\mathbf{0}_1=\mathbf{0}_2$. 考虑 $\mathbf{0}_1+\mathbf{0}_2$. 由于 $\mathbf{0}_1$ 是零元素，所以 $\mathbf{0}_1+\mathbf{0}_2=\mathbf{0}_2$. 又 $\mathbf{0}_2$ 是零元素，所以 $\mathbf{0}_1+\mathbf{0}_2=\mathbf{0}_1$. 于是 $\mathbf{0}_1=\mathbf{0}_1+\mathbf{0}_2=\mathbf{0}_2$.

性质 6.2　任意元素的负元素是唯一的.

设 $\boldsymbol{\beta},\boldsymbol{\gamma}$ 是 $\boldsymbol{\alpha}$ 的负元素，则 $\boldsymbol{\alpha}+\boldsymbol{\beta}=\mathbf{0}$，$\boldsymbol{\alpha}+\boldsymbol{\gamma}=\mathbf{0}$，因此

$$\boldsymbol{\beta}=\boldsymbol{\beta}+\mathbf{0}=\boldsymbol{\beta}+(\boldsymbol{\alpha}+\boldsymbol{\gamma})=(\boldsymbol{\beta}+\boldsymbol{\alpha})+\boldsymbol{\gamma}=\mathbf{0}+\boldsymbol{\gamma}=\boldsymbol{\gamma}.$$

性质 6.3 $0\boldsymbol{\alpha}=\mathbf{0}$, $k\mathbf{0}=\mathbf{0}$, $(-1)\boldsymbol{\alpha}=-\boldsymbol{\alpha}$.

因为

$$\boldsymbol{\alpha}+0\boldsymbol{\alpha}=1\boldsymbol{\alpha}+0\boldsymbol{\alpha}=(1+0)\boldsymbol{\alpha}=\boldsymbol{\alpha},$$

两边分别加上 $-\boldsymbol{\alpha}$，即得 $0\boldsymbol{\alpha}=\mathbf{0}$. 因为

$$(-1)\boldsymbol{\alpha}+\boldsymbol{\alpha}=(-1+1)\boldsymbol{\alpha}=0\boldsymbol{\alpha}=\mathbf{0},$$

所以 $(-1)\boldsymbol{\alpha}=-\boldsymbol{\alpha}$. 因此

$$k\mathbf{0}=k(\boldsymbol{\alpha}+(-1)\boldsymbol{\alpha})=(k+(-k))\boldsymbol{\alpha}=0\boldsymbol{\alpha}=\mathbf{0}.$$

性质 6.4 如果 $k\boldsymbol{\alpha}=\mathbf{0}$，那么 $k=0$ 或者 $\boldsymbol{\alpha}=\mathbf{0}$.

设 $k\boldsymbol{\alpha}=\mathbf{0}, k\neq 0$，则 $\dfrac{1}{k}k\boldsymbol{\alpha}=\dfrac{1}{k}\mathbf{0}=\mathbf{0}$，又 $\dfrac{1}{k}k\boldsymbol{\alpha}=1\boldsymbol{\alpha}=\boldsymbol{\alpha}$，即得 $\boldsymbol{\alpha}=\mathbf{0}$.

利用负元素可以定义向量减法 $\boldsymbol{\beta}-\boldsymbol{\alpha}=\boldsymbol{\beta}+(-\boldsymbol{\alpha})$. 并且有如下性质.

性质 6.5 对任意的实数 k,l，以及任意的 $\boldsymbol{\alpha},\boldsymbol{\beta}\in V$，有

(1) $k(\boldsymbol{\alpha}-\boldsymbol{\beta})=k\boldsymbol{\alpha}-k\boldsymbol{\beta}$;

(2) $(k-l)\boldsymbol{\alpha}=k\boldsymbol{\alpha}-l\boldsymbol{\alpha}$.

证明留给读者.

6.2 子 空 间

在通常的三维几何空间 $\mathbf{R}^3$ 中，过原点的平面 $S=\{(x_1,x_2,0)^{\mathrm{T}}\mid x_1,x_2\in\mathbf{R}\}$ 对向量的加法和数量乘法构成一个线性空间(例 6.6)，即 S 既是 $\mathbf{R}^3$ 的一部分，同时它对于 $\mathbf{R}^3$ 的运算也构成一个线性空间.

定义 6.2 设 V 是一个线性空间, S 是 V 的一个非空子集合，若 S 对于原空间 V 中的加法和数乘运算也构成一个线性空间，则称 S 为 V 的**子空间**.

子空间中运算与原空间相同，已经满足了定义 6.1 中的八条规则. 在判断一个线性空间的非空子集 S 是否构成子空间时，只需验证其是否对运算封闭，即

(1) 对任意的 $\boldsymbol{\alpha},\boldsymbol{\beta}\in S$，有 $\boldsymbol{\alpha}+\boldsymbol{\beta}\in S$;

(2) 若 $\boldsymbol{\alpha}\in S$, λ 是任意实数，则 $\lambda\boldsymbol{\alpha}\in S$.

例 6.7 令 $S=\{(x_1,x_2)^{\mathrm{T}}\mid x_1,x_2\in\mathbf{R}, x_1=2x_2\}$，则 S 是 $\mathbf{R}^2$ 的一个非空子集. 任取 S 中的元素 $\boldsymbol{\alpha}=(a,2a)^{\mathrm{T}}$, $\boldsymbol{\beta}=(b,2b)^{\mathrm{T}}$, $\boldsymbol{\alpha}+\boldsymbol{\beta}=(a,2a)^{\mathrm{T}}+(b,2b)^{\mathrm{T}}=(a+b,2(a+b))^{\mathrm{T}}\in S$；任取实数 λ，和 S 中的元素 $\boldsymbol{\gamma}=(c,2c)^{\mathrm{T}}$, $\lambda\boldsymbol{\gamma}=\lambda(c,2c)^{\mathrm{T}}=(\lambda c,2\lambda c)^{\mathrm{T}}\in S$. 因此, S 是 $\mathbf{R}^2$ 的子空间.

注 6.1 (1) 在线性空间 V 中，容易验证 $\{\mathbf{0}\}$ 是 V 的子空间，称为 V 的零子空间. V 也是 V 的子空间，这两个子空间叫做 V 的**平凡子空间**，其他子空间叫做**非平凡子空间**.

(2) 为证明一个线性空间的子集 S 构成一个子空间，除了证明其对运算封闭，还需验证其非空. 由于每个子空间必须包含零元素，因此可通过证明 $\mathbf{0}\in S$ 来验证 S 非空.

例 6.8 实数域 $\mathbf{R}$ 上的次数小于 n 的多项式构成的线性空间 $\mathbf{R}[x]_n$ 是全体一元多项式空间 $\mathbf{R}[x]$ 的子空间.

例 6.9 在线性空间 $\mathbf{R}^n$ 中，齐次线性方程组

$$\begin{cases} a_{11}x_1 + a_{12}x_2 + \cdots + a_{1n}x_n = 0, \\ a_{21}x_1 + a_{22}x_2 + \cdots + a_{2n}x_n = 0, \\ \cdots\cdots \\ a_{m1}x_1 + a_{m2}x_2 + \cdots + a_{mn}x_n = 0 \end{cases}$$

的全部解向量组成一个子空间，这个子空间叫做**齐次线性方程组的解空间**.

例 6.10 设$\boldsymbol{\alpha},\boldsymbol{\beta}$为线性空间$\mathbf{R}^n$中两个已知的$n$维向量，集合

$$V=\{\boldsymbol{\xi}=\lambda\boldsymbol{\alpha}+\mu\boldsymbol{\beta}\mid\lambda,\mu\in\mathbf{R}\},$$

试判断集合V是否为$\mathbf{R}^n$的一个子空间.

解 因为$\mathbf{0}=0\boldsymbol{\alpha}+0\boldsymbol{\beta}\in V$，若$\boldsymbol{\xi}_1=\lambda_1\boldsymbol{\alpha}+\mu_1\boldsymbol{\beta}$，$\boldsymbol{\xi}_2=\lambda_2\boldsymbol{\alpha}+\mu_2\boldsymbol{\beta}$，则有$\boldsymbol{\xi}_1+\boldsymbol{\xi}_2=(\lambda_1+\lambda_2)\boldsymbol{\alpha}+(\mu_1+\mu_2)\boldsymbol{\beta}\in V$，$k\boldsymbol{\xi}_1=(k\lambda_1)\boldsymbol{\alpha}+(k\mu_1)\boldsymbol{\beta}\in V$. 所以$V$是$\mathbf{R}^n$的一个子空间.

这个子空间称为由向量$\boldsymbol{\alpha},\boldsymbol{\beta}$所生成的子空间.

注 6.2 通常由向量组$\boldsymbol{\alpha}_1,\boldsymbol{\alpha}_2,\cdots,\boldsymbol{\alpha}_m$所生成的线性空间记为

$$V=\{\boldsymbol{\xi}=\lambda_1\boldsymbol{\alpha}_1+\lambda_2\boldsymbol{\alpha}_2+\cdots+\lambda_m\boldsymbol{\alpha}_m\mid\lambda_1,\lambda_2,\cdots,\lambda_m\in\mathbf{R}\}.$$

6.3 维数 基与坐标

在第 3 章中，我们定义了n元数组向量的线性组合、线性相关、线性无关等概念，这些概念在一般的线性空间中也可同样的定义.

定义 6.3 设V是一个线性空间，$\boldsymbol{\alpha}_1,\boldsymbol{\alpha}_2,\cdots,\boldsymbol{\alpha}_s$是$V$中的一组向量，$k_1,k_2,\cdots,k_s$是实数，那么向量

$$\boldsymbol{\alpha}=k_1\boldsymbol{\alpha}_1+k_2\boldsymbol{\alpha}_2+\cdots+k_s\boldsymbol{\alpha}_s$$

称为$\boldsymbol{\alpha}_1,\boldsymbol{\alpha}_2,\cdots,\boldsymbol{\alpha}_s$的一个线性组合，称$\boldsymbol{\alpha}$可由向量组$\boldsymbol{\alpha}_1,\boldsymbol{\alpha}_2,\cdots,\boldsymbol{\alpha}_s$**线性表示**(线性表出).

定义 6.4 给定线性空间V中的一个向量组$A:\boldsymbol{\alpha}_1,\boldsymbol{\alpha}_2,\cdots,\boldsymbol{\alpha}_s$，若存在不全为零的一组实数$k_1,k_2,\cdots,k_s$，使

$$k_1\boldsymbol{\alpha}_1+k_2\boldsymbol{\alpha}_2+\cdots+k_s\boldsymbol{\alpha}_s=\mathbf{0},$$

则称向量组A**线性相关**，否则称为**线性无关**，这里的零向量就是V中的零元素.

可以看到，上述定义重复了n元数组向量相应概念的定义. 不仅如此，在第 3 章中，由这些定义出发得到的对n元数组向量成立的结论，对抽象的线性空间仍适用，下文中将直接引用，不再重复论证.

我们知道，在n元数组向量组成的向量空间$\mathbf{R}^n$中，有n个线性无关的向量，而任意$n+1$个向量线性相关. 在一个线性空间中，最多有几个线性无关的向量是一个重要的属性，我们引入以下定义.

定义 6.5 在线性空间V中，若存在n个向量$\boldsymbol{\varepsilon}_1,\boldsymbol{\varepsilon}_2,\cdots,\boldsymbol{\varepsilon}_n$，满足:

(1) $\boldsymbol{\varepsilon}_1,\boldsymbol{\varepsilon}_2,\cdots,\boldsymbol{\varepsilon}_n$线性无关;

(2) V中任一向量$\boldsymbol{\alpha}$总可由向量组$\boldsymbol{\varepsilon}_1,\boldsymbol{\varepsilon}_2,\cdots,\boldsymbol{\varepsilon}_n$线性表示，

则称$\boldsymbol{\varepsilon}_1,\boldsymbol{\varepsilon}_2,\cdots,\boldsymbol{\varepsilon}_n$是线性空间$V$的一组基，$n$称为线性空间$V$的维数，记作$\dim V$.

若线性空间V的维数是n，称线性空间V是n维的，记作V_n.

注 6.3　(1) 只含零向量的线性空间没有基，维数为 0.

(2) 存在维数为无穷的线性空间，即该空间中有任意多个线性无关的向量，本书不做讨论.

(3) n 维线性空间中任意 $n+1$ 个向量线性相关.

定义 6.6　设 V 是 n 维线性空间, $\boldsymbol{\varepsilon}_1,\boldsymbol{\varepsilon}_2,\cdots,\boldsymbol{\varepsilon}_n$ 是它的一组基, $\boldsymbol{\alpha}$ 是 V 中任一向量，则存在唯一的一组数 $x_1,x_2,\cdots,x_n$ 使

$$\boldsymbol{\alpha}=x_1\boldsymbol{\varepsilon}_1+x_2\boldsymbol{\varepsilon}_2+\cdots+x_n\boldsymbol{\varepsilon}_n.$$

称这一组数 $x_1,x_2,\cdots,x_n$ 为向量 $\boldsymbol{\alpha}$ 在基 $\boldsymbol{\varepsilon}_1,\boldsymbol{\varepsilon}_2,\cdots,\boldsymbol{\varepsilon}_n$ 下的坐标，记作 $\boldsymbol{\alpha}=(x_1,x_2,\cdots,x_n)^{\mathrm{T}}$.

例 6.11　线性空间 $\mathbf{R}[x]_n$ 中, $1,x,x^2,\cdots,x^{n-1}$ 是它的一组基，任一次数小于 n 的多项式 $p(x)=a_0+a_1x+\cdots+a_{n-1}x^{n-1}$ 在这组基下的坐标为 $(a_0,a_1,\cdots,a_{n-1})^{\mathrm{T}}$. $\mathbf{R}[x]_n$ 是 n 维线性空间.

例 6.12　线性空间 $\mathbf{R}^{2\times2}$ 中, $\begin{pmatrix}1&0\\0&0\end{pmatrix},\begin{pmatrix}0&1\\0&0\end{pmatrix},\begin{pmatrix}0&0\\1&0\end{pmatrix},\begin{pmatrix}0&0\\0&1\end{pmatrix}$ 是它的一组基, $\mathbf{R}^{2\times2}$ 是 $2\times2=4$ 维线性空间.

例 6.13　在 n 维线性空间 $\mathbf{R}^n$ 中,

$$\boldsymbol{\varepsilon}_1=\begin{pmatrix}1\\0\\\vdots\\0\end{pmatrix},\quad \boldsymbol{\varepsilon}_2=\begin{pmatrix}0\\1\\\vdots\\0\end{pmatrix},\cdots,\boldsymbol{\varepsilon}_n=\begin{pmatrix}0\\0\\\vdots\\1\end{pmatrix}$$

是一组基，称为 $\mathbf{R}^n$ 的**自然基**. 任取 $\mathbf{R}^n$ 中的向量 $\boldsymbol{\alpha}=(a_1,a_2,\cdots,a_n)^{\mathrm{T}}$，因为

$$\boldsymbol{\alpha}=a_1\boldsymbol{\varepsilon}_1+a_2\boldsymbol{\varepsilon}_2+\cdots+a_n\boldsymbol{\varepsilon}_n,$$

所以 $\boldsymbol{\alpha}$ 在基 $\boldsymbol{\varepsilon}_1,\boldsymbol{\varepsilon}_2,\cdots,\boldsymbol{\varepsilon}_n$ 下的坐标为 $(a_1,a_2,\cdots,a_n)^{\mathrm{T}}$.

不难证明

$$\boldsymbol{\varepsilon}_1'=\begin{pmatrix}1\\1\\\vdots\\1\end{pmatrix},\quad \boldsymbol{\varepsilon}_2'=\begin{pmatrix}0\\1\\\vdots\\1\end{pmatrix},\cdots,\boldsymbol{\varepsilon}_n'=\begin{pmatrix}0\\0\\\vdots\\1\end{pmatrix}$$

线性无关，因此，也构成 $\mathbf{R}^n$ 的基. 对于向量 $\boldsymbol{\alpha}=(a_1,a_2,\cdots,a_n)^{\mathrm{T}}$，因为

$$\boldsymbol{\alpha}=a_1\boldsymbol{\varepsilon}_1'+(a_2-a_1)\boldsymbol{\varepsilon}_2'+\cdots+(a_n-a_{n-1})\boldsymbol{\varepsilon}_n',$$

故在基 $\boldsymbol{\varepsilon}_1',\boldsymbol{\varepsilon}_2',\cdots,\boldsymbol{\varepsilon}_n'$ 下, $\boldsymbol{\alpha}$ 的坐标为 $(a_1,a_2-a_1,\cdots,a_n-a_{n-1})^{\mathrm{T}}$.

给定了 n 维线性空间 V_n 的一组基 $\boldsymbol{\alpha}_1,\boldsymbol{\alpha}_2,\cdots,\boldsymbol{\alpha}_n$, V_n 中的向量与其坐标 ($\mathbf{R}^n$ 中的向量) 是一一对应的，而且这种对应保持线性运算，即

设 $\boldsymbol{\alpha},\boldsymbol{\beta}\in V_n$, $\boldsymbol{\alpha}=x_1\boldsymbol{\alpha}_1+x_2\boldsymbol{\alpha}_2+\cdots+x_n\boldsymbol{\alpha}_n$, $\boldsymbol{\beta}=y_1\boldsymbol{\alpha}_1+y_2\boldsymbol{\alpha}_2+\cdots+y_n\boldsymbol{\alpha}_n$，即 V_n 中 $\boldsymbol{\alpha}$ 对应于 $\mathbf{R}^n$ 中的 $\boldsymbol{x}=(x_1,x_2,\cdots,x_n)^{\mathrm{T}}$, V_n 中 $\boldsymbol{\beta}$ 对应于 $\mathbf{R}^n$ 中的 $\boldsymbol{y}=(y_1,y_2,\cdots,y_n)^{\mathrm{T}}$，则 V_n 中 $\boldsymbol{\alpha}+\boldsymbol{\beta}$ 对应于 $\mathbf{R}^n$ 中的 $\boldsymbol{x}+\boldsymbol{y}$, V_n 中 $\lambda\boldsymbol{\alpha}$ 对应于 $\mathbf{R}^n$ 中的 $\lambda\boldsymbol{x}$.

具有上述对应关系的两个线性空间 V_n 和 $\mathbf{R}^n$，我们称它们是同构的. 显然，任何 n 维线性空间都与 $\mathbf{R}^n$ 同构. 上述对应关系表明，研究 n 维线性空间，都可以通过基和坐标，转化为研究 $\mathbf{R}^n$.

6.4　基变换与坐标变换

在 n 维线性空间中，任意 n 个线性无关的向量都可以被取作空间的基，对于不同的基，同一个向量的坐标一般不同. 下面将讨论随着基的改变，向量的坐标是怎样变化的.

设 $\boldsymbol{\varepsilon}_1,\boldsymbol{\varepsilon}_2,\cdots,\boldsymbol{\varepsilon}_n$ 与 $\boldsymbol{\varepsilon}_1',\boldsymbol{\varepsilon}_2',\cdots,\boldsymbol{\varepsilon}_n'$ 是 n 维线性空间 V 的两组基，它们有如下关系

$$\begin{cases}\boldsymbol{\varepsilon}_1' = a_{11}\boldsymbol{\varepsilon}_1 + a_{21}\boldsymbol{\varepsilon}_2 + \cdots + a_{n1}\boldsymbol{\varepsilon}_n, \\ \boldsymbol{\varepsilon}_2' = a_{12}\boldsymbol{\varepsilon}_1 + a_{22}\boldsymbol{\varepsilon}_2 + \cdots + a_{n2}\boldsymbol{\varepsilon}_n, \\ \qquad\cdots\cdots \\ \boldsymbol{\varepsilon}_n' = a_{1n}\boldsymbol{\varepsilon}_1 + a_{2n}\boldsymbol{\varepsilon}_2 + \cdots + a_{nn}\boldsymbol{\varepsilon}_n.\end{cases} \tag{6.1}$$

此关系改写成矩阵形式为

$$(\boldsymbol{\varepsilon}_1',\boldsymbol{\varepsilon}_2',\cdots,\boldsymbol{\varepsilon}_n') = (\boldsymbol{\varepsilon}_1,\boldsymbol{\varepsilon}_2,\cdots,\boldsymbol{\varepsilon}_n)\begin{pmatrix} a_{11} & a_{12} & \cdots & a_{1n} \\ a_{21} & a_{22} & \cdots & a_{2n} \\ \vdots & \vdots & & \vdots \\ a_{n1} & a_{n2} & \cdots & a_{nn}\end{pmatrix}.$$

若记 $\boldsymbol{A} = \begin{pmatrix} a_{11} & a_{12} & \cdots & a_{1n} \\ a_{21} & a_{22} & \cdots & a_{2n} \\ \vdots & \vdots & & \vdots \\ a_{n1} & a_{n2} & \cdots & a_{nn}\end{pmatrix}$，则上式可简记为

$$(\boldsymbol{\varepsilon}_1',\boldsymbol{\varepsilon}_2',\cdots,\boldsymbol{\varepsilon}_n') = (\boldsymbol{\varepsilon}_1,\boldsymbol{\varepsilon}_2,\cdots,\boldsymbol{\varepsilon}_n)\boldsymbol{A}. \tag{6.2}$$

(6.1) 式或 (6.2) 式称为基变换公式. $\boldsymbol{A}$ 称为由基 $\boldsymbol{\varepsilon}_1,\boldsymbol{\varepsilon}_2,\cdots,\boldsymbol{\varepsilon}_n$ 到基 $\boldsymbol{\varepsilon}_1',\boldsymbol{\varepsilon}_2',\cdots,\boldsymbol{\varepsilon}_n'$ 的过渡矩阵，由 $\boldsymbol{\varepsilon}_1',\boldsymbol{\varepsilon}_2',\cdots,\boldsymbol{\varepsilon}_n'$ 线性无关可知, $\boldsymbol{A}$ 是可逆矩阵.

任取线性空间 V 中的向量 $\boldsymbol{\alpha}$，设其在两组基下的坐标分别为 $(x_1,x_2,\cdots,x_n)^{\mathrm{T}}$ 和 $(x_1',x_2',\cdots,x_n')^{\mathrm{T}}$，即

$$\boldsymbol{\alpha} = x_1\boldsymbol{\varepsilon}_1 + x_2\boldsymbol{\varepsilon}_2 + \cdots + x_n\boldsymbol{\varepsilon}_n = x_1'\boldsymbol{\varepsilon}_1' + x_2'\boldsymbol{\varepsilon}_2' + \cdots + x_n'\boldsymbol{\varepsilon}_n',$$

那么 $(x_1,x_2,\cdots,x_n)^{\mathrm{T}}$ 和 $(x_1',x_2',\cdots,x_n')^{\mathrm{T}}$ 之间有什么关系呢?

定理 6.1　设 V 是 n 维线性空间, $\boldsymbol{\varepsilon}_1,\boldsymbol{\varepsilon}_2,\cdots,\boldsymbol{\varepsilon}_n$ 与 $\boldsymbol{\varepsilon}_1',\boldsymbol{\varepsilon}_2',\cdots,\boldsymbol{\varepsilon}_n'$ 是 V 的两组基，且具有关系式 (6.2)，即由基 $\boldsymbol{\varepsilon}_1,\boldsymbol{\varepsilon}_2,\cdots,\boldsymbol{\varepsilon}_n$ 到基 $\boldsymbol{\varepsilon}_1',\boldsymbol{\varepsilon}_2',\cdots,\boldsymbol{\varepsilon}_n'$ 的过渡矩阵为 $\boldsymbol{A}$. $\boldsymbol{\alpha}$ 是 V 中的向量，在两组基下的坐标分别为 $(x_1,x_2,\cdots,x_n)^{\mathrm{T}}$ 和 $(x_1',x_2',\cdots,x_n')^{\mathrm{T}}$，则

$$\begin{pmatrix} x_1 \\ x_2 \\ \vdots \\ x_n\end{pmatrix} = \boldsymbol{A}\begin{pmatrix} x_1' \\ x_2' \\ \vdots \\ x_n'\end{pmatrix} \quad 或 \quad \begin{pmatrix} x_1' \\ x_2' \\ \vdots \\ x_n'\end{pmatrix} = \boldsymbol{A}^{-1}\begin{pmatrix} x_1 \\ x_2 \\ \vdots \\ x_n\end{pmatrix}, \tag{6.3}$$

式 (6.3) 称为坐标变换公式.

证　因为

$$\boldsymbol{\alpha}=(\boldsymbol{\varepsilon}_1,\boldsymbol{\varepsilon}_2,\cdots,\boldsymbol{\varepsilon}_n)\begin{pmatrix}x_1\\x_2\\\vdots\\x_n\end{pmatrix}=(\boldsymbol{\varepsilon}_1',\boldsymbol{\varepsilon}_2',\cdots,\boldsymbol{\varepsilon}_n')\begin{pmatrix}x_1'\\x_2'\\\vdots\\x_n'\end{pmatrix}=(\boldsymbol{\varepsilon}_1,\boldsymbol{\varepsilon}_2,\cdots,\boldsymbol{\varepsilon}_n)\boldsymbol{A}\begin{pmatrix}x_1'\\x_2'\\\vdots\\x_n'\end{pmatrix},$$

又 $\boldsymbol{\varepsilon}_1,\boldsymbol{\varepsilon}_2,\cdots,\boldsymbol{\varepsilon}_n$ 线性无关，所以

$$\begin{pmatrix}x_1\\x_2\\\vdots\\x_n\end{pmatrix}=\boldsymbol{A}\begin{pmatrix}x_1'\\x_2'\\\vdots\\x_n'\end{pmatrix}.$$

由 $\boldsymbol{A}$ 是可逆矩阵可得 $\begin{pmatrix}x_1'\\x_2'\\\vdots\\x_n'\end{pmatrix}=\boldsymbol{A}^{-1}\begin{pmatrix}x_1\\x_2\\\vdots\\x_n\end{pmatrix}$.

例 6.14　取 $\mathbf{R}^2$ 的一组基 $\boldsymbol{\delta}_1=\begin{pmatrix}3\\2\end{pmatrix},\boldsymbol{\delta}_2=\begin{pmatrix}1\\1\end{pmatrix}$，求 $\boldsymbol{\alpha}=\begin{pmatrix}7\\4\end{pmatrix}$ 在这组基下的坐标.

解　设 $\boldsymbol{\varepsilon}_1=\begin{pmatrix}1\\0\end{pmatrix},\boldsymbol{\varepsilon}_2=\begin{pmatrix}0\\1\end{pmatrix}$，则 $\boldsymbol{\alpha}$ 在 $\boldsymbol{\varepsilon}_1,\boldsymbol{\varepsilon}_2$ 下的坐标为 $\begin{pmatrix}x_1\\x_2\end{pmatrix}=\begin{pmatrix}7\\4\end{pmatrix}$，由 $\boldsymbol{\varepsilon}_1,\boldsymbol{\varepsilon}_2$ 到 $\boldsymbol{\delta}_1,\boldsymbol{\delta}_2$ 的过渡矩阵 $\boldsymbol{A}=\begin{pmatrix}3&1\\2&1\end{pmatrix}$，算得 $\boldsymbol{A}^{-1}=\begin{pmatrix}1&-1\\-2&3\end{pmatrix}$，从而 $\boldsymbol{\alpha}$ 在 $\boldsymbol{\delta}_1,\boldsymbol{\delta}_2$ 下的坐标

$$\begin{pmatrix}x_1'\\x_2'\end{pmatrix}=\boldsymbol{A}^{-1}\begin{pmatrix}x_1\\x_2\end{pmatrix}=\begin{pmatrix}1&-1\\-2&3\end{pmatrix}\begin{pmatrix}7\\4\end{pmatrix}=\begin{pmatrix}3\\-2\end{pmatrix}.$$

例 6.15　在 $\mathbf{R}^3$ 中取两组基

$$\boldsymbol{\alpha}_1=\begin{pmatrix}1\\1\\1\end{pmatrix},\ \boldsymbol{\alpha}_2=\begin{pmatrix}2\\3\\2\end{pmatrix},\ \boldsymbol{\alpha}_3=\begin{pmatrix}1\\5\\4\end{pmatrix};\quad \boldsymbol{\beta}_1=\begin{pmatrix}1\\1\\0\end{pmatrix},\ \boldsymbol{\beta}_2=\begin{pmatrix}1\\2\\0\end{pmatrix},\ \boldsymbol{\beta}_3=\begin{pmatrix}1\\2\\1\end{pmatrix},$$

求 $\boldsymbol{\alpha}_1,\boldsymbol{\alpha}_2,\boldsymbol{\alpha}_3$ 到 $\boldsymbol{\beta}_1,\boldsymbol{\beta}_2,\boldsymbol{\beta}_3$ 的过渡矩阵.

解　从 $\boldsymbol{\alpha}_1,\boldsymbol{\alpha}_2,\boldsymbol{\alpha}_3$ 到 $\boldsymbol{\beta}_1,\boldsymbol{\beta}_2,\boldsymbol{\beta}_3$ 的变换可以看作两个步骤，先从 $\boldsymbol{\alpha}_1,\boldsymbol{\alpha}_2,\boldsymbol{\alpha}_3$ 转换为 $\mathbf{R}^3$ 中的标准基 $\boldsymbol{\varepsilon}_1,\boldsymbol{\varepsilon}_2,\boldsymbol{\varepsilon}_3$，再由 $\boldsymbol{\varepsilon}_1,\boldsymbol{\varepsilon}_2,\boldsymbol{\varepsilon}_3$ 转换为 $\boldsymbol{\beta}_1,\boldsymbol{\beta}_2,\boldsymbol{\beta}_3$.

记

$$\boldsymbol{A}=\begin{pmatrix}1&2&1\\1&3&5\\1&2&4\end{pmatrix},\quad \boldsymbol{B}=\begin{pmatrix}1&1&1\\1&2&2\\0&0&1\end{pmatrix},$$

则 $(\boldsymbol{\varepsilon}_1,\boldsymbol{\varepsilon}_2,\boldsymbol{\varepsilon}_3)=(\boldsymbol{\alpha}_1,\boldsymbol{\alpha}_2,\boldsymbol{\alpha}_3)\boldsymbol{A}^{-1},(\boldsymbol{\beta}_1,\boldsymbol{\beta}_2,\boldsymbol{\beta}_3)=(\boldsymbol{\varepsilon}_1,\boldsymbol{\varepsilon}_2,\boldsymbol{\varepsilon}_3)\boldsymbol{B}$，故

$$(\boldsymbol{\beta}_1,\boldsymbol{\beta}_2,\boldsymbol{\beta}_3)=(\boldsymbol{\alpha}_1,\boldsymbol{\alpha}_2,\boldsymbol{\alpha}_3)\boldsymbol{A}^{-1}\boldsymbol{B},$$

即从 $\boldsymbol{\alpha}_1,\boldsymbol{\alpha}_2,\boldsymbol{\alpha}_3$ 到 $\boldsymbol{\beta}_1,\boldsymbol{\beta}_2,\boldsymbol{\beta}_3$ 的过渡矩阵为 $\boldsymbol{A}^{-1}\boldsymbol{B}$.

下面用矩阵的初等行变换计算 $\boldsymbol{A}^{-1}\boldsymbol{B}$.

$$(\boldsymbol{A}\boldsymbol{B})=\begin{pmatrix}1&2&1&1&1&1\\1&3&5&1&2&2\\1&2&4&0&0&1\end{pmatrix}\to\begin{pmatrix}1&2&1&1&1&1\\0&1&4&0&1&1\\0&0&3&-1&-1&0\end{pmatrix}$$

$$\to\begin{pmatrix}1&2&1&1&1&1\\0&1&4&0&1&1\\0&0&1&-\dfrac{1}{3}&-\dfrac{1}{3}&0\end{pmatrix}\to\begin{pmatrix}1&2&0&\dfrac{4}{3}&\dfrac{4}{3}&1\\0&1&0&\dfrac{4}{3}&\dfrac{7}{3}&1\\0&0&1&-\dfrac{1}{3}&-\dfrac{1}{3}&0\end{pmatrix}$$

$$\to\begin{pmatrix}1&0&0&-\dfrac{4}{3}&-\dfrac{10}{3}&-1\\0&1&0&\dfrac{4}{3}&\dfrac{7}{3}&1\\0&0&1&-\dfrac{1}{3}&-\dfrac{1}{3}&0\end{pmatrix},$$

所以 $\boldsymbol{A}^{-1}\boldsymbol{B}=\begin{pmatrix}-\dfrac{4}{3}&-\dfrac{10}{3}&-1\\\dfrac{4}{3}&\dfrac{7}{3}&1\\-\dfrac{1}{3}&-\dfrac{1}{3}&0\end{pmatrix}$.

例 6.16　在 $\mathbf{R}[x]_3$ 中取两组基

$$\boldsymbol{\alpha}_1=2x^2-x,\quad \boldsymbol{\alpha}_2=-x^2+x+1,\quad \boldsymbol{\alpha}_3=2x^2+x+1;$$
$$\boldsymbol{\beta}_1=x^2+1,\quad \boldsymbol{\beta}_2=x^2+2x+2,\quad \boldsymbol{\beta}_3=x^2+x+2,$$

求从基 $\boldsymbol{\alpha}_1,\boldsymbol{\alpha}_2,\boldsymbol{\alpha}_3$ 到基 $\boldsymbol{\beta}_1,\boldsymbol{\beta}_2,\boldsymbol{\beta}_3$ 的变换下, 向量的坐标变换公式.

解　因为 $x^2,x,1$ 是 $\mathbf{R}[x]_3$ 的一组基, 且

$$(\boldsymbol{\alpha}_1,\boldsymbol{\alpha}_2,\boldsymbol{\alpha}_3)=(x^2,x,1)\begin{pmatrix}2&-1&2\\-1&1&1\\0&1&1\end{pmatrix}=(x^2,x,1)\boldsymbol{A},$$

$$(\boldsymbol{\beta}_1,\boldsymbol{\beta}_2,\boldsymbol{\beta}_3)=(x^2,x,1)\begin{pmatrix}1&1&1\\0&2&1\\1&2&2\end{pmatrix}=(x^2,x,1)\boldsymbol{B},$$

因此, 从 $\boldsymbol{\alpha}_1,\boldsymbol{\alpha}_2,\boldsymbol{\alpha}_3$ 到 $\boldsymbol{\beta}_1,\boldsymbol{\beta}_2,\boldsymbol{\beta}_3$ 的过渡矩阵为 $\boldsymbol{A}^{-1}\boldsymbol{B}$.

设 $\mathbf{R}[x]_3$ 中任一向量 $\boldsymbol{x}$ 在基 $\boldsymbol{\alpha}_1,\boldsymbol{\alpha}_2,\boldsymbol{\alpha}_3$ 和基 $\boldsymbol{\beta}_1,\boldsymbol{\beta}_2,\boldsymbol{\beta}_3$ 下的坐标分别为 $(x_1,x_2,x_3)^{\mathrm{T}}$ 和 $(x_1',x_2',x_3')^{\mathrm{T}}$, 则

$$\begin{pmatrix}x_1'\\x_2'\\x_3'\end{pmatrix}=(\boldsymbol{A}^{-1}\boldsymbol{B})^{-1}\begin{pmatrix}x_1\\x_2\\x_3\end{pmatrix}=\boldsymbol{B}^{-1}\boldsymbol{A}\begin{pmatrix}x_1\\x_2\\x_3\end{pmatrix}.$$

可用矩阵的初等行变换计算得 $\boldsymbol{B}^{-1}\boldsymbol{A}=\begin{pmatrix}4&-3&3\\1&-1&2\\-3&3&-3\end{pmatrix}$. 从而得到, 向量的坐标变换公式为 $\begin{pmatrix}x_1'\\x_2'\\x_3'\end{pmatrix}=\begin{pmatrix}4&-3&3\\1&-1&2\\-3&3&-3\end{pmatrix}\begin{pmatrix}x_1\\x_2\\x_3\end{pmatrix}$.

6.5　线 性 变 换

6.5.1　线性变换的概念

线性空间 V 到自身的映射, 通常称为 V 的一个**变换**.

定义 6.7　设 V 是一个线性空间, 若对于 V 中的任一向量 $\boldsymbol{\alpha}$, 按照一定的对应法则 T, 总有 V 中的一个确定的向量 $\boldsymbol{\beta}$ 与之对应, 则这个对应法则 T 称为线性空间 V 中的一个变换, 记为

$$T(\boldsymbol{\alpha})=\boldsymbol{\beta} \quad \text{或} \quad T\boldsymbol{\alpha}=\boldsymbol{\beta} \ \ (\boldsymbol{\alpha}\in V),$$

$\boldsymbol{\beta}$ 称为 $\boldsymbol{\alpha}$ 的**像**, $\boldsymbol{\alpha}$ 称为 $\boldsymbol{\beta}$ 的**原像**. 像的全体所构成的集合称为**像集**, 记作 $T(V)$, 即

$$T(V)=\{\boldsymbol{\beta}=T(\boldsymbol{\alpha})\mid \boldsymbol{\alpha}\in V\}.$$

下面讨论线性变换, 它是线性空间的最简单也是最重要的一种变换.

定义 6.8　线性空间 V 中的变换 T 称为**线性变换**, 若满足条件

(1) 对任意 $\boldsymbol{\alpha},\boldsymbol{\beta}\in V$, 有 $T(\boldsymbol{\alpha}+\boldsymbol{\beta})=T(\boldsymbol{\alpha})+T(\boldsymbol{\beta})$;

(2) 对任意 $\boldsymbol{\alpha}\in V$ 及实数 k, 有 $T(k\boldsymbol{\alpha})=kT(\boldsymbol{\alpha})$.

下面给出几个常见的线性变换.

例 6.17　旋转变换—— $\mathbf{R}^2$ (Oxy 平面上以原点为始点的全体向量) 中每个向量绕原点按逆时针方向旋转角 θ 的变换 T_θ 是 $\mathbf{R}^2$ 的一个线性变换, 如图 6.2 所示.

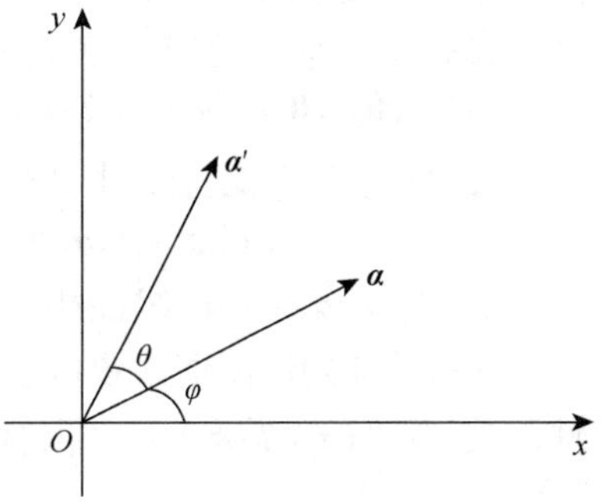

图 6-2

即对任意的 $\boldsymbol{\alpha}=(x,y)^{\mathrm{T}}\in\mathbf{R}^2$,

$$T_\theta(\boldsymbol{\alpha})=T_\theta((x,y)^{\mathrm{T}})=(x',y')^{\mathrm{T}}=\boldsymbol{\alpha}',$$

其中 $x'=r\cos(\varphi+\theta)=r\cos\varphi\cos\theta-r\sin\varphi\sin\theta=x\cos\theta-y\sin\theta$, $y'=r\sin(\varphi+\theta)=r\sin\varphi\cos\theta+r\cos\varphi\sin\theta=y\cos\theta+x\sin\theta$, r 为 $\boldsymbol{\alpha}$ 的模长, φ 为 $\boldsymbol{\alpha}$ 的辐角.

对任意的 $\boldsymbol{\alpha}=(x_1,y_1)^{\mathrm{T}},\boldsymbol{\beta}=(x_2,y_2)^{\mathrm{T}}\in\mathbf{R}^2$,

$$T(\boldsymbol{\alpha}+\boldsymbol{\beta})=T\begin{pmatrix}x_1+x_2\\y_1+y_2\end{pmatrix}=\begin{pmatrix}(x_1+x_2)\cos\theta-(y_1+y_2)\sin\theta\\(y_1+y_2)\cos\theta+(x_1+x_2)\sin\theta\end{pmatrix}$$

$$
\begin{aligned}
&=\begin{pmatrix} x_1\cos\theta-y_1\sin\theta+x_2\cos\theta-y_2\sin\theta \\ y_1\cos\theta+x_1\sin\theta+y_2\cos\theta+x_2\sin\theta \end{pmatrix} \\
&=\begin{pmatrix} x_1\cos\theta-y_1\sin\theta \\ y_1\cos\theta+x_1\sin\theta \end{pmatrix}+\begin{pmatrix} x_2\cos\theta-y_2\sin\theta \\ y_2\cos\theta+x_2\sin\theta \end{pmatrix} \\
&=T(\boldsymbol{\alpha})+T(\boldsymbol{\beta}).
\end{aligned}
$$

对任意的 $\boldsymbol{\alpha}=(x,y)^{\mathrm{T}}\in V$ 及实数 k，

$$
\begin{aligned}
T(k\boldsymbol{\alpha})&=T\begin{pmatrix} kx_1 \\ ky_1 \end{pmatrix}=\begin{pmatrix} kx\cos\theta-ky\sin\theta \\ ky\cos\theta+kx\sin\theta \end{pmatrix}=\begin{pmatrix} k(x\cos\theta-y\sin\theta) \\ k(y\cos\theta+x\sin\theta) \end{pmatrix} \\
&=k\begin{pmatrix} x\cos\theta-y\sin\theta \\ y\cos\theta+x\sin\theta \end{pmatrix}=kT(\boldsymbol{\alpha}).
\end{aligned}
$$

例 6.18　线性空间 V 中的恒等变换或称单位变换 E，即

$$E(\boldsymbol{\alpha})=\boldsymbol{\alpha}\quad(\boldsymbol{\alpha}\in V),$$

以及零变换 0，即

$$0(\boldsymbol{\alpha})=\mathbf{0}\quad(\boldsymbol{\alpha}\in V)$$

都是线性变换.

例 6.19　在线性空间 $\mathbf{R}[x]$ 或者 $\mathbf{R}[x]_n$ 中，求微商是一个线性变换. 这个变换通常用 D 代表，即

$$D(f(x))=f'(x).$$

例 6.20　闭区间 $[a,b]$ 上的全体连续函数组成的线性空间 $C(a,b)$ 中的变换

$$J(f(x))=\int_a^x f(t)\mathrm{d}t$$

是一线性变换.

例 6.21　设 $\boldsymbol{A}$ 是一个 n 阶方阵，则线性空间 $\mathbf{R}^n$ 中的变换

$$T(\boldsymbol{\alpha})=\boldsymbol{A}\boldsymbol{\alpha}\quad(\boldsymbol{\alpha}\in\mathbf{R}^n)$$

是一个线性变换.

6.5.2　线性变换的性质

不难从定义推出线性变换的以下简单性质.

设 V 是 n 维线性空间，T 是 V 中的一个线性变换，则有

(1) $T(\mathbf{0})=\mathbf{0}, T(-\boldsymbol{\alpha})=-T(\boldsymbol{\alpha})$；

(2) 线性变换保持线性组合与线性关系式不变，即

$$T(k_1\boldsymbol{\alpha}_1+k_2\boldsymbol{\alpha}_2+\cdots+k_m\boldsymbol{\alpha}_m)=k_1T(\boldsymbol{\alpha}_1)+k_2T(\boldsymbol{\alpha}_2)+\cdots+k_mT(\boldsymbol{\alpha}_m);$$

(3) 若 $\boldsymbol{\alpha}_1,\boldsymbol{\alpha}_2,\cdots,\boldsymbol{\alpha}_m$ 线性相关，则 $T(\boldsymbol{\alpha}_1),T(\boldsymbol{\alpha}_2),\cdots,T(\boldsymbol{\alpha}_m)$ 也线性相关.

这些性质的证明请读者自己证之. 注意性质 (3) 的否命题是不成立的，即若 $\boldsymbol{\alpha}_1,\boldsymbol{\alpha}_2,\cdots,\boldsymbol{\alpha}_m$ 线性无关，则 $T(\boldsymbol{\alpha}_1),T(\boldsymbol{\alpha}_2),\cdots,T(\boldsymbol{\alpha}_m)$ 不一定线性无关(如例 6.19 中的微商变换).

6.6　线性变换的矩阵

6.6.1　线性变换关于基的矩阵

设 V 是 n 维线性空间，$\boldsymbol{\varepsilon}_1,\boldsymbol{\varepsilon}_2,\cdots,\boldsymbol{\varepsilon}_n$ 是 V 的一组基，现在建立线性变换与矩阵的关系.

设 T 是 V 中的一个线性变换. 任取 V 中的向量 $\boldsymbol{\alpha}$，设其在基 $\boldsymbol{\varepsilon}_1,\boldsymbol{\varepsilon}_2,\cdots,\boldsymbol{\varepsilon}_n$ 下的坐标为 $(x_1,x_2,\cdots,x_n)^{\mathrm{T}}$，即 $\boldsymbol{\alpha}$ 可表示为 $\boldsymbol{\alpha}=x_1\boldsymbol{\varepsilon}_1+x_2\boldsymbol{\varepsilon}_2+\cdots+x_n\boldsymbol{\varepsilon}_n$，且表示法唯一. 由线性变换保持线性关系，可得

$$T\boldsymbol{\alpha}=T(x_1\boldsymbol{\varepsilon}_1+x_2\boldsymbol{\varepsilon}_2+\cdots+x_n\boldsymbol{\varepsilon}_n)=x_1T\boldsymbol{\varepsilon}_1+x_2T\boldsymbol{\varepsilon}_2+\cdots+x_nT\boldsymbol{\varepsilon}_n.$$

上式表明，如果知道了基 $\boldsymbol{\varepsilon}_1,\boldsymbol{\varepsilon}_2,\cdots,\boldsymbol{\varepsilon}_n$ 的像，那么线性空间中任意一个向量 $\boldsymbol{\alpha}$ 的像也就知道了，即以下定理成立.

定理 6.2　设 $\boldsymbol{\varepsilon}_1,\boldsymbol{\varepsilon}_2,\cdots,\boldsymbol{\varepsilon}_n$ 是线性空间 V 的一组基，如果线性变换 A 与 B 在这组基上的作用相同，即

$$A\boldsymbol{\varepsilon}_i=B\boldsymbol{\varepsilon}_i,\quad i=1,2,\cdots,n,$$

那么 $A=B$.

证　任取 V 中的向量 $\boldsymbol{\alpha}$，则 $\boldsymbol{\alpha}$ 可唯一地表示为 $\boldsymbol{\alpha}=x_1\boldsymbol{\varepsilon}_1+x_2\boldsymbol{\varepsilon}_2+\cdots+x_n\boldsymbol{\varepsilon}_n$，从而有

$$A\boldsymbol{\alpha}=A(x_1\boldsymbol{\varepsilon}_1+x_2\boldsymbol{\varepsilon}_2+\cdots+x_n\boldsymbol{\varepsilon}_n)=x_1A\boldsymbol{\varepsilon}_1+x_2A\boldsymbol{\varepsilon}_2+\cdots+x_nA\boldsymbol{\varepsilon}_n,$$

$$B\boldsymbol{\alpha}=B(x_1\boldsymbol{\varepsilon}_1+x_2\boldsymbol{\varepsilon}_2+\cdots+x_n\boldsymbol{\varepsilon}_n)=x_1B\boldsymbol{\varepsilon}_1+x_2B\boldsymbol{\varepsilon}_2+\cdots+x_nB\boldsymbol{\varepsilon}_n.$$

因为对任意的 $i=1,2,\cdots,n,A\boldsymbol{\varepsilon}_i=B\boldsymbol{\varepsilon}_i$，所以 $A\boldsymbol{\alpha}=B\boldsymbol{\alpha}$. 进而有 $A=B$.

定理 6.2 的意义在于，一个线性变换完全被它在一组基上的作用所决定. 下面指出，基向量的像却完全可以是任意的，也就是如下定理.

定理 6.3　设 $\boldsymbol{\varepsilon}_1,\boldsymbol{\varepsilon}_2,\cdots,\boldsymbol{\varepsilon}_n$ 是线性空间 V 的一组基，$\boldsymbol{\alpha}_1,\boldsymbol{\alpha}_2,\cdots,\boldsymbol{\alpha}_n$ 是 V 中任意 n 个向量. 存在唯一的线性变换 A 使

$$A\boldsymbol{\varepsilon}_i=\boldsymbol{\alpha}_i,\quad i=1,2,\cdots,n.$$

证　先来构造满足要求的变换. 设 $\boldsymbol{\alpha}=x_1\boldsymbol{\varepsilon}_1+x_2\boldsymbol{\varepsilon}_2+\cdots+x_n\boldsymbol{\varepsilon}_n$ 是 V 中任一向量，定义

$$A\boldsymbol{\alpha}=x_1\boldsymbol{\alpha}_1+x_2\boldsymbol{\alpha}_2+\cdots+x_n\boldsymbol{\alpha}_n,$$

显然有 $A\boldsymbol{\varepsilon}_i=\boldsymbol{\alpha}_i(i=1,2,\cdots,n)$. 下面证明 A 是线性变换.

任取 V 中两个向量 $\boldsymbol{\beta}=b_1\boldsymbol{\varepsilon}_1+b_2\boldsymbol{\varepsilon}_2+\cdots+b_n\boldsymbol{\varepsilon}_n$，$\boldsymbol{\gamma}=c_1\boldsymbol{\varepsilon}_1+c_2\boldsymbol{\varepsilon}_2+\cdots+c_n\boldsymbol{\varepsilon}_n$，则

$$A\boldsymbol{\beta}=b_1\boldsymbol{\alpha}_1+b_2\boldsymbol{\alpha}_2+\cdots+b_n\boldsymbol{\alpha}_n,\quad A\boldsymbol{\gamma}=c_1\boldsymbol{\alpha}_1+c_2\boldsymbol{\alpha}_2+\cdots+c_n\boldsymbol{\alpha}_n,$$

$$\boldsymbol{\beta}+\boldsymbol{\gamma}=(b_1+c_1)\boldsymbol{\varepsilon}_1+(b_2+c_2)\boldsymbol{\varepsilon}_2+\cdots+(b_n+c_n)\boldsymbol{\varepsilon}_n,$$

$$A(\boldsymbol{\beta}+\boldsymbol{\gamma})=(b_1+c_1)\boldsymbol{\alpha}_1+(b_2+c_2)\boldsymbol{\alpha}_2+\cdots+(b_n+c_n)\boldsymbol{\alpha}_n=A\boldsymbol{\beta}+A\boldsymbol{\gamma}.$$

任取实数 $k,k\boldsymbol{\beta}=kb_1\boldsymbol{\varepsilon}_1+kb_2\boldsymbol{\varepsilon}_2+\cdots+kb_n\boldsymbol{\varepsilon}_n$，所以

$$A(k\boldsymbol{\beta})=kb_1\boldsymbol{\alpha}_1+kb_2\boldsymbol{\alpha}_2+\cdots+kb_n\boldsymbol{\alpha}_n=kA\boldsymbol{\beta}.$$

综上可得，A 是线性变换. 唯一性显然成立.

定义 6.9　设 $\boldsymbol{\varepsilon}_1,\boldsymbol{\varepsilon}_2,\cdots,\boldsymbol{\varepsilon}_n$ 是 n 维线性空间 V 的一组基，A 是 V 中的一个线性变换. 基向量的像可以被基线性表出:

$$\begin{cases}A\boldsymbol{\varepsilon}_1=a_{11}\boldsymbol{\varepsilon}_1+a_{21}\boldsymbol{\varepsilon}_2+\cdots+a_{n1}\boldsymbol{\varepsilon}_n,\\ A\boldsymbol{\varepsilon}_2=a_{12}\boldsymbol{\varepsilon}_1+a_{22}\boldsymbol{\varepsilon}_2+\cdots+a_{n2}\boldsymbol{\varepsilon}_n,\\ \qquad\cdots\cdots\\ A\boldsymbol{\varepsilon}_n=a_{1n}\boldsymbol{\varepsilon}_1+a_{2n}\boldsymbol{\varepsilon}_2+\cdots+a_{nn}\boldsymbol{\varepsilon}_n.\end{cases}$$

用矩阵表示就是

$$A(\boldsymbol{\varepsilon}_1,\boldsymbol{\varepsilon}_2,\cdots,\boldsymbol{\varepsilon}_n)=(A(\boldsymbol{\varepsilon}_1),A(\boldsymbol{\varepsilon}_2),\cdots,A(\boldsymbol{\varepsilon}_n))=(\boldsymbol{\varepsilon}_1,\boldsymbol{\varepsilon}_2,\cdots,\boldsymbol{\varepsilon}_n)\boldsymbol{A},\tag{6.4}$$

其中

$$A=\begin{pmatrix} a_{11} & a_{12} & \cdots & a_{1n} \\ a_{21} & a_{22} & \cdots & a_{2n} \\ \vdots & \vdots & & \vdots \\ a_{n1} & a_{n2} & \cdots & a_{nn} \end{pmatrix},$$

矩阵 $\boldsymbol{A}$ 称为线性变换 A 在基 $\boldsymbol{\varepsilon}_1,\boldsymbol{\varepsilon}_2,\cdots,\boldsymbol{\varepsilon}_n$ 下的矩阵.

显然, 线性变换 A 在给定基下的矩阵是唯一的.

例 6.22　在 $\mathbf{R}[x]_4$ 中, 取基

$$\boldsymbol{\alpha}_1=x^3,\quad \boldsymbol{\alpha}_2=x^2,\quad \boldsymbol{\alpha}_3=x,\quad \boldsymbol{\alpha}_4=1,$$

求微商变换 D 的矩阵.

解　因为

$$\begin{cases} D\boldsymbol{\alpha}_1=3x^2=0\boldsymbol{\alpha}_1+3\boldsymbol{\alpha}_2+0\boldsymbol{\alpha}_3+0\boldsymbol{\alpha}_4, \\ D\boldsymbol{\alpha}_2=2x=0\boldsymbol{\alpha}_1+0\boldsymbol{\alpha}_2+2\boldsymbol{\alpha}_3+0\boldsymbol{\alpha}_4, \\ D\boldsymbol{\alpha}_3=1=0\boldsymbol{\alpha}_1+0\boldsymbol{\alpha}_2+0\boldsymbol{\alpha}_3+1\boldsymbol{\alpha}_4, \\ D\boldsymbol{\alpha}_4=0=0\boldsymbol{\alpha}_1+0\boldsymbol{\alpha}_2+0\boldsymbol{\alpha}_3+0\boldsymbol{\alpha}_4, \end{cases}$$

所以 D 在这组基下的矩阵为

$$A=\begin{pmatrix} 0 & 0 & 0 & 0 \\ 3 & 0 & 0 & 0 \\ 0 & 2 & 0 & 0 \\ 0 & 0 & 1 & 0 \end{pmatrix}.$$

例 6.23　设 A 是 $\mathbf{R}^3$ 的一个线性变换, $\boldsymbol{\alpha}_1,\boldsymbol{\alpha}_2,\boldsymbol{\alpha}_3$ 是 $\mathbf{R}^3$ 的一组基, 已知

$$\boldsymbol{\alpha}_1=(1,0,0)^{\mathrm{T}},\quad \boldsymbol{\alpha}_2=(1,1,0)^{\mathrm{T}},\quad \boldsymbol{\alpha}_3=(1,1,1)^{\mathrm{T}},$$

$$A\boldsymbol{\alpha}_1=(1,-1,0)^{\mathrm{T}},\quad A\boldsymbol{\alpha}_2=(-1,1,-1)^{\mathrm{T}},\quad \boldsymbol{\alpha}_3=(1,-1,2)^{\mathrm{T}},$$

求 A 在基 $\boldsymbol{\alpha}_1,\boldsymbol{\alpha}_2,\boldsymbol{\alpha}_3$ 下的矩阵.

解　设 A 在基 $\boldsymbol{\alpha}_1,\boldsymbol{\alpha}_2,\boldsymbol{\alpha}_3$ 下的矩阵为 $\boldsymbol{A}$, 则

$$(A\boldsymbol{\alpha}_1,A\boldsymbol{\alpha}_2,A\boldsymbol{\alpha}_3)=(\boldsymbol{\alpha}_1,\boldsymbol{\alpha}_2,\boldsymbol{\alpha}_3)\boldsymbol{A},$$

从而

$$\boldsymbol{A}=(\boldsymbol{\alpha}_1,\boldsymbol{\alpha}_2,\boldsymbol{\alpha}_3)^{-1}(A\boldsymbol{\alpha}_1,A\boldsymbol{\alpha}_2,A\boldsymbol{\alpha}_3)=\begin{pmatrix} 1 & 1 & 1 \\ 0 & 1 & 1 \\ 0 & 0 & 1 \end{pmatrix}^{-1}\begin{pmatrix} 1 & -1 & 1 \\ -1 & 1 & -1 \\ 0 & -1 & 2 \end{pmatrix}=\begin{pmatrix} 2 & -2 & 2 \\ -1 & 2 & -3 \\ 0 & -1 & 2 \end{pmatrix}.$$

定理 6.4　设线性变换 A 在基 $\boldsymbol{\varepsilon}_1,\boldsymbol{\varepsilon}_2,\cdots,\boldsymbol{\varepsilon}_n$ 下的矩阵是 $\boldsymbol{A}$, 向量 ξ 在基 $\boldsymbol{\varepsilon}_1,\boldsymbol{\varepsilon}_2,\cdots,\boldsymbol{\varepsilon}_n$ 下的坐标是 $\boldsymbol{x}=(x_1,x_2,\cdots,x_n)^{\mathrm{T}}$, $A(\boldsymbol{\xi})$ 在基 $\boldsymbol{\varepsilon}_1,\boldsymbol{\varepsilon}_2,\cdots,\boldsymbol{\varepsilon}_n$ 下的坐标为 $\boldsymbol{y}=(y_1,y_2,\cdots,y_n)^{\mathrm{T}}$, 则 $\boldsymbol{y}=\boldsymbol{A}\boldsymbol{x}$, 即

$$\begin{pmatrix} y_1 \\ y_2 \\ \vdots \\ y_n \end{pmatrix}=\boldsymbol{A}\begin{pmatrix} x_1 \\ x_2 \\ \vdots \\ x_n \end{pmatrix}.$$

证　已知

$$A(\boldsymbol{\varepsilon}_1,\boldsymbol{\varepsilon}_2,\cdots,\boldsymbol{\varepsilon}_n)=(A(\boldsymbol{\varepsilon}_1),A(\boldsymbol{\varepsilon}_2),\cdots,A(\boldsymbol{\varepsilon}_n))=(\boldsymbol{\varepsilon}_1,\boldsymbol{\varepsilon}_2,\cdots,\boldsymbol{\varepsilon}_n)\boldsymbol{A},$$

$$\boldsymbol{\xi}=x_1\boldsymbol{\varepsilon}_1+x_2\boldsymbol{\varepsilon}_2+\cdots+x_n\boldsymbol{\varepsilon}_n=(\boldsymbol{\varepsilon}_1,\boldsymbol{\varepsilon}_2,\cdots,\boldsymbol{\varepsilon}_n)\begin{pmatrix}x_1\\x_2\\\vdots\\x_n\end{pmatrix},$$

则

$$\begin{aligned}A(\boldsymbol{\xi})&=A(x_1\boldsymbol{\varepsilon}_1+x_2\boldsymbol{\varepsilon}_2+\cdots+x_n\boldsymbol{\varepsilon}_n)=x_1A(\boldsymbol{\varepsilon}_1)+x_2A(\boldsymbol{\varepsilon}_2)+\cdots+x_nA(\boldsymbol{\varepsilon}_n)\\&=(A(\boldsymbol{\varepsilon}_1),A(\boldsymbol{\varepsilon}_2),\cdots,A(\boldsymbol{\varepsilon}_n))\begin{pmatrix}x_1\\x_2\\\vdots\\x_n\end{pmatrix}=(\boldsymbol{\varepsilon}_1,\boldsymbol{\varepsilon}_2,\cdots,\boldsymbol{\varepsilon}_n)\boldsymbol{A}\begin{pmatrix}x_1\\x_2\\\vdots\\x_n\end{pmatrix}.\end{aligned}$$

从而得到 $A(\xi)$ 在基 $\boldsymbol{\varepsilon}_1,\boldsymbol{\varepsilon}_2,\cdots,\boldsymbol{\varepsilon}_n$ 下的坐标 $\begin{pmatrix}y_1\\y_2\\\vdots\\y_n\end{pmatrix}=\boldsymbol{A}\begin{pmatrix}x_1\\x_2\\\vdots\\x_n\end{pmatrix}$，即 $\boldsymbol{y}=\boldsymbol{A}\boldsymbol{x}$.

6.6.2　同一个线性变换在不同基下的矩阵的关系

线性变换的矩阵是与空间中一组基联系在一起的. 一般说来，同一个线性变换在不同的基下，有不同的矩阵. 下面揭示同一线性变换在不同基下矩阵之间的关系.

定理 6.5　设 V_n 是 n 维线性空间，向量组

(1) $\boldsymbol{\alpha}_1,\boldsymbol{\alpha}_2,\cdots,\boldsymbol{\alpha}_n$;

(2) $\boldsymbol{\beta}_1,\boldsymbol{\beta}_2,\cdots,\boldsymbol{\beta}_n$

是 V_n 的两组基，由基(1)到基(2)的过渡矩阵为 $\boldsymbol{X}$，若线性变换 T 在基(1)下的矩阵为 $\boldsymbol{A}$，在基(2)下的矩阵为 $\boldsymbol{B}$，则有 $\boldsymbol{B}=\boldsymbol{X}^{-1}\boldsymbol{A}\boldsymbol{X}$.

证　根据定理的假设，有

$$(\boldsymbol{\beta}_1,\boldsymbol{\beta}_2,\cdots,\boldsymbol{\beta}_n)=(\boldsymbol{\alpha}_1,\boldsymbol{\alpha}_2,\cdots,\boldsymbol{\alpha}_n)\boldsymbol{X},\tag{6.5}$$

$$T(\boldsymbol{\alpha}_1,\boldsymbol{\alpha}_2,\cdots,\boldsymbol{\alpha}_n)=(\boldsymbol{\alpha}_1,\boldsymbol{\alpha}_2,\cdots,\boldsymbol{\alpha}_n)\boldsymbol{A},\tag{6.6}$$

$$T(\boldsymbol{\beta}_1,\boldsymbol{\beta}_2,\cdots,\boldsymbol{\beta}_n)=(\boldsymbol{\beta}_1,\boldsymbol{\beta}_2,\cdots,\boldsymbol{\beta}_n)\boldsymbol{B}.\tag{6.7}$$

另一方面，由(6.5)式及(6.6)式，又得

$$\begin{aligned}T(\boldsymbol{\beta}_1,\boldsymbol{\beta}_2,\cdots,\boldsymbol{\beta}_n)&=T((\boldsymbol{\alpha}_1,\boldsymbol{\alpha}_2,\cdots,\boldsymbol{\alpha}_n)\boldsymbol{X})=T(\boldsymbol{\alpha}_1,\boldsymbol{\alpha}_2,\cdots,\boldsymbol{\alpha}_n)\boldsymbol{X}\\&=(\boldsymbol{\alpha}_1,\boldsymbol{\alpha}_2,\cdots,\boldsymbol{\alpha}_n)\boldsymbol{A}\boldsymbol{X}=(\boldsymbol{\beta}_1,\boldsymbol{\beta}_2,\cdots,\boldsymbol{\beta}_n)\boldsymbol{X}^{-1}\boldsymbol{A}\boldsymbol{X}.\end{aligned}\tag{6.8}$$

比较(6.7)式及(6.8)式，注意到 $\boldsymbol{\beta}_1,\boldsymbol{\beta}_2,\cdots,\boldsymbol{\beta}_n$ 是一个基，得

$$\boldsymbol{B}=\boldsymbol{X}^{-1}\boldsymbol{A}\boldsymbol{X}.$$

定理 6.5 告诉我们，同一个线性变换在不同基下的矩阵之间的关系是相似关系，且相似变换矩阵 $\boldsymbol{X}$ 就是由基(1)到基(2)的过渡矩阵.

例 6.24　设 V 是一个二维线性空间, $\boldsymbol{\varepsilon}_1,\boldsymbol{\varepsilon}_2$ 是一组基, 线性变换 A 在 $\boldsymbol{\varepsilon}_1,\boldsymbol{\varepsilon}_2$ 下的矩阵是 $\begin{pmatrix}2&1\\-1&0\end{pmatrix}$, 计算 A 在 V 的另一组基 $\boldsymbol{\eta}_1,\boldsymbol{\eta}_2$ 下的矩阵, 这里 $(\boldsymbol{\eta}_1,\boldsymbol{\eta}_2)=(\boldsymbol{\varepsilon}_1,\boldsymbol{\varepsilon}_2)\begin{pmatrix}1&-1\\-1&2\end{pmatrix}$.

解　所求矩阵为

$$\begin{pmatrix}1&-1\\-1&2\end{pmatrix}^{-1}\begin{pmatrix}2&1\\-1&0\end{pmatrix}\begin{pmatrix}1&-1\\-1&2\end{pmatrix}=\begin{pmatrix}1&1\\0&1\end{pmatrix}.$$

本 章 小 结

1. 知识框架

本章主要讲述了线性空间、线性子空间的定义和性质, 给出了一些常见的线性空间举例; 定义了线性空间的维数、基, 以及向量在一组基下的坐标; 给出了线性空间的基变换与坐标变换公式; 讲述了线性变换的定义和性质, 定义了线性变换关于基的矩阵, 给出了一个线性变换在不同基下的矩阵的关系. 重点是线性空间的定义、常见线性空间的维数与基、线性空间的基变换与坐标变换. 难点是线性空间的基变换与坐标变换、线性变换在不同基下的矩阵的关系.

知识框架如下:

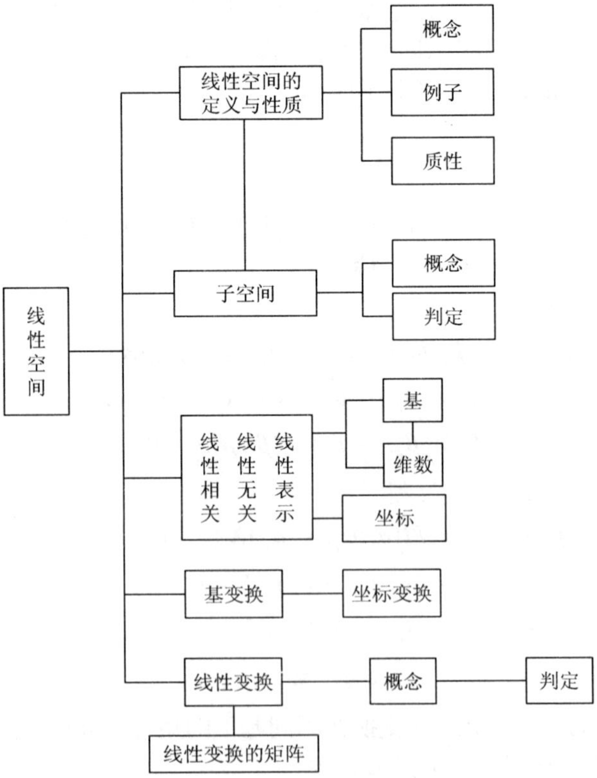

2. 知识要点

(1) 线性空间的概念与判定.

V 是非空集合, $\mathbf{R}$ 为实数域. 在集合 V 上定义了加法和数乘运算, 且满足下述规则, 对任意的实数 k,l, 以及 V 中任意元素 $\boldsymbol{\alpha},\boldsymbol{\beta},\boldsymbol{\gamma}$,

①$\boldsymbol{\alpha}+\boldsymbol{\beta}=\boldsymbol{\beta}+\boldsymbol{\alpha}$;　②$(\boldsymbol{\alpha}+\boldsymbol{\beta})+\boldsymbol{\gamma}=\boldsymbol{\alpha}+(\boldsymbol{\beta}+\boldsymbol{\gamma})$;

③V 中存在零元素 $\mathbf{0}$;　④V 中任意元素 $\boldsymbol{\alpha}$ 有负元素 $-\boldsymbol{\alpha}$;

⑤$1\boldsymbol{\alpha}=\boldsymbol{\alpha}$;　⑥$k(l\boldsymbol{\alpha})=(kl)\boldsymbol{\alpha}$;

⑦$(k+l)\boldsymbol{\alpha}=k\boldsymbol{\alpha}+l\boldsymbol{\alpha}$;　⑧$k(\boldsymbol{\alpha}+\boldsymbol{\beta})=k\boldsymbol{\alpha}+k\boldsymbol{\beta}$,

则称 V 为(实数域 $\mathbf{R}$ 上的)线性空间. 满足上述八条规则的加法和数乘运算, 称为线性运算.

(2) 线性空间的性质.

①零元素是唯一的;　②任意元素的负元素是唯一的;

③ $0\boldsymbol{\alpha}=\mathbf{0}$, $k\mathbf{0}=\mathbf{0}$, $(-1)\boldsymbol{\alpha}=-\boldsymbol{\alpha}$;　④如果 $k\boldsymbol{\alpha}=\mathbf{0}$, 那么 $k=0$ 或者 $\boldsymbol{\alpha}=\mathbf{0}$.

(3) 子空间的定义与判定.

设 S 是线性空间 V 的一个非空子集合, 若 S 对于原空间 V 中的加法和数乘运算也构成一个线性空间, 则称 S 为 V 的子空间.

子空间中运算与原空间相同, 已经满足了线性空间定义中的八条规则. 在判断一个线性空间的非空子集 S 是否构成子空间时, 只需验证其是否对运算封闭, 即

①对任意的 $\boldsymbol{\alpha},\boldsymbol{\beta}\in S$, 有 $\boldsymbol{\alpha}+\boldsymbol{\beta}\in S$;

②若 $\boldsymbol{\alpha}\in S$, λ 是任意实数, 则 $\lambda\boldsymbol{\alpha}\in S$,

而对于 S 非空的验证可通过证明 $\mathbf{0}\in S$ 来实现.

(4) 向量组 $\boldsymbol{\alpha}_1,\boldsymbol{\alpha}_2,\cdots,\boldsymbol{\alpha}_m$ 生成的线性空间为

$$V=\{\xi=\lambda_1\boldsymbol{\alpha}_1+\lambda_2\boldsymbol{\alpha}_2+\cdots+\lambda_m\boldsymbol{\alpha}_m \mid \lambda_1,\lambda_2,\cdots,\lambda_m\in\mathbf{R}\}.$$

(5) 基的定义与判定.

在线性空间 V 中, 若向量 $\boldsymbol{\varepsilon}_1,\boldsymbol{\varepsilon}_2,\cdots,\boldsymbol{\varepsilon}_n$ 满足:

① $\boldsymbol{\varepsilon}_1,\boldsymbol{\varepsilon}_2,\cdots,\boldsymbol{\varepsilon}_n$ 线性无关;

②V 中任一向量 $\boldsymbol{\alpha}$ 总可由向量组 $\boldsymbol{\varepsilon}_1,\boldsymbol{\varepsilon}_2,\cdots,\boldsymbol{\varepsilon}_n$ 线性表示,

则称 $\boldsymbol{\varepsilon}_1,\boldsymbol{\varepsilon}_2,\cdots,\boldsymbol{\varepsilon}_n$ 是线性空间 V 的一组基, n 称为线性空间 V 的维数.

若已知线性空间 V 的维数为 n, 则 n 个向量 $\boldsymbol{\varepsilon}_1,\boldsymbol{\varepsilon}_2,\cdots,\boldsymbol{\varepsilon}_n$ 构成 V 的一组基当且仅当其线性无关.

(6) 向量在一组基下的坐标.

设 $\boldsymbol{\varepsilon}_1,\boldsymbol{\varepsilon}_2,\cdots,\boldsymbol{\varepsilon}_n$ 是 V 的一组基, $\boldsymbol{\alpha}$ 是 V 中任一向量, 若 $\boldsymbol{\alpha}=x_1\boldsymbol{\varepsilon}_1+x_2\boldsymbol{\varepsilon}_2+\cdots+x_n\boldsymbol{\varepsilon}_n$, 则向量 $\boldsymbol{\alpha}$ 在基 $\boldsymbol{\varepsilon}_1,\boldsymbol{\varepsilon}_2,\cdots,\boldsymbol{\varepsilon}_n$ 下的坐标为 $(x_1,x_2,\cdots,x_n)^{\mathrm{T}}$.

求向量 $\boldsymbol{\alpha}$ 在基 $\boldsymbol{\varepsilon}_1,\boldsymbol{\varepsilon}_2,\cdots,\boldsymbol{\varepsilon}_n$ 下的坐标 $(x_1,x_2,\cdots,x_n)^{\mathrm{T}}$, 即要把向量 $\boldsymbol{\alpha}$ 由基 $\boldsymbol{\varepsilon}_1,\boldsymbol{\varepsilon}_2,\cdots,\boldsymbol{\varepsilon}_n$ 线性表示, 组合系数即为所求.

(7) 基变换公式.

设 $\boldsymbol{\varepsilon}_1,\boldsymbol{\varepsilon}_2,\cdots,\boldsymbol{\varepsilon}_n$ 与 $\boldsymbol{\varepsilon}_1',\boldsymbol{\varepsilon}_2',\cdots,\boldsymbol{\varepsilon}_n'$ 是 n 维线性空间 V 的两组基, 且

$$
\begin{cases}
\boldsymbol{\varepsilon}_1' = a_{11}\boldsymbol{\varepsilon}_1 + a_{21}\boldsymbol{\varepsilon}_2 + \cdots + a_{n1}\boldsymbol{\varepsilon}_n, \\
\boldsymbol{\varepsilon}_2' = a_{12}\boldsymbol{\varepsilon}_1 + a_{22}\boldsymbol{\varepsilon}_2 + \cdots + a_{n2}\boldsymbol{\varepsilon}_n, \\
\qquad\vdots \\
\boldsymbol{\varepsilon}_n' = a_{1n}\boldsymbol{\varepsilon}_1 + a_{2n}\boldsymbol{\varepsilon}_2 + \cdots + a_{nn}\boldsymbol{\varepsilon}_n,
\end{cases}
$$

则 $\boldsymbol{A}=(a_{il})$ 称为由基 $\boldsymbol{\varepsilon}_1,\boldsymbol{\varepsilon}_2,\cdots,\boldsymbol{\varepsilon}_n$ 到基 $\boldsymbol{\varepsilon}_1',\boldsymbol{\varepsilon}_2',\cdots,\boldsymbol{\varepsilon}_n'$ 的过渡矩阵.

$(\boldsymbol{\varepsilon}_1',\boldsymbol{\varepsilon}_2',\cdots,\boldsymbol{\varepsilon}_n')=(\boldsymbol{\varepsilon}_1,\boldsymbol{\varepsilon}_2,\cdots,\boldsymbol{\varepsilon}_n)\boldsymbol{A}$ 称为基变换公式.

过渡矩阵 $\boldsymbol{A}$ 是可逆矩阵.

(8) 坐标变换公式.

设 $\boldsymbol{\varepsilon}_1,\boldsymbol{\varepsilon}_2,\cdots,\boldsymbol{\varepsilon}_n$ 与 $\boldsymbol{\varepsilon}_1',\boldsymbol{\varepsilon}_2',\cdots,\boldsymbol{\varepsilon}_n'$ 是 n 维线性空间 V 的两组基，由 $\boldsymbol{\varepsilon}_1,\boldsymbol{\varepsilon}_2,\cdots,\boldsymbol{\varepsilon}_n$ 到 $\boldsymbol{\varepsilon}_1',\boldsymbol{\varepsilon}_2',\cdots,\boldsymbol{\varepsilon}_n'$ 的过渡矩阵为 $\boldsymbol{A}$，$\boldsymbol{\alpha}$ 是 V 中的向量，且 $\boldsymbol{\alpha}=x_1\boldsymbol{\varepsilon}_1+x_2\boldsymbol{\varepsilon}_2+\cdots+x_n\boldsymbol{\varepsilon}_n=x_1'\boldsymbol{\varepsilon}_1'+x_2'\boldsymbol{\varepsilon}_2'+\cdots+x_n'\boldsymbol{\varepsilon}_n'$，则

$$
\begin{pmatrix} x_1 \\ x_2 \\ \vdots \\ x_n \end{pmatrix} = \boldsymbol{A}\begin{pmatrix} x_1' \\ x_2' \\ \vdots \\ x_n' \end{pmatrix} \quad \text{或} \quad \begin{pmatrix} x_1' \\ x_2' \\ \vdots \\ x_n' \end{pmatrix} = \boldsymbol{A}^{-1}\begin{pmatrix} x_1 \\ x_2 \\ \vdots \\ x_n \end{pmatrix}.
$$

上式称为坐标变换公式.

(9) 线性变换的定义与判定.

若线性空间 V 中的变换满足条件:

①对任意 $\boldsymbol{\alpha},\boldsymbol{\beta}\in V$，有 $T(\boldsymbol{\alpha}+\boldsymbol{\beta})=T(\boldsymbol{\alpha})+T(\boldsymbol{\beta})$；

②对任意 $\boldsymbol{\alpha}\in V$ 及实数 k，有 $T(k\boldsymbol{\alpha})=kT(\boldsymbol{\alpha})$，

则 T 是 V 中的线性变换.

(10) 线性变换的性质.

① $T(\boldsymbol{0})=\boldsymbol{0},T(-\boldsymbol{\alpha})=-T(\boldsymbol{\alpha})$；

② $T(k_1\boldsymbol{\alpha}_1+k_2\boldsymbol{\alpha}_2+\cdots+k_m\boldsymbol{\alpha}_m)=k_1T(\boldsymbol{\alpha}_1)+k_2T(\boldsymbol{\alpha}_2)+\cdots+k_mT(\boldsymbol{\alpha}_m)$；

③若 $\boldsymbol{\alpha}_1,\boldsymbol{\alpha}_2,\cdots,\boldsymbol{\alpha}_m$ 线性相关，则 $T(\boldsymbol{\alpha}_1),T(\boldsymbol{\alpha}_2),\cdots,T(\boldsymbol{\alpha}_m)$ 也线性相关.

(11) 线性变换 $A=B\Leftrightarrow A\varepsilon_i=B\varepsilon_i,\ i=1,2,\cdots,n,$ 这里设 $\boldsymbol{\varepsilon}_1,\boldsymbol{\varepsilon}_2,\cdots,\boldsymbol{\varepsilon}_n$ 是线性空间 V 的一组基.

(12) 线性变换在基下的矩阵.

设 $\boldsymbol{\varepsilon}_1,\boldsymbol{\varepsilon}_2,\cdots,\boldsymbol{\varepsilon}_n$ 是 n 维线性空间 V 的一组基，A 是 V 中的一个线性变换. 若

$$
A(\boldsymbol{\varepsilon}_1,\boldsymbol{\varepsilon}_2,\cdots,\boldsymbol{\varepsilon}_n)=(A(\boldsymbol{\varepsilon}_1),A(\boldsymbol{\varepsilon}_2),\cdots,A(\boldsymbol{\varepsilon}_n))=(\boldsymbol{\varepsilon}_1,\boldsymbol{\varepsilon}_2,\cdots,\boldsymbol{\varepsilon}_n)\boldsymbol{A},
$$

则矩阵 $\boldsymbol{A}$ 称为线性变换 A 在基 $\boldsymbol{\varepsilon}_1,\boldsymbol{\varepsilon}_2,\cdots,\boldsymbol{\varepsilon}_n$ 下的矩阵.

线性变换在给定的一组基下的矩阵唯一.

(13) 线性变换在不同的基下的矩阵之间的关系.

设 V_n 是 n 维线性空间，$\boldsymbol{\alpha}_1,\boldsymbol{\alpha}_2,\cdots,\boldsymbol{\alpha}_n$ 与 $\boldsymbol{\beta}_1,\boldsymbol{\beta}_2,\cdots,\boldsymbol{\beta}_n$ 是 V_n 的两组基，由基 $\boldsymbol{\alpha}_1,\boldsymbol{\alpha}_2,\cdots,\boldsymbol{\alpha}_n$ 到基 $\boldsymbol{\beta}_1,\boldsymbol{\beta}_2,\cdots,\boldsymbol{\beta}_n$ 的过渡矩阵为 $\boldsymbol{X}$，若线性变换 T 在基 $\boldsymbol{\alpha}_1,\boldsymbol{\alpha}_2,\cdots,\boldsymbol{\alpha}_n$ 与基 $\boldsymbol{\beta}_1,\boldsymbol{\beta}_2,\cdots,\boldsymbol{\beta}_n$ 下的矩阵分别为 $\boldsymbol{A}$ 和 $\boldsymbol{B}$，则 $\boldsymbol{B}=\boldsymbol{X}^{-1}\boldsymbol{A}\boldsymbol{X}$.

习　题　6

1. 检验下列集合对指定的加法和数量乘法运算是否构成线性空间.

(1) 全体 n 阶实对称矩阵对矩阵的加法和数量乘法;

(2) 全体 n 阶可逆矩阵对矩阵的加法和数量乘法;

(3) 平面上不平行于某一向量的全体向量, 对向量的加法和数量乘法.

2. $\mathbf{R}^3$ 的下列子集合是 $\mathbf{R}^3$ 的子空间吗?

(1) $W_1=\{(x_1,x_2,x_3)^{\mathrm{T}}\mid x_1-x_2+x_3=0\}$;

(2) $W_2=\{(x_1,x_2,x_3)^{\mathrm{T}}\mid x_1+x_2=1\}$.

3. 证明: 线性空间 $\mathbf{R}[x]_n$ 中元素 $f_0=1,f_1=x,f_2=x^2,\cdots,f_{n-1}=x^{n-1}$ 线性无关.

4. 证明: 线性空间 $\mathbf{R}^{2\times2}$ 中的元素

$$\boldsymbol{A}_1=\begin{pmatrix}1&0\\0&0\end{pmatrix},\quad \boldsymbol{A}_2=\begin{pmatrix}1&1\\0&0\end{pmatrix},\quad \boldsymbol{A}_3=\begin{pmatrix}1&1\\1&0\end{pmatrix},\quad \boldsymbol{A}_4=\begin{pmatrix}1&1\\1&1\end{pmatrix}$$

线性无关.

5. 证明: $\boldsymbol{\alpha}_1=(1,3,5)^{\mathrm{T}},\boldsymbol{\alpha}_2=(2,5,2)^{\mathrm{T}},\boldsymbol{\alpha}_3=(3,7,-2)^{\mathrm{T}}$ 是 $\mathbf{R}^3$ 的一组基, 并求向量 $\boldsymbol{\alpha}=(1,3,1)^{\mathrm{T}}$ 在这组基下的坐标.

6. 设 $\mathbf{R}^3$ 的两组基为

$$\boldsymbol{\alpha}_1=(1,0,1)^{\mathrm{T}},\quad \boldsymbol{\alpha}_2=(1,1,0)^{\mathrm{T}},\quad \boldsymbol{\alpha}_3=(0,1,1)^{\mathrm{T}}$$

和

$$\boldsymbol{\beta}_1=(1,1,1)^{\mathrm{T}},\quad \boldsymbol{\beta}_2=(1,1,2)^{\mathrm{T}},\quad \boldsymbol{\beta}_3=(1,2,1)^{\mathrm{T}}.$$

(1) 求向量 $\boldsymbol{\gamma}=(2,3,3)^{\mathrm{T}}$ 在基 $\boldsymbol{\alpha}_1,\boldsymbol{\alpha}_2,\boldsymbol{\alpha}_3$ 下的坐标;

(2) 求由基 $\boldsymbol{\alpha}_1,\boldsymbol{\alpha}_2,\boldsymbol{\alpha}_3$ 到基 $\boldsymbol{\beta}_1,\boldsymbol{\beta}_2,\boldsymbol{\beta}_3$ 的过渡矩阵;

(3) 用坐标变换公式求 $\boldsymbol{\gamma}=(2,3,3)^{\mathrm{T}}$ 在基 $\boldsymbol{\beta}_1,\boldsymbol{\beta}_2,\boldsymbol{\beta}_3$ 下的坐标.

7. 设 $\boldsymbol{\alpha}=(x_1,x_2,x_3)^{\mathrm{T}}\in\mathbf{R}^3$, 下列变换是否为 $\mathbf{R}^3$ 的线性变换?

(1) $T_1(\boldsymbol{\alpha})=(2x_1,0,0)^{\mathrm{T}}$;　　(2) $T_2(\boldsymbol{\alpha})=(x_1x_2,0,x_2)^{\mathrm{T}}$;

(3) $T_3(\boldsymbol{\alpha})=(x_1,x_2,-x_3)^{\mathrm{T}}$;　　(4) $T_4(\boldsymbol{\alpha})=(1,1,x_3)^{\mathrm{T}}$.

8. 对 7 题中 (1), (3) 两个线性变换, 求:

(1) 在基 $\boldsymbol{\varepsilon}_1=(1,0,0)^{\mathrm{T}},\boldsymbol{\varepsilon}_2=(0,1,0)^{\mathrm{T}},\boldsymbol{\varepsilon}_3=(0,0,1)^{\mathrm{T}}$ 下的矩阵;

(2) 在基 $\boldsymbol{\alpha}_1=(1,0,0)^{\mathrm{T}},\boldsymbol{\alpha}_2=(-1,1,0)^{\mathrm{T}},\boldsymbol{\alpha}_3=(1,-1,1)^{\mathrm{T}}$ 下的矩阵.

9. 设 $\boldsymbol{\alpha}_1,\boldsymbol{\alpha}_2,\boldsymbol{\alpha}_3$ 和 $\boldsymbol{\beta}_1,\boldsymbol{\beta}_2,\boldsymbol{\beta}_3$ 是 $\mathbf{R}^3$ 的两组基, 已知

$$\boldsymbol{\beta}_1=2\boldsymbol{\alpha}_1+\boldsymbol{\alpha}_2+3\boldsymbol{\alpha}_3,\quad \boldsymbol{\beta}_2=\boldsymbol{\alpha}_1+\boldsymbol{\alpha}_2+2\boldsymbol{\alpha}_3,\quad \boldsymbol{\beta}_3=-\boldsymbol{\alpha}_1+\boldsymbol{\alpha}_2+\boldsymbol{\alpha}_3,$$

线性变换 T 在 $\boldsymbol{\alpha}_1,\boldsymbol{\alpha}_2,\boldsymbol{\alpha}_3$ 下的矩阵为

$$\boldsymbol{A}=\begin{pmatrix}5&7&-5\\0&4&-1\\2&8&3\end{pmatrix},$$

求 T 在 $\boldsymbol{\beta}_1,\boldsymbol{\beta}_2,\boldsymbol{\beta}_3$ 下的矩阵.

10. 已知 $\mathbf{R}^3$ 的线性变换 T 对于基 $\boldsymbol{\alpha}_1=(-1,0,2)^{\mathrm{T}}$, $\boldsymbol{\alpha}_2=(0,1,1)^{\mathrm{T}}$, $\boldsymbol{\alpha}_3=(3,-1,-6)^{\mathrm{T}}$ 的像为 $T(\boldsymbol{\alpha}_1)=\boldsymbol{\beta}_1=(-1,0,1)^{\mathrm{T}}$, $T(\boldsymbol{\alpha}_2)=\boldsymbol{\beta}_2=(0,-1,2)^{\mathrm{T}}$, $T(\boldsymbol{\alpha}_3)=\boldsymbol{\beta}_3=(-1,-1,3)^{\mathrm{T}}$,

(1) 求 T 在 $\boldsymbol{\alpha}_1,\boldsymbol{\alpha}_2,\boldsymbol{\alpha}_3$ 下的矩阵;

(2) 若向量 $\boldsymbol{\gamma}$ 在基 $\boldsymbol{\alpha}_1,\boldsymbol{\alpha}_2,\boldsymbol{\alpha}_3$ 下的坐标为 $(5,1,1)^{\mathrm{T}}$, 求 $T(\boldsymbol{\gamma})$ 在基 $\boldsymbol{\alpha}_1,\boldsymbol{\alpha}_2,\boldsymbol{\alpha}_3$ 下的坐标.

附录　线性代数实验及应用

线性代数的每一部分内容都涉及运算，尤其是关于矩阵和行列式的计算问题. 显然，当行列式的阶数、矩阵的行数和列数比较小的时候，可以用手工完成必要的运算. 但是实际问题中往往阶数、矩阵的行数和列数都是很大的数，其中的元素也很复杂，有时候还会出现小数，再用手工计算就比较费力了，这时候就需要借助于计算机来实现. 在这一部分，我们介绍 MATLAB 的软件基础及其用于解决最基本的线性代数问题的有关指令，其中包括行列式的计算、矩阵的基本运算和函数运算，以及线性方程组的求解问题等.

MATLAB 是“Matrix Laboratory”的缩写, 1984 年由美国 Mathworks 公司推向市场. 它是一个为科学和工程计算而专门设计的高级交互式软件包，专门以矩阵的形式处理数据，主要用于矩阵运算，同时在数值分析、自动控制模拟、数字信号处理、动态分析、绘图等方面也具有强大的功能.

MATLAB 的特点可以简要归纳如下:

(1) 简单紧凑，结构完整，对矩阵和数组的运算高效灵活.

(2) 运算符丰富，编辑效率高.

由于 MATLAB 是用 C 语言写的，它提供了几乎和 C 语言一样多的运算符.

(3) 具有优良的移植性，使用方便.

MATLAB 语言可以直接在命令行输入语句命令，基本上不用修改就可以在各种型号的计算机和操作系统上运行.

(4) 绘图方便.

MATLAB 提供了一系列的绘图函数命令，可以非常方便地进行二维和三维图像的绘制.

(5) 库函数丰富，易于扩充.

MATLAB 具有丰富的库函数，而且具有功能强大的工具箱，可以解决各种科学和工程计算问题.

附录 1　MATLAB 在矩阵和行列式中的应用

一、实验目的

(1) 理解矩阵及数组概念.

(2) 掌握 MATLAB 对矩阵及数组的操作命令.

(3) 掌握 MATLAB 对矩阵求秩的命令.

(4) 掌握 MATLAB 求方阵的行列式的命令.

(5) 理解逆矩阵的概念，掌握 MATLAB 求逆矩阵的命令.

二、实验内容

1. 矩阵及数组的输入

当需要输入的矩阵阶数比较小时，可以从键盘上直接输入数据建立矩阵. 用这种方法输入矩阵需要注意以下几点:

(1) 整个输入矩阵要以“[ ]”作为首尾符号，矩阵的数据应该放在“[ ]”内部，此时MATLAB才能将其识别为矩阵.

(2) 要逐行输入矩阵的数据，矩阵的元素必须以逗号“，”或空格分隔，行与行之间可以用“；”或者回车符分隔.

(3) 矩阵的数据可以作为运算表达式，如果不想显示输入的矩阵，可以在矩阵输入以后以“；”结束.

如: 在MATLAB中输入一个矩阵 $A=\begin{pmatrix}1&2&3\\3&2&1\\2&3&1\end{pmatrix}$，只需要进行下面的操作:

```
       [  1 2 3
>> A =    3 2 1    %这里的换行用“Shift+Enter”键或者回车键都可以
          2 3 1  ]
    1 2 3
A = 3 2 1
    2 3 1
```

也可以键入:

```
>> A =[1,2,3;3,2,1;2,3,1]
```

而A(i,j)表示矩阵中的元素 a_{ij}，如>> A(2,3)↓得　　　　%↓表示按回车键

```
ans=

    1
```

2. 矩阵运算的常用命令

(1) A′表示矩阵 $\boldsymbol{A}$ 的转置;

(2) det(A)表示矩阵 $\boldsymbol{A}$ 的行列式;

(3) rank(A)表示矩阵 $\boldsymbol{A}$ 的秩;

(4) inv(A)表示矩阵 $\boldsymbol{A}$ 的逆矩阵;

(5) A+B,A-B,A*B分别表示矩阵 $\boldsymbol{A}$ 和 $\boldsymbol{B}$ 的加法、减法和乘法;

(6) A∧n表示矩阵 $\boldsymbol{A}$ 的乘方 $\boldsymbol{A}^n$;

(7) A/B＝AB^{-1}, B/A＝BA^{-1};

(8) rref(A)表示矩阵 $\boldsymbol{A}$ 的行阶梯形.

例 1　设 $A=\begin{pmatrix}1&2&-3\\1&-2&1\\5&-2&-3\end{pmatrix}, B=\begin{pmatrix}2&1&3\\0&1&2\\1&0&3\end{pmatrix}$,计算: $2A+B,3A-2B,AB,A^{100},B^{-1},AB^{-1}$.

解

```
A=[1,2,-3;1,-2,1;5,-2,-3], B=[2,1,3;0,1,2;5,-2,-3]
A=
   1  2  -3
   1 -2   1
   5 -2  -3
B=
   2 1 3
   0 1 2
   1 0 3
2*A+B
ans=
     4   5  -3
     2  -3   4
    11  -4  -3
3*A-2*B
ans=
    -1   4  -15
     3  -8   -1
    13  -6  -15
A*B
ans=
    -1   3  -2
     3  -1   2
     7   3   2
A∧100
ans=
    1.0e+060*(表示1.0×10^60)
    0.4017   0.8035  -1.2052
    0.4017  -0.8035   0.4017
    2.0087  -0.8035  -1.2052
inv(B)
ans=
     0.6000  -0.6000  -0.2000
     0.4000   0.6000  -0.8000
    -0.2000   0.2000   0.4000
```

```
B1 =sym(inv(B))(sym命令可获得具有无穷精度的数据)
B1 =
   [3/5  -3/5  -1/5]
   [2/5  3/5  -4/5]
   [-1/5  1/5  2/5]
A*inv(B)
ans=
     2.0000  -0.0000  -3.0000
    -0.4000  -1.6000   1.8000
     2.8000  -4.8000  -0.6000
```

例 2　求矩阵 $\boldsymbol{A}=[1,2;3,4]$ 的逆矩阵 $\boldsymbol{A}^{-1}$.

解

```
>>A=[1,2;3,4],invA=inv(A),A*invA
A=
   1  2
   3  4
invA=
     -2.0000  1.0000
      1.5000 -0.5000
ans=
    1.0000     0
    0.0000  1.0000
```

例 3　计算矩阵 $\boldsymbol{A}=[1,2,2;2,3,5;4,5,7]$ 的行列式的值和矩阵 $\boldsymbol{A}$ 的秩.

解

```
>>A=[1,2,2;2,3,5;4,5,7];det(A)
ans=
    4
>>rank(A)
ans=
    3
```

例 4　解矩阵方程

$$\begin{pmatrix}1&2&3\\3&2&1\\2&3&1\end{pmatrix}\boldsymbol{X}\begin{pmatrix}1&3&2\\4&3&2\\6&4&5\end{pmatrix}=\begin{pmatrix}80&72&55\\108&72&69\\103&75&71\end{pmatrix}.$$

解

```
>>A=[1,2,3;3,2,1;2,3,1];↓
>>B=[1,3,2;4,3,2;6,4,5];↓
>>C=[80,72,55;108,72,69;103,75,71];↓
>>X=inv(A)*C*inv(B)↓
```

得

```
X=
    -2.0000  3.0000   2.0000
     1.0000  1.0000   2.0000
     2.0000  3.0000  -1.0000
```

例 5　求行列式$\begin{vmatrix} 1-a & a & 0 & 0 \\ -1 & 1-a & a & 0 \\ 0 & -1 & 1-a & a \\ 0 & 0 & -1 & 1-a \end{vmatrix}$的值.

解
```
>>syms   a
>>A=
     [1-a  a  0  0]
     [-1  1-a  a  0]
     [0  -1  1-a  a]
     [0  0  -1  1-a]
>>det(A)
ans=
     a^4-a^3+a^2-a+1
```

三、实验举例：人口流动问题

1. 实验目的

(1) 掌握矩阵高次幂的应用.
(2) 加深 MATLAB 在矩阵和行列式中的应用.

2. 实验内容

设某中小城市及郊区乡镇共有 30 万人从事农工商工作，假定这个总人数在若干年内保持不变，而社会调查表明：

(1) 在这 30 万就业人员中，目前约有 15 万人从事农业，9 万人从事工业，6 万人经商.
(2) 在务农人员中，每年约有 20%改为务工，10%改为经商.
(3) 在务工人员中，每年约有 20%改为务农，10%改为经商.
(4) 在经商人员中，每年约有 10%改为务农，10%改为务工.

现欲预测一、二年后从事各业人员的人数，以及经过多年以后，从事各业人员总数的发展趋势.

解
```
>>X0=[15;9;6];      %X0表示初始从事三种职业的人员数量
>>A=[0.7,0.2,0.1;0.7,0.2,0.1,0.1,0.1,0.8];  %A表示从业变动矩阵
>>X1=A*X0
X1=
```

```
      12.9000
       9.9000
       7.2000
>> X2=A∧2*X0
X2=
      11.7300
      10.2300
       8.0400
```

如果计算 10 年后从事这三种职业的人数，很容易通过下式求得

```
>> X10=A∧10*X0
X10=
      10.0594
      10.0536
       9.8870
```

通过MATLAB运算不难得到，当$n=100$时，即计算100年后从事这三种职业的人数，可得

```
>> X100=A∧100*X0
X100=
      10.0000
      10.0000
      10.0000
```

可以看出，最后会达到一个平衡状态(迁移平衡).

附录 2　MATLAB 在向量组中的应用

一、实验目的

(1) 会用 MATLAB 判断向量组的线性相关性.

(2) 会用 MATLAB 求向量组的最大无关组.

二、实验内容

向量组常用的 MATLAB 命令

1) 线性相关性的判定

将向量组写成矩阵的形式，设$(\boldsymbol{\alpha}_1,\boldsymbol{\alpha}_2,\cdots,\boldsymbol{\alpha}_n)=\boldsymbol{A}$.

方法一　若$\det(\boldsymbol{A})=0$，则向量组线性相关；若$\det(\boldsymbol{A})\neq 0$，则向量组线性无关.

方法二　若$\mathrm{rank}(\boldsymbol{A})=n$，则向量组线性无关；若$\mathrm{rank}(\boldsymbol{A})<n$，则向量组线性相关.

2) 最大无关组的求法

(1) 输入矩阵$(\boldsymbol{\alpha}_1,\boldsymbol{\alpha}_2,\cdots,\boldsymbol{\alpha}_n)=\boldsymbol{A}$.

(2) 求$\boldsymbol{A}$的秩，若$\mathrm{rank}(\boldsymbol{A})=n$，则线性无关；若$\mathrm{rank}(\boldsymbol{A})<n$，则线性相关. 则作以下运算: `A1=rref(A)`.

(3) 求出 $\boldsymbol{\alpha}_1,\boldsymbol{\alpha}_2,\cdots,\boldsymbol{\alpha}_n$ 的最大无关组.

例 6　判断向量组 $\boldsymbol{a}=\begin{pmatrix}-1\\2\\3\\4\end{pmatrix}$, $\boldsymbol{b}=\begin{pmatrix}0\\3\\4\\5\end{pmatrix}$, $\boldsymbol{c}=\begin{pmatrix}2\\2\\2\\2\end{pmatrix}$, $\boldsymbol{d}=\begin{pmatrix}0\\-2\\1\\2\end{pmatrix}$的线性相关性.

解
```
>> a=(-1,2,3,4)′;↓
>> b=(0,3,4,5)′;↓
>> c=(2,2,2,2)′;↓
>> d=(0,-2,1,2)′;↓
```
将a,b,c,d并为一个矩阵A:
```
>> A=[a,b,c,d];↓,
```
再键入
```
>> rank(A)↓
```
得
```
ans=

     3
```
表明 $\boldsymbol{A}$ 的秩为 3, 这说明向量组 $\boldsymbol{a},\boldsymbol{b},\boldsymbol{c},\boldsymbol{d}$ 的秩为 $3<n$, 所以线性相关.

例 7　已知向量组I: $\boldsymbol{\alpha}_1=(1,-2,-5),\boldsymbol{\alpha}_2=(-2,4,10),\boldsymbol{\alpha}_3=(3,-4,-17),\boldsymbol{\alpha}_4=(0,1,-1),\boldsymbol{\alpha}_5=(-1,3,4)$, 求: (1) 向量组 I 的秩;

(2) 判断向量组 I 的线性相关性;

(3) 写出向量组 I 的一个最大无关组, 并将其余的向量用此最大无关组线性表示.

解　将向量组写成矩阵, 求出矩阵的行最简形回答所有问题. 命令如下:
```
>> α1=[1,-2,-5]′;↓
>> α2=[-2,4,10]′;↓
>> α3=[3,-4,-17]′;↓
>> α4=[0,1,-1]′;↓
>> α5=[-1,3,4]′;↓
>> A=[α1,α2,…,α5];↓
A=
     1   -2    3    0   -1
    -2    4   -4    1    3
    -5   10  -17   -1    4
```
再键入
```
>> rref(A)
```
得
```
ans=
```

```
1.0000  -2.0000     0     -1.5000  -2.5000
     0        0  1.0000    0.5000   0.5000
     0        0     0         0        0
```

答: (1) 因为行最简形的非零行行数是 2, 所以向量组的秩为 2.

(2) 因为秩小于个数 5, 所以 I 为线性相关向量组.

(3) 行最简形中单位向量对应的 $\boldsymbol{\alpha}_1,\boldsymbol{\alpha}_3$ 为一个最大无关组, 且

$$\boldsymbol{\alpha}_2=-2\boldsymbol{\alpha}_1+0\boldsymbol{\alpha}_3,\quad \boldsymbol{\alpha}_4=-1.5\boldsymbol{\alpha}_1+0.5\boldsymbol{\alpha}_3,\quad \boldsymbol{\alpha}_5=-2.5\boldsymbol{\alpha}_1+0.5\boldsymbol{\alpha}_3.$$

附录 3　MATLAB 在线性方程组中的应用

一、实验目的

(1) 会用 MATLAB 求齐次线性方程组的基础解系.

(2) 会用 MATLAB 判断方程组解的情况.

(3) 会用 MATLAB 求非齐次线性方程组的通解.

二、实验中常用命令

(1) `rank(A)`　矩阵的秩.

(2) `A\b`　对方程组 $\boldsymbol{A}\boldsymbol{x}=\boldsymbol{b}$ 的求解.

(3) `rank(A)=rank(A,b)`　对方程组有解的判断.

(4) `null(A)`　求齐次方程组的基础解系.

(5) `pinv(A)`　求非齐次方程组的通解.

例 8　求解方程组 $\boldsymbol{A}\boldsymbol{x}=\boldsymbol{b}$, 其中 $\boldsymbol{A}=\begin{pmatrix}2&1&3\\3&1&2\\4&3&8\\1&1&2\end{pmatrix},\boldsymbol{b}=\begin{pmatrix}-5\\-1\\-14\\-3\end{pmatrix}$.

解

```
>>A=[2,1,3;3,1,2;4,3,8;1,1,2];↓
>>b=[-5,-1,-14,-3]';↓
>>x=A\b↓
```

得

```
x=
    1.0000
    2.0000
   -3.0000
```

再键入

```
>>(A*x-b)'↓
```

得

```
ans=
    1.0e-0.13*
```

```
    -0.0622  -0.0355  -0.1066  0.0178
```

例 9　求齐次方程组 $\boldsymbol{Ax}=\boldsymbol{0}$ 的基础解系，其中 $\boldsymbol{A}=\begin{pmatrix}1 & 2 & 1\\ -1 & -2 & -1\\ 2 & 4 & 2\end{pmatrix}$.

解
```
>> A=[1,2,1;-1,-2,-1;2,4,2];↓
>> alpha=null(A)↓
```
得
```
alpha=
      0.9129        0
     -0.3651  -0.4472
     -0.1826   0.8944
```
在此，alpha 就是所求的基础解系.

例 10　判断方程组 $\boldsymbol{Ax}=\boldsymbol{b}$ 是否有解，其中 $\boldsymbol{A}=\begin{pmatrix}1 & -1 & 0\\ 1 & -1 & 1\\ 1 & -1 & -1\end{pmatrix},\boldsymbol{b}=\begin{pmatrix}1\\ 1\\ -1\end{pmatrix}$.

解
```
>> A=[1,-1,0;1,-1,1;1,-1,-1];↓
>> b=[1,1,-1]';↓
>>[rank(A),rank([A,b])]↓
```
得
```
ans=
      2  3
```
说明 $R(\boldsymbol{A})<R(\boldsymbol{A},\boldsymbol{b})$，故该方程组无解.

例 11　求非齐次线性方程组的通解: $\begin{cases}x_1+x_2-3x_3-x_4=1,\\ 3x_1-x_2-3x_3+4x_4=4,\\ x_1+5x_2-9x_3-8x_4=0.\end{cases}$

解
```
>> A=[1,1,-1,-1;3,-1,-3,4;1,5,-9,-8];↓
>> b=[1,4,0]';↓
>> B=[A,b];↓
>> C=rref(B)↓
```
运行后结果显示为
```
C=
   1  0  -3/2   3/4   5/4
   0  1  -3/2  -7/4  -1/4
   0  0    0     0     0
```

所以对应的齐次方程组的基础解系为 $\boldsymbol{\xi}_1=\begin{pmatrix}3/2\\ 3/2\\ 1\\ 0\end{pmatrix},\boldsymbol{\xi}_2=\begin{pmatrix}-3/4\\ 7/4\\ 0\\ 1\end{pmatrix}$.

非齐次方程组的特解为$\boldsymbol{\eta}^*=\begin{pmatrix}5/4\\-1/4\\0\\0\end{pmatrix}$.

所以原方程组的通解为$\boldsymbol{X}=k_1\boldsymbol{\xi}_1+k_2\boldsymbol{\xi}_2+\boldsymbol{\eta}^*$.

三、设计性实验：剑桥食谱问题

1. 实验目的

(1) 掌握线性方程组的求解方法.

(2) 加深对矩阵初等行变换的理解.

2. 实验内容

剑桥食谱是 20 世纪 80 年代很流行的一种食谱，它是由 Howard 博士为首的科学家团队经过对肥胖病人连续 8 年的临床研究，在剑桥大学完成的. 这种低热量的粉状食品精确地平衡了碳水化合物、高质量的蛋白质和脂肪、配合维生素、矿物质、微量元素和电解质. 自从食谱创建以来，数百万人应用这一食谱实现了快速和有效的减肥.

为了得到所希望的数量和比例的营养，Howard 博士在食品中加入了多种食品，每种食物都提供多种所需要的成分，但是比例复杂多样，比如，脱脂牛奶是蛋白质的主要来源，但是又包含了大量的钙，而大豆粉也能提供蛋白质，它虽然包含的钙比较少，但又有过多的脂肪含量，为了均衡，再加入乳清，因为乳清含有脂肪较少，但是乳清又含有过多的碳水化合物……

现在提出问题，若要维持一个人每天需要摄入的营养含量(表 1)，讨论脱脂牛奶、大豆粉和乳清该用什么样的比例?

表 1　人每天需要摄入的营养来源及含量

营养素	每 100g 成分所含营养素/g			剑桥食谱每天供应量/g
	脱脂牛奶	大豆粉	乳清	
蛋白质	36	51	13	33
碳水化合物	52	34	74	45
脂肪	0	7	1.1	3

解　设 x_1,x_2,x_3 分别表示脱脂牛奶、大豆粉、乳清的数量(以 100g 为单位)，$\alpha_1,\alpha_2,\alpha_3$ 分别表示每单位脱脂牛奶、大豆粉、乳清所含有的营养素，b 表示所需要的营养素总量，从而所需要建立的方程为

$$x_1\alpha_1+x_2\alpha_2+x_3\alpha_3=b.$$

所以，MATLAB 程序为

```
>>α1=[36,52,0]';↓
>>α2=[51,34,7]';↓
```

```
>>α3=[13,74,1.1]';↓
>>b=[33,45,3]';↓
>>A=[α1,α2,α3,b];↓
>>rref(A)
ans=
     1  0  0  0.277
     0  1  0  0.392
     0  0  1  0.233
```

由结果可以看出，该食谱需要脱脂牛奶 0.277 单位，大豆粉 0.392 单位，乳清 0.233 单位，这样就可以供给所需要的蛋白质、碳水化合物和脂肪.

附录 4　MATLAB 在相似矩阵及二次型中的应用

一、实验目的

(1) 会用 MATLAB 求矩阵的特征值和特征向量.

(2) 会用 MATLAB 求二次型的标准形.

(3) 会用 MATLAB 判断二次型的正定性.

二、实验中常用的 MATLAB 命令

(1) `d=eig(A)`　求 $\boldsymbol{A}$ 的特征值.

(2) `[V,D]=eig(A)`　求特征值和特征向量(其中 $\boldsymbol{V}$ 是由特征向量构成的方阵, $\boldsymbol{D}$ 是由特征值构成的对角矩阵).

(3) `P=ploy(A)`　求出 $\boldsymbol{A}$ 的特征多项式的系数.

(4) `Q=orth(A)`　将矩阵 $\boldsymbol{A}$ 正交规范化.

(5) `chol(A)`　判断矩阵 $\boldsymbol{A}$ 的正定性.

(6) `[D,p]=chol(A)`　若 $p=0$，则 $\boldsymbol{A}$ 为正定矩阵. 若 $p>0$，则 $\boldsymbol{A}$ 为非正定矩阵.

例 12　求方阵 $\boldsymbol{A}=\begin{pmatrix}3 & 1 & 0\\ -4 & -1 & 0\\ 4 & -8 & -2\end{pmatrix}$ 的特征值和特征向量.

解

```
A=[3,1,0;-4,-1,0;4,-8,-2]
A=
    3   1   0
   -4  -1   0
    4  -8  -2
d=eig(A)
d=
```

```
  -2
   1
   1
[V,D]=eig(A)
```

运行结果如下：

```
V=
   0  221/1554  -221/1554
   0  -221/777   221/777
   1   621/655   -621/655
D=
  -2  0  0
   0  1  0
   0  0  1
```

所以 A 的特征值为 $-2,1,1$，对应的特征向量为 V 的第一、二、三列.

例 13　求正交矩阵 Q，使 $Q^{-1}AQ$ 为对角矩阵，其中 $A=\begin{pmatrix}3&-2&0\\-2&2&-2\\0&-2&1\end{pmatrix}$.

解

```
>> A=[3,-2,0;-2,2,-2;0,-2,1];↓
A=
   3  -2   0
  -2   2  -2
   0  -2   1
d=eig(A)
     d=
         5.0000
         2.0000
        -1.0000
[V,D]=eig(A)
```

运行结果如下：

```
V=
    0.6667   0.6667  -0.3333
   -0.6667   0.3333  -0.6667
    0.3333  -0.6667  -0.6667
D=
   5.0000      0        0
      0     2.0000      0
      0        0    -1.0000
V1=sym(V)
```

```
V1 =
    [2/3,2/3,-1/3]
    [-2/3,1/3,-2/3]
    [1/3,-2/3,-2/3]
    (V1(:,1))'*V1(:,2)(作V1中第一列和第二列向量的内积,即验证其正交性)
    ans =
         0
```

所以，求得的正交矩阵就是$\boldsymbol{Q}=\boldsymbol{V}_1$.

例 14　化二次型$f=2x_1x_2+2x_1x_3-2x_1x_4-2x_2x_3+2x_2x_4+2x_3x_4$为标准形，并写出正交变换矩阵$\boldsymbol{P}$.

解

```
A=[0,1,1,-1;1,0,-1,1;1,-1,0,1;-1,1,1,0]
[V,D]=eig(A)
P=orth(D)
```

运行结果如下：

```
V =
   0.7887   0.2113    0.5000   -0.2887
   0.2113   0.7887   -0.5000    0.2887
   0.5774  -0.5774   -0.5000    0.2887
     0         0       0.5000    0.8660

D =
   1.0000      0         0         0
     0      1.0000       0         0
     0         0      -3.0000      0
     0         0         0      1.0000

P =
   0.7887  -0.2113  -0.0000   0.5774
   0.2113   0.7887   0.5774      0
   0.5774   0.0000  -0.2113  -0.7887
     0     -0.5774   0.7887  -0.2113
```

正交变换为X = PY.

其标准形为$f=y_1^2+y_2^2-3y_3^2+y_4^2$.

三、设计性实验：三元二次方程的三维图形判定

1. 实验目的

(1) 从实际问题出发，建立对应的二次型.

(2) 掌握二次型的特性和矩阵.

(3) 掌握空间解析几何中关于二次方程图形的形式.

2. 实验内容

设有一个三元二次方程

$$c = a_{11}x_1^2 + a_{22}x_2^2 + a_{33}x_3^2 + 2a_{12}x_1x_2 + 2a_{13}x_1x_3 + 2a_{23}x_2x_3,$$

怎样判定其在三维空间的图形?

解

```
>> A=[2,-2,0;-2,1,-2;0,-2,0];↓
[P,D]=schur(A)
syms  y1  y2  y3
y=[y1;y2;y3];
f=[y1,y2,y3]*D*y
```

运行结果为

```
D=
   -2   0   0
   -2   1  -2
    0  -2   0
f=-2*y1^2+y2^2+4*y3^2
```

即 $f = -2y_1^2 + y_2^2 + 4y_3^2$.

由所学知识可知:

当 $c=0$ 时, 所给方程为三维空间中的锥面.

当 $c>0$ 时, 所给方程为三维空间中的单叶双曲面.

当 $c<0$ 时, 所给方程为三维空间中的双叶双曲面.

本章小结

1. 知识框架

本章主要讲述了 MATLAB 软件在矩阵和行列式、向量组和线性方程组的求解, 以及相似矩阵和二次型等各个环节的应用. 重点是能够使用 MATLAB 对应的命令解决线性代数问题. 难点是各种命令的表示形式.

知识框架如下:

2. 知识要点

(1) 对矩阵及数组的操作命令: 以“[ ]”作为首尾符号.

(2) 对矩阵求秩的命令: `rank(A)`.

(3) 求方阵的行列式的命令: `det(A)`.

(4) 求逆矩阵的命令: `inv(A)`.

(5) 判断向量组的线性相关性: `rank(A)=n` 或者 `det(A)=0`.

(6) 求向量组的最大无关组: `A1=rref(A)`.

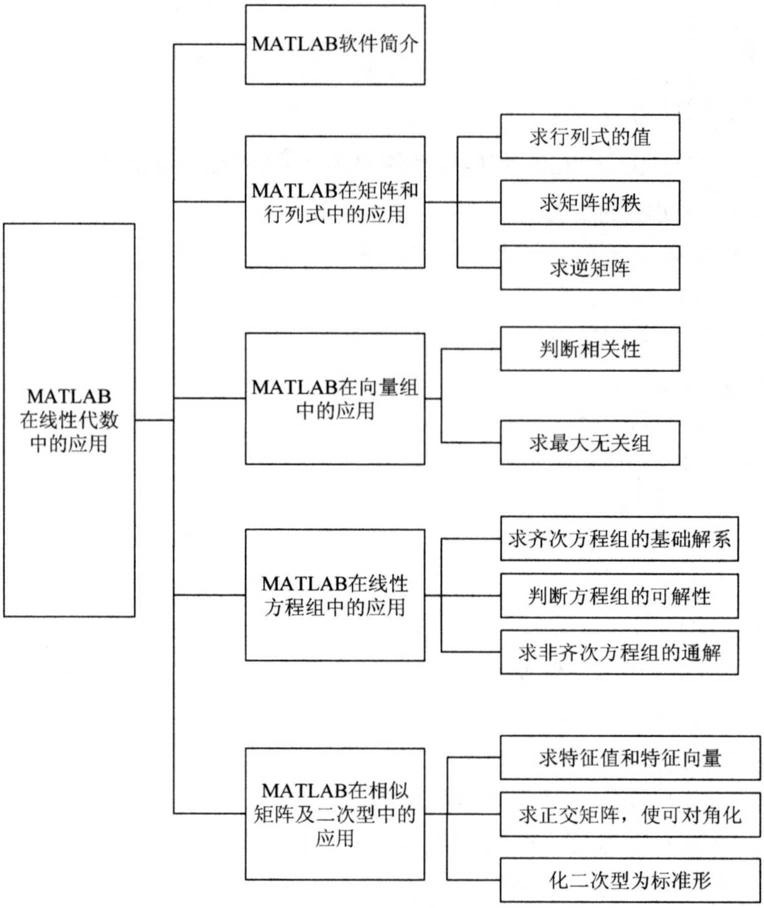

(7) 求齐次线性方程组的基础解系: `null(A)`.

(8) 判断方程组解的情况: `rank(A)=rank(A,b)`.

(9) 求非齐次线性方程组的通解: `pinv(A)`.

(10) 求矩阵的特征值和特征向量: `d=eig(A)`和`[V,D]=eig(A)`.

(11) 求二次型的标准形: `Q=orth(A)`.

(12) 判断二次型的正定性: `P=ploy(A)`或者`Q=orth(A)`.

附 录 习 题

1. 已知 $\boldsymbol{A}=\begin{pmatrix}1&1&1\\1&1&-1\\1&-1&1\end{pmatrix}$, $\boldsymbol{B}=\begin{pmatrix}1&2&3\\-1&-2&4\\0&5&1\end{pmatrix}$, 用 MATLAB 求 $3\boldsymbol{AB}-2\boldsymbol{A}, \boldsymbol{A}^{\mathrm{T}}\boldsymbol{B}, (\boldsymbol{A}^{\mathrm{T}}\boldsymbol{B})^2$.

2. 用 MATLAB 将矩阵 $\boldsymbol{A}=\begin{pmatrix}2&-3&8&2\\2&12&-2&12\\1&3&1&4\end{pmatrix}$ 化为行最简形矩阵.

3. 用 MATLAB 求矩阵 $\boldsymbol{A}=\begin{pmatrix}a&b\\c&d\end{pmatrix}$ 的行列式的值.

4. 用 MATLAB 求矩阵 $\boldsymbol{A}=\begin{pmatrix}1&0&0&0\\1&2&0&0\\2&1&3&0\\1&2&1&4\end{pmatrix}$ 的逆矩阵.

5. 用 MATLAB 判断向量组 $\boldsymbol{\alpha}_1=\begin{pmatrix}1\\0\\0\\3\\1\end{pmatrix},\boldsymbol{\alpha}_2=\begin{pmatrix}0\\1\\0\\1\\-1\end{pmatrix},\boldsymbol{\alpha}_3=\begin{pmatrix}0\\0\\1\\-3\\1\end{pmatrix}$ 的线性相关性.

6. 用MATLAB求向量组 $\boldsymbol{\alpha}_1=\begin{pmatrix}3\\-2\\2\\-1\end{pmatrix},\boldsymbol{\alpha}_2=\begin{pmatrix}2\\-6\\4\\0\end{pmatrix},\boldsymbol{\alpha}_3=\begin{pmatrix}4\\8\\-4\\-3\end{pmatrix},\boldsymbol{\alpha}_4=\begin{pmatrix}1\\10\\-6\\-2\end{pmatrix},\boldsymbol{\alpha}_5=\begin{pmatrix}1\\-1\\8\\5\end{pmatrix},\boldsymbol{\alpha}_6=\begin{pmatrix}6\\-2\\4\\8\end{pmatrix}$ 的一个最大无关组, 并把其余向量用这个最大无关组线性表示.

7. 用 MATLAB 把向量组 $\boldsymbol{\alpha}_1=\begin{pmatrix}1\\1\\1\\1\end{pmatrix},\boldsymbol{\alpha}_2=\begin{pmatrix}1\\1\\1\\0\end{pmatrix},\boldsymbol{\alpha}_3=\begin{pmatrix}1\\1\\0\\0\end{pmatrix},\boldsymbol{\alpha}_4=\begin{pmatrix}1\\0\\0\\0\end{pmatrix}$ 规范正交化.

8. 已知矩阵 $\boldsymbol{A}=\begin{pmatrix}3&4&1\\0&2&0\\5&1&3\end{pmatrix},\boldsymbol{B}=\begin{pmatrix}2&-1&3\\0&3&1\\0&0&0\end{pmatrix}$, 用 MATLAB 求矩阵 $\boldsymbol{AB}$ 的秩.

9. 用 MATLAB 求非齐次线性方程组 $\begin{cases}x_1+2x_2+2x_3=2,\\x_1+3x_2+4x_3-2x_4=3,\\x_1+x_2+2x_4=1\end{cases}$ 的解.

10. 用 MATLAB 求解 $\begin{cases}x_1-2x_2+3x_3-x_4=1,\\3x_1-x_2+5x_3-3x_4=2,\\2x_1+x_2+2x_3-2x_4=3.\end{cases}$

11. 用 MATLAB 求矩阵 $\boldsymbol{A}=\begin{pmatrix}1&1&1\\-2&1&2\\2&1&0\end{pmatrix}$ 的特征值.

12. 用 MATLAB 求矩阵 $\boldsymbol{A}=\begin{pmatrix}1&1&1&1\\0&0&1&1\\0&0&1&0\\0&0&1&2\end{pmatrix}$ 的特征值和特征向量.

13. 用 MATLAB 求一个正交变换, 把二次型 $f(x,y,z)=2xy+2yz-2xz$ 化为标准形.

14. 用 MATLAB 判断二次型 $f=x^2+2y^2+3z^2-2xy+2xz$ 的正定性.

习 题 答 案

习 题 1

1.【解析】 (1) $\begin{vmatrix} 3 & 4 \\ -5 & 6 \end{vmatrix} = 3\times 6-4\times(-5)=38.$

(2) $\begin{vmatrix} a-b & b \\ -b & a+b \end{vmatrix} = (a-b)(a+b)-b(-b)=a^2.$

(3) $\begin{vmatrix} 1 & 2 & 3 \\ 3 & 2 & 1 \\ 2 & 1 & 3 \end{vmatrix} = 1\times 2\times 3+2\times 1\times 2+3\times 1\times 3-3\times 2\times 2-1\times 1\times 1-2\times 3\times 3=-12.$

(4) $\begin{vmatrix} 1+a & 1 & 1 \\ 1 & 1+a & 1 \\ 1 & 1 & 1+a \end{vmatrix} = (1+a)^3+1+1-3(1+a)=a^2(3+a).$

2.【解析】 (1) 8, 偶排列; (2) 3, 奇排列; (3) 6, 偶排列; (4) 13, 奇排列.

3.【解析】 (1) 正号; (2) 负号; (3) 正号.

4.【解析】 (1) $\begin{vmatrix} 34215 & 35215 \\ 28092 & 29092 \end{vmatrix} \xlongequal{c_2-c_1} \begin{vmatrix} 34215 & 1000 \\ 28092 & 1000 \end{vmatrix} = 6123000;$

(2) 把第二列的 (−1) 倍加到第一列, (−2) 倍加到第三列得

$$\begin{vmatrix} 103 & 100 & 204 \\ 199 & 200 & 395 \\ 301 & 300 & 600 \end{vmatrix} = \begin{vmatrix} 3 & 100 & 4 \\ -1 & 200 & -5 \\ 1 & 300 & 0 \end{vmatrix} = 100\begin{vmatrix} 3 & 1 & 4 \\ -1 & 2 & -5 \\ 1 & 3 & 0 \end{vmatrix} = 2000.$$

(3) $\begin{vmatrix} 1 & 1 & 1 & 1 \\ 1 & 2 & 3 & 4 \\ 1 & 3 & 6 & 10 \\ 1 & 4 & 10 & 20 \end{vmatrix} \xlongequal{r_i-r_1(i=2,3,4)} \begin{vmatrix} 1 & 1 & 1 & 1 \\ 0 & 1 & 2 & 3 \\ 0 & 2 & 5 & 9 \\ 0 & 3 & 9 & 19 \end{vmatrix} \xlongequal[r_4-3r_2]{r_3-2r_2} \begin{vmatrix} 1 & 1 & 1 & 1 \\ 0 & 1 & 2 & 3 \\ 0 & 0 & 1 & 3 \\ 0 & 0 & 3 & 10 \end{vmatrix} \xlongequal{r_4-3r_3} \begin{vmatrix} 1 & 1 & 1 & 1 \\ 0 & 1 & 2 & 3 \\ 0 & 0 & 1 & 3 \\ 0 & 0 & 0 & 1 \end{vmatrix} = 1.$

(4) $\begin{vmatrix} 1 & 2 & 3 & 4 \\ 2 & 3 & 4 & 1 \\ 3 & 4 & 1 & 2 \\ 4 & 1 & 2 & 3 \end{vmatrix} \xlongequal{c_1+c_i(i=2,3,4)} \begin{vmatrix} 10 & 2 & 3 & 4 \\ 10 & 3 & 4 & 1 \\ 10 & 4 & 1 & 2 \\ 10 & 1 & 2 & 3 \end{vmatrix} = 10\begin{vmatrix} 1 & 2 & 3 & 4 \\ 1 & 3 & 4 & 1 \\ 1 & 4 & 1 & 2 \\ 1 & 1 & 2 & 3 \end{vmatrix} \xlongequal{r_i-r_1(i=2,3,4)} 10\begin{vmatrix} 1 & 2 & 3 & 4 \\ 0 & 1 & 1 & -3 \\ 0 & 2 & -2 & -2 \\ 0 & -1 & -1 & -1 \end{vmatrix}$

$\xlongequal[r_4+r_2]{r_3-2r_2} 10\begin{vmatrix} 1 & 2 & 3 & 4 \\ 0 & 1 & 1 & -3 \\ 0 & 0 & -4 & 4 \\ 0 & 0 & 0 & -4 \end{vmatrix} = 160.$

5.【解析】 从第一行开始，依次把每行加至下一行，得

$$D=\begin{vmatrix}1 & b_1 & 0 & 0\\ 0 & 1 & b_2 & 0\\ 0 & -1 & 1-b_2 & b_3\\ 0 & 0 & -1 & 1-b_3\end{vmatrix}=\begin{vmatrix}1 & b_1 & 0 & 0\\ 0 & 1 & b_2 & 0\\ 0 & 0 & 1 & b_3\\ 0 & 0 & -1 & 1-b_3\end{vmatrix}=\begin{vmatrix}1 & b_1 & 0 & 0\\ 0 & 1 & b_2 & 0\\ 0 & 0 & 1 & b_3\\ 0 & 0 & 0 & 1\end{vmatrix}=1.$$

6.【解析】 把每列均加至第一列，提取公因式 x，再把第一列分别加或减至第二到四列，得

$$D=x\begin{vmatrix}1 & -1 & 1 & x-1\\ 1 & -1 & x+1 & -1\\ 1 & x-1 & 1 & -1\\ 1 & -1 & 1 & -1\end{vmatrix}=x\begin{vmatrix}1 & 0 & 0 & x\\ 1 & 0 & x & 0\\ 1 & x & 0 & 0\\ 1 & 0 & 0 & 0\end{vmatrix}=x^4.$$

7.【解析】 (1) $\begin{vmatrix}a_1+kb_1 & b_1+c_1 & c_1\\ a_2+kb_2 & b_2+c_2 & c_2\\ a_3+kb_3 & b_3+c_3 & c_3\end{vmatrix}=\begin{vmatrix}a_1+kb_1 & b_1 & c_1\\ a_2+kb_2 & b_2 & c_2\\ a_3+kb_3 & b_3 & c_3\end{vmatrix}+\begin{vmatrix}a_1+kb_1 & c_1 & c_1\\ a_2+kb_2 & c_2 & c_2\\ a_3+kb_3 & c_3 & c_3\end{vmatrix}=\begin{vmatrix}a_1 & b_1 & c_1\\ a_2 & b_2 & c_2\\ a_3 & b_3 & c_3\end{vmatrix}.$

(2) $\begin{vmatrix}y+z & z+x & x+y\\ x+y & y+z & z+x\\ z+x & x+y & y+z\end{vmatrix}=\begin{vmatrix}y & z+x & x+y\\ x & y+z & z+x\\ z & x+y & y+z\end{vmatrix}+\begin{vmatrix}z & z+x & x+y\\ y & y+z & z+x\\ x & x+y & y+z\end{vmatrix}=\begin{vmatrix}y & z+x & x\\ x & y+z & z\\ z & x+y & y\end{vmatrix}+\begin{vmatrix}z & x & x+y\\ y & z & z+x\\ x & y & y+z\end{vmatrix}$

$$=\begin{vmatrix}y & z & x\\ x & y & z\\ z & x & y\end{vmatrix}+\begin{vmatrix}z & x & y\\ y & z & x\\ x & y & z\end{vmatrix}=-2\begin{vmatrix}x & y & z\\ y & z & x\\ z & x & y\end{vmatrix}.$$

8.【解析】 由行列式展开知，D 的第四行各元素余子式之和的值为行列式

$$D_1=\begin{vmatrix}3 & 0 & 4 & 0\\ 2 & 2 & 2 & 2\\ 0 & -7 & 0 & 0\\ -1 & 1 & -1 & 1\end{vmatrix}$$

的值. 因为将 D_1 按第四行展开得

$$\begin{aligned}D_1&=(-1)A_{41}+A_{42}+(-1)A_{43}+A_{44}\\&=(-1)(-1)^{4+1}M_{41}+(-1)^{4+2}M_{42}+(-1)(-1)^{4+3}M_{43}+(-1)^{4+4}M_{44}\\&=M_{41}+M_{42}+M_{43}+M_{44},\end{aligned}$$

所以计算得

$$D_1=\begin{vmatrix}3 & 0 & 4 & 0\\ 2 & 2 & 2 & 2\\ 0 & -7 & 0 & 0\\ -1 & 1 & -1 & 1\end{vmatrix}=(-7)(-1)^{3+2}\begin{vmatrix}3 & 4 & 0\\ 2 & 2 & 2\\ -1 & -1 & 1\end{vmatrix}=7\begin{vmatrix}3 & 4 & 0\\ 4 & 4 & 2\\ 0 & 0 & 1\end{vmatrix}=7\begin{vmatrix}3 & 4\\ 4 & 4\end{vmatrix}=7\begin{vmatrix}-1 & 0\\ 4 & 4\end{vmatrix}=-28.$$

又由行列式展开知，D 的第四行各元素代数余子式之和的值为行列式

$$D_2=\begin{vmatrix}3 & 0 & 4 & 0\\ 2 & 2 & 2 & 2\\ 0 & -7 & 0 & 0\\ 1 & 1 & 1 & 1\end{vmatrix}$$

的值. 因为将 D_2 按四行展开得

$$D_2=A_{41}+A_{42}+A_{43}+A_{44}=0.$$

9.【解析】　将 D 按第三列元素展开:

$$\begin{aligned}D&=a_{13}A_{13}+a_{23}A_{23}+a_{33}A_{33}+a_{43}A_{43}\\&=(-1)^{1+3}a_{13}M_{13}+(-1)^{2+3}a_{23}M_{23}+(-1)^{3+3}a_{33}M_{33}+(-1)^{4+3}a_{43}M_{43}\\&=(-1)\cdot5+(-1)\cdot2\cdot3+0\cdot(-7)+(-1)\cdot1\cdot4\\&=-15.\end{aligned}$$

10.【解析】　(1)

$$D_n\xlongequal{c_1+c_2+\cdots+c_n}\begin{vmatrix}a+(n-1)b&b&\cdots&b&a\\a+(n-1)b&b&\cdots&a&b\\\vdots&\vdots&&\vdots&\vdots\\a+(n-1)b&a&\cdots&b&b\\a+(n-1)b&b&\cdots&b&b\end{vmatrix}=[a+(n-1)b]\begin{vmatrix}1&b&\cdots&b&a\\1&b&\cdots&a&b\\\vdots&\vdots&&\vdots&\vdots\\1&a&\cdots&b&b\\1&b&\cdots&b&b\end{vmatrix}$$

$$\xlongequal[c_{n-1}-c_n]{\substack{c_1-c_n\\c_2-c_n\\\vdots}}[a+(n-1)b]\begin{vmatrix}0&0&\cdots&0&a-b\\0&0&\cdots&a-b&0\\\vdots&\vdots&&\vdots&\vdots\\0&a-b&\cdots&0&0\\1&b&\cdots&b&b\end{vmatrix}=(-1)^{\frac{n(n-1)}{2}}[a+(n-1)b](a-b)^{n-1}.$$

(2)所求行列式某一行(或某一列)至多有两个非零元素，一般按此行(或此列)展开即可求解.

方法一　按第一列展开建立递推公式.

$$D_n=x\begin{vmatrix}x&-1&\cdots&0&0\\0&x&\cdots&0&0\\\vdots&\vdots&&\vdots&\vdots\\0&0&\cdots&x&-1\\a_{n-1}&a_{n-2}&\cdots&a_2&x+a_1\end{vmatrix}+a_n(-1)^{n+1}\begin{vmatrix}-1&0&\cdots&0&0\\x&-1&\cdots&0&0\\0&x&\cdots&0&0\\\vdots&\vdots&&\vdots&\vdots\\0&0&\cdots&x&-1\end{vmatrix}$$

$$=xD_{n-1}+a_n(-1)^{n+1}(-1)^{n-1}=xD_{n-1}+a_n.$$

于是

$$\begin{aligned}D_n&=xD_{n-1}+a_n=x(xD_{n-2}+a_{n-1})+a_n=x^2D_{n-2}+a_{n-1}x+a_n\\&=x^2(xD_{n-3}+a_{n-2})+a_{n-1}x+a_n=x^3D_{n-3}+a_{n-2}x^2+a_{n-1}x+a_n=\cdots\\&=x^{n-1}D_1+a_2x^{n-2}+\cdots+a_{n-1}x+a_n=x^n+a_1x^{n-1}+a_2x^{n-2}+\cdots+a_{n-1}x+a_n.\end{aligned}$$

方法二(降阶法)　按第 n 行展开.

$$D_n=a_n(-1)^{n+1}\begin{vmatrix}-1&0&0&\cdots&0&0\\x&-1&0&\cdots&0&0\\0&x&-1&\cdots&0&0\\\vdots&\vdots&\vdots&&\vdots&\vdots\\0&0&0&\cdots&-1&0\\0&0&0&\cdots&x&-1\end{vmatrix}+a_{n-1}(-1)^{n+2}\begin{vmatrix}x&0&0&\cdots&0&0\\0&-1&0&\cdots&0&0\\0&x&-1&\cdots&0&0\\\vdots&\vdots&\vdots&&\vdots&\vdots\\0&0&0&\cdots&-1&0\\0&0&0&\cdots&x&-1\end{vmatrix}$$

$$+a_{n-2}(-1)^{n+3}\begin{vmatrix}x&-1&0&\cdots&0&0\\0&x&0&\cdots&0&0\\0&0&-1&\cdots&0&0\\\vdots&\vdots&\vdots&&\vdots&\vdots\\0&0&0&\cdots&-1&0\\0&0&0&\cdots&x&-1\end{vmatrix}+a_{n-3}(-1)^{n+4}\begin{vmatrix}x&-1&0&\cdots&0&0\\0&x&-1&\cdots&0&0\\0&0&x&\cdots&0&0\\\vdots&\vdots&\vdots&&\vdots&\vdots\\0&0&0&\cdots&-1&0\\0&0&0&\cdots&x&-1\end{vmatrix}$$

$$+\cdots+(a_1+x)(-1)^{n+n}\begin{vmatrix} x & -1 & 0 & \cdots & 0 & 0 \\ 0 & x & -1 & \cdots & 0 & 0 \\ 0 & 0 & x & \cdots & 0 & 0 \\ \vdots & \vdots & \vdots & & \vdots & \vdots \\ 0 & 0 & 0 & \cdots & x & -1 \\ 0 & 0 & 0 & \cdots & 0 & x \end{vmatrix}$$

$$=x^n+a_1x^{n-1}+a_2x^{n-2}+\cdots+a_{n-1}x+a_n.$$

方法三 利用行列式的性质.

$$D_n \xlongequal{c_1+xc_2} \begin{vmatrix} 0 & -1 & 0 & \cdots & 0 & 0 \\ x^2 & x & -1 & \cdots & 0 & 0 \\ 0 & 0 & x & \cdots & 0 & 0 \\ \vdots & \vdots & \vdots & & \vdots & \vdots \\ 0 & 0 & 0 & \cdots & x & -1 \\ a_n+a_{n-1}x & a_{n-1} & a_{n-2} & \cdots & a_2 & x+a_1 \end{vmatrix}$$

$$\xlongequal{c_1+x^2c_3} \begin{vmatrix} 0 & -1 & 0 & \cdots & 0 & 0 \\ 0 & x & -1 & \cdots & 0 & 0 \\ x^3 & 0 & x & \cdots & 0 & 0 \\ \vdots & \vdots & \vdots & & \vdots & \vdots \\ 0 & 0 & 0 & \cdots & x & -1 \\ a_n+a_{n-1}x+a_{n-2}x^2 & a_{n-1} & a_{n-2} & \cdots & a_2 & x+a_1 \end{vmatrix}=\cdots$$

$$=\begin{vmatrix} 0 & -1 & 0 & \cdots & 0 & 0 \\ 0 & x & -1 & \cdots & 0 & 0 \\ 0 & 0 & x & \cdots & 0 & 0 \\ \vdots & \vdots & \vdots & & \vdots & \vdots \\ 0 & 0 & 0 & \cdots & x & -1 \\ \sum_{i=0}^{n} a_{n-i}x^i & a_{n-1} & a_{n-2} & \cdots & a_2 & x+a_1 \end{vmatrix}$$

$$=\left(\sum_{i=0}^{n} a_{n-i}x^i\right)(-1)^{n+1}\begin{vmatrix} -1 & 0 & 0 & \cdots & 0 \\ x & -1 & 0 & \cdots & 0 \\ 0 & x & -1 & \cdots & 0 \\ \vdots & \vdots & \vdots & & \vdots \\ 0 & 0 & 0 & \cdots & -1 \end{vmatrix}_{n-1}$$

$$=x^n+a_1x^{n-1}+a_2x^{n-2}+\cdots+a_{n-1}x+a_n.$$

11.**【解析】** 计算行列式如下:

$$D=\begin{vmatrix} 1 & 1 & -2 \\ 5 & -2 & 7 \\ 2 & -5 & 4 \end{vmatrix}=63\neq 0,\quad D_1=\begin{vmatrix} -3 & 1 & -2 \\ 22 & -2 & 7 \\ 4 & -5 & 4 \end{vmatrix}=63,\quad D_2=\begin{vmatrix} 1 & -3 & -2 \\ 5 & 22 & 7 \\ 2 & 4 & 4 \end{vmatrix}=126,\quad D_3=\begin{vmatrix} 1 & 1 & -3 \\ 5 & -2 & 22 \\ 2 & -5 & 4 \end{vmatrix}=189,$$

所以 $x=\dfrac{D_1}{D}=1, y=\dfrac{D_2}{D}=2, z=\dfrac{D_3}{D}=3.$

12.【解析】 计算行列式如下:

$$D=\begin{vmatrix}1&1&1\\a&b&c\\bc&ca&ab\end{vmatrix}\xlongequal[c_3-c_1]{c_2-c_1}\begin{vmatrix}1&0&0\\a&b-a&c-a\\bc&c(a-b)&b(a-c)\end{vmatrix}=(b-a)(b-c)(a-c),$$

若要方程组有唯一解, $D\neq 0$, 即当 $a\neq b\neq c\neq 0$ 时有唯一解. 又

$$D_1=\begin{vmatrix}a+b+c&1&1\\a^2+b^2+c^2&b&c\\3abc&ca&ab\end{vmatrix}\xlongequal[\substack{c_1-c\cdot c_3\\c_1\div a}]{c_1-b\cdot c_2}a\begin{vmatrix}1&1&1\\a&b&c\\bc&ca&ab\end{vmatrix}=a(b-a)(b-c)(a-c),$$

$$D_2=\begin{vmatrix}1&a+b+c&1\\a&a^2+b^2+c^2&c\\bc&3abc&ab\end{vmatrix}\xlongequal[\substack{c_2-c\cdot c_3\\c_2\div b}]{c_2-a\cdot c_1}b\begin{vmatrix}1&1&1\\a&b&c\\bc&ca&ab\end{vmatrix}=b(b-a)(b-c)(a-c),$$

$$D_3=\begin{vmatrix}1&1&a+b+c\\a&b&a^2+b^2+c^2\\bc&ca&3abc\end{vmatrix}\xlongequal[\substack{c_3-b\cdot c_2\\c_3\div c}]{c_3-a\cdot c_1}c\begin{vmatrix}1&1&1\\a&b&c\\bc&ca&ab\end{vmatrix}=c(b-a)(b-c)(a-c),$$

故唯一解为 $x=\dfrac{D_1}{D}=a,y=\dfrac{D_2}{D}=b,z=\dfrac{D_3}{D}=c.$

13.【解析】 将点的坐标代入曲线方程, 得以下方程组:

$$\begin{cases}a_0+a_1+a_2+a_3=3,\\a_0+2a_1+4a_2+8a_3=4,\\a_0+3a_1+9a_2+27a_3=3,\\a_0+4a_1+16a_2+64a_3=-3.\end{cases}$$

由克拉默法则得

$$D=\begin{vmatrix}1&1&1&1\\1&2&4&8\\1&3&9&27\\1&4&16&64\end{vmatrix}=12\neq 0,\quad D_1=\begin{vmatrix}3&1&1&1\\4&2&4&8\\3&3&9&27\\-3&4&16&64\end{vmatrix}=36,\quad D_2=\begin{vmatrix}1&3&1&1\\1&4&4&8\\1&3&9&27\\1&-3&16&64\end{vmatrix}=-18,$$

$$D_3=\begin{vmatrix}1&1&3&1\\1&2&4&8\\1&3&3&27\\1&4&-3&64\end{vmatrix}=24,\quad D_4=\begin{vmatrix}1&1&1&3\\1&2&4&4\\1&3&9&3\\1&4&16&-3\end{vmatrix}=-6,$$

故 $a_0=\dfrac{D_1}{D}=3,a_1=\dfrac{D_2}{D}=-\dfrac{3}{2},a_2=\dfrac{D_3}{D}=2,a_3=\dfrac{D_4}{D}=-\dfrac{1}{2}.$

14.【解析】(1) 选(D).

(A)中有取自同一行的元素; (B)中有取自同一列的元素, 均不是行列式的项, (C), (D)虽均为五阶行列式的一项, 但(C)应取负号, 故只有(D)正确.

(2) 选(D).

因为 $\tau(n(n-1)\cdots 21)=(n-1)+(n-2)+\cdots+2+1=\dfrac{n(n-1)}{2}$. 故应选(D).

(3) 选(A).

方程组的系数行列式 $D=\begin{vmatrix} b & -a & 0 \\ 0 & -2c & 3b \\ c & 0 & a \end{vmatrix}=-5abc.$

当 $abc\neq 0$ 时，方程组有唯一解；当 $a=0$ 或 $b=0$ 或 $c=0$ 时，易知方程组均有无穷多解，故应选(A).

15.【解析】(1) 填写−1.

根据行列式的定义，仅当 $a_{12},a_{21},a_{33},a_{44}$ 这 4 个元素相乘才能出现 x^3 项，这时该项排列的逆序数为 $\tau(2134)=1,(-1)^{\tau(2134)}a_{12}a_{21}a_{33}a_{44}=-x^3$，故含 x^3 项的系数为−1.

(2) 填写−5.

因为 $f(x)$ 是关于 x 的四次函数，即 $f(x)$ 的一般表达式为

$$f(x)=ax^4+bx^3+cx^2+dx+e,$$

显然当 $x=0$ 时，即可解得常数项 $e=f(0)$，所以

$$f(0)=\begin{vmatrix} 0 & 0 & 1 & 0 \\ 1 & 0 & 2 & 3 \\ 2 & 3 & 0 & 2 \\ 1 & 1 & 2 & 0 \end{vmatrix}=(-1)^{1+3}\times 1\times\begin{vmatrix} 1 & 0 & 3 \\ 2 & 3 & 2 \\ 1 & 1 & 0 \end{vmatrix}=-5.$$

(3) 填写 $\lambda\neq 1$.

因为

$$D=\begin{vmatrix} \lambda & 1 & 1 \\ 1 & \lambda & 1 \\ 1 & 1 & 1 \end{vmatrix}\xlongequal{r_1-r_2}\begin{vmatrix} \lambda-1 & 1-\lambda & 0 \\ 1 & \lambda & 1 \\ 1 & 1 & 1 \end{vmatrix}\xlongequal{c_2+c_1}\begin{vmatrix} \lambda-1 & 0 & 0 \\ 1 & \lambda+1 & 1 \\ 1 & 2 & 1 \end{vmatrix}=(\lambda-1)^2\neq 0,$$

于是，根据齐次线性方程组只有零解的条件，得 $\lambda\neq 1$.

习 题 2

1.【解析】 因为

$$\boldsymbol{AB}=\begin{pmatrix} 1\times1+1\times(-1)+1\times0 & 1\times2+1\times(-2)+1\times5 & 1\times3+1\times4+1\times1 \\ 1\times1+1\times(-1)+(-1)\times0 & 1\times2+1\times(-2)+(-1)\times5 & 1\times3+1\times4+(-1)\times1 \\ 1\times1+(-1)\times(-1)+1\times0 & 1\times2+(-1)\times(-2)+1\times5 & 1\times3+(-1)\times4+1\times1 \end{pmatrix}=\begin{pmatrix} 0 & 5 & 8 \\ 0 & -5 & 6 \\ 2 & 9 & 0 \end{pmatrix},$$

所以

$$3\boldsymbol{AB}-2\boldsymbol{A}=3\begin{pmatrix} 0 & 5 & 8 \\ 0 & -5 & 6 \\ 2 & 9 & 0 \end{pmatrix}-2\begin{pmatrix} 1 & 1 & 1 \\ 1 & 1 & -1 \\ 1 & -1 & 1 \end{pmatrix}=\begin{pmatrix} -2 & 13 & 22 \\ -2 & -17 & 20 \\ 4 & 29 & -2 \end{pmatrix},\quad \boldsymbol{A}^{\mathrm{T}}\boldsymbol{B}=\boldsymbol{AB}=\begin{pmatrix} 0 & 5 & 8 \\ 0 & -5 & 6 \\ 2 & 9 & 0 \end{pmatrix}.$$

2.【解析】 (1) $\begin{pmatrix} 4 & 3 & 1 \\ 1 & -2 & 3 \\ 5 & 7 & 0 \end{pmatrix}\begin{pmatrix} 7 \\ 2 \\ 1 \end{pmatrix}=\begin{pmatrix} 4\times7+3\times2+1\times1 \\ 1\times7+(-2)\times2+3\times1 \\ 5\times7+7\times2+0\times1 \end{pmatrix}=\begin{pmatrix} 35 \\ 6 \\ 49 \end{pmatrix};$

(2) $(1,2,3)\begin{pmatrix} 3 \\ 2 \\ 1 \end{pmatrix}=1\times3+2\times2+3\times1=10;$

(3) $\begin{pmatrix}2\\1\\3\end{pmatrix}(-1,2)=\begin{pmatrix}2\times(-1)&2\times2\\1\times(-1)&1\times2\\3\times(-1)&3\times2\end{pmatrix}=\begin{pmatrix}-2&4\\-1&2\\-3&6\end{pmatrix}$;

(4) $(x_1,x_2,x_3)\begin{pmatrix}a_{11}&a_{12}&a_{13}\\a_{21}&a_{22}&a_{23}\\a_{31}&a_{32}&a_{33}\end{pmatrix}\begin{pmatrix}x_1\\x_2\\x_3\end{pmatrix}$

$$=(a_{11}x_1+a_{21}x_2+a_{31}x_3,a_{12}x_1+a_{22}x_2+a_{32}x_3,a_{13}x_1+a_{23}x_2+a_{33}x_3)\begin{pmatrix}x_1\\x_2\\x_3\end{pmatrix}$$

$$=a_{11}x_1^2+a_{22}x_2^2+a_{33}x_3^2+(a_{12}+a_{21})x_1x_2+(a_{13}+a_{31})x_1x_3+(a_{23}+a_{32})x_2x_3.$$

3.【解析】　(1) 取 $\boldsymbol{A}=\begin{pmatrix}0&1\\0&0\end{pmatrix},\boldsymbol{A}^2=\boldsymbol{O}$, 但 $\boldsymbol{A}\neq\boldsymbol{O}$;

(2) 取 $\boldsymbol{A}=\begin{pmatrix}0&1\\0&1\end{pmatrix},\boldsymbol{A}^2=\boldsymbol{A}$, 但 $\boldsymbol{A}\neq\boldsymbol{O}$ 且 $\boldsymbol{A}\neq\boldsymbol{E}$;

(3) 取 $\boldsymbol{A}=\begin{pmatrix}1&-1\\0&0\end{pmatrix},\boldsymbol{X}=\begin{pmatrix}2&1\\1&0\end{pmatrix},\boldsymbol{Y}=\begin{pmatrix}1&2\\0&1\end{pmatrix},\boldsymbol{AX}=\boldsymbol{AY}=\begin{pmatrix}1&1\\0&0\end{pmatrix}$, 且 $\boldsymbol{A}\neq\boldsymbol{O},\boldsymbol{X}\neq\boldsymbol{Y}$.

4.【解析】　(1) $\boldsymbol{A}^{-1}=\begin{pmatrix}2&-5\\-1&3\end{pmatrix}$;

(2) 由题意得 $|\boldsymbol{A}|=9$，计算所有代数余子式:

$$A_{11}=-2,\quad A_{12}=6,\quad A_{13}=1,$$
$$A_{21}=4,\quad A_{22}=-3,\quad A_{23}=-2,$$
$$A_{31}=1,\quad A_{32}=-3,\quad A_{33}=-5,$$

所以 $\boldsymbol{A}^{-1}=\dfrac{\boldsymbol{A}^*}{|\boldsymbol{A}|}=\begin{pmatrix}-\frac{2}{9}&\frac{4}{9}&\frac{1}{9}\\\frac{2}{3}&-\frac{1}{3}&-\frac{1}{3}\\\frac{1}{9}&-\frac{2}{9}&-\frac{5}{9}\end{pmatrix}$;

(3) $\boldsymbol{A}^{-1}=\begin{pmatrix}a_1^{-1}&&&\\&a_2^{-1}&&\\&&\ddots&\\&&&a_n^{-1}\end{pmatrix}$.

5.【解析】　因为

$$\begin{pmatrix}1&4\\-1&2\end{pmatrix}^{-1}=\frac{1}{6}\begin{pmatrix}2&-4\\1&1\end{pmatrix},\quad\begin{pmatrix}2&0\\-1&1\end{pmatrix}^{-1}=\frac{1}{2}\begin{pmatrix}1&0\\1&2\end{pmatrix},$$

所以

$$\boldsymbol{X}=\begin{pmatrix}1&4\\-1&2\end{pmatrix}^{-1}\begin{pmatrix}3&1\\0&-1\end{pmatrix}\begin{pmatrix}2&0\\-1&1\end{pmatrix}^{-1}=\frac{1}{6}\begin{pmatrix}2&-4\\1&1\end{pmatrix}\begin{pmatrix}3&1\\0&-1\end{pmatrix}\frac{1}{2}\begin{pmatrix}1&0\\1&2\end{pmatrix}=\begin{pmatrix}1&1\\\frac{1}{4}&0\end{pmatrix}.$$

6.【解析】　由 $\boldsymbol{P}^{-1}\boldsymbol{AP}=\boldsymbol{\Lambda}$ 得 $\boldsymbol{A}=\boldsymbol{P\Lambda P}^{-1}$, 所以

$$\boldsymbol{A}^{11}=\boldsymbol{P\Lambda P}^{-1}\boldsymbol{P\Lambda P}^{-1}\cdots\boldsymbol{P\Lambda P}^{-1}=\boldsymbol{P\Lambda}^{11}\boldsymbol{P}^{-1},$$

又

$$\boldsymbol{P}^{-1}=\frac{1}{3}\begin{pmatrix}1&4\\-1&-1\end{pmatrix},\quad\boldsymbol{\Lambda}^{11}=\begin{pmatrix}-1&0\\0&2^{11}\end{pmatrix},$$

所以

$$A^{11}=\frac{1}{3}\begin{pmatrix}-1 & -4\\ 1 & 1\end{pmatrix}\begin{pmatrix}-1 & 0\\ 0 & 2^{11}\end{pmatrix}\begin{pmatrix}1 & 4\\ -1 & -1\end{pmatrix}=\frac{1}{3}\begin{pmatrix}1+2^{13} & 4+2^{13}\\ -1-2^{11} & -4-2^{11}\end{pmatrix}.$$

7.【解析】 由矩阵方程，有 $\boldsymbol{AX}-2\boldsymbol{X}=\boldsymbol{BA}-2\boldsymbol{B}$，得

$$(\boldsymbol{A}-2\boldsymbol{E})\boldsymbol{X}=\boldsymbol{B}(\boldsymbol{A}-2\boldsymbol{E}).$$

又因为 $\boldsymbol{A}-2\boldsymbol{E}=\begin{pmatrix}0 & 0 & 1\\ 0 & 1 & 0\\ 2 & 0 & 0\end{pmatrix}$ 可逆，所以

$$\boldsymbol{X}=(\boldsymbol{A}-2\boldsymbol{E})^{-1}\boldsymbol{B}(\boldsymbol{A}-2\boldsymbol{E}),$$

进而

$$\boldsymbol{X}^4=(\boldsymbol{A}-2\boldsymbol{E})^{-1}\boldsymbol{B}^4(\boldsymbol{A}-2\boldsymbol{E})=\begin{pmatrix}0 & 0 & \frac{1}{2}\\ 0 & 1 & 0\\ 1 & 0 & 0\end{pmatrix}\begin{pmatrix}1 & 0 & 0\\ 0 & 1 & 0\\ 0 & 0 & 0\end{pmatrix}\begin{pmatrix}0 & 0 & 1\\ 0 & 1 & 0\\ 2 & 0 & 0\end{pmatrix}=\begin{pmatrix}0 & 0 & 0\\ 0 & 1 & 0\\ 0 & 0 & 1\end{pmatrix}.$$

8.【解析】 由

$$\begin{aligned}&(\boldsymbol{E}-\boldsymbol{A})(\boldsymbol{E}+\boldsymbol{A}+\boldsymbol{A}^2+\cdots+\boldsymbol{A}^{k-1})\\ =&\boldsymbol{E}+\boldsymbol{A}+\boldsymbol{A}^2+\cdots+\boldsymbol{A}^{k-1}-\boldsymbol{A}-\boldsymbol{A}^2-\cdots-\boldsymbol{A}^k\\ =&\boldsymbol{E}-\boldsymbol{A}^k=\boldsymbol{E},\end{aligned}$$

可知 $\boldsymbol{E}-\boldsymbol{A}$ 可逆，且其逆矩阵 $(\boldsymbol{E}-\boldsymbol{A})^{-1}=\boldsymbol{E}+\boldsymbol{A}+\boldsymbol{A}^2+\cdots+\boldsymbol{A}^{k-1}$.

9.【解析】 由 $\boldsymbol{A}^2-\boldsymbol{A}-2\boldsymbol{E}=\boldsymbol{O}$ 得 $\boldsymbol{A}(\boldsymbol{A}-\boldsymbol{E})-2\boldsymbol{E}=\boldsymbol{O}$，即

$$\boldsymbol{A}(\boldsymbol{A}-\boldsymbol{E})=2\boldsymbol{E},$$

从而 $\boldsymbol{A}\times\frac{1}{2}(\boldsymbol{A}-\boldsymbol{E})=\boldsymbol{E}$，故 $\boldsymbol{A}$ 可逆，且

$$\boldsymbol{A}^{-1}=\frac{1}{2}(\boldsymbol{A}-\boldsymbol{E}).$$

再由 $\boldsymbol{A}^2-\boldsymbol{A}-2\boldsymbol{E}=\boldsymbol{O}$ 得

$$(\boldsymbol{A}-3\boldsymbol{E})(\boldsymbol{A}+2\boldsymbol{E})+4\boldsymbol{E}=\boldsymbol{O},$$

从而

$$-\frac{1}{4}(\boldsymbol{A}-3\boldsymbol{E})(\boldsymbol{A}+2\boldsymbol{E})=\boldsymbol{E},$$

故 $\boldsymbol{A}+2\boldsymbol{E}$ 可逆，且 $(\boldsymbol{A}+2\boldsymbol{E})^{-1}=-\frac{1}{4}(\boldsymbol{A}-3\boldsymbol{E})$.

10.【解析】 对矩阵方程 $\boldsymbol{ABA}^{-1}=\boldsymbol{BA}^{-1}+3\boldsymbol{E}$ 左乘 $\boldsymbol{A}^*$，右乘 $\boldsymbol{A}$ 可得

$$\boldsymbol{A}^*\boldsymbol{ABA}^{-1}\boldsymbol{A}=\boldsymbol{A}^*\boldsymbol{BA}^{-1}\boldsymbol{A}+3\boldsymbol{A}^*\boldsymbol{EA},$$

即有 $|\boldsymbol{A}|\boldsymbol{B}=\boldsymbol{A}^*\boldsymbol{B}+3|\boldsymbol{A}|\boldsymbol{E}$．又 $|\boldsymbol{A}^*|=|\boldsymbol{A}|^3=8$，所以 $|\boldsymbol{A}|=2$．故

$$\boldsymbol{B}=6(2\boldsymbol{E}-\boldsymbol{A}^*)^{-1}=\begin{pmatrix}6 & 0 & 0 & 0\\ 0 & 6 & 0 & 0\\ 6 & 0 & 6 & 0\\ 0 & 3 & 0 & -1\end{pmatrix}.$$

11.【解析】　因为 $\boldsymbol{A}$ 为可逆矩阵，则 $\boldsymbol{A}^*=|\boldsymbol{A}|\boldsymbol{A}^{-1}$．又 $\boldsymbol{A}^2=|\boldsymbol{A}|\boldsymbol{E}$, 右乘 $\boldsymbol{A}^{-1}$ 得 $\boldsymbol{A}=|\boldsymbol{A}|\boldsymbol{A}^{-1}$, 故 $\boldsymbol{A}^*=\boldsymbol{A}$，则

$$(\boldsymbol{A}^{-1})^*=(\boldsymbol{A}^*)^{-1}=\boldsymbol{A}^{-1}.$$

12.【解析】　设 $\boldsymbol{B}=\begin{pmatrix}3&1\\0&3\end{pmatrix},\boldsymbol{C}=\begin{pmatrix}3&9\\1&3\end{pmatrix}$，那么 $\boldsymbol{A}=\begin{pmatrix}\boldsymbol{B}&\boldsymbol{O}\\\boldsymbol{O}&\boldsymbol{C}\end{pmatrix}$，而由分块矩阵公式乘法可得

$$\boldsymbol{A}=\begin{pmatrix}\boldsymbol{B}&\boldsymbol{O}\\\boldsymbol{O}&\boldsymbol{C}\end{pmatrix}^n=\begin{pmatrix}\boldsymbol{B}^n&\boldsymbol{O}\\\boldsymbol{O}&\boldsymbol{C}^n\end{pmatrix}.$$

为此只需分别算出 $\boldsymbol{B}^n$ 与 $\boldsymbol{C}^n$ 的 n 次幂. 因为

$$\boldsymbol{B}=\begin{pmatrix}3&0\\0&3\end{pmatrix}+\begin{pmatrix}0&1\\0&0\end{pmatrix}=3\boldsymbol{E}+\boldsymbol{B}_1,$$

所以

$$\boldsymbol{B}^n=(3\boldsymbol{E}+\boldsymbol{B}_1)^n=(3\boldsymbol{E})^n+n(3\boldsymbol{E})^{n-1}\boldsymbol{B}_1=\begin{pmatrix}3^n&0\\0&3^n\end{pmatrix}+n\cdot 3^{n-1}\begin{pmatrix}0&1\\0&0\end{pmatrix}=\begin{pmatrix}3^n&n\cdot 3^{n-1}\\0&3^n\end{pmatrix}.$$

而矩阵

$$\boldsymbol{C}=\begin{pmatrix}3&9\\1&3\end{pmatrix}=\begin{pmatrix}3\\1\end{pmatrix}(1,3),$$

所以

$$\boldsymbol{C}^n=\begin{pmatrix}3&9\\1&3\end{pmatrix}=\begin{pmatrix}3\\1\end{pmatrix}(1,3)\begin{pmatrix}3\\1\end{pmatrix}(1,3)\cdots\begin{pmatrix}3\\1\end{pmatrix}(1,3)=6^{n-1}\begin{pmatrix}3\\1\end{pmatrix}(1,3)=6^{n-1}\begin{pmatrix}3&9\\1&3\end{pmatrix}.$$

因此 $\boldsymbol{A}=\begin{pmatrix}3^n&n\cdot 3^{n-1}&0&0\\0&3^n&0&0\\0&0&3\cdot 6^{n-1}&9\cdot 6^{n-1}\\0&0&6^{n-1}&3\cdot 6^{n-1}\end{pmatrix}$.

13.【解析】　因为

$$|\boldsymbol{C}|=\begin{vmatrix}\boldsymbol{A}&3\boldsymbol{A}^*\\(\boldsymbol{B}/2)^{-1}&\boldsymbol{O}\end{vmatrix}=(-1)^{n\cdot n}\left|\left(\frac{\boldsymbol{B}}{2}\right)^{-1}\right||3\boldsymbol{A}^*|,$$

又

$$\left|\left(\frac{\boldsymbol{B}}{2}\right)^{-1}\right|=|2\boldsymbol{B}^{-1}|=2^n|\boldsymbol{B}^{-1}|=2^n b^{-1},\quad |3\boldsymbol{A}^*|=3^n|\boldsymbol{A}^*|=3^n|\boldsymbol{A}|^{n-1}=3^n a^{n-1},$$

所以 $|\boldsymbol{C}|=(-1)^{n\cdot n}2^n b^{-1}3^n a^{n-1}=(-1)^{n^2}6^n a^{n-1}/b$.

14.【解析】　由已知可求得 $|\boldsymbol{P}|=-1$, 故 $\boldsymbol{A}=\boldsymbol{P}\boldsymbol{B}\boldsymbol{P}^{-1}$, 故

$$\boldsymbol{A}=\begin{pmatrix}1&0&0\\2&-1&0\\2&1&1\end{pmatrix}\begin{pmatrix}1&0&0\\0&0&1\\0&1&0\end{pmatrix}\begin{pmatrix}1&0&0\\2&-1&0\\2&1&1\end{pmatrix}^{-1}=\begin{pmatrix}1&0&0\\2&0&-1\\2&1&1\end{pmatrix}\begin{pmatrix}1&0&0\\2&-1&0\\-4&1&1\end{pmatrix}=\begin{pmatrix}1&0&0\\6&-1&-1\\0&0&1\end{pmatrix}.$$

又 $\boldsymbol{A}=\boldsymbol{P}\boldsymbol{B}\boldsymbol{P}^{-1}$，得

$$\boldsymbol{A}^n=\boldsymbol{P}\boldsymbol{B}\boldsymbol{P}^{-1}\boldsymbol{P}\boldsymbol{B}\boldsymbol{P}^{-1}\cdots\boldsymbol{P}\boldsymbol{B}\boldsymbol{P}^{-1}=\boldsymbol{P}\boldsymbol{B}^n\boldsymbol{P}^{-1},$$

而 $\boldsymbol{B}^n=\begin{cases}\boldsymbol{B}, & n\text{为奇数},\\ \boldsymbol{E}, & n\text{为偶数},\end{cases}$ 所以 $\boldsymbol{A}^n=\boldsymbol{P}\boldsymbol{B}^n\boldsymbol{P}^{-1}=\begin{cases}\boldsymbol{A}, & n\text{为奇数},\\ \boldsymbol{E}, & n\text{为偶数}.\end{cases}$

15.【证明】　因为

$$\boldsymbol{A}^{-1}+\boldsymbol{B}^{-1}=\boldsymbol{A}^{-1}\boldsymbol{E}+\boldsymbol{E}\boldsymbol{B}^{-1}=\boldsymbol{A}^{-1}\boldsymbol{B}\boldsymbol{B}^{-1}+\boldsymbol{A}^{-1}\boldsymbol{A}\boldsymbol{B}^{-1}=\boldsymbol{A}^{-1}(\boldsymbol{B}+\boldsymbol{A})\boldsymbol{B}^{-1},$$

又 $\boldsymbol{A},\boldsymbol{B},\boldsymbol{A}+\boldsymbol{B}$ 都可逆，所以 $\boldsymbol{A}^{-1}(\boldsymbol{B}+\boldsymbol{A})\boldsymbol{B}^{-1}$ 是可逆矩阵，且

$$(\boldsymbol{A}^{-1}+\boldsymbol{B}^{-1})^{-1}=(\boldsymbol{A}^{-1}(\boldsymbol{B}+\boldsymbol{A})\boldsymbol{B}^{-1})^{-1}=\boldsymbol{B}(\boldsymbol{A}+\boldsymbol{B})^{-1}\boldsymbol{A}.$$

16.【解析】 (1)初等行变换法：因为

$$(\boldsymbol{A}\mid\boldsymbol{E})=\left(\begin{array}{ccc|ccc}1&2&-1&1&0&0\\3&1&0&0&1&0\\-1&0&-2&0&0&1\end{array}\right)\xrightarrow[r_3+r_1]{r_2+r_1\times(-3)}\left(\begin{array}{ccc|ccc}1&2&-1&1&0&0\\0&-5&3&-3&1&0\\0&2&-3&1&0&1\end{array}\right)$$

$$\xrightarrow[r_3+r_2\times(-2)]{r_2\times\left(-\frac{1}{5}\right)}\left(\begin{array}{ccc|ccc}1&2&-1&1&0&0\\0&1&-\frac{3}{5}&\frac{3}{5}&-\frac{1}{5}&0\\0&0&-\frac{9}{5}&-\frac{1}{5}&\frac{2}{5}&1\end{array}\right)\xrightarrow{r_3\times\left(-\frac{5}{9}\right)}\left(\begin{array}{ccc|ccc}1&2&-1&1&0&0\\0&1&-\frac{3}{5}&\frac{3}{5}&-\frac{1}{5}&0\\0&0&1&\frac{1}{9}&-\frac{2}{9}&-\frac{5}{9}\end{array}\right)$$

$$\xrightarrow[r_2+r_3\times\frac{3}{5}]{r_1+r_3}\left(\begin{array}{ccc|ccc}1&2&0&\frac{10}{9}&-\frac{2}{9}&-\frac{5}{9}\\0&1&0&\frac{2}{3}&-\frac{1}{3}&-\frac{1}{3}\\0&0&1&\frac{1}{9}&-\frac{2}{9}&-\frac{5}{9}\end{array}\right)\xrightarrow{r_1+r_2\times(-2)}\left(\begin{array}{ccc|ccc}1&0&0&-\frac{2}{9}&\frac{4}{9}&\frac{1}{9}\\0&1&0&\frac{2}{3}&-\frac{1}{3}&-\frac{1}{3}\\0&0&1&\frac{1}{9}&-\frac{2}{9}&-\frac{5}{9}\end{array}\right),$$

所以 $\boldsymbol{A}^{-1}=\begin{pmatrix}-\frac{2}{9}&\frac{4}{9}&\frac{1}{9}\\\frac{2}{3}&-\frac{1}{3}&-\frac{1}{3}\\\frac{1}{9}&-\frac{2}{9}&-\frac{5}{9}\end{pmatrix}$.

(2)初等行变换法：因为

$$(\boldsymbol{A}\mid\boldsymbol{E})=\left(\begin{array}{cccc|cccc}3&-2&0&-1&1&0&0&0\\0&2&2&1&0&1&0&0\\1&-2&-3&-2&0&0&1&0\\0&1&2&1&0&0&0&1\end{array}\right)\xrightarrow{r_1\leftrightarrow r_3}\left(\begin{array}{cccc|cccc}1&-2&-3&-2&0&0&1&0\\0&2&2&1&0&1&0&0\\3&-2&0&-1&1&0&0&0\\0&1&2&1&0&0&0&1\end{array}\right)$$

$$\xrightarrow{r_3-3r_1}\left(\begin{array}{cccc|cccc}1&-2&-3&-2&0&0&1&0\\0&2&2&1&0&1&0&0\\0&4&9&5&1&0&-3&0\\0&1&2&1&0&0&0&1\end{array}\right)\xrightarrow{r_2\leftrightarrow r_4}\left(\begin{array}{cccc|cccc}1&-2&-3&-2&0&0&1&0\\0&1&2&1&0&0&0&1\\0&4&9&5&1&0&-3&0\\0&2&2&1&0&1&0&0\end{array}\right)$$

$$\xrightarrow[r_4-2r_2]{r_3-4r_2}\left(\begin{array}{cccc|cccc}1&-2&-3&-2&0&0&1&0\\0&1&2&1&0&0&0&1\\0&0&1&1&1&0&-3&-4\\0&0&-2&-1&0&1&0&-2\end{array}\right)\xrightarrow{r_4+2r_3}\left(\begin{array}{cccc|cccc}1&-2&-3&-2&0&0&1&0\\0&1&2&1&0&0&0&1\\0&0&1&1&1&0&-3&-4\\0&0&0&1&2&1&-6&-10\end{array}\right)$$

$$\xrightarrow[\substack{r_2-r_4\\r_3-r_4}]{r_1+2r_4}\left(\begin{array}{cccc|cccc}1&-2&-3&0&4&2&-11&-20\\0&1&2&0&-2&-1&6&11\\0&0&1&0&-1&-1&3&6\\0&0&0&1&2&1&-6&-10\end{array}\right)\xrightarrow{r_2-2r_3}\left(\begin{array}{cccc|cccc}1&-2&-3&0&4&2&-11&-20\\0&1&0&0&0&1&0&-1\\0&0&1&0&-1&-1&3&6\\0&0&0&1&2&1&-6&-10\end{array}\right)$$

$$\xrightarrow[r_1+3r_3]{r_1+2r_2}\left(\begin{array}{cccc|cccc}1&0&0&0&1&1&-2&-4\\0&1&0&0&0&1&0&-1\\0&0&1&0&-1&-1&3&6\\0&0&0&1&2&1&-6&-10\end{array}\right),$$

所以 $A^{-1}=\begin{pmatrix}1&1&-2&-4\\0&1&0&-1\\-1&-1&3&6\\2&1&-6&-10\end{pmatrix}$.

17.【解析】 (1) **方法一**　先求 A^{-1}，再直接计算 $A^{-1}B$．由于 $A^{-1}=\begin{pmatrix}2&-5\\-1&3\end{pmatrix}$，故

$$X=A^{-1}B=\begin{pmatrix}2&-5\\-1&3\end{pmatrix}\begin{pmatrix}4&-1&2\\3&0&-1\end{pmatrix}=\begin{pmatrix}-7&-2&9\\5&1&-5\end{pmatrix}.$$

方法二　矩阵的初等行变换：因为

$$(A\mid B)=\left(\begin{array}{cc|ccc}3&5&4&-1&2\\1&2&3&0&-1\end{array}\right)\to\left(\begin{array}{cc|ccc}1&2&3&0&-1\\3&5&4&-1&2\end{array}\right)\to\left(\begin{array}{cc|ccc}1&2&3&0&-1\\0&-1&-5&-1&5\end{array}\right)$$
$$\to\left(\begin{array}{cc|ccc}1&2&3&0&-1\\0&1&5&1&-5\end{array}\right)\to\left(\begin{array}{cc|ccc}1&0&-7&-2&9\\0&1&5&1&-5\end{array}\right),$$

所以 $X=\begin{pmatrix}-7&-2&9\\5&1&-5\end{pmatrix}$.

(2) 因为

$$(A\mid B)=\left(\begin{array}{ccc|ccc}2&2&3&4&2&3\\1&-1&0&1&1&0\\-1&2&1&-1&2&3\end{array}\right)\to\left(\begin{array}{ccc|ccc}1&-1&0&1&1&0\\2&2&3&4&2&3\\-1&2&1&-1&2&3\end{array}\right)$$
$$\to\left(\begin{array}{ccc|ccc}1&-1&0&1&1&0\\0&4&3&2&0&3\\0&1&1&0&3&3\end{array}\right)\to\left(\begin{array}{ccc|ccc}1&-1&0&1&1&0\\0&1&1&0&3&3\\0&4&3&2&0&3\end{array}\right)\to\left(\begin{array}{ccc|ccc}1&-1&0&1&1&0\\0&1&1&0&3&3\\0&0&-1&2&-12&-9\end{array}\right)$$
$$\to\left(\begin{array}{ccc|ccc}1&-1&0&1&1&0\\0&1&0&2&-9&-6\\0&0&1&-2&12&9\end{array}\right)\to\left(\begin{array}{ccc|ccc}1&0&0&3&-8&-6\\0&1&0&2&-9&-6\\0&0&1&-2&12&9\end{array}\right),$$

故 $X=\begin{pmatrix}3&-8&-6\\2&-9&-6\\-2&12&9\end{pmatrix}$.

(3) **方法一**　先求 A^{-1}，再直接计算 BA^{-1}．由于

$$A=\begin{vmatrix}1&0&5\\1&1&2\\1&2&5\end{vmatrix}=6,\quad A^{-1}=\frac{1}{6}\begin{pmatrix}1&10&-5\\-3&0&3\\1&-2&1\end{pmatrix},$$

故 $X=BA^{-1}=\begin{pmatrix}1&1&2\\0&0&-6\end{pmatrix}\dfrac{1}{6}\begin{pmatrix}1&10&-5\\-3&0&3\\1&-2&1\end{pmatrix}=\begin{pmatrix}0&1&0\\-1&2&-1\end{pmatrix}$.

方法二　矩阵的初等行变换：因为

$$(A^T \mid B^T)=\left(\begin{array}{ccc|cc}1&1&1&1&0\\0&1&2&1&0\\5&2&5&2&-6\end{array}\right)\to\left(\begin{array}{ccc|cc}1&1&1&1&0\\0&1&2&1&0\\0&-3&0&-3&-6\end{array}\right)$$

$$\to\left(\begin{array}{ccc|cc}1&1&1&1&0\\0&1&2&1&0\\0&0&6&0&-6\end{array}\right)\to\left(\begin{array}{ccc|cc}1&1&1&1&0\\0&1&2&1&0\\0&0&1&0&-1\end{array}\right)$$

$$\to\left(\begin{array}{ccc|cc}1&1&0&1&1\\0&1&0&1&2\\0&0&1&0&-1\end{array}\right)\to\left(\begin{array}{ccc|cc}1&0&0&0&-1\\0&1&0&1&2\\0&0&1&0&-1\end{array}\right),$$

故 $X=\begin{pmatrix}0&1&0\\-1&2&-1\end{pmatrix}$.

18.【解析】　由于 $B+AB=(E+A)B$，而

$$|E+A|=\begin{vmatrix}3&1&2\\0&2&-1\\0&0&3\end{vmatrix}=18\neq 0,$$

即 $E+A$ 可逆，而 $R(B)=2$，故 $R(B+AB)=R((E+A)B)=R(B)=2$.

19.【解析】　由于

$$A=\begin{pmatrix}1&2&0&0&1\\0&6&2&4&10\\1&11&3&6&16\\1&-19&-7&-14&-34\end{pmatrix}\to\begin{pmatrix}1&2&0&0&1\\0&6&2&4&10\\0&9&3&6&15\\0&-21&-7&-14&-35\end{pmatrix}\to\begin{pmatrix}1&2&0&0&1\\0&6&2&4&10\\0&0&0&0&0\\0&0&0&0&0\end{pmatrix},$$

故 $R(A)=2$.

由 $R(A)=2$ 知 A 的非零子式的最高阶数是 2. 又由 A 的行阶梯矩阵可以得知, A 的第一列、第二列构成的矩阵一定有一个二阶非零子式，即

$$\begin{vmatrix}1&2\\0&6\end{vmatrix}=6\neq 0,$$

因此，这便是 A 的一个最高阶非零子式.

20.【解析】　对 A 施行初等行变换化为行阶梯形:

$$A=\begin{pmatrix}1&2&-1&1\\3&2&\lambda&-1\\5&6&3&\mu\end{pmatrix}\to\begin{pmatrix}1&2&-1&1\\0&-4&\lambda+3&-4\\0&0&5-\lambda&\mu-1\end{pmatrix},$$

因为 $R(A)=2$，故 $\begin{cases}5-\lambda=0,\\ \mu-1=0,\end{cases}$ 即 $\begin{cases}\lambda=5,\\ \mu=1.\end{cases}$

21.【解析】　因为

$$|A|=\begin{vmatrix}k&1&1&1\\1&k&1&1\\1&1&k&1\\1&1&1&k\end{vmatrix}=(k+3)(k-1)^3,$$

，

由 $R(A)=3$ 知 $|A|=0$，则 $k=1$ 或 $k=-3$.

当 $k=1$ 时，易得 $R(\boldsymbol{A})=1$;

当 $k=-3$ 时，由于三阶子式 $\begin{vmatrix}-3 & 1 & 1\\ 1 & -3 & 1\\ 1 & 1 & -3\end{vmatrix}\neq 0$, 故 $R(\boldsymbol{A})=3$, 即 $k=-3$.

22.【解析】　齐次方程组有非零解的充分必要条件是系数矩阵的秩小于 n. 由于

$$\boldsymbol{A}=\begin{pmatrix}1 & 2 & 1\\ 1 & a & 2\\ a & 4 & 3\\ 2 & a+2 & -5\end{pmatrix}\to\begin{pmatrix}1 & 2 & 1\\ 0 & a-2 & 1\\ 0 & 4-2a & 3-a\\ 0 & a-2 & -7\end{pmatrix}\to\begin{pmatrix}1 & 2 & 1\\ 0 & a-2 & 1\\ 0 & 0 & 5-a\\ 0 & 0 & -8\end{pmatrix},$$

可见秩 $R(\boldsymbol{A})<3\Leftrightarrow a=2$.

23.【解析】　方程组的系数行列式为

$$|\boldsymbol{A}|=\begin{vmatrix}2 & \lambda & -1\\ \lambda & -1 & 1\\ 4 & 5 & -5\end{vmatrix}=5\lambda^2-\lambda-4=(\lambda-1)(5\lambda+4).$$

(1) 当 $\lambda\neq 1$ 且 $\lambda\neq -\dfrac{4}{5}$ 时, $R(\boldsymbol{A})=R(\overline{\boldsymbol{A}})=3$，从而方程组有唯一解;

(2) 当 $\lambda=1$ 时，对方程的增广矩阵实施初等变换

$$\overline{\boldsymbol{A}}=\left(\begin{array}{ccc:c}2 & 1 & -1 & 1\\ 1 & -1 & 1 & 2\\ 4 & 5 & -5 & -1\end{array}\right)\to\left(\begin{array}{ccc:c}1 & -1 & 1 & 2\\ 0 & 3 & -3 & -3\\ 0 & 9 & -9 & -9\end{array}\right)\to\left(\begin{array}{ccc:c}1 & 0 & 0 & 1\\ 0 & 1 & -1 & -1\\ 0 & 0 & 0 & 0\end{array}\right),$$

同解方程组为

$$\begin{cases}x_1=1,\\ x_2=-1+x_3.\end{cases}$$

故当 $\lambda=1$ 时，原方程得通解为 $(1,-1,0)^{\mathrm{T}}+k(0,1,1)^{\mathrm{T}},k\in\mathbf{R}$.

(3) 当 $\lambda=-\dfrac{4}{5}$ 时，对方程的增广矩阵实施初等变换

$$\overline{\boldsymbol{A}}=\left(\begin{array}{ccc:c}2 & -\dfrac{4}{5} & -1 & 1\\ -\dfrac{4}{5} & -1 & 1 & 2\\ 4 & 5 & -5 & -1\end{array}\right)\to\left(\begin{array}{ccc:c}10 & -4 & -5 & 5\\ -4 & -5 & 5 & 10\\ 4 & 5 & -5 & -1\end{array}\right)\to\left(\begin{array}{ccc:c}10 & -4 & -5 & 5\\ -4 & -5 & 5 & 10\\ 0 & 0 & 0 & 9\end{array}\right),$$

$R(\boldsymbol{A})\neq R(\overline{\boldsymbol{A}})$，从而方程组无解.

24.【解析】　(1) 对系数矩阵 $\boldsymbol{A}$ 施行初等行变换:

$$\boldsymbol{A}=\begin{pmatrix}1 & 2 & 5\\ 1 & 3 & -2\\ 3 & 7 & 8\\ 1 & 4 & -9\end{pmatrix}\to\begin{pmatrix}1 & 2 & 5\\ 0 & 1 & -7\\ 0 & 1 & -7\\ 0 & 2 & -14\end{pmatrix}\to\begin{pmatrix}1 & 0 & 19\\ 0 & 1 & -7\\ 0 & 0 & 0\\ 0 & 0 & 0\end{pmatrix},$$

原方程组与如下方程组同解 $\begin{cases}x_1=-19x_3,\\ x_2=7x_3,\end{cases}$ 令 $x_3=C$ 得原方程组的通解为

$$\begin{pmatrix} x_1 \\ x_2 \\ x_3 \end{pmatrix} = C\begin{pmatrix} -19 \\ 7 \\ 1 \end{pmatrix} \quad (C \in \mathbf{R}).$$

(2) 对系数矩阵施行初等行变换,

$$\begin{pmatrix} 1 & -1 & 5 & -1 & 1 \\ 1 & 1 & -2 & 3 & -1 \\ 3 & -1 & 8 & 1 & 2 \\ 1 & 3 & -9 & 7 & -3 \end{pmatrix} \to \begin{pmatrix} 1 & -1 & 5 & -1 & 1 \\ 0 & 2 & -7 & 4 & -2 \\ 0 & 2 & -7 & 4 & -1 \\ 0 & 4 & -14 & 8 & -4 \end{pmatrix} \to \begin{pmatrix} 1 & -1 & 5 & -1 & 1 \\ 0 & 2 & -7 & 4 & -2 \\ 0 & 0 & 0 & 0 & 1 \\ 0 & 0 & 0 & 0 & 0 \end{pmatrix}$$

$$\to \begin{pmatrix} 1 & -1 & 5 & -1 & 0 \\ 0 & 1 & -\frac{7}{2} & 2 & 0 \\ 0 & 0 & 0 & 0 & 1 \\ 0 & 0 & 0 & 0 & 0 \end{pmatrix} \to \begin{pmatrix} 1 & 0 & \frac{3}{2} & 1 & 0 \\ 0 & 1 & -\frac{7}{2} & 2 & 0 \\ 0 & 0 & 0 & 0 & 1 \\ 0 & 0 & 0 & 0 & 0 \end{pmatrix},$$

同解方程组为

$$\begin{cases} x_1 = -\frac{3}{2}x_3 - x_4, \\ x_2 = \frac{7}{2}x_3 - 2x_4, \\ x_5 = 0. \end{cases}$$

所以, 方程组的通解

$$\begin{pmatrix} x_1 \\ x_2 \\ x_3 \\ x_4 \\ x_5 \end{pmatrix} = C_1\begin{pmatrix} -3 \\ 7 \\ 2 \\ 0 \\ 0 \end{pmatrix} + C_2\begin{pmatrix} -1 \\ -2 \\ 0 \\ 1 \\ 0 \end{pmatrix} \quad (C_1, C_2 \in \mathbf{R}).$$

25.【解析】 (1) 对增广矩阵施行初等行变换:

$$(\boldsymbol{A} \mid \boldsymbol{b}) = \begin{pmatrix} 1 & -1 & -1 & 1 & 0 \\ 1 & -1 & 1 & -3 & -2 \\ 1 & -1 & -2 & 3 & 1 \end{pmatrix} \to \begin{pmatrix} 1 & -1 & 0 & -1 & -1 \\ 0 & 0 & 1 & -2 & -1 \\ 0 & 0 & 0 & 0 & 0 \end{pmatrix},$$

得

$$\begin{cases} x_1 = x_2 + x_4 - 1, \\ x_3 = 2x_4 - 1. \end{cases}$$

方程组的通解为

$$\begin{pmatrix} x_1 \\ x_2 \\ x_3 \\ x_4 \end{pmatrix} = \begin{pmatrix} -1 \\ 0 \\ -1 \\ 0 \end{pmatrix} + k_1\begin{pmatrix} 1 \\ 1 \\ 0 \\ 0 \end{pmatrix} + k_2\begin{pmatrix} 1 \\ 0 \\ 2 \\ 1 \end{pmatrix} \quad (k_1, k_2 \in \mathbf{R}).$$

(2) 对增广矩阵施行初等行变换,

$$(\boldsymbol{A} \mid \boldsymbol{b})=\left(\begin{array}{ccccc|c}5&3&2&-1&4&1\\4&1&5&3&1&5\\2&-3&11&11&-5&13\\3&-1&8&7&-2&9\end{array}\right)\xrightarrow{r_1-r_2}\left(\begin{array}{ccccc|c}1&2&-3&-4&3&-4\\4&1&5&3&1&5\\2&-3&11&11&-5&13\\3&-1&8&7&-2&9\end{array}\right)$$

$$\xrightarrow[r_3-2r_1,r_4-3r_1]{r_2-4r_1}\left(\begin{array}{ccccc|c}1&2&-3&-4&3&-4\\0&-7&17&19&-11&21\\0&-7&17&19&-11&21\\0&-7&17&19&-11&21\end{array}\right)\xrightarrow[r_4-r_2]{r_3-r_2}\left(\begin{array}{ccccc|c}1&2&-3&-4&3&-4\\0&1&-\frac{17}{7}&-\frac{19}{7}&\frac{11}{7}&-3\\0&0&0&0&0&0\\0&0&0&0&0&0\end{array}\right)$$

$$\xrightarrow{r_1-2r_2}\left(\begin{array}{ccccc|c}1&0&\frac{13}{7}&\frac{10}{7}&-\frac{1}{7}&2\\0&1&-\frac{17}{7}&-\frac{19}{7}&\frac{11}{7}&-3\\0&0&0&0&0&0\\0&0&0&0&0&0\end{array}\right),$$

原方程组与如下方程组同解

$$\begin{cases}x_1=2-\dfrac{13}{7}x_3-\dfrac{10}{7}x_4+\dfrac{1}{7}x_5,\\x_2=-3+\dfrac{17}{7}x_3+\dfrac{19}{7}x_4-\dfrac{11}{7}x_5.\end{cases}$$

由此方程组的通解为

$$\begin{pmatrix}x_1\\x_2\\x_3\\x_4\\x_5\end{pmatrix}=\begin{pmatrix}2\\-3\\0\\0\\0\end{pmatrix}+C_1\begin{pmatrix}-13\\17\\7\\0\\0\end{pmatrix}+C_2\begin{pmatrix}-10\\19\\0\\7\\0\end{pmatrix}+C_3\begin{pmatrix}1\\-11\\0\\0\\7\end{pmatrix},\quad C_1,C_2,C_3\in\mathbf{R}.$$

26. **【解析】**(1) 选(D).

由 $|-|\boldsymbol{A}|\boldsymbol{A}|=|-2\boldsymbol{A}|=(-2)^3|\boldsymbol{A}|=-8\times2=-16$, 知应选(D).

(2) 选(A).

$\boldsymbol{Ax}=\boldsymbol{0}$ 仅有零解 $\Leftrightarrow R(\boldsymbol{A})=n \Leftrightarrow \boldsymbol{A}$ 的列向量线性无关. 故选(A).

(3) 选(D).

$\boldsymbol{Ax}=\boldsymbol{b}$ 有无穷多个解 $\Rightarrow R(\boldsymbol{A})=R(\boldsymbol{B})<n\Rightarrow R(\boldsymbol{A})<n\Rightarrow \boldsymbol{Ax}=\boldsymbol{0}$ 有非零解. 故选项(D)是正确的, 选项(C)错误.

$\boldsymbol{Ax}=\boldsymbol{0}$ 仅有零解的充要条件是 $R(\boldsymbol{A})=n$, 此时不一定有 $R(\boldsymbol{A})=R(\boldsymbol{A},\boldsymbol{b})$, 即线性方程组不一定有解. 如令 $\boldsymbol{A}=\begin{pmatrix}1&0&0\\0&1&0\\0&0&1\\0&0&0\end{pmatrix},\boldsymbol{b}=\begin{pmatrix}0\\0\\0\\1\end{pmatrix}$, 则 $R(\boldsymbol{A})=3$, 故 $\boldsymbol{Ax}=\boldsymbol{0}$ 仅有零解; 而 $R(\boldsymbol{A},\boldsymbol{b})=4>R(\boldsymbol{A})$, 故 $\boldsymbol{Ax}=\boldsymbol{b}$ 无解. 故选项(A)错误.

与此类似地, $\boldsymbol{Ax}=\boldsymbol{0}$ 有非零解的充要条件是 $R(\boldsymbol{A})<n$, 此时也不一定有 $R(\boldsymbol{A})=R(\boldsymbol{A},\boldsymbol{b})$, 即线性方程组不一定有解. 故选项(B)错误.

(4) 选(A).

问题关键是判断 $R(\boldsymbol{A})$ 和 $R(\boldsymbol{A},\boldsymbol{b})$ 的关系. 易知 $R(\boldsymbol{A})\leqslant R(\boldsymbol{A},\boldsymbol{b})$. 当 $r=m$ 时, 由于 $(\boldsymbol{A},\boldsymbol{b})$ 为 $m\times(n+1)$ 矩阵, 故 $R(\boldsymbol{A},\boldsymbol{b})\leqslant m=R(\boldsymbol{A})$, 因此 $R(\boldsymbol{A},\boldsymbol{b})=R(\boldsymbol{A})$, 也即 $r=m$ 时, 方程组 $\boldsymbol{Ax}=\boldsymbol{b}$ 有解, 故选(A).

27. 【解析】(1)　填写$\frac{1}{4}$.

由于$\left|\left(\frac{1}{2}\boldsymbol{A}\right)^2\right|=\left|\frac{1}{4}\boldsymbol{A}^2\right|=\left(\frac{1}{4}\right)^3\cdot|\boldsymbol{A}|^2=\frac{1}{4}$,所以$\left|\left(\frac{1}{2}\boldsymbol{A}\right)^2\right|=\frac{1}{4}$.

(2)　填写$\frac{1}{2}(\boldsymbol{A}+2\boldsymbol{E})$.

由 $\boldsymbol{A}^2+\boldsymbol{A}-4\boldsymbol{E}=\boldsymbol{O}$ 得 $(\boldsymbol{A}-\boldsymbol{E})(\boldsymbol{A}+2\boldsymbol{E})-2\boldsymbol{E}=\boldsymbol{O}$, 即 $(\boldsymbol{A}-\boldsymbol{E})(\boldsymbol{A}+2\boldsymbol{E})=2\boldsymbol{E}$, 从而 $(\boldsymbol{A}-\boldsymbol{E})\frac{1}{2}(\boldsymbol{A}+2\boldsymbol{E})=\boldsymbol{E}$, 故 $(\boldsymbol{A}-\boldsymbol{E})^{-1}=\frac{1}{2}(\boldsymbol{A}+2\boldsymbol{E})$.

(3)　填写 128.

因为$|\boldsymbol{A}|=\frac{1}{2}\neq 0$, 所以 $\boldsymbol{A}$ 可逆. 于是

$$\boldsymbol{A}^*=|\boldsymbol{A}|\boldsymbol{A}^{-1}=\frac{1}{2}\boldsymbol{A}^{-1},\quad \left(\frac{1}{2}\boldsymbol{A}\right)^{-1}=2\boldsymbol{A}^{-1},\quad (2\boldsymbol{A})^*=2^2\boldsymbol{A}^*,$$

所以$\left|\left(\frac{1}{2}\boldsymbol{A}\right)^{-1}+(2\boldsymbol{A})^*\right|=|2\boldsymbol{A}^{-1}+4\boldsymbol{A}^*|=|2\boldsymbol{A}^{-1}+2\boldsymbol{A}^{-1}|=|4\boldsymbol{A}^{-1}|=128$.

(4)　填写 6.

$$|\boldsymbol{A}_3-2\boldsymbol{A}_1,3\boldsymbol{A}_2,\boldsymbol{A}_1|=|\boldsymbol{A}_3,3\boldsymbol{A}_2,\boldsymbol{A}_1|+|-2\boldsymbol{A}_1,3\boldsymbol{A}_2,\boldsymbol{A}_1|=-3|\boldsymbol{A}_1,\boldsymbol{A}_2,\boldsymbol{A}_3|=6.$$

习　题　3

1.【解析】　$4\boldsymbol{\alpha}_3+(3\boldsymbol{\alpha}_1-2\boldsymbol{\alpha}_2)=4(1,3,4)+[3(1,2,-1)-2(2,5,3)]=(3,8,7)$.

2.【解析】　由 $3(\boldsymbol{\alpha}_1-\boldsymbol{\alpha})+2(\boldsymbol{\alpha}_2+\boldsymbol{\alpha})=5(\boldsymbol{\alpha}_3+\boldsymbol{\alpha})$, 得

$$\begin{aligned}\boldsymbol{\alpha}&=\frac{1}{6}(3\boldsymbol{\alpha}_1+2\boldsymbol{\alpha}_2-5\boldsymbol{\alpha}_3)\\&=\frac{1}{6}[3(2,5,1,3)+2(10,1,5,10)-5(4,1,-1,1)]\\&=(1,2,3,4).\end{aligned}$$

3.【解析】　$\boldsymbol{\beta}$ 可以由向量组 $\boldsymbol{\alpha}_1,\boldsymbol{\alpha}_2,\boldsymbol{\alpha}_3$ 线性表出的充要条件是线性方程组 $x_1\boldsymbol{\alpha}_1+x_2\boldsymbol{\alpha}_2+x_3\boldsymbol{\alpha}_3=\boldsymbol{\beta}$ 有解. 对增广矩阵高斯消元, 化为阶梯形, 即

$$\left(\begin{array}{ccc|c}2&-1&1&1\\1&2&-1&2\\1&7&-4&t\end{array}\right)\to\left(\begin{array}{ccc|c}1&2&-1&2\\2&-1&1&1\\1&7&-4&t\end{array}\right)\to\left(\begin{array}{ccc|c}1&2&-1&2\\0&-5&3&-3\\0&5&-3&t-2\end{array}\right)\to\left(\begin{array}{ccc|c}1&2&-1&2\\0&-5&3&-3\\0&0&0&t-5\end{array}\right),$$

方程组有解 $\Leftrightarrow R(A)=R(\overline{A})$, 显然 $t=5$.

4.【解析】　依题意, 方程组 $x_1\boldsymbol{\alpha}_1+x_2\boldsymbol{\alpha}_2+x_3\boldsymbol{\alpha}_3=\boldsymbol{\beta}_1$ 有解, 而方程组 $x_1\boldsymbol{\alpha}_1+x_2\boldsymbol{\alpha}_2+x_3\boldsymbol{\alpha}_3=\boldsymbol{\beta}_2$ 无解. 因为两个方程组的系数矩阵相同, 故可合并一次加减消元, 即

$$\left[\begin{array}{ccc|cc}1&2&1&1&0\\2&3&a+2&3&1\\1&a&-2&4&2\end{array}\right]\to\left[\begin{array}{ccc|cc}1&2&1&1&0\\0&-1&a&1&1\\0&a-2&-3&3&2\end{array}\right]\to\left[\begin{array}{ccc|cc}1&2&1&1&0\\0&1&-a&-1&-1\\0&0&a^2-2a-3&a+1&a\end{array}\right],$$

可见 $a=-1$ 时, $x_1\boldsymbol{\alpha}_1+x_2\boldsymbol{\alpha}_2+x_3\boldsymbol{\alpha}_3=\boldsymbol{\beta}_1$ 有解, 而 $x_1\boldsymbol{\alpha}_1+x_2\boldsymbol{\alpha}_2+x_3\boldsymbol{\alpha}_3=\boldsymbol{\beta}_2$ 无解, 故 $a=-1$.

5.【解析】 设有 x_1,x_2,x_3,x_4 使 $\boldsymbol{\beta}=x_1\boldsymbol{\alpha}_1+x_2\boldsymbol{\alpha}_2+x_3\boldsymbol{\alpha}_3+x_4\boldsymbol{\alpha}_4$, 即

$$(\boldsymbol{\alpha}_1,\boldsymbol{\alpha}_2,\boldsymbol{\alpha}_3,\boldsymbol{\alpha}_4)\begin{pmatrix}x_1\\x_2\\x_3\\x_4\end{pmatrix}=\boldsymbol{\beta}\text{ 或 }\boldsymbol{AX}=\boldsymbol{\beta},$$

上式为关于 x_1,x_2,x_3,x_4 的非齐次方程组, 令 $\boldsymbol{B}=(\boldsymbol{\alpha}_1,\boldsymbol{\alpha}_2,\boldsymbol{\alpha}_3,\boldsymbol{\alpha}_4,\boldsymbol{\beta})$, 对 $\boldsymbol{B}$ 施行初等行变换

$$\boldsymbol{B}=\begin{pmatrix}1&1&1&1&0\\0&1&2&2&1\\0&-1&a-3&-2&b\\3&2&1&a&-1\end{pmatrix}\rightarrow\begin{pmatrix}1&0&-1&-1&-1\\0&1&2&2&1\\0&0&a-1&0&b+1\\0&0&0&a-1&0\end{pmatrix}.$$

(1) 当 $a\neq1,b\in\mathbf{R}$ 时, $R(\boldsymbol{B})=R(\boldsymbol{\alpha}_1,\boldsymbol{\alpha}_2,\boldsymbol{\alpha}_3,\boldsymbol{\alpha}_4)=4$, 方程组有唯一解, 即此时 $\boldsymbol{\beta}$ 能由 $\boldsymbol{\alpha}_1,\boldsymbol{\alpha}_2,\boldsymbol{\alpha}_3,\boldsymbol{\alpha}_4$ 线性表示且表达式唯一.

(2) 当 $a=1,b+1\neq0$ 时, $R(\boldsymbol{\alpha}_1,\boldsymbol{\alpha}_2,\boldsymbol{\alpha}_3,\boldsymbol{\alpha}_4)=2$, $R(\boldsymbol{B})=3$, $R(\boldsymbol{B})\neq R(\boldsymbol{\alpha}_1,\boldsymbol{\alpha}_2,\boldsymbol{\alpha}_3,\boldsymbol{\alpha}_4)$, 方程组无解, 故 $\boldsymbol{\beta}$ 不能由 $\boldsymbol{\alpha}_1,\boldsymbol{\alpha}_2,\boldsymbol{\alpha}_3,\boldsymbol{\alpha}_4$ 线性表示.

(3) 当 $a=1,b+1=0$ 时, $R(\boldsymbol{B})=R(\boldsymbol{\alpha}_1,\boldsymbol{\alpha}_2,\boldsymbol{\alpha}_3,\boldsymbol{\alpha}_4)=2$, 此时, $\boldsymbol{\beta}$ 能由 $\boldsymbol{\alpha}_1,\boldsymbol{\alpha}_2,\boldsymbol{\alpha}_3,\boldsymbol{\alpha}_4$ 线性表示且表达式不唯一. 此时

$$\boldsymbol{B}\rightarrow\begin{pmatrix}1&0&-1&-1&-1\\0&1&2&2&1\\0&0&0&0&0\\0&0&0&0&0\end{pmatrix},$$

得到原方程的解为

$$\begin{cases}x_1=-1+x_3+x_4,\\x_2=1-2x_3-2x_4.\end{cases}$$

若令 $x_3=C_1,x_4=C_2$, 则 $\boldsymbol{\beta}$ 的一般表达式为

$$\boldsymbol{\beta}=(-1+C_1+C_2)\boldsymbol{\alpha}_1+(1-2C_1-2C_2)\boldsymbol{\alpha}_2+C_1\boldsymbol{\alpha}_3+C_2\boldsymbol{\alpha}_4,\quad C_1,C_2\in\mathbf{R}.$$

6.【解析】 n 个 n 维向量 $\boldsymbol{\alpha}_1,\boldsymbol{\alpha}_2,\cdots,\boldsymbol{\alpha}_n$ 线性无关 $\Leftrightarrow|\boldsymbol{\alpha}_1,\boldsymbol{\alpha}_2,\cdots,\boldsymbol{\alpha}_n|\neq0$, 因为

$$|\boldsymbol{\alpha}_1,\boldsymbol{\alpha}_2,\boldsymbol{\alpha}_3,\boldsymbol{\alpha}_4|=\begin{vmatrix}1&0&3&1\\-1&3&0&-2\\2&1&7&2\\4&2&a&0\end{vmatrix}=\begin{vmatrix}1&0&3&1\\0&3&3&-1\\0&1&1&0\\0&2&a-12&-4\end{vmatrix}=\begin{vmatrix}3&3&-1\\1&1&0\\2&a-12&-4\end{vmatrix}$$

$$=\begin{vmatrix}3&0&-1\\1&0&0\\2&a-14&-4\end{vmatrix}=14-a\neq0,$$

所以 $a\neq14$.

7.【解析】 由于

$$(\boldsymbol{\alpha}_1+2\boldsymbol{\alpha}_2,2\boldsymbol{\alpha}_2+t\boldsymbol{\alpha}_3,2\boldsymbol{\alpha}_1+3\boldsymbol{\alpha}_3)=(\boldsymbol{\alpha}_1,\boldsymbol{\alpha}_2,\boldsymbol{\alpha}_3)\begin{pmatrix}1&0&2\\2&2&0\\0&t&3\end{pmatrix},$$

而 $\begin{vmatrix}1&0&2\\2&2&0\\0&t&3\end{vmatrix}=6+4t=0$, 故 $t=-\dfrac{3}{2}$ 时, 向量组 $\boldsymbol{\alpha}_1+2\boldsymbol{\alpha}_2,2\boldsymbol{\alpha}_2+t\boldsymbol{\alpha}_3,2\boldsymbol{\alpha}_1+3\boldsymbol{\alpha}_3$ 线性相关.

8.【证明】 若 $k_1\boldsymbol{\alpha}_1+k_2\boldsymbol{\alpha}_2+k_3\boldsymbol{\alpha}_3=\mathbf{0}$, 用 $\boldsymbol{A}-k\boldsymbol{E}$ 左乘有

$$k_1(\boldsymbol{A}-k\boldsymbol{E})\boldsymbol{\alpha}_1+k_2(\boldsymbol{A}-k\boldsymbol{E})\boldsymbol{\alpha}_2+k_3(\boldsymbol{A}-k\boldsymbol{E})\boldsymbol{\alpha}_3=\boldsymbol{0},$$

即 $k_2l\boldsymbol{\alpha}_1+k_3l\boldsymbol{\alpha}_2=\boldsymbol{0}$, 亦即

$$k_2\boldsymbol{\alpha}_1+k_3\boldsymbol{\alpha}_2=\boldsymbol{0}.$$

再用 $\boldsymbol{A}-k\boldsymbol{E}$ 左乘, 可得 $k_3\boldsymbol{\alpha}_1=\boldsymbol{0}$. 由于 $\boldsymbol{\alpha}_1\neq\boldsymbol{0}$, 故 $k_3=0$, 依次往上代入得 $k_2=0$ 及 $k_1=0$, 所以 $\boldsymbol{\alpha}_1,\boldsymbol{\alpha}_2,\boldsymbol{\alpha}_3$ 线性无关.

9.【证明】 设

$$x_1\boldsymbol{\alpha}+x_2\boldsymbol{A}\boldsymbol{\alpha}+\cdots+x_m\boldsymbol{A}^{m-1}\boldsymbol{\alpha}=\boldsymbol{0}, \tag{1}$$

由 $\boldsymbol{A}^m\boldsymbol{\alpha}=\boldsymbol{0}$, 知

$$\boldsymbol{A}^{m+1}\boldsymbol{\alpha}=\boldsymbol{0},\boldsymbol{A}^{m+2}\boldsymbol{\alpha}=\boldsymbol{0},\cdots.$$

用 $\boldsymbol{A}^{m-1}$ 左乘(1)两边, 得

$$x_1\boldsymbol{A}^{m-1}\boldsymbol{\alpha}=\boldsymbol{0}.$$

又 $\boldsymbol{A}^{m-1}\boldsymbol{\alpha}\neq\boldsymbol{0}$, 所以

$$x_1=0.$$

把 $x_1=0$ 代入(1)式, 有

$$x_2\boldsymbol{A}\boldsymbol{\alpha}+\cdots+x_m\boldsymbol{A}^{m-1}\boldsymbol{\alpha}=\boldsymbol{0}.$$

用 $\boldsymbol{A}^{m-2}$ 左乘上式, 可知

$$x_2\boldsymbol{A}^{m-1}\boldsymbol{\alpha}=\boldsymbol{0}.$$

从而 $x_2=0$. 类似地, 可证 $x_3=\cdots=x_n=0$. 所以 $\boldsymbol{\alpha},\boldsymbol{A}\boldsymbol{\alpha},\boldsymbol{A}^2\boldsymbol{\alpha},\cdots,\boldsymbol{A}^{m-1}\boldsymbol{\alpha}$ 线性无关.

10.【解析】 因为

$$(\boldsymbol{\alpha}_3,\boldsymbol{\alpha}_4,\boldsymbol{\alpha}_1,\boldsymbol{\alpha}_2)=\begin{pmatrix}1&2&a&2\\2&3&3&b\\1&1&1&3\end{pmatrix}\to\begin{pmatrix}1&1&1&3\\0&1&a-1&-1\\0&1&1&b-6\end{pmatrix}\to\begin{pmatrix}1&1&1&3\\0&1&a-1&-1\\0&0&2-a&b-5\end{pmatrix},$$

而 $R(\boldsymbol{\alpha}_1,\boldsymbol{\alpha}_2,\boldsymbol{\alpha}_3,\boldsymbol{\alpha}_4)=R(\boldsymbol{\alpha}_3,\boldsymbol{\alpha}_4,\boldsymbol{\alpha}_1,\boldsymbol{\alpha}_2)$, 所以 $a=2,b=5$.

11.【解析】 记 $\boldsymbol{A}=(\boldsymbol{\alpha}_1,\boldsymbol{\alpha}_2,\boldsymbol{\alpha}_3)$, 则由 $\boldsymbol{\alpha}_1,\boldsymbol{\alpha}_2,\boldsymbol{\alpha}_3$ 线性无关知 $R(\boldsymbol{A})=3$. 又因为 $\boldsymbol{A}$ 为三阶方阵, 故 $\boldsymbol{A}$ 可逆. 记 $\boldsymbol{B}=(\boldsymbol{\beta}_1,\boldsymbol{\beta}_2,\boldsymbol{\beta}_3,\boldsymbol{\beta}_4)$, 则

$$\boldsymbol{B}=(\boldsymbol{\beta}_1,\boldsymbol{\beta}_2,\boldsymbol{\beta}_3,\boldsymbol{\beta}_4)=(\boldsymbol{\alpha}_1,\boldsymbol{\alpha}_2,\boldsymbol{\alpha}_3)\begin{pmatrix}1&3&4&2\\1&-1&0&-2\\-1&0&-1&1\end{pmatrix}=\boldsymbol{AC}.$$

因为 $\boldsymbol{A}$ 可逆, 根据矩阵秩的性质, $R(\boldsymbol{B})=R(\boldsymbol{C})$. 而

$$\boldsymbol{C}=\begin{pmatrix}1&3&4&2\\1&-1&0&-2\\-1&0&-1&1\end{pmatrix}\to\begin{pmatrix}1&-1&0&-2\\0&1&1&1\\0&0&0&0\end{pmatrix},$$

故 $R(\boldsymbol{B})=R(\boldsymbol{C})=2$, 即 $\boldsymbol{\beta}_1,\boldsymbol{\beta}_2,\boldsymbol{\beta}_3,\boldsymbol{\beta}_4$ 的秩为 2.

12.【解析】 令 $\boldsymbol{A}=(\boldsymbol{\alpha}_1,\boldsymbol{\alpha}_2,\boldsymbol{\alpha}_3,\boldsymbol{\alpha}_4,\boldsymbol{\alpha}_5)$, 对矩阵 $\boldsymbol{A}$ 作初等行变换, 换成行最简形矩阵:

$$\boldsymbol{A}=(\boldsymbol{\alpha}_1,\boldsymbol{\alpha}_2,\boldsymbol{\alpha}_3,\boldsymbol{\alpha}_4,\boldsymbol{\alpha}_5)=\begin{pmatrix}1&2&0&2&5\\-2&-5&1&-1&-8\\0&-3&3&4&1\\3&6&0&-7&2\end{pmatrix}\to\begin{pmatrix}1&2&0&2&5\\0&-1&1&3&2\\0&0&0&1&1\\0&0&0&0&0\end{pmatrix}\to\begin{pmatrix}1&0&2&0&1\\0&1&-1&0&1\\0&0&0&1&1\\0&0&0&0&0\end{pmatrix},$$

即向量组 $\boldsymbol{\alpha}_1,\boldsymbol{\alpha}_2,\boldsymbol{\alpha}_3,\boldsymbol{\alpha}_4,\boldsymbol{\alpha}_5$ 秩为 3, 最大无关组为 $\boldsymbol{\alpha}_1,\boldsymbol{\alpha}_2,\boldsymbol{\alpha}_4$, 且

$$\boldsymbol{\alpha}_3=2\boldsymbol{\alpha}_1-\boldsymbol{\alpha}_2,\quad \boldsymbol{\alpha}_5=\boldsymbol{\alpha}_1+\boldsymbol{\alpha}_2+\boldsymbol{\alpha}_4.$$

13.【证明】　设 $A=\{\boldsymbol{\alpha}_1,\cdots,\boldsymbol{\alpha}_r\},B=\{\boldsymbol{\alpha}_1,\cdots,\boldsymbol{\alpha}_r,\boldsymbol{\alpha}_{r+1},\cdots,\boldsymbol{\alpha}_s\}$, 且 $R(A)=R(B)=t$.

显然, 向量组 A 可由向量组 B 线性表示, 下证向量组 B 也可由向量组 A 线性表示即可.

设 A 中极大无关组为 $\boldsymbol{\alpha}_{i1},\cdots,\boldsymbol{\alpha}_{it}$, 由条件知 $\boldsymbol{\alpha}_{i1},\cdots,\boldsymbol{\alpha}_{it}$ 也是 B 中的一个极大无关组, 由极大无关组的定义知, $\boldsymbol{\alpha}_{r+1},\cdots,\boldsymbol{\alpha}_s$ 可由 $\boldsymbol{\alpha}_{i1},\cdots,\boldsymbol{\alpha}_{it}$ 线性表示, 从而可由 $\boldsymbol{\alpha}_1,\cdots,\boldsymbol{\alpha}_r$ 线性表示, 从而 B 可由 A 线性表示, 即 A 与 B 等价.

14.【解析】　显然在 A 中有二阶非零子式, 故 $R(\boldsymbol{A})=2$. 由

$$(\boldsymbol{B},\boldsymbol{A})=\begin{pmatrix}-1&1&3&0&1\\0&2&2&1&1\\1&1&t&1&0\end{pmatrix}\to\begin{pmatrix}-1&1&3&0&1\\0&2&2&1&1\\0&2&t+3&1&1\end{pmatrix}\to\begin{pmatrix}-1&1&3&0&1\\0&2&2&1&1\\0&0&t+1&0&0\end{pmatrix},$$

要使 A 组与 B 组等价, 只需 $R(\boldsymbol{A})=R(\boldsymbol{B})=R(\boldsymbol{B},\boldsymbol{A})$, 即当 $t=-1$ 时, 向量组 A 与 B 等价.

15.【证明】　充分性: 当 $\boldsymbol{\beta}_1,\boldsymbol{\beta}_2,\cdots,\boldsymbol{\beta}_n$ 线性无关时, 由于任意 $n+1$ 个 n 维向量都是线性相关的, 可知 $\boldsymbol{\beta}_1,\boldsymbol{\beta}_2,\cdots,\boldsymbol{\beta}_n,\boldsymbol{\alpha}_i(i=1,2,\cdots,n)$ 线性相关, 故 $\boldsymbol{\alpha}_i$ 能由 $\boldsymbol{\beta}_1,\boldsymbol{\beta}_2,\cdots,\boldsymbol{\beta}_n$ 线性表出, 即 $\boldsymbol{\beta}_1,\boldsymbol{\beta}_2,\cdots,\boldsymbol{\beta}_n$ 能线性表出 $\boldsymbol{\alpha}_1$, $\boldsymbol{\alpha}_2,\cdots,\boldsymbol{\alpha}_n$ 中每一个向量.

必要性: 当 $\boldsymbol{\beta}_1,\boldsymbol{\beta}_2,\cdots,\boldsymbol{\beta}_n$ 能线性表出 $\boldsymbol{\alpha}_1,\boldsymbol{\alpha}_2,\cdots,\boldsymbol{\alpha}_n$ 中每一个向量时, 易知 $R(\boldsymbol{\beta}_1,\boldsymbol{\beta}_2,\cdots,\boldsymbol{\beta}_n)\geqslant R(\boldsymbol{\alpha}_1,\boldsymbol{\alpha}_2,\cdots,\boldsymbol{\alpha}_n)=n$, 又由于 $R(\boldsymbol{\beta}_1,\boldsymbol{\beta}_2,\cdots,\boldsymbol{\beta}_n)\leqslant n$, 可知 $R(\boldsymbol{\beta}_1,\boldsymbol{\beta}_2,\cdots,\boldsymbol{\beta}_n)=n$, 即 $\boldsymbol{\beta}_1,\boldsymbol{\beta}_2,\cdots,\boldsymbol{\beta}_n$ 线性无关.

16.【解析】　(1) 选 (B).

四个三维向量 $\boldsymbol{\alpha}_1,\boldsymbol{\alpha}_2,\boldsymbol{\alpha}_3,\boldsymbol{\alpha}_4$ 必线性相关. 若 $\boldsymbol{\alpha}_1,\boldsymbol{\alpha}_2,\boldsymbol{\alpha}_3$ 线性无关, 则 $\boldsymbol{\alpha}_4$ 可由 $\boldsymbol{\alpha}_1,\boldsymbol{\alpha}_2,\boldsymbol{\alpha}_3$ 唯一线性表示. 所以 (B) 正确, (A) 不正确.

对于 (C), 取 $\boldsymbol{\alpha}_1=(1,0,0)^{\mathrm T},\boldsymbol{\alpha}_2=(2,0,0)^{\mathrm T},\boldsymbol{\alpha}_3=(3,0,0)^{\mathrm T},\boldsymbol{\alpha}_4=(0,0,1)^{\mathrm T}$, $\boldsymbol{\alpha}_4$ 不能由向量组 $\boldsymbol{\alpha}_1,\boldsymbol{\alpha}_2,\boldsymbol{\alpha}_3$ 线性表示, 但 $\boldsymbol{\alpha}_1+\boldsymbol{\alpha}_4,\boldsymbol{\alpha}_2+\boldsymbol{\alpha}_4,\boldsymbol{\alpha}_3+\boldsymbol{\alpha}_4$ 线性相关, 故 (C) 不正确.

对于 (D), 取 $\boldsymbol{\alpha}_1=(1,0,0)^{\mathrm T},\boldsymbol{\alpha}_2=(0,1,0)^{\mathrm T},\boldsymbol{\alpha}_3=(0,0,0)^{\mathrm T},\boldsymbol{\alpha}_4=(0,0,1)^{\mathrm T}$, $\boldsymbol{\alpha}_4$ 不能由向量组 $\boldsymbol{\alpha}_1,\boldsymbol{\alpha}_2,\boldsymbol{\alpha}_3$ 线性表示, 但 $\boldsymbol{\alpha}_1+\boldsymbol{\alpha}_4,\boldsymbol{\alpha}_2+\boldsymbol{\alpha}_4,\boldsymbol{\alpha}_3+\boldsymbol{\alpha}_4$ 线性无关, 故 (D) 不正确.

故应选 (B).

(2) 选 (D).

(A) 是一个恒等式, 不管向量组 $\boldsymbol{\alpha}_1,\boldsymbol{\alpha}_2,\cdots,\boldsymbol{\alpha}_m$ 线性相关与否均成立, 排除 (A).

取 $\boldsymbol{\alpha}_1=(1,1,1)^{\mathrm T},\boldsymbol{\alpha}_2=(1,1,0)^{\mathrm T},\boldsymbol{\alpha}_3=(2,2,1)^{\mathrm T}$, 显然 $\boldsymbol{\alpha}_1,\boldsymbol{\alpha}_2,\boldsymbol{\alpha}_3$ 任意两个分量不成比例, 但 $\boldsymbol{\alpha}_1,\boldsymbol{\alpha}_2,\boldsymbol{\alpha}_3$ 线性相关 $\boldsymbol{\alpha}_1+\boldsymbol{\alpha}_2-\boldsymbol{\alpha}_3=\boldsymbol{0}$, 排除 (B).

取 $\boldsymbol{\alpha}_1=(1,0,0)^{\mathrm T},\boldsymbol{\alpha}_2=(0,0,1)^{\mathrm T},\boldsymbol{\alpha}_3=(0,0,2)^{\mathrm T}$, 此时 $\boldsymbol{\alpha}_1$ 不能由 $\boldsymbol{\alpha}_2,\boldsymbol{\alpha}_3$ 线性表示, 但 $\boldsymbol{\alpha}_1,\boldsymbol{\alpha}_2,\boldsymbol{\alpha}_3$ 线性相关, 排除 (C).

假设 $\boldsymbol{\alpha}_1,\boldsymbol{\alpha}_2,\cdots,\boldsymbol{\alpha}_m$ 线性相关, 则至少有一个向量可由其余向量线性表示, 则这与选项 (D) 的前提矛盾, 故假设不成立. 在 (D) 的条件下, 必有向量组 $\boldsymbol{\alpha}_1,\boldsymbol{\alpha}_2,\cdots,\boldsymbol{\alpha}_m$ 线性无关.

故选 (D).

(3) 选 (C).

多于 r 个的向量组一定线性相关, 否则如果线性无关与秩 r 为矛盾, 故选 (C).

(A) 不一定, 取 $\boldsymbol{\alpha}_1=(1,0,0)^{\mathrm T},\boldsymbol{\alpha}_2=(0,1,0)^{\mathrm T},\boldsymbol{\alpha}_3=(0,2,0)^{\mathrm T}$, 显然秩为 2, 但 $\boldsymbol{\alpha}_2,\boldsymbol{\alpha}_3$ 线性相关, 故排除 (A).

(B) 少了线性无关.

(D) 不正确. 取 $\boldsymbol{\alpha}_1=(1,0,0)^{\mathrm T},\boldsymbol{\alpha}_2=(0,1,0)^{\mathrm T},\boldsymbol{\alpha}_3=(0,0,1)^{\mathrm T},\boldsymbol{\alpha}_4=(2,0,0)^{\mathrm T}$, 秩为 3, 但 $\boldsymbol{\alpha}_1,\boldsymbol{\alpha}_4$ 线性相关, 故排除.

(4) 选 (B).

(A) 正确, 由极大无关组的定义知, $\boldsymbol{\alpha}_1,\boldsymbol{\alpha}_2,\cdots,\boldsymbol{\alpha}_r$ 可表示任何向量, 所以 $\boldsymbol{\alpha}_n$ 可用 $\boldsymbol{\alpha}_1,\boldsymbol{\alpha}_2,\cdots,\boldsymbol{\alpha}_r$ 线性表示.

(C) 正确，因为 $\boldsymbol{\alpha}_1=\boldsymbol{\alpha}_1+0\boldsymbol{\alpha}_2+\cdots+0\boldsymbol{\alpha}_r$，故 $\boldsymbol{\alpha}_1$ 可用 $\boldsymbol{\alpha}_{r+1},\boldsymbol{\alpha}_{r+2},\cdots,\boldsymbol{\alpha}_n$ 线性表示.

(D) 正确，因为 $\boldsymbol{\alpha}_n=0\boldsymbol{\alpha}_{r+1}+0\boldsymbol{\alpha}_{r+2}+\cdots+1\cdot\boldsymbol{\alpha}_n$，故 $\boldsymbol{\alpha}_n$ 可用 $\boldsymbol{\alpha}_{r+1},\boldsymbol{\alpha}_{r+2},\cdots,\boldsymbol{\alpha}_n$ 线性表示.

故选 (B). 因为，若 $\boldsymbol{\alpha}_1$ 可用 $\boldsymbol{\alpha}_{r+1},\boldsymbol{\alpha}_{r+2},\cdots,\boldsymbol{\alpha}_n$ 线性表示，而 $\boldsymbol{\alpha}_{r+1},\boldsymbol{\alpha}_{r+2},\cdots,\boldsymbol{\alpha}_n$ 都可用 $\boldsymbol{\alpha}_1,\boldsymbol{\alpha}_2,\cdots,\boldsymbol{\alpha}_r$ 线性表示，故 $\boldsymbol{\alpha}_1$ 可用 $\boldsymbol{\alpha}_1,\boldsymbol{\alpha}_2,\cdots,\boldsymbol{\alpha}_r$ 线性表示，即 $\boldsymbol{\alpha}_1,\boldsymbol{\alpha}_2,\cdots,\boldsymbol{\alpha}_r$ 线性相关，这与 $\alpha_1,\alpha_2,\cdots,\alpha_r$ 为最大无关组矛盾，故 (B) 不正确，因此选 (B).

17.【解析】 (1) 应填 9.

因为 $\boldsymbol{A}=\begin{pmatrix}1&2&3\\2&4&6\\3&6&t\end{pmatrix}$，所以

$$(\boldsymbol{\alpha}_1,\ \boldsymbol{\alpha}_2,\ \boldsymbol{\alpha}_3)=\begin{pmatrix}1&2&3\\2&4&6\\3&6&t\end{pmatrix}\to\begin{pmatrix}1&2&3\\0&0&0\\0&0&t-9\end{pmatrix}\to\begin{pmatrix}1&2&3\\0&0&t-9\\0&0&0\end{pmatrix},$$

必有 $t\neq 9$，当 $\boldsymbol{\alpha}_1,\boldsymbol{\alpha}_2,\boldsymbol{\alpha}_3$ 的秩为 1 时，必有 $t=9$.

(2) 记 $\boldsymbol{\beta}_1=\boldsymbol{\alpha}_1+\boldsymbol{\alpha}_2,\boldsymbol{\beta}_2=a\boldsymbol{\alpha}_2-\boldsymbol{\alpha}_3,\boldsymbol{\beta}_3=\boldsymbol{\alpha}_1-\boldsymbol{\alpha}_2+\boldsymbol{\alpha}_3$，则

$$\boldsymbol{\beta}_1,\boldsymbol{\beta}_2,\boldsymbol{\beta}_3\text{线性相关}\Leftrightarrow\begin{vmatrix}1&0&1\\1&a&-1\\0&-1&1\end{vmatrix}=0\Leftrightarrow a-2=0\Rightarrow a=2.$$

(3) 应填 $\neq 1,=1$.

由已知条件有

$$|\boldsymbol{\alpha}_1,\boldsymbol{\alpha}_2,\boldsymbol{\alpha}_3|=\begin{vmatrix}1&1&1\\1&0&-1\\2&1&t-1\end{vmatrix}=1-t,\quad |\boldsymbol{\beta}_1,\boldsymbol{\beta}_2,\boldsymbol{\beta}_3|=\begin{vmatrix}1&2&2\\2&1&1\\t&t+3&t+1\end{vmatrix}=6.$$

当 $t\neq 1$ 时，有 $R(\boldsymbol{\alpha}_1,\boldsymbol{\alpha}_2,\boldsymbol{\alpha}_3)=3$. 而 $R(\boldsymbol{\beta}_1,\boldsymbol{\beta}_2,\boldsymbol{\beta}_3)=3$. 由于 $\boldsymbol{\alpha}_1,\boldsymbol{\alpha}_2,\boldsymbol{\alpha}_3,\boldsymbol{\beta}_1,\boldsymbol{\beta}_2,\boldsymbol{\beta}_3$ 都是三维向量，则向量组 $\boldsymbol{A}$ 与 $\boldsymbol{B}$ 等价.

当 $t=1$ 时，有 $R(\boldsymbol{\alpha}_1,\boldsymbol{\alpha}_2,\boldsymbol{\alpha}_3)<3$. 而 $R(\boldsymbol{\beta}_1,\boldsymbol{\beta}_2,\boldsymbol{\beta}_3)=3$. 因此，向量组 $\boldsymbol{A}$ 与 $\boldsymbol{B}$ 不等价.

习 题 4

1.【解析】 (1) 对系数矩阵 $\boldsymbol{A}$ 施行初等行变换:

$$\boldsymbol{A}=\begin{pmatrix}1&2&5\\1&3&-2\\3&7&8\\1&4&-9\end{pmatrix}\to\begin{pmatrix}1&2&5\\0&1&-7\\0&1&-7\\0&2&-14\end{pmatrix}\to\begin{pmatrix}1&0&19\\0&1&-7\\0&0&0\\0&0&0\end{pmatrix},$$

即得与原方程组同解的方程组

$$\begin{cases}x_1=-19x_3,\\x_2=7x_3.\end{cases}$$

取 $x_3=1$，于是原方程组的基础解系为

$$\boldsymbol{\xi}=\begin{pmatrix}-19\\7\\1\end{pmatrix}.$$

(2) 对系数矩阵 $\boldsymbol{A}$ 施行初等行变换:

$$\boldsymbol{A}=\begin{pmatrix}1&-1&5&-1&1\\1&1&-2&3&-1\\3&-1&8&1&2\\1&3&-9&7&-3\end{pmatrix}\to\begin{pmatrix}1&-1&5&-1&1\\0&2&-7&4&-2\\0&2&-7&4&-1\\0&4&-14&8&-4\end{pmatrix}\to\begin{pmatrix}1&-1&5&-1&1\\0&2&-7&4&-2\\0&0&0&0&1\\0&0&0&0&0\end{pmatrix}$$

$$\to\begin{pmatrix}1&-1&5&-1&0\\0&1&-\dfrac{7}{2}&2&0\\0&0&0&0&1\\0&0&0&0&0\end{pmatrix}\to\begin{pmatrix}1&0&\dfrac{3}{2}&1&0\\0&1&-\dfrac{7}{2}&2&0\\0&0&0&0&1\\0&0&0&0&0\end{pmatrix},$$

即得与原方程组同解的方程组

$$\begin{cases}x_1=-\dfrac{3}{2}x_3-x_4,\\x_2=\dfrac{7}{2}x_3-2x_4,\\x_5=0.\end{cases}$$

依次取 $\begin{pmatrix}x_3\\x_4\end{pmatrix}=\begin{pmatrix}2\\0\end{pmatrix},\begin{pmatrix}0\\1\end{pmatrix}$, 求得 $\begin{pmatrix}x_1\\x_2\end{pmatrix}=\begin{pmatrix}-3\\7\end{pmatrix},\begin{pmatrix}-1\\-2\end{pmatrix}$, 于是原方程组的基础解系为

$$\boldsymbol{\xi}_1=\begin{pmatrix}-3\\7\\2\\0\\0\end{pmatrix},\quad\boldsymbol{\xi}_2=\begin{pmatrix}-1\\-2\\0\\1\\0\end{pmatrix}.$$

2.【解析】　由于 $\boldsymbol{A}$ 为 4×3 矩阵, $\boldsymbol{AB}=\boldsymbol{O}$, 且 $\boldsymbol{B}\neq\boldsymbol{O}$, 我们得知 $R(\boldsymbol{A})<3$, 对 $\boldsymbol{A}$ 作变换

$$\boldsymbol{A}=\begin{pmatrix}1&1&a\\1&a&1\\a&1&1\\2&a+1&a+3\end{pmatrix}\to\begin{pmatrix}1&1&a\\0&a-1&1-a\\0&0&2-a-a^2\\0&0&2\end{pmatrix},$$

可见 $R(\boldsymbol{A})<3\Rightarrow a=1$. 当 $a=1$ 时, 求得 $\boldsymbol{Ax}=\boldsymbol{0}$ 的基础解系为 $(-1,1,0)^{\mathrm{T}}$, 因此通解为 $k(-1,1,0)^{\mathrm{T}}$.

3.【解析】　自由变量为 x_2,x_4, 分别令 x_2,x_4 其中之一为 1, 另一为 0, 可得 $\begin{cases}x_1+2x_4=0,\\x_3-3x_4=0\end{cases}$ 的基础解系是 $\begin{pmatrix}0\\1\\0\\0\end{pmatrix},\begin{pmatrix}-2\\0\\3\\1\end{pmatrix}$.

4.【解析】　$\boldsymbol{Ax}=\boldsymbol{0}$ 的基础解系中所包含三个解向量, 则 $R(\boldsymbol{A})=5-3=2$. 而

$$\boldsymbol{A}=\begin{pmatrix}1&0&3&1&2\\-1&3&0&-1&1\\2&1&7&2&t\end{pmatrix}\to\begin{pmatrix}1&0&3&1&2\\0&1&1&0&1\\0&0&0&0&t-5\end{pmatrix},$$

故 $t=5$.

5.【解析】　(1) 对系数矩阵 $(\boldsymbol{A}\,\vdots\,\boldsymbol{b})$ 施行初等行变换:

$$(\boldsymbol{A}\mid\boldsymbol{b})=\begin{pmatrix}1&-1&-1&1&0\\1&-1&1&-3&-2\\1&-1&-2&3&1\end{pmatrix}\to\begin{pmatrix}1&-1&0&-1&-1\\0&0&1&-2&-1\\0&0&0&0&0\end{pmatrix},$$

即得与原方程组同解的方程组

$$\begin{cases}x_1=x_2+x_4-1,\\x_3=2x_4-1.\end{cases}$$

方程组的通解为 $\begin{pmatrix}x_1\\x_2\\x_3\\x_4\end{pmatrix}=\begin{pmatrix}-1\\0\\-1\\0\end{pmatrix}+k_1\begin{pmatrix}1\\1\\0\\0\end{pmatrix}+k_2\begin{pmatrix}1\\0\\2\\1\end{pmatrix}\ (k_1,k_2\in\mathbf{R}).$

(2) 对系数矩阵 $(\boldsymbol{A}\mid\boldsymbol{b})$ 施行初等行变换:

$$(\boldsymbol{A}\mid\boldsymbol{b})=\left(\begin{array}{ccccc|c}5&3&2&-1&4&1\\4&1&5&3&1&5\\2&-3&11&11&-5&13\\3&-1&8&7&-2&9\end{array}\right)\xrightarrow{r_1-r_2}\left(\begin{array}{ccccc|c}1&2&-3&-4&3&-4\\4&1&5&3&1&5\\2&-3&11&11&-5&13\\3&-1&8&7&-2&9\end{array}\right)$$

$$\xrightarrow[r_3-2r_1,r_4-3r_1]{r_2-4r_1}\left(\begin{array}{ccccc|c}1&2&-3&-4&3&-4\\0&-7&17&19&-11&21\\0&-7&17&19&-11&21\\0&-7&17&19&-11&21\end{array}\right)\xrightarrow[\substack{r_4-r_2\\r_2\div(-7)}]{r_3-r_2}\left(\begin{array}{ccccc|c}1&2&-3&-4&3&-4\\0&1&-\frac{17}{7}&-\frac{19}{7}&\frac{11}{7}&-3\\0&0&0&0&0&0\\0&0&0&0&0&0\end{array}\right)$$

$$\xrightarrow{r_1-2r_2}\left(\begin{array}{ccccc|c}1&0&\frac{13}{7}&\frac{10}{7}&-\frac{1}{7}&2\\0&1&-\frac{17}{7}&-\frac{19}{7}&\frac{11}{7}&-3\\0&0&0&0&0&0\\0&0&0&0&0&0\end{array}\right),$$

即得与原方程组同解的方程组

$$\begin{cases}x_1=2-\frac{13}{7}x_3-\frac{10}{7}x_4+\frac{1}{7}x_5,\\x_2=-3+\frac{17}{7}x_3+\frac{19}{7}x_4-\frac{11}{7}x_5,\end{cases}$$

由此方程组的通解为

$$\begin{pmatrix}x_1\\x_2\\x_3\\x_4\\x_5\end{pmatrix}=\begin{pmatrix}2\\-3\\0\\0\\0\end{pmatrix}+k_1\begin{pmatrix}-13\\17\\7\\0\\0\end{pmatrix}+k_2\begin{pmatrix}-10\\19\\0\\7\\0\end{pmatrix}+k_3\begin{pmatrix}1\\-11\\0\\0\\7\end{pmatrix}\quad(k_1,k_2,k_3\in\mathbf{R}).$$

6.【解析】 设该线性方程组的系数矩阵为 $\boldsymbol{A}$. 原方程组有两个不同的解, 可知系数矩阵不满秩, 即 $R(\boldsymbol{A})<3$. 通过观察不难发现, $\boldsymbol{A}$ 中存在非零的二阶子式, 可知 $R(\boldsymbol{A})\geqslant 2$, 故 $R(\boldsymbol{A})=2$. 因此导出组 $\boldsymbol{Ax}=\boldsymbol{0}$ 的基础解系中含有 1 个向量, 由线性方程组解的性质可知 $(2,2,3)^{\mathrm{T}}-(1,1,1)^{\mathrm{T}}=(1,1,2)^{\mathrm{T}}$ 是 $\boldsymbol{Ax}=\boldsymbol{0}$ 的解, 也就是 $\boldsymbol{Ax}=\boldsymbol{0}$ 的基础解系. 故原方程组的通解为

$$k(1,1,2)^{\mathrm{T}}+(1,1,1)^{\mathrm{T}},\quad k\in\mathbf{R}.$$

7.【解析】 令 $\boldsymbol{\beta}=(\boldsymbol{\alpha}_1+\boldsymbol{\alpha}_2)-(\boldsymbol{\alpha}_1+\boldsymbol{\alpha}_3)=(1,1,1)^{\mathrm{T}}$，且

$$\boldsymbol{A}[(\boldsymbol{\alpha}_1+\boldsymbol{\alpha}_2)-(\boldsymbol{\alpha}_1+\boldsymbol{\alpha}_3)]=\boldsymbol{A}\boldsymbol{\alpha}_1+\boldsymbol{A}\boldsymbol{\alpha}_2-\boldsymbol{A}\boldsymbol{\alpha}_1-\boldsymbol{A}\boldsymbol{\alpha}_3=\mathbf{0},$$

又 $R(\boldsymbol{A})=2$，故 $\boldsymbol{\beta}$ 是所对应齐次方程 $\boldsymbol{Ax}=\mathbf{0}$ 的一个基础解系. 故 $\boldsymbol{Ax}=\boldsymbol{b}$ 的通解为

$$\frac{\boldsymbol{\alpha}_1+\boldsymbol{\alpha}_3}{2}+k\boldsymbol{\beta}=(1,0,-1)^{\mathrm{T}}+k(1,1,1)^{\mathrm{T}},\quad k\in\mathbf{R}.$$

8.【解析】 $|\boldsymbol{A}|=\begin{vmatrix}2-\lambda & 2 & -2\\ 2 & 5-\lambda & -4\\ -2 & -4 & 5-\lambda\end{vmatrix}=-(\lambda-1)^2(\lambda-10).$

(1) 当 $\lambda\neq1$ 且 $\lambda\neq10$ 时，$R(\boldsymbol{A})=R(\overline{\boldsymbol{A}})=3=n$，有唯一解；

(2) 当 $\lambda=1$ 时，

$$\overline{\boldsymbol{A}}=\begin{pmatrix}1 & 2 & -2 & 1\\ 2 & 4 & -4 & 2\\ -2 & -4 & 4 & -2\end{pmatrix}\to\begin{pmatrix}1 & 2 & -2 & 1\\ 0 & 0 & 0 & 0\\ 0 & 0 & 0 & 0\end{pmatrix},$$

$R(\boldsymbol{A})=R(\overline{\boldsymbol{A}})=1<3$ 有无穷多解, 可求得特解 $\boldsymbol{r}_0=(1,0,0)$，基础解系为 $\boldsymbol{\eta}_1=(-2,1,0)$，$\boldsymbol{\eta}_2=(2,0,1)$，所以通解 $\boldsymbol{\alpha}=\boldsymbol{r}_0+k_1\boldsymbol{\eta}_1+k_2\boldsymbol{\eta}_2$；

(3) 当 $\lambda=10$ 时，

$$\overline{\boldsymbol{A}}=\begin{pmatrix}-8 & 2 & -2 & 1\\ 2 & -5 & -4 & 2\\ -2 & -4 & -5 & -11\end{pmatrix}\to\begin{pmatrix}1 & 0 & \frac{1}{2} & 0\\ 0 & 1 & 1 & 0\\ 0 & 0 & 0 & 1\end{pmatrix},$$

这里 $R(\boldsymbol{A})=2,R(\overline{\boldsymbol{A}})=3,R(\boldsymbol{A})\neq R(\overline{\boldsymbol{A}})$，故无解.

9.【解析】 **方法一** 将 $\boldsymbol{Ax}=\boldsymbol{\beta}$ 写成向量形式, 然后利用向量的知识求之. 令

$$\boldsymbol{x}=\begin{pmatrix}x_1\\x_2\\x_3\\x_4\end{pmatrix},\quad \boldsymbol{Ax}=(\boldsymbol{\alpha}_1,\boldsymbol{\alpha}_2,\boldsymbol{\alpha}_3,\boldsymbol{\alpha}_4)\begin{pmatrix}x_1\\x_2\\x_3\\x_4\end{pmatrix}=\boldsymbol{\beta},$$

即

$$x_1\boldsymbol{\alpha}_1+x_2\boldsymbol{\alpha}_2+x_3\boldsymbol{\alpha}_3+x_4\boldsymbol{\alpha}_4=\boldsymbol{\beta},$$

将 $\boldsymbol{\alpha}_1=2\boldsymbol{\alpha}_2-\boldsymbol{\alpha}_3$ 代入整理得

$$\begin{aligned}x_1(2\boldsymbol{\alpha}_2-\boldsymbol{\alpha}_3)+x_2\boldsymbol{\alpha}_2+x_3\boldsymbol{\alpha}_3+x_4\boldsymbol{\alpha}_4&=\boldsymbol{\alpha}_1+\boldsymbol{\alpha}_2+\boldsymbol{\alpha}_3+\boldsymbol{\alpha}_4\\&=2\boldsymbol{\alpha}_2-\boldsymbol{\alpha}_3+\boldsymbol{\alpha}_2+\boldsymbol{\alpha}_3+\boldsymbol{\alpha}_4\\&=3\boldsymbol{\alpha}_2+\boldsymbol{\alpha}_4,\end{aligned}$$

移项合并得

$$(2x_1+x_2-3)\boldsymbol{\alpha}_2+(-x_1+x_3)\boldsymbol{\alpha}_3+(x_4-1)\boldsymbol{\alpha}_4=\mathbf{0},$$

由 $\boldsymbol{\alpha}_2,\boldsymbol{\alpha}_3,\boldsymbol{\alpha}_4$ 线性关系得

$$\begin{cases}2x_1+x_2-3=0,\\-x_1+x_3=0,\\x_4=1,\end{cases}$$

解此线性方程组, 通解为 $\begin{pmatrix}0\\3\\0\\1\end{pmatrix}+k\begin{pmatrix}1\\-2\\1\\0\end{pmatrix}$.

方法二 由 $\boldsymbol{A}=(\boldsymbol{\alpha}_1,\boldsymbol{\alpha}_2,\boldsymbol{\alpha}_3,\boldsymbol{\alpha}_4)$ 且 $\boldsymbol{\alpha}_2,\boldsymbol{\alpha}_3,\boldsymbol{\alpha}_4$ 线性无关, 又 $\boldsymbol{\alpha}_1=2\boldsymbol{\alpha}_2-\boldsymbol{\alpha}_3$，知 $R(\boldsymbol{A})=3$. 从而 $\boldsymbol{Ax}=\mathbf{0}$ 的基

础解系只含一个向量，显然 $\boldsymbol{\alpha}_1-2\boldsymbol{\alpha}_2+\boldsymbol{\alpha}_3+0\boldsymbol{\alpha}_4=\mathbf{0}$，故 $(1,-2,1,0)^{\mathrm{T}}$ 为 $\boldsymbol{Ax}=\mathbf{0}$ 的一个线性无关的解，即可作为基础解系. 再由

$$\boldsymbol{\beta}=\boldsymbol{\alpha}_1+\boldsymbol{\alpha}_2+\boldsymbol{\alpha}_3+\boldsymbol{\alpha}_4=(\boldsymbol{\alpha}_1,\boldsymbol{\alpha}_2,\boldsymbol{\alpha}_3,\boldsymbol{\alpha}_4)\begin{pmatrix}1\\1\\1\\1\end{pmatrix},$$

知 $(1,1,1,1)^{\mathrm{T}}$ 为 $\boldsymbol{Ax}=\boldsymbol{\beta}$ 的一个特解，从而通解为 $\begin{pmatrix}1\\1\\1\\1\end{pmatrix}+k\begin{pmatrix}1\\-2\\1\\0\end{pmatrix}$.

10.【解析】 (1)思路：解出(Ⅰ)的通解，代入(Ⅱ)，求出 a,b. 由

$$\left(\begin{array}{ccc|c}1&1&1&1\\3&5&1&7\end{array}\right)\to\left(\begin{array}{ccc|c}1&1&1&1\\0&2&-2&4\end{array}\right)\to\left(\begin{array}{ccc|c}1&0&2&-1\\0&1&-1&2\end{array}\right),$$

得 $\begin{cases}x_1=-2x_3-1,\\x_2=x_3+2,\end{cases}$ 通解为

$$\begin{pmatrix}-1\\2\\0\end{pmatrix}+c\begin{pmatrix}-2\\1\\1\end{pmatrix}.$$

用 $\begin{pmatrix}-1\\2\\0\end{pmatrix}$ 代入(Ⅱ)的第 2 个方程得

$$-2+8=b+4\Rightarrow b=2.$$

取 $c=1$，得(Ⅰ)的另一个解 $\begin{pmatrix}-3\\3\\1\end{pmatrix}$，代入(Ⅱ)的第 1 个方程 $-6+9+a=4\Rightarrow a=1$.

(2)联立方程组有解：

$$\left(\begin{array}{ccc|c}1&1&1&1\\3&5&1&7\\2&3&a&4\\2&4&a-1&b+4\end{array}\right)\to\left(\begin{array}{ccc|c}1&1&1&1\\0&2&-2&4\\0&1&a-2&2\\0&1&-1&b\end{array}\right)\to\left(\begin{array}{ccc|c}1&1&1&1\\0&1&-1&2\\0&0&a\ \ 1&0\\0&0&0&b-2\end{array}\right),$$

得 $b=2,a$ 任意.

i) 当 $a=1,b=2$ 时，

$$\left(\begin{array}{ccc|c}1&1&1&1\\0&1&-1&2\\0&0&0&0\\0&0&0&0\end{array}\right)\to\left(\begin{array}{ccc|c}1&0&2&-1\\0&1&-1&2\\0&0&0&0\\0&0&0&0\end{array}\right),$$

公共解为 $\begin{pmatrix}-1\\2\\0\end{pmatrix}+c\begin{pmatrix}-2\\1\\1\end{pmatrix}$，$c$ 任意.

ii) 当 $a\neq1,b=2$ 时，

$$\begin{pmatrix} 1 & 1 & 1 & \vdots & 1 \\ 0 & 1 & -1 & \vdots & 2 \\ 0 & 0 & 1 & \vdots & 0 \\ 0 & 0 & 0 & \vdots & 0 \end{pmatrix} \to \begin{pmatrix} 1 & 0 & 0 & \vdots & -1 \\ 0 & 1 & 0 & \vdots & 2 \\ 0 & 0 & 1 & \vdots & 0 \\ 0 & 0 & 0 & \vdots & 0 \end{pmatrix},$$

得唯一解 $\begin{pmatrix} -1 \\ 2 \\ 0 \end{pmatrix}$.

11.【解析】 (1) 系数矩阵 $\boldsymbol{A}=\begin{pmatrix} 1 & 1 & 1 & 1 \\ 4 & 3 & 5 & -1 \\ a & 1 & 3 & b \end{pmatrix}$，未知量的个数为 $n=4$，且又 $\boldsymbol{Ax}=\boldsymbol{b}$ 有三个线性无关解，设 $\boldsymbol{\alpha}_1,\boldsymbol{\alpha}_2,\boldsymbol{\alpha}_3$ 是方程组的 3 个线性无关的解，则 $\boldsymbol{\alpha}_2-\boldsymbol{\alpha}_1,\boldsymbol{\alpha}_3-\boldsymbol{\alpha}_1$ 是 $\boldsymbol{Ax}=\boldsymbol{0}$ 的两个线性无关的解. 因为 $\boldsymbol{\alpha}_2-\boldsymbol{\alpha}_1,\boldsymbol{\alpha}_3-\boldsymbol{\alpha}_1$ 线性无关又是齐次方程的解，于是 $\boldsymbol{Ax}=\boldsymbol{0}$ 的基础解系中解的个数不少于 2，所以 $4-R(\boldsymbol{A})\geqslant 2$，从而 $R(\boldsymbol{A})\leqslant 2$. 又因为 $\boldsymbol{A}$ 的行向量是两两线性无关的，所以 $R(\boldsymbol{A})\geqslant 2$. 故 $R(\boldsymbol{A})=2$.

(2) 对方程组的增广矩阵作初等行变换:

$$\overline{\boldsymbol{A}}=\begin{pmatrix} 1 & 1 & 1 & 1 & \vdots & -1 \\ 4 & 3 & 5 & -1 & \vdots & -1 \\ a & 1 & 3 & b & \vdots & 1 \end{pmatrix} \to \begin{pmatrix} 1 & 1 & 1 & 1 & \vdots & -1 \\ 0 & -1 & 1 & -5 & \vdots & 3 \\ 0 & 1-a & 3-a & b-a & \vdots & 1+a \end{pmatrix} \to \begin{pmatrix} 1 & 1 & 1 & 1 & \vdots & -1 \\ 0 & -1 & 1 & -5 & \vdots & 3 \\ 0 & 0 & 4-2a & 4a+b-5 & \vdots & 4-2a \end{pmatrix}.$$

由 $R(\boldsymbol{A})=2$，得 $\begin{cases} 4-2a=0, \\ 4a+b-5=0, \end{cases}$ 即

$$a=2,\quad b=-3.$$

所以 $\boldsymbol{A}$ 作初等行变换后化为

$$\begin{pmatrix} 1 & 0 & 2 & -4 & \vdots & 2 \\ 0 & 1 & -1 & 5 & \vdots & -3 \\ 0 & 0 & 0 & 0 & \vdots & 0 \end{pmatrix},$$

它的同解方程组为 $\begin{cases} x_1=2-2x_3+4x_4, \\ x_2=-3+x_3-5x_4, \end{cases}$ 得 $\boldsymbol{Ax}=\boldsymbol{b}$ 的一个特解 $(2,-3,0,0)^{\mathrm{T}}$；

$\boldsymbol{Ax}=\boldsymbol{0}$ 的同解方程组是 $\begin{cases} x_1=-2x_3+4x_4, \\ x_2=x_3-5x_4, \end{cases}$ 得 $\boldsymbol{Ax}=\boldsymbol{0}$ 的基础解系为 $(-2,1,1,0)^{\mathrm{T}},(4,-5,0,1)^{\mathrm{T}}$.

所以方程组 $\boldsymbol{Ax}=\boldsymbol{b}$ 的通解为

$$(2,-3,0,0)^{\mathrm{T}}+c_1(-2,1,1,0)^{\mathrm{T}}+c_2(4,-5,0,1)^{\mathrm{T}},\quad c_1,c_2 \text{ 为任意常数.}$$

*12.【解析】 由于

$$\left(\boldsymbol{\alpha}_1,\frac{1}{2}\boldsymbol{\alpha}_2,\frac{1}{3}\boldsymbol{\alpha}_3\right)=(\boldsymbol{\alpha}_1,\boldsymbol{\alpha}_2,\boldsymbol{\alpha}_3)\begin{pmatrix} 1 & 0 & 0 \\ 0 & \frac{1}{2} & 0 \\ 0 & 0 & \frac{1}{3} \end{pmatrix},$$

故

$$(\boldsymbol{\alpha}_1,\boldsymbol{\alpha}_2,\boldsymbol{\alpha}_3)=\left(\boldsymbol{\alpha}_1,\frac{1}{2}\boldsymbol{\alpha}_2,\frac{1}{3}\boldsymbol{\alpha}_3\right)\begin{pmatrix} 1 & 0 & 0 \\ 0 & 2 & 0 \\ 0 & 0 & 3 \end{pmatrix},$$

因此

$$(\boldsymbol{\alpha}_1+\boldsymbol{\alpha}_2,\boldsymbol{\alpha}_2+\boldsymbol{\alpha}_3,\boldsymbol{\alpha}_3+\boldsymbol{\alpha}_1)=(\boldsymbol{\alpha}_1,\boldsymbol{\alpha}_2,\boldsymbol{\alpha}_3)\begin{pmatrix}1&0&1\\1&1&0\\0&1&1\end{pmatrix}$$

$$=\left(\boldsymbol{\alpha}_1,\frac{1}{2}\boldsymbol{\alpha}_2,\frac{1}{3}\boldsymbol{\alpha}_3\right)\begin{pmatrix}1&0&0\\0&2&0\\0&0&3\end{pmatrix}\begin{pmatrix}1&0&1\\1&1&0\\0&1&1\end{pmatrix}$$

$$=\left(\boldsymbol{\alpha}_1,\frac{1}{2}\boldsymbol{\alpha}_2,\frac{1}{3}\boldsymbol{\alpha}_3\right)\begin{pmatrix}1&0&1\\2&2&0\\0&3&3\end{pmatrix},$$

从而过渡矩阵为$\begin{pmatrix}1&0&1\\2&2&0\\0&3&3\end{pmatrix}$.

13.**【解析】** (1)选(D).

因为通解中必有任意常数, 显见(A)不正确.

由$n-R(\boldsymbol{A})=1$知$\boldsymbol{Ax}=\mathbf{0}$的基础解系由一个非零向量构成. $\boldsymbol{\alpha}_1,\boldsymbol{\alpha}_1+\boldsymbol{\alpha}_2$与$\boldsymbol{\alpha}_1-\boldsymbol{\alpha}_2$中哪一个一定是非零向量呢?

已知条件只是说$\boldsymbol{\alpha}_1,\boldsymbol{\alpha}_2$是两个不同的解, 那么$\boldsymbol{\alpha}_1$可以是零解, 因而$k\boldsymbol{\alpha}_1$可能不是通解. 如果$\boldsymbol{\alpha}_1=-\boldsymbol{\alpha}_2\neq\mathbf{0}$, 则$\boldsymbol{\alpha}_1,\boldsymbol{\alpha}_2$是两个不同的解, 但$\boldsymbol{\alpha}_1+\boldsymbol{\alpha}_2=\mathbf{0}$, 即两个不同的解不能保证$\boldsymbol{\alpha}_1+\boldsymbol{\alpha}_2\neq\mathbf{0}$. 因此要排除(B), (C). 由于$\boldsymbol{\alpha}_1\neq\boldsymbol{\alpha}_2$, 必有$\boldsymbol{\alpha}_1-\boldsymbol{\alpha}_2\neq\mathbf{0}$. 可见(D)正确.

(2)选(D).

由已知条件知$\boldsymbol{Ax}=\mathbf{0}$的基础解系由四个线性无关的解向量所构成. 现在(B)中仅三个解向量, 个数不合要求, 故(B)不是基础解系.

(A)和(C)中, 都有四个解向量, 但因为

$$(\boldsymbol{\eta}_1-\boldsymbol{\eta}_2)+(\boldsymbol{\eta}_2+\boldsymbol{\eta}_3)-(\boldsymbol{\eta}_3-\boldsymbol{\eta}_4)-(\boldsymbol{\eta}_4+\boldsymbol{\eta}_1)=\mathbf{0},$$

$$(\boldsymbol{\eta}_1+\boldsymbol{\eta}_2)-(\boldsymbol{\eta}_2+\boldsymbol{\eta}_3)+(\boldsymbol{\eta}_3+\boldsymbol{\eta}_4)-(\boldsymbol{\eta}_4+\boldsymbol{\eta}_1)=\mathbf{0},$$

说明(A), (C)中的解向量组均线性相关, 因而(A), (C)也均不是基础解系.

用排除法可知(D)入选, 或者直接地, 有

$$(\boldsymbol{\eta}_1+\boldsymbol{\eta}_2,\boldsymbol{\eta}_2-\boldsymbol{\eta}_3,\boldsymbol{\eta}_3+\boldsymbol{\eta}_4,\boldsymbol{\eta}_4+\boldsymbol{\eta}_1)=(\boldsymbol{\eta}_1,\boldsymbol{\eta}_2,\boldsymbol{\eta}_3,\boldsymbol{\eta}_4)\begin{pmatrix}1&0&0&1\\1&1&0&0\\0&-1&1&0\\0&0&1&1\end{pmatrix}.$$

因为$\begin{vmatrix}1&0&0&1\\1&1&0&0\\0&-1&1&0\\0&0&1&1\end{vmatrix}=2\neq0$, 知$\boldsymbol{\eta}_1+\boldsymbol{\eta}_2,\boldsymbol{\eta}_2-\boldsymbol{\eta}_3,\boldsymbol{\eta}_3+\boldsymbol{\eta}_4,\boldsymbol{\eta}_4+\boldsymbol{\eta}_1$线性无关, 又因$\boldsymbol{\eta}_1+\boldsymbol{\eta}_2,\boldsymbol{\eta}_2-\boldsymbol{\eta}_3,\boldsymbol{\eta}_3+\boldsymbol{\eta}_4,\boldsymbol{\eta}_4+\boldsymbol{\eta}_1$均是$\boldsymbol{Ax}=\mathbf{0}$的解, 且解向量个数为4, 所以(D)是基础解系.

(3)选(A).

基础解系必线性无关, 即$\boldsymbol{\alpha}_1,\boldsymbol{\alpha}_2,\boldsymbol{\alpha}_3$线性无关, 而

$$(\boldsymbol{\alpha}_1,\boldsymbol{\alpha}_2,\boldsymbol{\alpha}_3)=\begin{pmatrix}1&-2&a\\-1&1&2\\a&5&-10\\4&a-7&-2\end{pmatrix}\to\begin{pmatrix}1&-2&a\\0&-1&2+a\\0&5+2a&-10-a^2\\0&a+1&-2-4a\end{pmatrix}\to\begin{pmatrix}1&-2&a\\0&-1&2+a\\0&0&a(a+9)\\0&0&a(a-1)\end{pmatrix}.$$

当 $a \neq 0$ 时，$R(\boldsymbol{\alpha}_1,\boldsymbol{\alpha}_2,\boldsymbol{\alpha}_3)=3$. 故选(A).

(4)选(C).

基础解系首先应该是方程的解，满足线性无关，且任何一个解都能由它们线性表示，个数为 $n-R(\boldsymbol{A})$.

$\boldsymbol{\xi}_1,\boldsymbol{\xi}_2,\boldsymbol{\xi}_3$ 的一个等价的向量组不一定是方程的解，故排除(A). 易得(B)不正确.

因为 $(\boldsymbol{\xi}_1-\boldsymbol{\xi}_2)+(\boldsymbol{\xi}_2-\boldsymbol{\xi}_3)+(\boldsymbol{\xi}_3-\boldsymbol{\xi}_1)=\boldsymbol{0}$，即 $\boldsymbol{\xi}_1-\boldsymbol{\xi}_2,\boldsymbol{\xi}_2-\boldsymbol{\xi}_3,\boldsymbol{\xi}_3-\boldsymbol{\xi}_1$ 线性相关，故排除(D).

故选(C). 因为

$$(\boldsymbol{\xi}_1+\boldsymbol{\xi}_2,\boldsymbol{\xi}_2+\boldsymbol{\xi}_3,\boldsymbol{\xi}_3+\boldsymbol{\xi}_1)=(\boldsymbol{\xi}_1,\boldsymbol{\xi}_2,\boldsymbol{\xi}_3)\begin{pmatrix}1&0&1\\1&1&0\\0&1&1\end{pmatrix},$$

又 $\begin{pmatrix}1&0&1\\1&1&0\\0&1&1\end{pmatrix}$ 可逆，故 $R(\boldsymbol{\xi}_1+\boldsymbol{\xi}_2,\boldsymbol{\xi}_2+\boldsymbol{\xi}_3,\boldsymbol{\xi}_3+\boldsymbol{\xi}_1)=3$，故 $\boldsymbol{\xi}_1+\boldsymbol{\xi}_2,\boldsymbol{\xi}_2+\boldsymbol{\xi}_3,\boldsymbol{\xi}_3+\boldsymbol{\xi}_1$ 线性无关，且是方程 $\boldsymbol{Ax}=\boldsymbol{0}$ 的解，所以 $\boldsymbol{\xi}_1+\boldsymbol{\xi}_2,\boldsymbol{\xi}_2+\boldsymbol{\xi}_3,\boldsymbol{\xi}_3+\boldsymbol{\xi}_1$ 是方程 $\boldsymbol{Ax}=\boldsymbol{0}$ 的基础解系.

(5)选(B).

若 $\boldsymbol{\alpha}_1+a\boldsymbol{\alpha}_2,\boldsymbol{\alpha}_1+2\boldsymbol{\alpha}_2+\boldsymbol{\alpha}_3,a\boldsymbol{\alpha}_1-\boldsymbol{\alpha}_3$ 是基础解系，则必然线性无关，令

$$(\boldsymbol{\alpha}_1+a\boldsymbol{\alpha}_2,\boldsymbol{\alpha}_1+2\boldsymbol{\alpha}_2+\boldsymbol{\alpha}_3,a\boldsymbol{\alpha}_1-\boldsymbol{\alpha}_3)=(\boldsymbol{\alpha}_1,\boldsymbol{\alpha}_2,\boldsymbol{\alpha}_3)\begin{pmatrix}1&1&a\\a&2&0\\0&1&-1\end{pmatrix}=(\boldsymbol{\alpha}_1,\boldsymbol{\alpha}_2,\boldsymbol{\alpha}_3)\boldsymbol{C},$$

因为 $\boldsymbol{\alpha}_1,\boldsymbol{\alpha}_2,\boldsymbol{\alpha}_3$ 线性无关，则有 $R(\boldsymbol{C})=3$，即 $|\boldsymbol{C}|\neq 0$. 而

$$|\boldsymbol{C}|=\begin{vmatrix}1&1&a\\a&2&0\\0&1&-1\end{vmatrix}=\begin{vmatrix}1&a+1&a\\a&2&0\\0&0&-1\end{vmatrix}=(a+2)(a-1),$$

故当 $a\neq 1$ 且 $a\neq -2$ 时，$\boldsymbol{\alpha}_1+a\boldsymbol{\alpha}_2,\boldsymbol{\alpha}_1+2\boldsymbol{\alpha}_2+\boldsymbol{\alpha}_3,a\boldsymbol{\alpha}_1-\boldsymbol{\alpha}_3$ 是方程的基础解系，故选(B).

(6)选(C).

因为 $\boldsymbol{\alpha}_1-\boldsymbol{\alpha}_2,\boldsymbol{\alpha}_2-\boldsymbol{\alpha}_3,\boldsymbol{\alpha}_3-\boldsymbol{\alpha}_1$ 线性相关，故排除(A).

向量组 $\boldsymbol{\xi}_1,\boldsymbol{\xi}_2,\boldsymbol{\xi}_3$ 能被 $\boldsymbol{\alpha}_1,\boldsymbol{\alpha}_2,\boldsymbol{\alpha}_3$ 线性表示，则 $R(\boldsymbol{\xi}_1,\boldsymbol{\xi}_2,\boldsymbol{\xi}_3)\leqslant R(\boldsymbol{\alpha}_1,\boldsymbol{\alpha}_2,\boldsymbol{\alpha}_3)=3$，并不一定保证 $R(\boldsymbol{\xi}_1,\boldsymbol{\xi}_2,\boldsymbol{\xi}_3)=3$，故排除(B).

向量组 $\boldsymbol{\beta}_1,\boldsymbol{\beta}_2,\boldsymbol{\beta}_3,\boldsymbol{\beta}_4$ 与 $\boldsymbol{\alpha}_1,\boldsymbol{\alpha}_2,\boldsymbol{\alpha}_3$ 等价，故 $\boldsymbol{\beta}_1,\boldsymbol{\beta}_2,\boldsymbol{\beta}_3,\boldsymbol{\beta}_4$ 必线性相关，故排除(D).

两个向量组互相线性表示，则秩相等，即 $R(\boldsymbol{\xi}_1,\boldsymbol{\xi}_2,\boldsymbol{\xi}_3)=R(\boldsymbol{\alpha}_1,\boldsymbol{\alpha}_2,\boldsymbol{\alpha}_3)=3$，故 $\boldsymbol{\xi}_1,\boldsymbol{\xi}_2,\boldsymbol{\xi}_3$ 线性无关，齐次方程解的线性组合也是解，故 $\boldsymbol{\xi}_1,\boldsymbol{\xi}_2,\boldsymbol{\xi}_3$ 是为 $\boldsymbol{Ax}=\boldsymbol{0}$ 的基础解系，故选(C).

(7)选(C).

由于 $\boldsymbol{A\alpha}_1=\boldsymbol{b},\boldsymbol{A\alpha}_2=\boldsymbol{b}$，那么

$$\boldsymbol{A}(4\boldsymbol{\alpha}_1-3\boldsymbol{\alpha}_2)=4\boldsymbol{A\alpha}_1-3\boldsymbol{A\alpha}_2=\boldsymbol{b},\quad \boldsymbol{A}\left(\frac{1}{4}\boldsymbol{\alpha}_1+\frac{3}{4}\boldsymbol{\alpha}_2\right)=\frac{1}{4}\boldsymbol{A\alpha}_1+\frac{3}{4}\boldsymbol{A\alpha}_2=\boldsymbol{b},$$

可知 $4\boldsymbol{\alpha}_1-3\boldsymbol{\alpha}_2$，$\frac{1}{4}\boldsymbol{\alpha}_1+\frac{3}{4}\boldsymbol{\alpha}_2$ 均是 $\boldsymbol{Ax}=\boldsymbol{b}$ 的解. 而

$$\boldsymbol{A}(\boldsymbol{\alpha}_1-2\boldsymbol{\alpha}_2)=-\boldsymbol{b},\quad \boldsymbol{A}\left[\frac{1}{4}(2\boldsymbol{\alpha}_1+\boldsymbol{\alpha}_2)\right]=\frac{3}{4}\boldsymbol{b},$$

故 $\boldsymbol{\alpha}_1-2\boldsymbol{\alpha}_2,\frac{1}{4}(2\boldsymbol{\alpha}_1+\boldsymbol{\alpha}_2)$ 不是 $\boldsymbol{Ax}=\boldsymbol{b}$ 的解，故应选(C).

(8) 选 (A).

根据线性方程组解的结构定理, 可知 $(\boldsymbol{\alpha}_2+\boldsymbol{\alpha}_3)-2\boldsymbol{\alpha}_1=(0,1,2,3)^{\mathrm{T}}$ 是 $\boldsymbol{Ax}=\boldsymbol{0}$ 的一个非零解, 而由 $R(\boldsymbol{A})=3$ 可知, 齐次线性方程组 $\boldsymbol{Ax}=\boldsymbol{0}$ 的基础解系仅有 1 个解向量, 从而可得 $\boldsymbol{Ax}=\boldsymbol{b}$ 的通解为 $\boldsymbol{x}=(1,1,1,1)^{\mathrm{T}}+c(0,1,2,3)^{\mathrm{T}}$. 应选 (A).

(9) 选 (B).

因为 $\dfrac{\boldsymbol{\beta}_1-\boldsymbol{\beta}_2}{2}$ 不是 $\boldsymbol{Ax}=\boldsymbol{b}$ 的解, 所以 (A), (C) 不对.

又 $\boldsymbol{\alpha}_1,\boldsymbol{\beta}_1-\boldsymbol{\beta}_2$ 虽然是 $\boldsymbol{Ax}=\boldsymbol{0}$ 的解, 但 $\boldsymbol{\alpha}_1,\boldsymbol{\beta}_1-\boldsymbol{\beta}_2$ 是否线性无关不知, 故不能作为 $\boldsymbol{Ax}=\boldsymbol{0}$ 的基础解系, 所以 (D) 不对, 从而选 (B).

(10) 选 (D).

考虑三条直线方程联立所得的线性方程组

$$\begin{cases} a_1x+b_1y+c_1=0, \\ a_2x+b_2y+c_2=0, \\ a_3x+b_3y+c_3=0, \end{cases} \qquad (\mathrm{I})$$

三条直线交于一点也就是方程组 (Ⅰ) 有唯一解.

方法一 若 $\boldsymbol{\alpha}_3=\boldsymbol{0}$, 则 $\boldsymbol{\alpha}_1,\boldsymbol{\alpha}_2,\boldsymbol{\alpha}_3$ 线性相关且方程组 (Ⅰ) 为齐次线性方程组. 由二元齐次线性方程组只有零解 (唯一解) 的充要条件为系数矩阵的秩等于未知量个数, 得 $R(\boldsymbol{\alpha}_1,\boldsymbol{\alpha}_2)=2$, 即 $\boldsymbol{\alpha}_1,\boldsymbol{\alpha}_2$ 线性无关, 故此时只有 (D).

若 $\boldsymbol{\alpha}_3\neq\boldsymbol{0}$, 则方程组 (Ⅰ) 为非齐次线性方程组, 由二元非齐次线性方程组有唯一解的充要条件为系数矩阵的秩等于增广矩阵的秩等于未知量的个数, 得 $R(\boldsymbol{\alpha}_1,\boldsymbol{\alpha}_2)=R(\boldsymbol{\alpha}_1,\boldsymbol{\alpha}_2,-\boldsymbol{\alpha}_3)=2$, 即 $\boldsymbol{\alpha}_1,\boldsymbol{\alpha}_2,\boldsymbol{\alpha}_3$ 线性相关, $\boldsymbol{\alpha}_1,\boldsymbol{\alpha}_2$, 线性无关, 故选择 (D).

方法二 方程组 (Ⅰ) 可以写成向量形式:

$$\boldsymbol{\alpha}_3=-x\boldsymbol{\alpha}_1-y\boldsymbol{\alpha}_2,$$

所以, 方程组 (Ⅰ) 有唯一解 $\Leftrightarrow$ $\boldsymbol{\alpha}_3$ 可由 $\boldsymbol{\alpha}_1,\boldsymbol{\alpha}_2$ 线性表示而且表示方法唯一 $\Leftrightarrow$ $\boldsymbol{\alpha}_1,\boldsymbol{\alpha}_2,\boldsymbol{\alpha}_3$ 线性相关, $\boldsymbol{\alpha}_1,\boldsymbol{\alpha}_2$ 线性无关.

*14.【解析】 应填 −1.

令 $\boldsymbol{A}=(\boldsymbol{\alpha}_1,\boldsymbol{\alpha}_2,\boldsymbol{\alpha}_3,\boldsymbol{\alpha}_4)$, 对 $\boldsymbol{A}$ 实行初等变换

$$\boldsymbol{A}=(\boldsymbol{\alpha}_1,\boldsymbol{\alpha}_2,\boldsymbol{\alpha}_3,\boldsymbol{\alpha}_4)=\begin{pmatrix} 1 & 0 & 2 & 3 \\ 1 & 1 & 3 & 1 \\ 1 & -2 & 2+t & 5 \\ 1 & 1 & 4 & 9 \end{pmatrix}\to\begin{pmatrix} 1 & 0 & 2 & 3 \\ 0 & 1 & 1 & -2 \\ 0 & 0 & 1 & 8 \\ 0 & 0 & 0 & -8t-18 \end{pmatrix}.$$

故当 $t=-\dfrac{9}{4}$ 时, $R(\boldsymbol{A})=3<4$, 向量 $\boldsymbol{\alpha}_1,\boldsymbol{\alpha}_2,\boldsymbol{\alpha}_3,\boldsymbol{\alpha}_4$ 线性相关; 当 $t=-\dfrac{9}{4}$ 时, $\boldsymbol{\alpha}_1,\boldsymbol{\alpha}_2,\boldsymbol{\alpha}_3,\boldsymbol{\alpha}_4$ 不是四维向量空间的一个基.

习 题 5

1.【解析】 (1) $\boldsymbol{\beta}_1=\boldsymbol{\alpha}_1=(1,1,1)^{\mathrm{T}}$,

$$\boldsymbol{\beta}_2=\boldsymbol{\alpha}_2-\frac{(\boldsymbol{\beta}_1,\boldsymbol{\alpha}_2)}{(\boldsymbol{\beta}_1,\boldsymbol{\beta}_1)}\boldsymbol{\beta}_1=(-1,0,1)^{\mathrm{T}},$$

$$\boldsymbol{\beta}_3=\boldsymbol{\alpha}_3-\frac{(\boldsymbol{\beta}_1,\boldsymbol{\alpha}_3)}{(\boldsymbol{\beta}_1,\boldsymbol{\beta}_1)}\boldsymbol{\beta}_1-\frac{(\boldsymbol{\beta}_2,\boldsymbol{\alpha}_3)}{(\boldsymbol{\beta}_2,\boldsymbol{\beta}_2)}\boldsymbol{\beta}_2=\frac{1}{3}(1,-2,1)^{\mathrm{T}}.$$

(2) $\boldsymbol{\beta}_1=\boldsymbol{\alpha}_1=(1,0,-1,1)^{\mathrm{T}}$,

$$\boldsymbol{\beta}_2=\boldsymbol{\alpha}_2-\frac{(\boldsymbol{\beta}_1,\boldsymbol{\alpha}_2)}{(\boldsymbol{\beta}_1,\boldsymbol{\beta}_1)}\boldsymbol{\beta}_1=\frac{1}{3}(1,-3,2,1)^{\mathrm{T}},$$

$$\boldsymbol{\beta}_3=\boldsymbol{\alpha}_3-\frac{(\boldsymbol{\beta}_1,\boldsymbol{\alpha}_3)}{(\boldsymbol{\beta}_1,\boldsymbol{\beta}_1)}\boldsymbol{\beta}_1-\frac{(\boldsymbol{\beta}_2,\boldsymbol{\alpha}_3)}{(\boldsymbol{\beta}_2,\boldsymbol{\beta}_2)}\boldsymbol{\beta}_2=\frac{1}{5}(-1,3,3,4)^{\mathrm{T}}.$$

2.【解析】　(1) 不是；(2) 是.

3.【证明】　因为 $\boldsymbol{A}^{\mathrm{T}}=(\boldsymbol{E}-2\boldsymbol{x}\boldsymbol{x}^{\mathrm{T}})^{\mathrm{T}}=\boldsymbol{E}-2(\boldsymbol{x}\boldsymbol{x}^{\mathrm{T}})^{\mathrm{T}}=\boldsymbol{E}-2\boldsymbol{x}\boldsymbol{x}^{\mathrm{T}}=\boldsymbol{A}$, 所以 $\boldsymbol{A}$ 为对称矩阵. 又

$$\begin{aligned}\boldsymbol{A}^{\mathrm{T}}\boldsymbol{A}&=(\boldsymbol{E}-2\boldsymbol{x}\boldsymbol{x}^{\mathrm{T}})(\boldsymbol{E}-2\boldsymbol{x}\boldsymbol{x}^{\mathrm{T}})\\&=\boldsymbol{E}-4\boldsymbol{x}\boldsymbol{x}^{\mathrm{T}}+4(\boldsymbol{x}\boldsymbol{x}^{\mathrm{T}})(\boldsymbol{x}\boldsymbol{x}^{\mathrm{T}})\\&=\boldsymbol{E}-4\boldsymbol{x}\boldsymbol{x}^{\mathrm{T}}+4\boldsymbol{x}(\boldsymbol{x}^{\mathrm{T}}\boldsymbol{x})\boldsymbol{x}^{\mathrm{T}}\\&=\boldsymbol{E}-4\boldsymbol{x}\boldsymbol{x}^{\mathrm{T}}+4\boldsymbol{x}\boldsymbol{x}^{\mathrm{T}}=\boldsymbol{E}\quad(\text{因为}\boldsymbol{x}^{\mathrm{T}}\boldsymbol{x}=1),\end{aligned}$$

所以 $\boldsymbol{A}$ 为正交矩阵.

4.【解析】(1) 由 $|\boldsymbol{A}-\lambda\boldsymbol{E}|=\begin{vmatrix}-\lambda & -1 & 1\\ 2 & -3-\lambda & 0\\ 0 & 0 & -\lambda\end{vmatrix}=-\lambda(\lambda+1)(\lambda+2)=0$, 得 $\boldsymbol{A}$ 的全部特征值为 $\lambda_1=0,\lambda_2=-1$, $\lambda_3=-2$.

当 $\lambda_1=0$ 时, 解方程组 $\boldsymbol{A}\boldsymbol{x}=\boldsymbol{0}$, 得基础解系为 $\boldsymbol{p}_1=(3,2,2)^{\mathrm{T}}$, 所以 $\lambda_1=0$ 对应的特征向量为 $k_1\boldsymbol{p}_1(k_1\neq 0)$.

当 $\lambda_2=-1$ 时, 解方程组 $(\boldsymbol{A}+\boldsymbol{E})\boldsymbol{x}=\boldsymbol{0}$, 得基础解系为 $\boldsymbol{p}_2=(1,1,0)^{\mathrm{T}}$, 所以 $\lambda_2=-1$ 对应的特征向量为 $k_2\boldsymbol{p}_2(k_2\neq 0)$.

当 $\lambda_3=-2$ 时, 解方程组 $(\boldsymbol{A}+2\boldsymbol{E})\boldsymbol{x}=\boldsymbol{0}$, 得基础解系为 $\boldsymbol{p}_3=(1,2,0)^{\mathrm{T}}$, 所以 $\lambda_3=-2$ 对应的特征向量为 $k_3\boldsymbol{p}_3(k_3\neq 0)$.

(2) $\boldsymbol{A}$ 的特征多项式为

$$\begin{aligned}|\boldsymbol{A}-\lambda\boldsymbol{E}|&=\begin{vmatrix}4-\lambda & -3 & -3\\ -2 & 3-\lambda & 1\\ 2 & 1 & 3-\lambda\end{vmatrix}=\begin{vmatrix}4-\lambda & -3 & -3\\ -2 & 3-\lambda & 1\\ 0 & 4-\lambda & 4-\lambda\end{vmatrix}\\&=(4-\lambda)\begin{vmatrix}4-\lambda & 0 & -3\\ -2 & 2-\lambda & 1\\ 0 & 0 & 1\end{vmatrix}=(2-\lambda)(4-\lambda)^2,\end{aligned}$$

所以 $\boldsymbol{A}$ 的特征值为 $\lambda_1=2,\lambda_2=\lambda_3=4$.

当 $\lambda_1=2$ 时, 解方程组 $(\boldsymbol{A}-2\boldsymbol{E})\boldsymbol{x}=\boldsymbol{0}$. 由

$$\boldsymbol{A}-2\boldsymbol{E}=\begin{pmatrix}2 & -3 & -3\\ -2 & 1 & 1\\ 2 & 1 & 1\end{pmatrix}\to\begin{pmatrix}2 & -3 & -3\\ 0 & -2 & -2\\ 0 & 2 & 2\end{pmatrix}\to\begin{pmatrix}2 & -3 & -3\\ 0 & 1 & 1\\ 0 & 0 & 0\end{pmatrix}\to\begin{pmatrix}1 & 0 & 0\\ 0 & 1 & 1\\ 0 & 0 & 0\end{pmatrix},$$

得基础解系为 $\boldsymbol{p}_1=(0,-1,1)^{\mathrm{T}}$, 所以 $\lambda_1=2$ 对应的特征向量为 $k_1\boldsymbol{p}_1(k_1\neq 0)$.

当 $\lambda_2=\lambda_3=4$ 时, 解方程组 $(\boldsymbol{A}-4\boldsymbol{E})\boldsymbol{x}=\boldsymbol{0}$. 由

$$\boldsymbol{A}-4\boldsymbol{E}=\begin{pmatrix}0 & -3 & -3\\ -2 & -1 & 1\\ 2 & 1 & -1\end{pmatrix}\to\begin{pmatrix}0 & -3 & -3\\ -2 & -1 & 1\\ 0 & 0 & 0\end{pmatrix}\to\begin{pmatrix}1 & 0 & -1\\ 0 & 1 & 1\\ 0 & 0 & 0\end{pmatrix},$$

得基础解系为 $\boldsymbol{p}_2=(1,-1,1)^{\mathrm{T}}$, 所以 $\lambda_2=\lambda_3=4$ 对应的特征向量为 $k_2\boldsymbol{p}_2(k_2\neq 0)$.

(3) $\boldsymbol{A}$ 的特征多项式为

$$|\boldsymbol{A}-\lambda\boldsymbol{E}|=\begin{vmatrix}1-\lambda & 0 & 0 & 0\\ 0 & 1-\lambda & 0 & 0\\ 0 & 0 & 5-\lambda & 4\\ 0 & 0 & 4 & 5-\lambda\end{vmatrix}=-(1-\lambda)^3(\lambda-9)=0,$$

故 $\boldsymbol{A}$ 的特征值为 $\lambda_1=\lambda_2=\lambda_3=1,\lambda_4=9$.

当 $\lambda_1=\lambda_2=\lambda_3=1$ 时，解方程组 $(\boldsymbol{A}-\boldsymbol{E})\boldsymbol{x}=\boldsymbol{0}$. 由

$$\boldsymbol{A}-\boldsymbol{E}=\begin{pmatrix}0&0&0&0\\0&0&0&0\\0&0&4&4\\0&0&4&4\end{pmatrix}\to\begin{pmatrix}0&0&1&1\\0&0&0&0\\0&0&0&0\\0&0&0&0\end{pmatrix},$$

得基础解系为 $\boldsymbol{p}_1=(1,0,0,0)^{\mathrm{T}},\boldsymbol{p}_2=(0,1,0,0)^{\mathrm{T}},\boldsymbol{p}_3=(0,0,-1,1)^{\mathrm{T}}$，所以 $\lambda_1=\lambda_2=\lambda_3=1$ 对应的特征向量为 $k_1\boldsymbol{p}_1+k_2\boldsymbol{p}_2+k_3\boldsymbol{p}_3(k_1,k_2,k_3$不同时为$0)$.

当 $\lambda_4=9$ 时，解方程组 $(\boldsymbol{A}-9\boldsymbol{E})\boldsymbol{x}=\boldsymbol{0}$. 由

$$\boldsymbol{A}-9\boldsymbol{E}=\begin{pmatrix}-8&0&0&0\\0&-8&0&0\\0&0&-4&4\\0&0&4&-4\end{pmatrix}\to\begin{pmatrix}1&0&0&0\\0&1&0&0\\0&0&1&-1\\0&0&0&0\end{pmatrix},$$

得基础解系为 $\boldsymbol{p}_4=(0,0,1,1)^{\mathrm{T}}$，所以 $\lambda_4=9$ 对应的特征向量为 $k_4\boldsymbol{p}_4(k_4\neq 0)$.

5.【证明】 (1) 由 $\boldsymbol{A}^2=\boldsymbol{A}$，得

$$\boldsymbol{A}(\boldsymbol{A}-\boldsymbol{E})=\boldsymbol{0}.$$

两边取行列式得

$$|\boldsymbol{A}||\boldsymbol{A}-\boldsymbol{E}|=0,\ \text{即}\ |\boldsymbol{A}-0\cdot\boldsymbol{E}||\boldsymbol{A}-1\cdot\boldsymbol{E}|=0,$$

所以 $\boldsymbol{A}$ 的特征值只能是 1 或 0.

(2) 由 (1) 知，$|\boldsymbol{A}+\boldsymbol{E}|\neq 0$，所以 $\boldsymbol{A}+\boldsymbol{E}$ 可逆.

6.【解析】 由已知

$$\boldsymbol{A}\begin{pmatrix}1\\0\\-1\end{pmatrix}=\begin{pmatrix}-1\\0\\1\end{pmatrix}=-\begin{pmatrix}1\\0\\-1\end{pmatrix},\quad \boldsymbol{A}\begin{pmatrix}1\\0\\1\end{pmatrix}=\begin{pmatrix}2\\0\\2\end{pmatrix}=2\begin{pmatrix}1\\0\\1\end{pmatrix}.$$

从而 $\boldsymbol{A}$ 有特征值 $\lambda_1=-1,\lambda_2=2$. 又由 $R(\boldsymbol{A})=2<3$ 可得 $|\boldsymbol{A}|=0$，根据特征值与行列式的性质可得矩阵 $\boldsymbol{A}$ 的另一个特征值 $\lambda_3=0$.

7.【解析】 (1) $|\boldsymbol{A}|=2\times1\times(-1)=-2$;

(2) $\boldsymbol{B}=2\boldsymbol{A}^3-5\boldsymbol{A}^2+3\boldsymbol{E}$ 的特征值为

$$\lambda_1=2\times2^3-5\cdot2^2+3,\quad \lambda_2=2\times1^3-5\cdot1^2+3,\quad \lambda_3=2\times(-1)^3-5\cdot(-1)^2+3,$$

即

$$\lambda_1=-1,\quad \lambda_2=0,\quad \lambda_3=-4.$$

(3) $\boldsymbol{A}^*+3\boldsymbol{A}^{-1}+2\boldsymbol{E}=|\boldsymbol{A}|\boldsymbol{A}^{-1}+3\boldsymbol{A}^{-1}+2\boldsymbol{E}=\boldsymbol{A}^{-1}+2\boldsymbol{E}$. 又因 $\boldsymbol{A}^{-1}$ 的特征值为 $\dfrac{1}{2},-1,1$，所以 $\boldsymbol{A}^*+3\boldsymbol{A}^{-1}+2\boldsymbol{E}$ 的特征值为 $\dfrac{5}{2},1,3$，故 $|\boldsymbol{A}^*+3\boldsymbol{A}^{-1}+2\boldsymbol{E}|=\dfrac{5}{2}\times1\times3=\dfrac{15}{2}$.

8.【解析】 由于 $\boldsymbol{A}$ 与 $\boldsymbol{B}$ 相似，所以 $\boldsymbol{A}$ 与 $\boldsymbol{B}$ 具有相同的特征值，即 $\boldsymbol{B}$ 的特征值也为 $1,\dfrac{1}{2},\dfrac{1}{2},\dfrac{1}{3}$，可知 $\boldsymbol{B}^{-1}$ 的特征值为 $1,2,2,3$. 而

$$B^* = |B|B^{-1},$$

故 $B^{-1}-6B^*+E=\frac{1}{2}B^{-1}+E$ 的特征值为 $\frac{3}{2},2,2,\frac{5}{2}$.

根据特征值的性质可得 $|B^{-1}-6B^*+E|=\frac{3}{2}\cdot 2\cdot 2\cdot\frac{5}{2}=15$.

9.【解析】 因为 $|A-E|=|A+2E|=|2A+3E|=0$, 则 A 的特征值为 $1,-2,-\frac{3}{2}$, $|A|=1\times(-2)\times\left(-\frac{3}{2}\right)=3$. 于是 A^* 的特征值为 $\frac{3}{1},\frac{3}{-2},\frac{3}{-\frac{3}{2}}$, 即 $3,-\frac{3}{2},-2$, 则 $2A^*-3E$ 的特征值为 $3,-6,-7$, 所以

$$|2A^*-3E|=3\times(-6)\times(-7)=126.$$

10.【解析】 不妨设 $\lambda_1=1,\lambda_2=-1$ 是矩阵 A 的两个特征值, 则

$$|A-E|=0,\quad |A+E|=0,$$

故

$$|A-E|=\begin{vmatrix}1 & a & 2\\ 5 & b-1 & 3\\ -1 & 1 & -2\end{vmatrix}=7(a+1)=0,\quad 即\ a=-1;$$

$$|A+E|=\begin{vmatrix}3 & a & 2\\ 5 & 1+b & 3\\ -1 & 1 & 0\end{vmatrix}=2(b+3)=0,\quad 即\ b=-3.$$

11.【解析】 (1) 由已知有 $Ap_1=\lambda_1p_1$, 即

$$\begin{pmatrix}a & 1 & c\\ 0 & b & 0\\ -4 & c & 1-a\end{pmatrix}\begin{pmatrix}1\\2\\2\end{pmatrix}=2\begin{pmatrix}1\\2\\2\end{pmatrix},$$

所以

$$\begin{cases}a+2+2c=2,\\ 2b=4,\\ -4+2c+2(1-a)=4,\end{cases}$$

解得 $a=-2,b=2,c=1$, 故 $A=\begin{pmatrix}-2 & 1 & 1\\ 0 & 2 & 0\\ -4 & 1 & 3\end{pmatrix}$.

A 的特征多项式为

$$|A-\lambda E|=\begin{vmatrix}-2-\lambda & 1 & 1\\ 0 & 2-\lambda & 0\\ -4 & 1 & 3-\lambda\end{vmatrix}=-(\lambda-2)^2(\lambda+1)=0,$$

因此, A 的所有特征值为 $\lambda_1=\lambda_2=2,\lambda_3=-1$.

对于 $\lambda_1=\lambda_2=2$, 解方程组 $(A-2E)x=0$. 由

$$A-2E=\begin{pmatrix}-4 & 1 & 1\\ 0 & 0 & 0\\ -4 & 1 & 1\end{pmatrix}\to\begin{pmatrix}4 & -1 & -1\\ 0 & 0 & 0\\ 0 & 0 & 0\end{pmatrix},$$

得基础解系为 $p_1=(1,4,0)^{\mathrm{T}},p_2=(1,0,4)^{\mathrm{T}}$, 因此, 矩阵 A 的属于特征值 $\lambda_1=\lambda_2=2$ 的特征向量 $k_1p_1+k_2p_2$, k_1,k_2 不全为零.

对于 $\lambda_3=-1$, 解方程组 $(\boldsymbol{A}+\boldsymbol{E})\boldsymbol{x}=\boldsymbol{0}$. 由

$$\boldsymbol{A}+\boldsymbol{E}=\begin{pmatrix}-1&1&1\\0&3&0\\-4&1&4\end{pmatrix}\to\begin{pmatrix}1&0&-1\\0&1&0\\0&0&0\end{pmatrix},$$

得基础解系为 $\boldsymbol{p}_3=(1,0,1)^{\mathrm{T}}$, 因此, 矩阵 $\boldsymbol{A}$ 的属于特征值 $\lambda_3=-1$ 的特征向量为 $k_3\boldsymbol{p}_3,k_3\neq 0$.

(2) 令 $\boldsymbol{P}=(\boldsymbol{p}_1,\boldsymbol{p}_2,\boldsymbol{p}_3)=\begin{pmatrix}1&1&1\\4&0&0\\0&4&1\end{pmatrix}$, $\boldsymbol{P}$ 可逆, 且 $\boldsymbol{P}^{-1}\boldsymbol{A}\boldsymbol{P}=\boldsymbol{\Lambda}=\begin{pmatrix}2&&\\&2&\\&&-1\end{pmatrix}$, 所以

$$2\boldsymbol{E}-\boldsymbol{A}=2\boldsymbol{E}-\boldsymbol{P}\boldsymbol{\Lambda}\boldsymbol{P}^{-1}=\boldsymbol{P}(2\boldsymbol{E}-\boldsymbol{\Lambda})\boldsymbol{P}^{-1},$$

故

$$\begin{aligned}(2\boldsymbol{E}-\boldsymbol{A})^{100}&=\boldsymbol{P}(2\boldsymbol{E}-\boldsymbol{\Lambda})\boldsymbol{P}^{-1}\boldsymbol{P}(2\boldsymbol{E}-\boldsymbol{\Lambda})\boldsymbol{P}^{-1}\cdots\boldsymbol{P}(2\boldsymbol{E}-\boldsymbol{\Lambda})\boldsymbol{P}^{-1}\\&=\boldsymbol{P}(2\boldsymbol{E}-\boldsymbol{\Lambda})^{100}\boldsymbol{P}^{-1}\\&=\begin{pmatrix}1&1&1\\4&0&0\\0&4&1\end{pmatrix}\begin{pmatrix}0&0&0\\0&0&0\\0&0&3\end{pmatrix}^{100}\begin{pmatrix}1&1&1\\4&0&0\\0&4&1\end{pmatrix}^{-1}\\&=-3^{99}\begin{pmatrix}-4&1&1\\0&0&0\\-4&1&1\end{pmatrix}.\end{aligned}$$

12.【解析】 (1) 矩阵 $\boldsymbol{A}$ 特征多项式

$$|\boldsymbol{A}-\lambda\boldsymbol{E}|=\begin{vmatrix}1-\lambda&-1&1\\2&4-\lambda&-2\\-3&-3&a-\lambda\end{vmatrix}=(2-\lambda)[\lambda^2-(a+3)\lambda+3(a-1)],$$

$\boldsymbol{A}$ 与 $\boldsymbol{B}$ 相似, 故有相同的特征值, 因此 $\boldsymbol{A}$ 的特征值是 $2,2,b$.

注意到 2 是矩阵的二重特征值, 因此 2 是方程 $\lambda^2-(a+3)\lambda+3(a-1)=0$ 的根, 代入得 $a=5$. 因此 $|\boldsymbol{A}-\lambda\boldsymbol{E}|=(2-\lambda)(\lambda^2-8\lambda+12)=-(2-\lambda)^2(\lambda-6)=0$, 故 $\boldsymbol{A}$ 的特征值是 $2,2,6$, 即 $b=6$. 于是

$$\boldsymbol{A}=\begin{pmatrix}1&-1&1\\2&4&-2\\-3&-3&5\end{pmatrix},\ \boldsymbol{B}=\begin{pmatrix}2&0&0\\0&2&0\\0&0&6\end{pmatrix}.$$

(2) 当 $\lambda=2$ 时, 求 $(\boldsymbol{A}-2\boldsymbol{E})\boldsymbol{x}=\boldsymbol{0}$ 的解, 得

$$\boldsymbol{A}-2\boldsymbol{E}=\begin{pmatrix}-1&-1&1\\2&2&-2\\-3&-3&3\end{pmatrix}\to\begin{pmatrix}1&1&-1\\0&0&0\\0&0&0\end{pmatrix},$$

故方程组的基础解系为 $\boldsymbol{p}_1=(-1,1,0)^{\mathrm{T}},\boldsymbol{p}_2=(1,0,1)^{\mathrm{T}}$, 因此 $\boldsymbol{A}$ 属于特征值 $\lambda=2$ 的特征向量是 $k_1\boldsymbol{p}_1+k_2\boldsymbol{p}_2$ (k_1,k_2 不全为 0).

当 $\lambda=6$ 时, 求 $(\boldsymbol{A}-6\boldsymbol{E})\boldsymbol{x}=\boldsymbol{0}$ 的解, 得

$$\boldsymbol{A}-6\boldsymbol{E}=\begin{pmatrix}-5&-1&1\\2&-2&-2\\-3&-3&-1\end{pmatrix}\to\begin{pmatrix}1&-1&-1\\0&-6&-4\\0&-6&-4\end{pmatrix}\to\begin{pmatrix}1&0&-\frac{1}{3}\\0&1&\frac{2}{3}\\0&0&0\end{pmatrix},$$

故方程组的基础解系为 $\boldsymbol{p}_3=(1,-2,3)^{\mathrm{T}}$, 因此 $\boldsymbol{A}$ 属于特征值 $\lambda=6$ 的特征向量是 $k_3\boldsymbol{p}_3,k_3\neq 0$.

令 $\boldsymbol{P}=(\boldsymbol{p}_1,\boldsymbol{p}_2,\boldsymbol{p}_3)=\begin{pmatrix}-1&1&1\\1&0&-2\\0&1&3\end{pmatrix}$, 则 $\boldsymbol{P}^{-1}\boldsymbol{AP}=\boldsymbol{B}$.

13.【解析】(1) 由 $\boldsymbol{B}$ 知 $\boldsymbol{A}$ 的全部特征值为 $\lambda_1=2,\lambda_2=y,\lambda_3=-1$, 利用特征值的性质, 得

$$\begin{cases}2\cdot y\cdot(-1)=|\boldsymbol{A}|=-2,\\2+y+(-1)=2+0+x,\end{cases}$$

解得 $x=0,y=1$.

(2) 由 (1) 得

$$\boldsymbol{A}=\begin{pmatrix}2&0&0\\0&0&1\\0&1&0\end{pmatrix},\quad \boldsymbol{B}=\begin{pmatrix}2&0&0\\0&1&0\\0&0&-1\end{pmatrix},$$

计算可得 $\boldsymbol{A}$ 对应于特征值 $\lambda_1=2,\lambda_2=1,\lambda_3=-1$ 的特征向量分别为

$$\boldsymbol{p}_1=\begin{pmatrix}1\\0\\0\end{pmatrix},\quad \boldsymbol{p}_2=\begin{pmatrix}0\\1\\1\end{pmatrix},\quad \boldsymbol{p}_3=\begin{pmatrix}0\\1\\-1\end{pmatrix}.$$

因 $\boldsymbol{p}_1,\boldsymbol{p}_2,\boldsymbol{p}_3$ 是属于不同特征值的特征向量, 故它们线性无关. 令

$$\boldsymbol{P}=(\boldsymbol{p}_1,\boldsymbol{p}_2,\boldsymbol{p}_3)=\begin{pmatrix}1&0&0\\0&1&1\\0&1&-1\end{pmatrix},$$

则存在可逆矩阵 $\boldsymbol{P}$, 使得 $\boldsymbol{P}^{-1}\boldsymbol{AP}=\boldsymbol{B}$.

14.【解析】先求 $\boldsymbol{A}$ 的特征值, 则

$$|\boldsymbol{A}-\lambda\boldsymbol{E}|=\begin{vmatrix}2-\lambda&0&0\\0&-\lambda&1\\0&1&-\lambda\end{vmatrix}=(2-\lambda)(\lambda^2-1)=0,$$

故 $\boldsymbol{A}$ 的特征值为 2,1,−1. $\boldsymbol{A}$ 有三个不同的特征值, 则一定可以对角化.

当 $\lambda_1=2$ 时, 解方程组 $(\boldsymbol{A}-2\boldsymbol{E})\boldsymbol{x}=\boldsymbol{0}$, 得基础解系为 $\boldsymbol{p}_1=(1,0,0)^{\mathrm{T}}$;

当 $\lambda_2=1$ 时, 解方程组 $(\boldsymbol{A}-\boldsymbol{E})\boldsymbol{x}=\boldsymbol{0}$, 得基础解系为 $\boldsymbol{p}_2=(0,1,1)^{\mathrm{T}}$;

当 $\lambda_3=-1$ 时, 解方程组 $(\boldsymbol{A}+\boldsymbol{E})\boldsymbol{x}=\boldsymbol{0}$, 得基础解系为 $\boldsymbol{p}_3=(0,1,-1)^{\mathrm{T}}$.

令 $\boldsymbol{P}=(\boldsymbol{p}_1,\boldsymbol{p}_2,\boldsymbol{p}_3)=\begin{pmatrix}1&0&0\\0&1&1\\0&1&-1\end{pmatrix}$, 则 $\boldsymbol{P}^{-1}\boldsymbol{AP}=\begin{pmatrix}2&&\\&1&\\&&-1\end{pmatrix}$.

又 $|\boldsymbol{B}-\lambda\boldsymbol{E}|=\begin{vmatrix}1-\lambda&0&0\\0&-1-\lambda&0\\0&-6&2-\lambda\end{vmatrix}=(2-\lambda)(\lambda+1)(\lambda-1)=0$, 故 $\boldsymbol{B}$ 的特征值也为 2,1,−1. 同理 $\boldsymbol{B}$ 也可相似对角化.

当 $\lambda=2$ 时, 解方程组 $(\boldsymbol{B}-2\boldsymbol{E})\boldsymbol{x}=\boldsymbol{0}$, 得基础解系为 $\boldsymbol{q}_1=(0,0,1)^{\mathrm{T}}$;

当 $\lambda=1$ 时, 解方程组 $(\boldsymbol{B}-\boldsymbol{E})\boldsymbol{x}=\boldsymbol{0}$, 得基础解系为 $\boldsymbol{q}_2=(1,0,0)^{\mathrm{T}}$;

当 $\lambda=-1$ 时, 解方程组 $(\boldsymbol{B}+\boldsymbol{E})\boldsymbol{x}=\boldsymbol{0}$, 得基础解系为 $\boldsymbol{q}_3=(0,1,2)^{\mathrm{T}}$.

令 $\boldsymbol{Q}=(\boldsymbol{q}_1,\boldsymbol{q}_2,\boldsymbol{q}_3)=\begin{pmatrix}0&1&0\\0&0&1\\1&0&2\end{pmatrix}$, 则 $\boldsymbol{Q}^{-1}\boldsymbol{BQ}=\begin{pmatrix}2&&\\&1&\\&&-1\end{pmatrix}$.

因此，有 $P^{-1}AP = Q^{-1}BQ$，所以

$$B = QP^{-1}APQ^{-1} = (PQ^{-1})^{-1}APQ^{-1}.$$

故 $X = PQ^{-1} = \begin{pmatrix} 1 & 0 & 0 \\ 0 & 1 & 1 \\ 0 & 1 & -1 \end{pmatrix}\begin{pmatrix} 0 & 1 & 0 \\ 0 & 0 & 1 \\ 1 & 0 & 2 \end{pmatrix}^{-1} = \begin{pmatrix} 1 & 0 & 0 \\ 0 & 1 & 1 \\ 0 & 1 & -1 \end{pmatrix}\begin{pmatrix} 0 & -2 & 1 \\ 1 & 0 & 0 \\ 0 & 1 & 0 \end{pmatrix} = \begin{pmatrix} 0 & -2 & 1 \\ 1 & 1 & 0 \\ 1 & -1 & 0 \end{pmatrix}$，于是 A 与 B 相似.

15.【解析】 矩阵 A 的特征多项式

$$|A-\lambda E| = \begin{vmatrix} 3-\lambda & 2 & -2 \\ -a & -1-\lambda & a \\ 4 & 2 & -3-\lambda \end{vmatrix} = \begin{vmatrix} 1-\lambda & 2 & -2 \\ 0 & -1-\lambda & a \\ 0 & 0 & -1-\lambda \end{vmatrix} = (1-\lambda)(1+\lambda)^2 = 0,$$

矩阵 A 的 3 个特征值是 $\lambda_1 = \lambda_2 = -1, \lambda_3 = 1$.

当 $\lambda_1 = \lambda_2 = -1$ 时，要使 A 可相似对角化，对应的方程组 $(A+E)x = 0$ 的基础解系有两个线性无关的解向量，即 $R(A+E) = 1$. 而

$$A+E = \begin{pmatrix} 4 & 2 & -2 \\ -a & 0 & a \\ 4 & 2 & -2 \end{pmatrix} \to \begin{pmatrix} 4 & 2 & -2 \\ -a & 0 & a \\ 0 & 0 & 0 \end{pmatrix},$$

故当 $a = 0$ 时，$A+E \to \begin{pmatrix} 1 & \frac{1}{2} & -\frac{1}{2} \\ 0 & 0 & 0 \\ 0 & 0 & 0 \end{pmatrix}$，对应的方程组 $(A+E)x = 0$ 的基础解系为

$$p_1 = (-1,2,0)^{\mathrm{T}}, \quad p_2 = (1,0,2)^{\mathrm{T}},$$

因此 A 属于特征值 $\lambda_1 = \lambda_2 = -1$ 的特征向量是 $k_1 p_1 + k_2 p_2$（k_1, k_2 不全为 0）.

当 $\lambda_3 = 1, a = 0$ 时，

$$A-E = \begin{pmatrix} 2 & 2 & -2 \\ -a & -2 & a \\ 4 & 2 & -4 \end{pmatrix} \to \begin{pmatrix} 1 & 0 & -1 \\ 0 & 1 & 0 \\ 0 & 0 & 0 \end{pmatrix},$$

对应的方程组 $(A-E)x = 0$ 的基础解系为 $p_3 = (1,0,1)^{\mathrm{T}}$，因此 A 属于特征值 $\lambda_3 = 1$ 的特征向量是 $k_3 p_3, k_3 \neq 0$.

令 $P = (p_1, p_2, p_3) = \begin{pmatrix} -1 & 1 & 1 \\ 2 & 0 & 0 \\ 0 & 2 & 1 \end{pmatrix}$，则 $P^{-1}AP = \begin{pmatrix} -1 & & \\ & -1 & \\ & & 1 \end{pmatrix}$.

16.【解析】 (1) 因为

$$|p_1, p_2, p_3| = \begin{vmatrix} -2 & 1 & 2 \\ 1 & 0 & 0 \\ 0 & 1 & 1 \end{vmatrix} = 1 \neq 0,$$

故 A 有三个线性无关的特征向量 p_1, p_2, p_3，又

$$Ap_1 = -p_1, \quad Ap_2 = -p_2, \quad Ap_3 = 0 \cdot p_3,$$

即 $A(p_1, p_2, p_3) = (Ap_1, Ap_2, Ap_3) = (-p_1, -p_2, \mathbf{0})$，故

$$A = (-p_1, -p_2, \mathbf{0})(p_1, p_2, p_3)^{-1} = \begin{pmatrix} 2 & -1 & 0 \\ -1 & 0 & 0 \\ 0 & -1 & 0 \end{pmatrix}\begin{pmatrix} -2 & 1 & 2 \\ 1 & 0 & 0 \\ 0 & 1 & 1 \end{pmatrix}^{-1} = \begin{pmatrix} 1 & 4 & -2 \\ 0 & -1 & 0 \\ 1 & 2 & -2 \end{pmatrix}.$$

(2) 因为 A 有三个线性无关的特征向量 p_1, p_2, p_3，故可相似对角化，令 $P = (p_1, p_2, p_3)$，则

$$P^{-1}AP=\Lambda=\begin{pmatrix}-1&&\\&-1&\\&&0\end{pmatrix} \text{ 或 } A=P\Lambda P^{-1}=P\begin{pmatrix}-1&0&0\\0&-1&0\\0&0&0\end{pmatrix}P^{-1},$$

所以

$$\begin{aligned}A^{101}=P\Lambda^{101}P^{-1}&=P\begin{pmatrix}(-1)^{101}&0&0\\0&(-1)^{101}&0\\0&0&0^{101}\end{pmatrix}P^{-1}\\&=P\begin{pmatrix}-1&0&0\\0&-1&0\\0&0&0\end{pmatrix}P^{-1}=P\Lambda P^{-1}=A.\end{aligned}$$

因此 $A^{101}\beta=\begin{pmatrix}1&4&-2\\0&-1&0\\1&2&-2\end{pmatrix}\begin{pmatrix}1\\1\\3\end{pmatrix}=\begin{pmatrix}-1\\-1\\-3\end{pmatrix}$.

17.【解析】 矩阵 A 的特征多项式

$$\begin{aligned}|A-\lambda E|&=\begin{vmatrix}1-\lambda&-2&2\\-2&-2-\lambda&4\\2&4&-2-\lambda\end{vmatrix}=\begin{vmatrix}1-\lambda&-2&2\\0&2-\lambda&2-\lambda\\2&4&-2-\lambda\end{vmatrix}\\&=\begin{vmatrix}1-\lambda&-4&2\\0&0&2-\lambda\\2&6+\lambda&-2-\lambda\end{vmatrix}=-(\lambda-2)^2(\lambda+7)=0,\end{aligned}$$

所以 A 的特征值为 $\lambda_1=\lambda_2=2,\lambda_3=-7$.

当 $\lambda_1=\lambda_2=2$ 时，解方程组 $(A-2E)x=\mathbf{0}$. 由

$$A-2E=\begin{pmatrix}-1&-2&2\\-2&-4&4\\2&4&-4\end{pmatrix}\to\begin{pmatrix}1&2&-2\\0&0&0\\0&0&0\end{pmatrix},$$

得基础解系为 $\alpha_1=(-2,1,0)^{\mathrm T},\alpha_2=(2,0,1)^{\mathrm T}$，故与特征值 $\lambda=2$ 对应的特征向量为 $k_1\alpha_1+k_2\alpha_2,k_1,k_2$ 不全为零.

当 $\lambda_3=-7$ 时，方程组 $(A+7E)x=\mathbf{0}$. 由

$$A+7E=\begin{pmatrix}8&-2&2\\-2&5&4\\2&4&5\end{pmatrix}\to\begin{pmatrix}0&18&18\\-2&5&4\\0&9&9\end{pmatrix}\to\begin{pmatrix}2&0&1\\0&1&1\\0&0&0\end{pmatrix},$$

得基础解系为 $\alpha_3=(-1,-2,2)^{\mathrm T}$，故与特征值 $\lambda_3=-7$ 对应的特征向量为 $k_3\alpha_3,k_3\neq0$.

因为 α_1,α_2 与 α_3 正交，故只对 α_1,α_2 进行正交化，为此令

$$\beta_1=\alpha_1=(-2,1,0)^{\mathrm T},$$

$$\beta_2=\alpha_2-\frac{(\alpha_2,\beta_1)}{(\beta_1,\beta_1)}\beta_1=(2,0,1)^{\mathrm T}+\frac{4}{5}(-2,1,0)^{\mathrm T}=\left(\frac{2}{5},\frac{4}{5},1\right)^{\mathrm T}.$$

再对 β_1,β_2,α_3 单位化，为此令

$$p_1=\frac{\beta_1}{\|\beta_1\|}=\left(-\frac{2}{\sqrt5},\frac{1}{\sqrt5},0\right)^{\mathrm T},\qquad p_2=\frac{\beta_2}{\|\beta_2\|}=\left(\frac{2}{3\sqrt5},\frac{4}{3\sqrt5},\frac{5}{3\sqrt5}\right)^{\mathrm T},$$

$$p_3=\frac{\alpha_3}{\|\alpha_3\|}=\left(-\frac{1}{3},-\frac{2}{3},\frac{2}{3}\right)^{\mathrm T}.$$

取 $P=(p_1,p_2,p_3)=\begin{pmatrix}-\frac{2}{\sqrt5} & \frac{2}{3\sqrt5} & -\frac{1}{3}\\ \frac{1}{\sqrt5} & \frac{4}{3\sqrt5} & -\frac{2}{3}\\ 0 & \frac{5}{3\sqrt5} & \frac{2}{3}\end{pmatrix}$，那么 $P^{\mathrm T}AP=\mathrm{diag}(2,2,-7)$.

18.【解析】 (1)因为 $A\alpha_1=\mathbf 0,A\alpha_2=\mathbf 0$，即 $A\alpha_1=0\alpha_1,A\alpha_2=0\alpha_2$，故 $\lambda_1=\lambda_2=0$ 是 A 的二重特征值，向量 $\alpha_1=(-1,2,-1)^{\mathrm T},\alpha_2=(0,-1,1)^{\mathrm T}$ 是对应的特征向量.

又矩阵 A 的各行值和均为 3，所以 $A\begin{pmatrix}1\\1\\1\end{pmatrix}=3\begin{pmatrix}1\\1\\1\end{pmatrix}$. 故 $\lambda_3=3$ 是 A 的特征值，$\alpha_3=(1,1,1)^{\mathrm T}$ 是对应的特征向量.

(2)因为 α_1,α_2 与 α_3 正交，故只对 α_1,α_2 进行正交化，为此令

$$\beta_1=\alpha_1=(-1,2,-1)^{\mathrm T},$$

$$\beta_2=\alpha_2-\frac{(\alpha_2,\beta_1)}{(\beta_1,\beta_1)}\beta_1=(0,-1,1)^{\mathrm T}+\frac{3}{6}(-1,2,-1)^{\mathrm T}=\frac{1}{2}(-1,0,1)^{\mathrm T}.$$

再对 β_1,β_2,α_3 单位化，为此令

$$q_1=\frac{\beta_1}{\|\beta_1\|}=\frac{1}{\sqrt6}(-1,2,-1)^{\mathrm T},\quad q_2=\frac{\beta_2}{\|\beta_2\|}=\frac{1}{\sqrt2}(-1,0,1)^{\mathrm T},$$

$$q_3=\frac{\alpha_3}{\|\alpha_3\|}=\frac{1}{\sqrt3}(1,1,1)^{\mathrm T}.$$

取 $Q=(q_1,q_2,q_3)=\begin{pmatrix}-\frac{1}{\sqrt6} & -\frac{1}{\sqrt2} & \frac{1}{\sqrt3}\\ \frac{2}{\sqrt6} & 0 & \frac{1}{\sqrt3}\\ -\frac{1}{\sqrt6} & \frac{1}{\sqrt2} & \frac{1}{\sqrt3}\end{pmatrix}$，那么 $Q^{\mathrm T}AQ=\begin{pmatrix}0 & & \\ & 0 & \\ & & 3\end{pmatrix}$.

(3)因为 $Q^{\mathrm T}AQ=\begin{pmatrix}0 & & \\ & 0 & \\ & & 3\end{pmatrix}$，$Q$ 为正交矩阵，则

$$A=Q\Lambda Q^{\mathrm T}=\begin{pmatrix}-\frac{1}{\sqrt6} & -\frac{1}{\sqrt2} & \frac{1}{\sqrt3}\\ \frac{2}{\sqrt6} & 0 & \frac{1}{\sqrt3}\\ -\frac{1}{\sqrt6} & \frac{1}{\sqrt2} & \frac{1}{\sqrt3}\end{pmatrix}\begin{pmatrix}0&0&0\\0&0&0\\0&0&3\end{pmatrix}\begin{pmatrix}-\frac{1}{\sqrt6} & -\frac{1}{\sqrt2} & \frac{1}{\sqrt3}\\ \frac{2}{\sqrt6} & 0 & \frac{1}{\sqrt3}\\ -\frac{1}{\sqrt6} & \frac{1}{\sqrt2} & \frac{1}{\sqrt3}\end{pmatrix}^{\mathrm T}=\begin{pmatrix}1&1&1\\1&1&1\\1&1&1\end{pmatrix}.$$

由 $A=Q\Lambda Q^{\mathrm T}$ 得 $A-\frac{3}{2}E=Q\Lambda Q^{\mathrm T}-\frac{3}{2}E=Q\left(\Lambda-\frac{3}{2}E\right)Q^{\mathrm T}$，所以

$$\left(A-\frac{3}{2}E\right)^6=Q\left(\Lambda-\frac{3}{2}E\right)^6Q^{\mathrm{T}}=\left(\frac{3}{2}\right)^6E.$$

19.【解析】　**方法一**　由于对称矩阵不同特征值对应的特征向量相互正交，故设矩阵 $\boldsymbol{A}$ 的对应于特征值 $\lambda_3=3$ 的特征向量为 $\boldsymbol{\alpha}_3=(x_1,x_2,x_3)$，故有

$$\begin{cases}-x_1-x_2+x_3=0,\\ x_1-2x_2-x_3=0,\end{cases}$$

解得基础解系为 $\boldsymbol{\alpha}_3=(1,0,1)^{\mathrm{T}}$，即 $\boldsymbol{A}$ 属于特征值 $\lambda_3=3$ 的特征向量为 $k\boldsymbol{\alpha}_3,k\neq0$.

令 $\boldsymbol{P}=(\boldsymbol{\alpha}_1,\boldsymbol{\alpha}_2,\boldsymbol{\alpha}_3)=\begin{pmatrix}-1&1&1\\-1&-2&0\\1&-1&1\end{pmatrix}$，则有 $\boldsymbol{P}^{-1}\boldsymbol{AP}=\boldsymbol{\Lambda}=\begin{pmatrix}1&&\\&2&\\&&3\end{pmatrix}$，即

$$\boldsymbol{A}=\boldsymbol{P\Lambda P}^{-1}=\begin{pmatrix}-1&1&1\\-1&-2&0\\1&-1&1\end{pmatrix}\begin{pmatrix}1&0&0\\0&2&0\\0&0&3\end{pmatrix}\begin{pmatrix}-\frac{1}{3}&-\frac{1}{3}&\frac{1}{3}\\\frac{1}{6}&-\frac{1}{3}&-\frac{1}{6}\\\frac{1}{2}&0&\frac{1}{2}\end{pmatrix}=\frac{1}{6}\begin{pmatrix}13&-2&5\\-2&10&2\\5&2&13\end{pmatrix}.$$

方法二　因为 $\boldsymbol{\alpha}_1,\boldsymbol{\alpha}_2,\boldsymbol{\alpha}_3$ 线性正交，单位化向量组 $\boldsymbol{\alpha}_1,\boldsymbol{\alpha}_2,\boldsymbol{\alpha}_3$.

$$\boldsymbol{q}_1=\frac{\boldsymbol{\alpha}_1}{\|\boldsymbol{\alpha}_1\|}=\frac{1}{\sqrt{3}}(-1,-1,1)^{\mathrm{T}},\quad \boldsymbol{q}_2=\frac{\boldsymbol{\alpha}_2}{\|\boldsymbol{\alpha}_2\|}=\frac{1}{\sqrt{6}}(1,-2,-1)^{\mathrm{T}},$$

$$\boldsymbol{q}_3=\frac{\boldsymbol{\alpha}_3}{\|\boldsymbol{\alpha}_3\|}=\frac{1}{\sqrt{2}}(1,0,1)^{\mathrm{T}}.$$

取 $\boldsymbol{Q}=(\boldsymbol{q}_1,\boldsymbol{q}_2,\boldsymbol{q}_3)=\begin{pmatrix}-\frac{1}{\sqrt{3}}&\frac{1}{\sqrt{6}}&\frac{1}{\sqrt{2}}\\-\frac{1}{\sqrt{3}}&-\frac{2}{\sqrt{6}}&0\\\frac{1}{\sqrt{3}}&-\frac{1}{\sqrt{6}}&\frac{1}{\sqrt{2}}\end{pmatrix}$，则 $\boldsymbol{Q}^{\mathrm{T}}\boldsymbol{AQ}=\begin{pmatrix}1&&\\&2&\\&&3\end{pmatrix}$.

所以

$$\boldsymbol{A}=\boldsymbol{Q\Lambda Q}^{\mathrm{T}}=\begin{pmatrix}-\frac{1}{\sqrt{3}}&\frac{1}{\sqrt{6}}&\frac{1}{\sqrt{2}}\\-\frac{1}{\sqrt{3}}&-\frac{2}{\sqrt{6}}&0\\\frac{1}{\sqrt{3}}&-\frac{1}{\sqrt{6}}&\frac{1}{\sqrt{2}}\end{pmatrix}\begin{pmatrix}1&0&0\\0&2&0\\0&0&3\end{pmatrix}\begin{pmatrix}-\frac{1}{\sqrt{3}}&-\frac{1}{\sqrt{3}}&\frac{1}{\sqrt{3}}\\\frac{1}{\sqrt{6}}&-\frac{2}{\sqrt{6}}&-\frac{1}{\sqrt{6}}\\\frac{1}{\sqrt{2}}&0&\frac{1}{\sqrt{2}}\end{pmatrix}=\frac{1}{6}\begin{pmatrix}13&-2&5\\-2&10&2\\5&2&13\end{pmatrix}.$$

20.【解析】　(1) f 的矩阵为 $\boldsymbol{A}=\begin{pmatrix}1&-2&2\\-2&4&-4\\2&-4&4\end{pmatrix}$，则

$$|\boldsymbol{A}-\lambda\boldsymbol{E}|=\begin{vmatrix}1-\lambda&-2&2\\-2&4-\lambda&-4\\2&-4&4-\lambda\end{vmatrix}=\begin{vmatrix}1-\lambda&-2&2\\-2&4-\lambda&-4\\0&-\lambda&-\lambda\end{vmatrix}=\begin{vmatrix}1-\lambda&-4&2\\-2&8-\lambda&-4\\0&0&-\lambda\end{vmatrix}=-\lambda^2(\lambda-9),$$

得 $\boldsymbol{A}$ 的全部特征值为 $\lambda_1=\lambda_2=0,\lambda_3=9$.

对于 $\lambda_1=\lambda_2=0$, 求方程组 $(\boldsymbol{A}-0\cdot\boldsymbol{E})\boldsymbol{x}=\boldsymbol{0}$ 的基础解系, 由

$$\boldsymbol{A}=\begin{pmatrix}1&-2&2\\-2&4&-4\\2&-4&4\end{pmatrix}\to\begin{pmatrix}1&-2&2\\0&0&0\\0&0&0\end{pmatrix},$$

从而可取 $\lambda_1=\lambda_2=0$ 的两个特征向量为 $\boldsymbol{\xi}_1=\begin{pmatrix}0\\1\\1\end{pmatrix}$, $\boldsymbol{\xi}_2=\begin{pmatrix}4\\1\\-1\end{pmatrix}$, $\boldsymbol{\xi}_1$ 与 $\boldsymbol{\xi}_2$ 已经正交, 只需要单位化, 得

$$\boldsymbol{e}_1=\frac{1}{\sqrt{2}}\begin{pmatrix}0\\1\\1\end{pmatrix},\quad \boldsymbol{e}_2=\frac{1}{3\sqrt{2}}\begin{pmatrix}4\\1\\-1\end{pmatrix}.$$

对于 $\lambda_3=9$, 求方程组 $(\boldsymbol{A}-9\boldsymbol{E})\boldsymbol{x}=\boldsymbol{0}$ 的基础解系, 由

$$\boldsymbol{A}-9\boldsymbol{E}=\begin{pmatrix}-8&-2&2\\-2&-5&-4\\2&-4&-5\end{pmatrix}\to\begin{pmatrix}1&0&-\frac{1}{2}\\0&1&1\\0&0&0\end{pmatrix},$$

从而可取 $\lambda_3=9$ 的特征向量为 $\boldsymbol{\xi}_3=\begin{pmatrix}1\\-2\\2\end{pmatrix}$, 单位化得 $\boldsymbol{e}_3=\frac{1}{3}\begin{pmatrix}1\\-2\\2\end{pmatrix}$.

令矩阵

$$\boldsymbol{Q}=(\boldsymbol{e}_1,\boldsymbol{e}_2,\boldsymbol{e}_3)=\begin{pmatrix}0&\frac{4}{3\sqrt{2}}&\frac{1}{3}\\\frac{1}{\sqrt{2}}&\frac{1}{3\sqrt{2}}&-\frac{2}{3}\\\frac{1}{\sqrt{2}}&-\frac{1}{3\sqrt{2}}&\frac{2}{3}\end{pmatrix},$$

则 $\boldsymbol{Q}$ 为正交矩阵, 存在正交变换 $\boldsymbol{x}=\boldsymbol{Q}\boldsymbol{y}$, 使得二次型 f 化为标准形 $f=9y_3^2$.

(2) 二次型 f 的矩阵为

$$\boldsymbol{A}=\begin{pmatrix}1&1&-2\\1&5&0\\-2&0&5\end{pmatrix}.$$

它的特征多项式为

$$|\boldsymbol{A}-\lambda\boldsymbol{E}|=\begin{vmatrix}1-\lambda&1&-2\\1&5-\lambda&0\\-2&0&5-\lambda\end{vmatrix}=-\lambda(\lambda-5)(\lambda-6),$$

所以矩阵 $\boldsymbol{A}$ 的特征值为 $\lambda_1=0,\lambda_2=5,\lambda_3=6$.

当 $\lambda_1=0$ 时, 解方程组 $(\boldsymbol{A}-0\cdot\boldsymbol{E})\boldsymbol{x}=\boldsymbol{0}$. 由

$$\boldsymbol{A}=\begin{pmatrix}1&1&-2\\1&5&0\\-2&0&5\end{pmatrix}\to\begin{pmatrix}1&1&-2\\0&4&2\\0&2&1\end{pmatrix}\to\begin{pmatrix}1&0&-\frac{5}{2}\\0&2&1\\0&0&0\end{pmatrix},$$

得基础解系 $\boldsymbol{p}_1=(5,-1,2)^{\mathrm{T}}$.

当 $\lambda_2=5$ 时, 解方程组 $(\boldsymbol{A}-5\boldsymbol{E})\boldsymbol{x}=\boldsymbol{0}$. 由

$$A-5E=\begin{pmatrix}-4&1&-2\\1&0&0\\-2&0&0\end{pmatrix}\to\begin{pmatrix}1&0&0\\0&1&-2\\0&0&0\end{pmatrix},$$

得基础解系 $\boldsymbol{p}_2=(0,2,1)^{\mathrm{T}}$.

当 $\lambda_3=6$ 时，解方程组 $(A-6E)x=\mathbf{0}$. 由

$$A-6E=\begin{pmatrix}-5&1&-2\\1&-1&0\\-2&0&-1\end{pmatrix}\to\begin{pmatrix}1&0&\frac{1}{2}\\0&2&1\\0&0&0\end{pmatrix},$$

得基础解系 $\boldsymbol{p}_3=(-1,-1,2)^{\mathrm{T}}$.

因为 $\boldsymbol{p}_1,\boldsymbol{p}_2,\boldsymbol{p}_3$ 正交，只需再单位化得

$$\boldsymbol{q}_1=\frac{\boldsymbol{p}_1}{\|\boldsymbol{p}_1\|}=\left(\frac{5}{\sqrt{30}},-\frac{1}{\sqrt{30}},\frac{2}{\sqrt{30}}\right)^{\mathrm{T}},\qquad \boldsymbol{q}_2=\frac{\boldsymbol{p}_2}{\|\boldsymbol{p}_2\|}=\left(0,\frac{2}{\sqrt{5}},\frac{1}{\sqrt{5}}\right)^{\mathrm{T}},$$

$$\boldsymbol{q}_3=\frac{\boldsymbol{p}_3}{\|\boldsymbol{p}_3\|}=\left(-\frac{1}{\sqrt{6}},-\frac{1}{\sqrt{6}},\frac{2}{\sqrt{6}}\right)^{\mathrm{T}}.$$

令 $Q=(\boldsymbol{q}_1,\boldsymbol{q}_2,\boldsymbol{q}_3)=\begin{pmatrix}\frac{5}{\sqrt{30}}&0&-\frac{1}{\sqrt{6}}\\-\frac{1}{\sqrt{30}}&\frac{2}{\sqrt{5}}&-\frac{1}{\sqrt{6}}\\\frac{2}{\sqrt{30}}&\frac{1}{\sqrt{5}}&\frac{2}{\sqrt{6}}\end{pmatrix}$，于是正交变换 $x=Qy$ 把 f 化为标准形，且有 $f=5y_2^2+6y_3^2$.

21.【解析】　(1) f 对应的矩阵为

$$A=\begin{pmatrix}5&-1&3\\-1&5&-3\\3&-3&c\end{pmatrix},$$

因为秩 $R(A)=2$，所以 $|A|=\begin{vmatrix}5&-1&3\\-1&5&-3\\3&-3&c\end{vmatrix}=0$，可得 $c=3$，此时容易验证 A 的秩为 2. 这时

$$|A-\lambda E|=\begin{vmatrix}5-\lambda&-1&3\\-1&5-\lambda&-3\\3&-3&3-\lambda\end{vmatrix}=\begin{vmatrix}5-\lambda&-1&3\\4-\lambda&4-\lambda&0\\3&-3&3-\lambda\end{vmatrix}=-\lambda(\lambda-4)(\lambda-9),$$

所求矩阵的特征值为 $\lambda_1=0,\lambda_2=4,\lambda_3=9$.

(2) $f(x_1,x_2,x_4)$ 在正交变换下化成标准形为 $4y_2^2+9y_3^2$，而 $4y_2^2+9y_3^2=1$ 表示椭圆柱面.

22.【解析】　(1) 二次型 $f(x_1,x_2,x_3)=2x_1^2+5x_2^2+5x_3^2+4x_1x_2-4x_1x_3-8x_2x_3$ 的矩阵为

$$A=\begin{pmatrix}2&2&-2\\2&5&-4\\-2&-4&5\end{pmatrix}.$$

它的特征多项式为

$$|A-\lambda E|=\begin{vmatrix}2-\lambda&2&-2\\2&5-\lambda&-4\\-2&-4&5-\lambda\end{vmatrix}=-(\lambda-1)^2(\lambda-10),$$

所以矩阵 A 的特征值为 $\lambda_1=\lambda_2=1$，$\lambda_3=10$. 由于特征值都大于 0，所以二次型为正定的.

(2) 二次型 $f(x_1,x_2,x_3)=x_1^2+4x_2^2+4x_3^2-2x_1x_3+4x_2x_3$ 的矩阵为

$$A=\begin{pmatrix}1&0&-1\\0&4&2\\-1&2&4\end{pmatrix},$$

其顺序主子式

$$a_{11}=1>0,\quad \begin{vmatrix}a_{11}&a_{12}\\a_{21}&a_{22}\end{vmatrix}=\begin{vmatrix}1&0\\0&4\end{vmatrix}=4>0,\quad |A|=\begin{vmatrix}1&0&-1\\0&4&2\\-1&2&4\end{vmatrix}=8>0,$$

由 A 的顺序主子式全大于零, 知二次型正定.

23.【解析】 (1) 选 (C).

因为 $|A|=(-1)\cdot 0\cdot 1=0$, 即矩阵 A 是不可逆矩阵, 故 (A) 正确;

矩阵 A 的主对角线之和为特征值之和, 为零, 故 (B) 正确;

由于 A 有三个不同的特征值, 故 A 一定可以相似对角矩阵 $\begin{pmatrix}1&&\\&-1&\\&&0\end{pmatrix}$, 知 $R(A)=2$, 所以齐次方程组 $Ax=0$ 的基础解系仅有一个向量, 故 (D) 正确;

1 与 -1 所对应的特征向量线性无关, 但不一定正交, 故 (C) 不正确. 故选 (C).

(2) 选 (D).

当 $\lambda_1=\lambda_2$ 时, α_1 与 α_2 可以线性相关也可以线性无关, 所以可以对应分量成比例, 也可以对应分量不成比例, 故排除 (A) 和 (B);

当 $\lambda_1\neq\lambda_2$ 时, α_1 与 α_2 一定线性无关, 对应分量一定不成比例, 故排除 (C), 选 (D).

(3) 选 (B).

因为 A 与 B 相似, 故 B 的特征值也为 $1,2,-3$, 故 $B+2E$ 的特征值为 $3,4,-1$, 所以

$$|B+2E|=3\times4\times(-1)=-12\neq0,$$

故 $B+2E$ 可逆, 故选 (B).

(4) 选 (D).

由于

$$\begin{aligned}AP&=A(\alpha_1,-2\alpha_3,2\alpha_2)=(A\alpha_1,-2A\alpha_3,2A\alpha_2)=(\alpha_1,6\alpha_3,4\alpha_2)\\&=(\alpha_1,-2\alpha_3,2\alpha_2)\begin{pmatrix}1&&\\&-3&\\&&2\end{pmatrix}=P\begin{pmatrix}1&&\\&-3&\\&&2\end{pmatrix},\end{aligned}$$

所以 $P^{-1}AP=\begin{pmatrix}1&&\\&-3&\\&&2\end{pmatrix}$. 故选 (D).

(5) 选 (B).

方法一 由于

$$\begin{aligned}|A-\lambda E|&=\begin{vmatrix}2-\lambda&-1&-1\\-1&2-\lambda&-1\\-1&-1&2-\lambda\end{vmatrix}=\begin{vmatrix}-\lambda&-\lambda&-\lambda\\-1&2-\lambda&-1\\-1&-1&2-\lambda\end{vmatrix}\\&=-\lambda\begin{vmatrix}1&1&1\\-1&2-\lambda&-1\\-1&-1&2-\lambda\end{vmatrix}=-\lambda(\lambda-3)^2,\end{aligned}$$

则 $\boldsymbol{A}$ 的特征值为3,3,0, $\boldsymbol{B}$ 是对角阵, 对角线元素即是特征值, 则 $\boldsymbol{B}$ 的特征值为1,1,0. $\boldsymbol{A},\boldsymbol{B}$ 的特征值不相同, 由相似矩阵的特征值相同知, $\boldsymbol{A}$ 与 $\boldsymbol{B}$ 不相似.

由 $\boldsymbol{A},\boldsymbol{B}$ 的特征值可知, $\boldsymbol{A},\boldsymbol{B}$ 的正惯性指数都是 2, 又由秩都等于 2 可知, 负惯性指数也相同, 则由实对称矩阵合同的充要条件是有相同的正惯性指数和相同的负惯性指数, 知 $\boldsymbol{A}$ 与 $\boldsymbol{B}$ 合同, 应选(B).

方法二 因为 $\mathrm{tr}(\boldsymbol{A})=2+2+2=6$, $\mathrm{tr}(\boldsymbol{B})=1+1+0=2\neq 6$, 所以 $\boldsymbol{A}$ 与 $\boldsymbol{B}$ 不相似(不满足相似的必要条件). 又 $|\boldsymbol{A}-\lambda\boldsymbol{E}|=-\lambda(\lambda-3)^2$, $|\boldsymbol{B}-\lambda\boldsymbol{E}|=-\lambda(\lambda-1)^2$, $\boldsymbol{A}$ 与 $\boldsymbol{B}$ 是同阶实对称矩阵, 其秩相等, 且有相同的正惯性指数, 故 $\boldsymbol{A}$ 与 $\boldsymbol{B}$ 合同.

24.【解析】 (1)若 λ 是 $\boldsymbol{A}$ 的特征值, 则 λ^2-1 是 $\boldsymbol{A}^2-\boldsymbol{E}$ 的特征值, 由 $\boldsymbol{A}^2=\boldsymbol{E}$ 有 $\boldsymbol{A}^2-\boldsymbol{E}$ 为零矩阵, 其特征值全为零, 故有 $\lambda^2-1=0$, 解得 $\lambda=-1$ 或 $\lambda=1$.

(2)设 $\boldsymbol{A}$ 的任一特征值为 λ, 由 $\boldsymbol{A}^2+2\boldsymbol{A}=\boldsymbol{0}$ 知 A 的特征值满足 $\lambda^2+2\lambda=0$, 即 $\boldsymbol{A}$ 的特征值只能为 0 或者 -2, 由 $\boldsymbol{A}$ 可逆知 $\boldsymbol{A}$ 的特征值只能为 -2, 故

$$|\boldsymbol{A}|=(-2)^4=16,\quad |\boldsymbol{A}^2|+|2\boldsymbol{A}|=16^2+2^4\times 16=512.$$

(3)由于 $\boldsymbol{A}$ 与 $\boldsymbol{B}$ 相似, 所以存在可逆矩阵 P 使得 $\boldsymbol{P}^{-1}\boldsymbol{A}\boldsymbol{P}=\boldsymbol{B}$,

$$\boldsymbol{B}^2=\boldsymbol{B}\boldsymbol{B}=\boldsymbol{P}^{-1}\boldsymbol{A}\boldsymbol{P}\boldsymbol{P}^{-1}\boldsymbol{A}\boldsymbol{P}=\boldsymbol{P}^{-1}\boldsymbol{A}^2\boldsymbol{P}=\boldsymbol{P}^{-1}\boldsymbol{A}\boldsymbol{P}=\boldsymbol{B}.$$

(4)注意到两个相似矩阵具有相同的迹及相同的特征值, 且 $\boldsymbol{B}$ 为对角矩阵, 特征值为 $2,b,-1$, 从而

$$2+0+a=2+b+(-1)$$

及

$$|\boldsymbol{A}|=-2=-2b.$$

解之得 $a=0,b=1$.

(5)对 f 进行配方, 可得 $f=(x_1+ax_3)^2-(x_2-2x_3)^2+(4-a^2)x_3^2$, 于是二次型 f 可化为标准形 $f=z_1^2-z_2^2+(4-a^2)z_3^2$.

通过标准形可得, 只有当 $4-a^2\geqslant 0$, 即 $-2\leqslant a\leqslant 2$ 时, f 的负惯性指数为 1.

习 题 6

1.【解析】 (1)是; (2)否; (3)否.

2.【解析】 (1)是. 首先, 因为 $(0,0,0)^{\mathrm{T}}\in W_1$, 所以 W_1 非空. 其次, 任取 $\boldsymbol{x}=(x_1,x_2,x_3)^{\mathrm{T}}$, $\boldsymbol{y}=(y_1,y_2,y_3)^{\mathrm{T}}\in W_1$, 则有 $x_1-x_2+x_3=0, y_1-y_2+y_3=0$, 从而 $(x_1+y_1)-(x_2+y_2)+(x_3+y_3)=0$, 即 $\boldsymbol{x}+\boldsymbol{y}\in W_1$. 再次, 任取 $\boldsymbol{x}=(x_1,x_2,x_3)^{\mathrm{T}}$, $\lambda\in\mathbf{R}$, 则 $x_1-x_2+x_3=0$, 从而 $\lambda x_1-\lambda x_2+\lambda x_3=0$, 即 $\lambda\boldsymbol{x}\in W_1$.

(2)否. 因为 $(0,0,0)^{\mathrm{T}}\notin W_2$.

3.【解析】 设 $k_0f_0+k_1f_1+k_2f_2+\cdots+k_{n-1}f_{n-1}=0(x)$, 即 $k_0+k_1x+k_2x^2+\cdots+k_{n-1}x^{n-1}=0(x)$, 这里的 $0(x)$ 是 $\mathbf{R}[x]_n$ 中的零元素, 即零多项式. 因此要使上式成立, 当且仅当 $k_0,k_1,k_2,\cdots,k_{n-1}$ 全为零, 故 $1,x,x^2,\cdots,x^{n-1}$ 线性无关.

4.【解析】 设 $k_1\boldsymbol{A}_1+k_2\boldsymbol{A}_2+k_3\boldsymbol{A}_3+k_4\boldsymbol{A}_4=\boldsymbol{O}_{2\times 2}$, 即

$$\begin{pmatrix} k_1+k_2+k_3+k_4 & k_2+k_3+k_4 \\ k_3+k_4 & k_4 \end{pmatrix}=\begin{pmatrix} 0 & 0 \\ 0 & 0 \end{pmatrix},$$

于是

$$\begin{cases} k_1+k_2+k_3+k_4=0, \\ k_2+k_3+k_4=0, \\ k_3+k_4=0, \\ k_4=0, \end{cases}$$

解得 $k_1=k_2=k_3=k_4=0$. 所以 $\boldsymbol{A}_1,\boldsymbol{A}_2,\boldsymbol{A}_3,\boldsymbol{A}_4$ 线性无关.

5.【解析】 已知 $\mathbf{R}^3$ 的维数为 3, 因此要证明 $\boldsymbol{\alpha}_1=(1,3,5)^{\mathrm{T}}$, $\boldsymbol{\alpha}_2=(2,5,2)^{\mathrm{T}}$, $\boldsymbol{\alpha}_3=(3,7,-2)^{\mathrm{T}}$ 是 $\mathbf{R}^3$ 的一组基只需证明它们线性无关. 事实上, 由

$$(\boldsymbol{\alpha}_1,\boldsymbol{\alpha}_2,\boldsymbol{\alpha}_3,\boldsymbol{\alpha})=\begin{pmatrix}1&2&3&1\\3&5&7&3\\5&2&-2&1\end{pmatrix}\to\begin{pmatrix}1&2&3&1\\0&-1&-2&0\\0&-8&-17&-4\end{pmatrix}\to\begin{pmatrix}1&2&3&1\\0&1&2&0\\0&0&-1&-4\end{pmatrix}$$

$$\to\begin{pmatrix}1&2&0&-11\\0&1&0&-8\\0&0&1&4\end{pmatrix}\to\begin{pmatrix}1&0&0&5\\0&1&0&-8\\0&0&1&4\end{pmatrix}$$

可知, $\boldsymbol{\alpha}_1,\boldsymbol{\alpha}_2,\boldsymbol{\alpha}_3$ 线性无关, 且 $\boldsymbol{\alpha}=5\boldsymbol{\alpha}_1-8\boldsymbol{\alpha}_2+4\boldsymbol{\alpha}_3$. 因此 $\boldsymbol{\alpha}$ 在基 $\boldsymbol{\alpha}_1,\boldsymbol{\alpha}_2,\boldsymbol{\alpha}_3$ 下的坐标为 $(5,-8,4)^{\mathrm{T}}$.

6.【解析】 设 $\boldsymbol{A}=(\boldsymbol{\alpha}_1,\boldsymbol{\alpha}_2,\boldsymbol{\alpha}_3)=\begin{pmatrix}1&1&0\\0&1&1\\1&0&1\end{pmatrix},\boldsymbol{B}=(\boldsymbol{\beta}_1,\boldsymbol{\beta}_2,\boldsymbol{\beta}_3)=\begin{pmatrix}1&1&1\\1&1&2\\1&2&1\end{pmatrix}$.

(1) 设 $\boldsymbol{\gamma}=(2,3,3)^{\mathrm{T}}$ 在基 $\boldsymbol{\alpha}_1,\boldsymbol{\alpha}_2,\boldsymbol{\alpha}_3$ 下的坐标为 $(x_1,x_2,x_3)^{\mathrm{T}}$, 则

$$\boldsymbol{\gamma}=x_1\boldsymbol{\alpha}_1+x_2\boldsymbol{\alpha}_2+x_3\boldsymbol{\alpha}_3=(\boldsymbol{\alpha}_1,\boldsymbol{\alpha}_2,\boldsymbol{\alpha}_3)\begin{pmatrix}x_1\\x_2\\x_3\end{pmatrix}=\boldsymbol{A}\begin{pmatrix}x_1\\x_2\\x_3\end{pmatrix},$$

从而 $\begin{pmatrix}x_1\\x_2\\x_3\end{pmatrix}=\boldsymbol{A}^{-1}\boldsymbol{\gamma}$. 用初等行变换求 $\boldsymbol{A}^{-1}$ 如下:

$$(\boldsymbol{A}\mid\boldsymbol{E})=\left(\begin{array}{ccc|ccc}1&1&0&1&0&0\\0&1&1&0&1&0\\1&0&1&0&0&1\end{array}\right)\to\left(\begin{array}{ccc|ccc}1&1&0&1&0&0\\0&1&1&0&1&0\\0&-1&1&-1&0&1\end{array}\right)\to\left(\begin{array}{ccc|ccc}1&1&0&1&0&0\\0&1&1&0&1&0\\0&0&2&-1&1&1\end{array}\right)$$

$$\to\left(\begin{array}{ccc|ccc}1&1&0&1&0&0\\0&1&0&\frac{1}{2}&\frac{1}{2}&-\frac{1}{2}\\0&0&1&-\frac{1}{2}&\frac{1}{2}&\frac{1}{2}\end{array}\right)\to\left(\begin{array}{ccc|ccc}1&0&0&\frac{1}{2}&-\frac{1}{2}&\frac{1}{2}\\0&1&0&\frac{1}{2}&\frac{1}{2}&-\frac{1}{2}\\0&0&1&-\frac{1}{2}&\frac{1}{2}&\frac{1}{2}\end{array}\right),$$

所以

$$\boldsymbol{A}^{-1}=\frac{1}{2}\begin{pmatrix}1&-1&1\\1&1&-1\\-1&1&1\end{pmatrix}.$$

从而 $\begin{pmatrix}x_1\\x_2\\x_3\end{pmatrix}=\boldsymbol{A}^{-1}\boldsymbol{\gamma}=\frac{1}{2}\begin{pmatrix}1&-1&1\\1&1&-1\\-1&1&1\end{pmatrix}\begin{pmatrix}2\\3\\3\end{pmatrix}=\begin{pmatrix}1\\1\\2\end{pmatrix}$, 即 $\boldsymbol{\gamma}$ 在基 $\boldsymbol{\alpha}_1,\boldsymbol{\alpha}_2,\boldsymbol{\alpha}_3$ 下的坐标为 $(1,1,2)^{\mathrm{T}}$.

(2) 设由基 $\boldsymbol{\alpha}_1,\boldsymbol{\alpha}_2,\boldsymbol{\alpha}_3$ 到基 $\boldsymbol{\beta}_1,\boldsymbol{\beta}_2,\boldsymbol{\beta}_3$ 的过渡矩阵为 $\boldsymbol{X}$, 则 $\boldsymbol{X}=\boldsymbol{A}^{-1}\boldsymbol{B}$. 计算得

$$\boldsymbol{X}=\frac{1}{2}\begin{pmatrix}1&-1&1\\1&1&-1\\-1&1&1\end{pmatrix}\begin{pmatrix}1&1&1\\1&1&2\\1&2&1\end{pmatrix}=\begin{pmatrix}\frac{1}{2}&1&0\\\frac{1}{2}&0&1\\\frac{1}{2}&1&1\end{pmatrix}.$$

(3) 由坐标变换公式，$\boldsymbol{\gamma}$ 在基 $\boldsymbol{\beta}_1,\boldsymbol{\beta}_2,\boldsymbol{\beta}_3$ 下的坐标 $\begin{pmatrix} y_1 \\ y_2 \\ y_3 \end{pmatrix} = \boldsymbol{X}^{-1}\begin{pmatrix} x_1 \\ x_2 \\ x_3 \end{pmatrix}$. 用初等行变换求 $\boldsymbol{X}^{-1}$ 如下:

$$(\boldsymbol{X} \mid \boldsymbol{E}) = \left(\begin{array}{ccc|ccc} \frac{1}{2} & 1 & 0 & 1 & 0 & 0 \\ \frac{1}{2} & 0 & 1 & 0 & 1 & 0 \\ \frac{1}{2} & 1 & 1 & 0 & 0 & 1 \end{array}\right) \to \left(\begin{array}{ccc|ccc} 1 & 2 & 0 & 2 & 0 & 0 \\ 1 & 0 & 2 & 0 & 2 & 0 \\ 1 & 2 & 2 & 0 & 0 & 2 \end{array}\right) \to \left(\begin{array}{ccc|ccc} 1 & 2 & 0 & 2 & 0 & 0 \\ 0 & -2 & 2 & -2 & 2 & 0 \\ 0 & 0 & 2 & -2 & 0 & 2 \end{array}\right)$$

$$\to \left(\begin{array}{ccc|ccc} 1 & 2 & 0 & 2 & 0 & 0 \\ 0 & 1 & 0 & 0 & -1 & 1 \\ 0 & 0 & 1 & -1 & 0 & 1 \end{array}\right) \to \left(\begin{array}{ccc|ccc} 1 & 0 & 0 & 2 & 2 & -2 \\ 0 & 1 & 0 & 0 & -1 & 1 \\ 0 & 0 & 1 & -1 & 0 & 1 \end{array}\right),$$

计算得 $\boldsymbol{X}^{-1} = \begin{pmatrix} 2 & 2 & -2 \\ 0 & -1 & 1 \\ -1 & 0 & 1 \end{pmatrix}$, 所以 $\begin{pmatrix} y_1 \\ y_2 \\ y_3 \end{pmatrix} = \begin{pmatrix} 2 & 2 & -2 \\ 0 & -1 & 1 \\ -1 & 0 & 1 \end{pmatrix}\begin{pmatrix} 1 \\ 1 \\ 2 \end{pmatrix} = \begin{pmatrix} 0 \\ 1 \\ 1 \end{pmatrix}$.

7.【解析】 (1) 是. 事实上，设 $\boldsymbol{\alpha} = (x_1,x_2,x_3)^{\mathrm{T}}, \boldsymbol{\beta} = (y_1,y_2,y_3)^{\mathrm{T}} \in \mathbf{R}^3$，$\lambda \in \mathbf{R}$, 则

$$T_1(\boldsymbol{\alpha}+\boldsymbol{\beta}) = (2(x_1+y_1),0,0)^{\mathrm{T}} = (2x_1,0,0)^{\mathrm{T}} + (2y_1,0,0)^{\mathrm{T}} = T_1(\boldsymbol{\alpha}) + T_1(\boldsymbol{\beta}),$$
$$T_1(\lambda\boldsymbol{\alpha}) = (2\lambda x_1,0,0)^{\mathrm{T}} = \lambda(2x_1,0,0)^{\mathrm{T}} = \lambda T_1(\boldsymbol{\alpha}).$$

(2) 否. 事实上，设 $\boldsymbol{\alpha} = (x_1,x_2,x_3)^{\mathrm{T}} \in \mathbf{R}^3$，$\lambda \in \mathbf{R}$，则

$$T_2(\lambda\boldsymbol{\alpha}) = (\lambda x_1 \lambda x_2, 0, \lambda x_2)^{\mathrm{T}} \neq \lambda T_2(\boldsymbol{\alpha}) = \lambda(x_1x_2,0,x_2)^{\mathrm{T}}.$$

(3) 是. 事实上，设 $\boldsymbol{\alpha} = (x_1,x_2,x_3)^{\mathrm{T}}$，$\boldsymbol{\beta} = (y_1,y_2,y_3)^{\mathrm{T}} \in \mathbf{R}^3$，$\lambda \in \mathbf{R}$，则

$$T_3(\boldsymbol{\alpha}+\boldsymbol{\beta}) = (x_1+y_1, x_2+y_2, -(x_3+y_3))^{\mathrm{T}} = (x_1,x_2,-x_3)^{\mathrm{T}} + (y_1,y_2,-y_3)^{\mathrm{T}} = T_3(\boldsymbol{\alpha}) + T_3(\boldsymbol{\beta}),$$
$$T_3(\lambda\boldsymbol{\alpha}) = (\lambda x_1, \lambda x_2, -\lambda x_3)^{\mathrm{T}} = \lambda(x_1,x_2,-x_3)^{\mathrm{T}} = \lambda T_3(\boldsymbol{\alpha}).$$

(4) 否. 事实上，设 $\boldsymbol{\alpha} = (x_1,x_2,x_3)^{\mathrm{T}}$，$\boldsymbol{\beta} = (y_1,y_2,y_3)^{\mathrm{T}} \in \mathbf{R}^3$，则

$$T_4(\boldsymbol{\alpha}+\boldsymbol{\beta}) = (1,1,x_3+y_3)^{\mathrm{T}} \neq T_4(\boldsymbol{\alpha}) + T_4(\boldsymbol{\beta}) = (1,1,x_3)^{\mathrm{T}} + (1,1,y_3)^{\mathrm{T}}.$$

8.【解析】 (1) 因为

$$T_1(\boldsymbol{\varepsilon}_1) = (2,0,0)^{\mathrm{T}} = 2\boldsymbol{\varepsilon}_1 + 0\boldsymbol{\varepsilon}_2 + 0\boldsymbol{\varepsilon}_3,$$
$$T_1(\boldsymbol{\varepsilon}_2) = (0,0,0)^{\mathrm{T}} = 0\boldsymbol{\varepsilon}_1 + 0\boldsymbol{\varepsilon}_2 + 0\boldsymbol{\varepsilon}_3,$$
$$T_1(\boldsymbol{\varepsilon}_3) = (0,0,0)^{\mathrm{T}} = 0\boldsymbol{\varepsilon}_1 + 0\boldsymbol{\varepsilon}_2 + 0\boldsymbol{\varepsilon}_3,$$

所以 T_1 在 $\boldsymbol{\varepsilon}_1,\boldsymbol{\varepsilon}_2,\boldsymbol{\varepsilon}_3$ 下的矩阵为 $\begin{pmatrix} 2 & 0 & 0 \\ 0 & 0 & 0 \\ 0 & 0 & 0 \end{pmatrix}$. 又因为

$$T_3(\boldsymbol{\varepsilon}_1) = (1,0,0)^{\mathrm{T}} = \boldsymbol{\varepsilon}_1 + 0\boldsymbol{\varepsilon}_2 + 0\boldsymbol{\varepsilon}_3,$$
$$T_3(\boldsymbol{\varepsilon}_2) = (0,1,0)^{\mathrm{T}} = 0\boldsymbol{\varepsilon}_1 + 1\boldsymbol{\varepsilon}_2 + 0\boldsymbol{\varepsilon}_3,$$
$$T_3(\boldsymbol{\varepsilon}_3) = (0,0,-1)^{\mathrm{T}} = 0\boldsymbol{\varepsilon}_1 + 0\boldsymbol{\varepsilon}_2 - \boldsymbol{\varepsilon}_3,$$

所以 T_3 在 $\boldsymbol{\varepsilon}_1,\boldsymbol{\varepsilon}_2,\boldsymbol{\varepsilon}_3$ 下的矩阵为 $\begin{pmatrix} 1 & 0 & 0 \\ 0 & 1 & 0 \\ 0 & 0 & -1 \end{pmatrix}$.

(2) 因为

$$T_1(\boldsymbol{\alpha}_1) = (2,0,0)^{\mathrm{T}} = 2\boldsymbol{\alpha}_1 + 0\boldsymbol{\alpha}_2 + 0\boldsymbol{\alpha}_3,$$
$$T_1(\boldsymbol{\alpha}_2) = (-2,0,0)^{\mathrm{T}} = -2\boldsymbol{\alpha}_1 + 0\boldsymbol{\alpha}_2 + 0\boldsymbol{\alpha}_3,$$

$$T_1(\boldsymbol{\alpha}_3)=(2,0,0)^{\mathrm T}=2\boldsymbol{\alpha}_1+0\boldsymbol{\alpha}_2+0\boldsymbol{\alpha}_3,$$

所以 T_1 在 $\boldsymbol{\alpha}_1,\boldsymbol{\alpha}_2,\boldsymbol{\alpha}_3$ 下的矩阵为 $\begin{pmatrix}2&-2&2\\0&0&0\\0&0&0\end{pmatrix}$. 又因为

$$T_3(\boldsymbol{\alpha}_1)=(1,0,0)^{\mathrm T}=\boldsymbol{\alpha}_1+0\boldsymbol{\alpha}_2+0\boldsymbol{\alpha}_3,$$

$$T_3(\boldsymbol{\alpha}_2)=(-1,1,0)^{\mathrm T}=0\boldsymbol{\alpha}_1+\boldsymbol{\alpha}_2+0\boldsymbol{\alpha}_3,$$

$$T_3(\boldsymbol{\alpha}_3)=(1,-1,-1)^{\mathrm T}=0\boldsymbol{\alpha}_1-2\boldsymbol{\alpha}_2-\boldsymbol{\alpha}_3,$$

所以 T_3 在 $\boldsymbol{\alpha}_1,\boldsymbol{\alpha}_2,\boldsymbol{\alpha}_3$ 下的矩阵为 $\begin{pmatrix}1&0&0\\0&1&-2\\0&0&-1\end{pmatrix}$.

9.【解析】 由题目可得 $(\boldsymbol{\beta}_1,\boldsymbol{\beta}_2,\boldsymbol{\beta}_3)=(\boldsymbol{\alpha}_1,\boldsymbol{\alpha}_2,\boldsymbol{\alpha}_3)\begin{pmatrix}2&1&-1\\1&1&1\\3&2&1\end{pmatrix}$, 记 $\boldsymbol{C}=\begin{pmatrix}2&1&-1\\1&1&1\\3&2&1\end{pmatrix}$, 则

$$\boldsymbol{C}^{-1}=\begin{pmatrix}-1&-3&2\\2&5&-3\\-1&-1&1\end{pmatrix}.$$

T 在 $\boldsymbol{\beta}_1,\boldsymbol{\beta}_2,\boldsymbol{\beta}_3$ 下的矩阵

$$\boldsymbol{B}=\boldsymbol{C}^{-1}\boldsymbol{A}\boldsymbol{C}=\begin{pmatrix}-1&-3&2\\2&5&-3\\-1&-1&1\end{pmatrix}\begin{pmatrix}5&7&-5\\0&4&-1\\2&8&3\end{pmatrix}\begin{pmatrix}2&1&-1\\1&1&1\\3&2&1\end{pmatrix}=\begin{pmatrix}37&24&12\\-54&-34&-18\\18&12&9\end{pmatrix}.$$

10.【解析】 (1) 设 T 在 $\boldsymbol{\alpha}_1,\boldsymbol{\alpha}_2,\boldsymbol{\alpha}_3$ 下的矩阵为 $\boldsymbol{C}$, 则由 $(\boldsymbol{\beta}_1,\boldsymbol{\beta}_2,\boldsymbol{\beta}_3)=(\boldsymbol{\alpha}_1,\boldsymbol{\alpha}_2,\boldsymbol{\alpha}_3)\boldsymbol{C}$, 得

$$\boldsymbol{C}=(\boldsymbol{\alpha}_1,\boldsymbol{\alpha}_2,\boldsymbol{\alpha}_3)^{-1}(\boldsymbol{\beta}_1,\boldsymbol{\beta}_2,\boldsymbol{\beta}_3)=\begin{pmatrix}-1&0&3\\0&1&-1\\2&1&-6\end{pmatrix}^{-1}\begin{pmatrix}-1&0&-1\\0&-1&-1\\1&2&3\end{pmatrix}$$

$$=\begin{pmatrix}5&-3&3\\2&0&1\\2&-1&1\end{pmatrix}\begin{pmatrix}-1&0&-1\\0&-1&-1\\1&2&3\end{pmatrix}=\begin{pmatrix}-2&9&7\\-1&2&1\\-1&3&2\end{pmatrix}.$$

(2) $T(\boldsymbol{\gamma})$ 在基 $\boldsymbol{\alpha}_1,\boldsymbol{\alpha}_2,\boldsymbol{\alpha}_3$ 下的坐标

$$\begin{pmatrix}y_1\\y_2\\y_3\end{pmatrix}=\boldsymbol{C}\begin{pmatrix}5\\1\\1\end{pmatrix}=\begin{pmatrix}-2&9&7\\-1&2&1\\-1&3&2\end{pmatrix}\begin{pmatrix}5\\1\\1\end{pmatrix}=\begin{pmatrix}6\\-2\\0\end{pmatrix}.$$

附 录 习 题

1.
```
>> A=[1,1,1;1,1,-1;1,-1,1];↓
>> B=[1,2,3;-1,-2,4;0,5,1];↓
3*A*B-2*B
ans=
```

```
      -2   13   22
      -2  -17   20
       4   29   -2
>> A'↓
ans=
      1   1   1
      1   1  -1
      1  -1   1
C=A'*B
  ans=
        0   5   8
        0  -5   6
        2   9   0
  C∧2
ans=
      16   47   30
      12   79  -30
       0  -35   70
```

所以,

$$3\boldsymbol{AB}-2\boldsymbol{A}=\begin{pmatrix}-2&13&22\\-2&-17&20\\4&29&-2\end{pmatrix},$$

$$\boldsymbol{A}^{\mathrm{T}}\boldsymbol{B}=\begin{pmatrix}0&5&8\\0&-5&6\\2&9&0\end{pmatrix},\quad (\boldsymbol{A}^{\mathrm{T}}\boldsymbol{B})^2=\begin{pmatrix}16&47&30\\12&79&-30\\0&-35&70\end{pmatrix}.$$

2.
```
>> A=[2,-3,8,2;2,12,-2,12;1,3,1,4];↓
>> rref(A)↓
ans=
      1  0    3     2
      0  1  -2/3  2/3
      0  0    0     0
```

所以行最简形矩阵为

$$\begin{pmatrix}1&0&3&2\\0&1&-2/3&2/3\\0&0&0&0\end{pmatrix}.$$

3.
```
>> syms a b c d
>> A=[a,b;c,d]↓
A=
   [a,b]
   [c,d]
>> det(A)↓
```

得

```
ans=
```

```
    a*d-b*c
```

4.
```
>> A=[1,0,0,0;1,2,0,0;2,1,3,0;1,2,1,4]↓
>> V=inv(A)
ans=
      1       0       0      0
   -1/2     1/2       0      0
   -1/2    -1/6     1/3      0
    1/8   -5/24   -1/12    1/4
```

所以 $A^{-1}=\begin{pmatrix} 1 & 0 & 0 & 0 \\ -1/2 & 1/2 & 0 & 0 \\ -1/2 & -1/6 & 1/3 & 0 \\ 1/8 & -5/24 & -1/12 & 1/4 \end{pmatrix}$.

5.
```
>> α1=(1,0,0,3,1)';↓
>> α2=(0,1,0,1,-1)';↓
>> α3=(0,0,1,-3,1)';↓
>> A=[α1,α2,α3];↓,
```

再键入

```
>> rank(A)↓
```

得

```
ans=

   3
```

所以，向量组线性无关.

6.
```
>> A=[3,2,4,1,1,6;-2,-6,8,10,-1,-2;2,4,-4,-6,8,4;-1,0,-3,-2,5,8];↓
>> rref(A)
ans=
     1  0  0  -1  0  -664/7
     0  1  0   0  0   535/7
     0  0  1   1  0   236/7
     0  0  0   0  1    20/7
>> rank(A)
ans=

     4
```

所以，可看出向量组的秩为 4，$\alpha_1,\alpha_2,\alpha_3,\alpha_5$ 是它的一个最大无关组，且

$$\alpha_3=-3\alpha_1+2\alpha_2,\quad \alpha_4=2\alpha_1-3\alpha_2.$$

7.
```
>> A=[1,1,1,1;1,1,1,0;1,1,0,0;1,0,0,0];↓
>>[QR]=qr(A)(其中，qr 是正交分解函数，Q 为所求的正交规范化向量组)
Q=
   -0.5000  -0.2887   0.4082  -0.7071
   -0.5000  -0.2887   0.4082   0.7071
   -0.5000  -0.2887  -0.8165  -0.0000
   -0.5000   0.8660        0   0.0000
```

即所求的正交规范化向量组为

$$\boldsymbol{\eta}_1=-\begin{pmatrix}0.5\\0.5\\0.5\\0.5\end{pmatrix},\quad \boldsymbol{\eta}_2=\begin{pmatrix}-0.2887\\-0.2887\\-0.2887\\0.8660\end{pmatrix},\quad \boldsymbol{\eta}_3=\begin{pmatrix}0.4082\\0.4082\\-0.8165\\0\end{pmatrix},\quad \boldsymbol{\eta}_4=\begin{pmatrix}-0.7071\\0.7071\\0\\0\end{pmatrix}.$$

8.
```
>> A=[3,4,1;0,2,0;5,1,3];↓
>> B=[2,-1,3;0,3,1;0,0,0];↓
>> rank(AB)
ans=
    2
```
即 $R(\boldsymbol{AB})=2$.

9.
```
>> A=sym('[1,2,2,0;1,3,4,-2;1,1,0,2]');
>> b=sym('[2;3;1]');
>> x=A\b
Warning:System is rank deficient.Solution is not unique.
x=
  [0]
  [1]
  [0]
  [0]
```
即求得了一个特解.
```
>> null(A)
ans=
     [2,-4]
     [-2,2]
     [1,0]
     [0,1]
```
即求得方程组的通解为
$$\boldsymbol{x}=k_1\begin{pmatrix}2\\-2\\1\\0\end{pmatrix}+k_2\begin{pmatrix}-4\\2\\0\\1\end{pmatrix}+\begin{pmatrix}0\\1\\0\\0\end{pmatrix}(k_1,k_2\in\mathbf{R}).$$

10.
```
>> A=[1,-2,3,-1;3,-1,5,-3;2,1,2,-2];↓
>> b=[1,2,3]';↓
>>[rank(A),rank([A,b])]↓
```
得
```
ans=
     2   3
```
这说明 $R(\boldsymbol{A})<R(\boldsymbol{A},\boldsymbol{b})$, 所以方程组无解.

11.
```
>> A=[1,1,1;-2,1,2;2,1,0];↓
>> e=eig(A)↓
e=
   1.0000
  =1.0000
   2.0000
```
所以特征值为 $1,-1,2$.

12.
```
>>A=[1,1,1,1,;0,0,1,1,;0,0,1,0;0,0,1,2];
>>[VD]=eig(A)
V=
  1  -0.7071  0.8018     0
  0   0.7071  0.2673     0
  0     0        0    0.7071
  0     0     0.5345  -0.7071
D=
  1.0000  0.0000  0.0000  0.0000
  0.0000  0.0000  0.0000  0.0000
  0.0000  0.0000  2.0000  0.0000
  0.0000  0.0000  0.0000  1.0000
```

所以，特征值为1,0,2,1；特征向量分别为$\begin{pmatrix}1\\0\\0\\0\end{pmatrix},\begin{pmatrix}-0.7071\\0.7071\\0\\0\end{pmatrix},\begin{pmatrix}0.8018\\0.2673\\0\\0.5345\end{pmatrix},\begin{pmatrix}0\\0\\0.7071\\-0.7071\end{pmatrix}$.

13.
```
>>A=[0,1,-1;1,0,1;-1,1,0];↓
[P,D]=eig(A)
syms y1 y2 y3
y=[y1;y2;y3];
X=vpa(P,2)*y;(此处表示可变精度计算，这里取2位精度.)
f=[y1,y2,y3]*D*y
```

运行结果为

```
P=
   -0.5774  0.3938  -0.7152
    0.5774  0.8163  -0.0166
   -0.5774  0.4225   0.6987
D=
   -2.000     0       0
      0     1.0000    0
      0       0     1.0000
```

所以，f=

```
-2*y1^2+y2^2+y3^2
```

即化为标准形为 $f=-2y_1^2+y_2^2+y_3^2$.

14.
```
>>A=[1,-1,0;-1,2,1;0,1,3];↓
>>[D,p]=chol(A)
D=
   1.0000  -1.0000    0
      0     1.0000  1.0000
      0       0     1.4142
p=
   0
```

所以，该二次型为正定二次型.

参 考 文 献

陈建华. 2016. 线性代数. 4 版. 北京: 机械工业出版社.
郭科. 2009. 数学实验: 线性代数分册. 北京: 高等教育出版社.
江惠坤, 邵荣, 范红军. 2013. 线性代数讲义. 北京: 科学出版社.
居余马, 等. 2002. 线性代数. 2 版. 北京: 清华大学出版社.
刘剑平, 施劲松, 钱夕元. 2005. 线性代数及其应用. 上海: 华东理工大学出版社.
欧阳克智. 2004. 简明线性代数. 北京: 高等教育出版社.
孙平, 李征宇, 罗英语. 2013. 线性代数及其实验. 哈尔滨: 哈尔滨工程大学出版社.
同济大学数学系. 2003. 线性代数. 4 版. 北京: 高等教育出版社.
同济大学数学系. 2014. 线性代数. 6 版. 北京: 高等教育出版社.
同济大学应用数学系. 2004. 线性代数及其应用. 北京: 高等教育出版社.
王萼芳. 1997. 高等代数教程(上册). 北京: 清华大学出版社.
许梅生, 薛有才. 2003. 线性代数. 杭州: 浙江大学出版社.
赵美霞. 2013. 线性代数. 北京: 人民邮电出版社.
朱祥和. 2016. 线性代数及应用. 武汉: 华中科技大学出版社.